高等学校规划教材
应用型本科电子信息系列

安徽省高等学校"十二五"规划教材
安徽省高等学校电子教育学会推荐用书

总主编 吴先良

电路基础

DIANLU JICHU

主　编　吴扬
副主编　岳明道　孙　燕
　　　　龙凤兰
参编人员　范程华　王　志
　　　　张绍新

北京师范大学出版集团
BEIJING NORMAL UNIVERSITY PUBLISHING GROUP
安徽大学出版社

图书在版编目(CIP)数据

电路基础/吴扬主编.—合肥：安徽大学出版社，2016.1
高等学校规划教材.应用型本科电子信息系列/吴先良总主编
ISBN 978-7-5664-1037-5

Ⅰ.①电… Ⅱ.①吴… Ⅲ.①电路理论－高等学校－教材 Ⅳ.①TM13

中国版本图书馆 CIP 数据核字(2015)第 279701 号

电路基础

吴扬 主编

出版发行：	北京师范大学出版集团 安徽大学出版社 (安徽省合肥市肥西路 3 号 邮编 230039) www.bnupg.com.cn www.ahupress.com.cn
印　　刷：	合肥现代印务有限公司
经　　销：	全国新华书店
开　　本：	184mm×260mm
印　　张：	20
字　　数：	493 千字
版　　次：	2016 年 1 月第 1 版
印　　次：	2016 年 1 月第 1 次印刷
定　　价：	40.00 元

ISBN 978-7-5664-1037-5

策划编辑：李 梅　张明举　　　　　装帧设计：李 军
责任编辑：张明举　　　　　　　　　美术编辑：李 军
责任校对：程中业　　　　　　　　　责任印制：赵明炎

版权所有　侵权必究

反盗版、侵权举报电话：0551－65106311
外埠邮购电话：0551－65107716
本书如有印装质量问题，请与印制管理部联系调换。
印制管理部电话：0551－65106311

编委会名单

主　任　吴先良　（合肥师范学院）
委　员　（以姓氏笔画为序）
　　　　王艳春　（蚌埠学院）
　　　　卢　胜　（安徽新华学院）
　　　　孙文斌　（安徽工业大学）
　　　　李　季　（阜阳师范学院）
　　　　吴　扬　（安徽农业大学）
　　　　吴观茂　（安徽理工大学）
　　　　汪贤才　（池州学院）
　　　　张明玉　（宿州学院）
　　　　张忠祥　（合肥师范学院）
　　　　张晓东　（皖西学院）
　　　　陈　帅　（淮南师范学院）
　　　　陈　蕴　（安徽建工大学）
　　　　陈明生　（合肥师范学院）
　　　　林其斌　（滁州学院）
　　　　姚成秀　（安徽化工学校）
　　　　曹成茂　（安徽农业大学）
　　　　鲁业频　（巢湖学院）
　　　　谭　敏　（合肥学院）
　　　　樊晓宇　（安徽科技学院）

编写说明 Introduction

当前我国高等教育正处于全面深化综合改革的关键时期,《国家中长期教育改革和发展规划纲要(2010—2020年)》的颁发再一次激发了我国高等教育改革与发展的热情。地方本科院校转型发展,培养创新型人才,为我国本世纪中叶以前完成优良人力资源积累并实现跨越式发展,是国家对高等教育作出的战略调整。教育部有关文件和国家职业教育工作会议等明确提出,地方应用型本科高校要培养产业转型升级和公共服务发展需要的一线高层次技术技能人才。

电子信息产业作为一种技术含量高、附加值高、污染少的新兴产业,正成为很多地方经济发展的主要引擎。安徽省战略性新兴产业"十二五"发展规划明确将电子信息产业列为八大支柱产业之首。围绕主导产业发展需要,建立紧密对接产业链的专业体系,提高电子信息类专业高复合型、创新型技术人才的培养质量,已成为地方本科院校的重要任务。

在分析产业一线需要的技术技能型人才特点以及其知识、能力、素质结构的基础上,为适应新的人才培养目标,编写一套应用型电子信息类系列教材以改革课堂教学内容具有深远的意义。

自2013年起,依托安徽省高等学校电子教育学会,安徽大学出版社邀请了省内十多所应用型本科院校二十多位学术技术能力强、教学经验丰富的电子信息类专家、教授参与该系列教材的编写工作,成立了编写委员会,定期开展系列教材的编写研讨会,论证教材内容和框架,建立主编负责制,以确保系列教材的编写质量。

该系列教材有别于学术型本科和高职高专院校的教材,在保障学科知识体系完整的同时,强调理论知识的"适用、够用",更加注重能力培养,通过大量的实践案例,实现能力训练贯穿教学全过程。

该教材从策划之初就一直得到安徽省十多所应用型本科院校的大力支持和重视。每所院校都派出专家、教授参与系列教材的编写研讨会,并共享其应用型学科平台的相关资源,为教材编写提供了第一手素材。该系列教材的显著特点有:

1. 教材的使用对象定位准确

明确教材的使用对象为应用型本科院校电子信息类专业在校学生和一线产业技术人员,所以教材的框架设计主次分明,内容详略得当,文字通俗易懂,语言自然流畅,案例丰富多彩,便于组织教学。

2. 教材的体系结构搭建合理

一是系列教材的体系结构科学。本系列教材共有 14 本,包括专业基础课和专业课,层次分明,结构合理,避免前后内容的重复。二是单本教材的内容结构合理。教材内容按照先易后难、循序渐进的原则,根据课程的内在联系,使教材各部分之间前后呼应,配合紧密,同时注重质量,突出特色,强调实用性,贯彻科学的思维方法,以利于培养学生的实践和创新能力。

3. 学生的实践能力训练充分

该系列教材通过简化理论描述、配套实训教材和每个章节的案例实景教学,做到基本知识到位而不深难,基本技能训练贯穿教学始终,遵循"理论—实践—理论"的原则,实现了"即学即用,用后反思,思后再学"的教学和学习过程。

4. 教材的载体丰富多彩

随着信息技术的飞速发展,静态的文字教材将不再像过去那样在课堂中扮演不可替代的角色,取而代之的是符合现代学生特点的"富媒体教学"。本系列教材融入了音像、动画、网络和多媒体等不同教学载体,以立体呈现教学内容,提升教学效果。

本系列教材涉及内容全面系统,知识呈现丰富多样,能力训练贯穿全程,既可以作为电子信息类本科、专科学生的教学用书,亦可供从事相关工作的工程技术人员参考。

吴先良

2015 年 2 月 1 日

前言 Foreword

  为了更好地适应当前我国高等教育跨越式发展需要,满足我国高校从精英教育向大众化教育的重大转移及社会对高校应用型人才培养的各种需求,根据国家教育部新修订的《高等工业学校电路基础课程基本要求》,并结合目前教学改革和学分制的要求编写了本书。

  本书的特点是:在内容选材上立足于"加强基础,精选内容,逐步更新,利于教学"的原则,选择那些对学生能力长期起作用和在学习新技术时必须掌握的基本内容;在分析和总结以往教材和教学经验的基础上,根据"电路基础"课程教学的基本要求,力求讲清楚基本概念和基本分析方法,注重实用而不强调过多的理论证明。考虑到各院校"电路基础"课程的课时普遍较少,精简了部分陈旧的及与专业相关性较小的内容,增加了实用技术知识;为了便于学生理解,书中选编了较多的应用实例,并配有相关的课后习题;对传统的教学内容进行了精选,适当地提高教材的起点,并增加了部分电路领域的新技术和新内容的介绍;在内容体系上加强了知识结构的系统性和完整性,扩大了知识面,增强了应用性。

  参加本书编写工作的有:岳明道(第1,4,10章),龙凤兰(第2章),孙燕(第3,8章),吴扬(第5,7,11,12章),范程华(第6章),王志(第9章)。吴扬担任主编,岳明道、孙燕、龙凤兰担任副主编,共同负责对各章内容的修改和统稿,另外,张绍新对书稿内容进行了审读。

  在本书编辑与出版过程中,安徽大学出版社给予了大力支持和帮助,在此表示由衷的谢意。安徽农业大学曹成茂教授仔细审阅了本书,对初稿提出了许多宝贵的修改意见,在此表示诚挚的感谢。

  由于编者水平有限,书中不当之处在所难免,恳请广大读者批评指正。

编 者

2015年5月

目录 Contents

第1章 电路模型和电路定律 ... 1
- 1.1 电路理论与电路模型 ... 1
- 1.2 电路中的基本物理量 ... 3
- 1.3 基尔霍夫定律 ... 8
- 1.4 理想电源 ... 14
- 1.5 实际电源模型及其等效变换 ... 20
- 1.6 电阻元件与欧姆定律 ... 24
- 1.7 受控源 ... 30
- 1.8 Y－△等效变换 ... 33
- 1.9 输入电阻 ... 36
- 习题1 ... 37

第2章 电阻电路的一般分析方法 ... 43
- 2.1 电路的图 ... 43
- 2.2 KCL 和 KVL 的独立方程 ... 47
- 2.3 支路电流法 ... 49
- 2.4 回路法与网孔法 ... 53
- 2.5 割集法与节点法 ... 59
- 习题2 ... 65

第3章 电路定理 ... 71
- 3.1 齐次定理与叠加定理 ... 71
- 3.2 替代定理 ... 75
- 3.3 戴维南定理和诺顿定理 ... 77
- 3.4 最大功率传输定理 ... 84
- 3.5 特勒根定理 ... 86
- 3.6 互易定理 ... 87
- 3.7 对偶原理 ... 88
- 习题3 ... 89

第4章 动态电路的时域分析 ... 93

- 4.1 动态元件 ... 93
- 4.2 动态电路 ... 102
- 4.3 一阶电路的零输入响应 ... 108
- 4.4 一阶电路的零状态响应 ... 112
- 4.5 一阶电路的全响应 ... 117
- 4.6 一阶电路的阶跃响应和冲激响应 ... 120
- 4.7 二阶电路的时域分析 ... 125
- 习题 4 ... 141

第5章 正弦稳态电路分析 ... 148

- 5.1 正弦量及其三要素 ... 148
- 5.2 正弦量的相量表示 ... 152
- 5.3 电路定律的相量形式 ... 156
- 5.4 正弦稳态电路的相量模型 ... 160
- 5.5 正弦稳态电路的相量分析法 ... 165
- 5.6 正弦稳态电路的功率 ... 168
- 习题 5 ... 175

第6章 电路的频率响应 ... 179

- 6.1 频率响应的基本概念 ... 179
- 6.2 RC 电路的频率特性 ... 181
- 6.3 RLC 串联谐振电路 ... 183
- 6.4 RLC 并联谐振电路 ... 186
- 习题 6 ... 187

第7章 三相电路 ... 189

- 7.1 三相电源 ... 189
- 7.2 三相负载 ... 191
- 7.3 对称三相电路的分析 ... 192
- 7.4 不对称三相电路的概念 ... 194
- 7.5 三相电路的功率 ... 196
- 习题 7 ... 200

第8章 耦合电感与变压器电路分析 ... 202

- 8.1 耦合电感 ... 202

8.2 含耦合电感电路的相量法分析 208
8.3 理想变压器 213
8.4 实际变压器 218
习题 8 221

第 9 章 非正弦周期电流电路 224

9.1 非正弦周期信号 224
9.2 非正弦周期信号的谐波分析 225
9.3 非正弦周期信号的有效值和平均值 231
9.4 非正弦周期电流电路的功率 234
9.5 非正弦周期电流电路的分析 235
习题 9 239

第 10 章 线性动态电路的运算法分析 241

10.1 拉普拉斯变换 241
10.2 线性电路的运算模型 248
10.3 线性电路的运算法分析 253
10.4 复频域网络函数 258
习题 10 263

第 11 章 双口网络 267

11.1 双口网络的参数与方程 267
11.2 双口网络的网络函数 275
11.3 双口网络的等效 280
11.4 双口网络的连接 281
习题 11 285

第 12 章 非线性电路 289

12.1 非线性元件 289
12.2 非线性电路的分析 292
12.3 小信号分析法 293
12.4 分段线性化方法 295
习题 12 296

参考答案 298

参考文献 307

第1章 电路模型和电路定律

【内容提要】本章主要讨论电路理论的基本概念(如电路模型、参考方向、电压、电流和功率等)、基本定律(如基尔霍夫电流定律和基尔霍夫电压定律)、基本的元件模型(电阻、电容、电感、电源和受控源等)和基本的分析方法(如分压、分流和等效变换等)。本章内容是电路理论的入门基础,学习时应从实用的角度理清思路,在掌握相关理论的基础上,主动地根据需要对电路进行化简或整理后再进一步分析,这样分析电路就事半功倍。

1.1 电路理论与电路模型

在现实生活中,人们经常需要根据各种不同的目标来构建电路(或称为"电网络"),如传输电能、信息处理、信息存储或数据通信,等等。各类电路的形态或功能尽管不同,但遵循的物理规律都是相同的。

电磁场理论是电网络理论的重要组成部分,常用的电路分析方法很少直接用到电磁场理论,而是在电磁场理论基础上建立起的"路"和"流"的概念。建立在"路"和"流"概念基础上的电路理论,有别于以"场"为基础的电磁场理论,电场对处于其中的电荷有电场力的作用,电荷在电场力的推动下移动就形成了电流,而电路理论更关注的是"流"而不是底层的"场",淡化了网络的内部运动机制。电路理论使电路分析变得简便且实用,它使电路分析与设计不必纠结在晦涩难懂而又计算复杂的电磁场理论之中。

1.1.1 实际电路和电路模型

"模型"是系统分析和设计的重要概念之一,"模型"的概念不只局限在电路理论中,研究物体运动规律就要先建立物体运动的模型,自由落体、单摆等刚体定轴转动等都是人们在研究相关问题时建立的模型。模型的形态有很多种,可以表现为一个实物,称为"物理模型";也可以是一系列的数学表达式,称为"数学模型";还可以是一个图形化的计算机仿真模型,等等。

模型从实际的研究对象中抽象出来,反映了实际对象的主要特征,同一个研究对象在不同的工作条件下又有可能对应于多个不同的模型。

当对实际电路进行分析时,需要建立与实际电路对应的模型,称为"电路模型",简称"电路"。电路理论中所讲的电路均指电路模型,而不是实际电路。电路模型从实际电路中抽象出来,在运动规律上很接近实际电路。

电路模型中的元件均是元件模型,常称为"理想元件"。理想元件与实际元器件有联系又有区别,理想元件的特性比较单一,如理想电感元件仅有电感特性,表现为对磁能的存储和释放,而实际的电感器件不仅有电感特性还有电阻特性,为了更好地接近实际元件,常采用理想电感和理想电阻串联来建立实际电感器件的模型。

综上所述,电路分析的对象是电路模型而不是实际电路,电路模型中的一个元件符号可能对应于一个实际元器件,也可能是多个元件符号才对应于一个实际元器件。反之,当建立实际电路的模型时,一个实际的元器件可能仅需要一个理想元件表示,也可能需要多个理想元件相互连接来构建。

常见的理想元件有理想电阻、理想电感和理想电容,理想电阻仅表现出对电流的阻碍作用,是常见的耗能元件;理想电容仅表现出对电能以电场的形式进行存储和释放,本身不耗能,也不向元件以外的空间以无线的方式释放电能;理想电感仅表现出对电能以磁场的形式进行存储和释放,本身不耗能,也不向元件以外的空间以无线的方式释放电能。

实际电阻器的主要特性是(理想)电阻特性,同时兼有电感或电容特性;实际电容器的主要特性是(理想)电容特性,同时兼有电阻或电感特性;实际电感器的主要特性是(理想)电感特性,同时兼有电阻或电容特性;次要特性大小均取决于器件的制作工艺和工作条件。

1.1.2 集总假设条件与集总电路

元件特性与其工作条件有很大关系,电感与电容器属于动态元件,当工作信号频率太高时,将向外辐射能量,甚至充当"天线"的作用。

集总假设条件规定了所有的能量交换均在元件内部完成,所有动态元件均不以"无线"的方式向元件以外或电路以外释放能量,具体的条件是电路工作信号的频率不能太高。

假设电路内部工作信号对应的波长远远大于该电路尺寸,这个假设条件称为"集总假设条件",满足集总假设条件的电路称为"集总电路"。实际电路是否能用集总电路等效取决于该电路的工作信号频率对应的波长与电路尺寸的相对值。假设工作信号频率 $f=1\text{kHz}$,则对应的波长为 $\lambda=c/f=300\text{km}$,在这个频率点上所有的实验室设备均可视为集总电路。而当远距离输电时,尽管 $f=50\text{Hz}$,工作频率很低,对应波长 $\lambda=c/f=6000\text{km}$,但整个远距离输电网络却不可以简单地视为集总电路。所以要建立分布参数的电路模型进行分析,分布参数电路分析已超出本课程的讨论范围。

电路理论的研究对象是集总电路,具有信号处理及能量转换的"本地化"特点,无线信号的发射与接收不是电路理论研究的内容,但信号发射前和接收后的本地处理可归为集总电路理论范围。电路理论讨论的电路相当于一个相对"孤立"的系统,它不以电或非电的方式向外辐射能量。根据能量守恒原理,在电路内部将存在功率平衡原理,即在同一时刻电路的一部分向外提供电功率,其余部分必然吸收相同的电功率。

1.1.3 电路分析和电路设计

分析实际电路的过程通常为:①绘制实际电路图;②根据电路特性建立电路模型图;③在电路模型图中标出要分析的变量,运用电路分析方法列写有关方程并求解;④对系统性能进行评价,必要时提出改进意见。

电路分析的任务是分析或求解电路中出现的物理量,如电压、电流或功率等,通常以电路中的电压或电流作为第一步求解对象。电路设计的任务则是要针对具体的应用场合构建满足用户要求的电路,设计过程通常为:用户需求分析、系统设计方案制定、元器件选型、电路原理图绘制、电路板PCB图绘制与制作、电路焊接与系统测试、系统完善等。

电路分析与设计过程可借助计算机软件来辅助进行,常见的电路仿真和开发软件有:

Proteus、Multisim、Altium Designer、Candence 和 PowerPCB 等。

1.2 电路中的基本物理量

1.2.1 电流

电荷既不会凭空产生,也不会凭空消失,只能从一个地方转移到另一个地方。电荷的有秩序移动形成了电流。电流强度(简称"电流")指单位时间内通过导体横截面的电荷量,定义式常表示为:

$$i(t) = \frac{dq(t)}{dt} \tag{1.2-1}$$

式(1.2-1)中,$q(t)$ 表示通过导体横截面的电荷量,单位为库仑(C);$i(t)$ 表示电流,单位为安培(A)。

根据导电能力的大小,可把物体分为导体、半导体和绝缘体。导体的导电能力最强,其内部有大量可自由移动的电子,称之为"自由电子",一个电子携带的电量 $e = -1.602 \times 10^{-19}$ C,1 库仑电量由 6.24×10^{18} 个电子组成。绝缘体的导电能力最差,其内部基本上没有可以移动的载流子。半导体的导电能力处在导体和绝缘体之间,电流的形成主要是由电子-空穴(统称为"载流子")的移动决定,具体的导电原理可参阅相关书籍。

规定正电荷的移动方向为电流的正方向,电流的真实方向往往难以预先判定,为了便于运算,在做电路分析时通常要引入电流的参考方向,参考方向为假定的电流正方向,不一定是电流的真实方向。当参考方向与电流真实方向一致时 $i > 0$,而当参考方向与电流真实方向不一致时 $i < 0$。参考方向与电流 $i(t)$ 数值一起可确定电流的实际方向和大小。电路中标出的电流方向均默认为参考方向。

方向不随时间改变的电流称为"直流电流",大小和方向均不随时间改变的电流称为"稳恒直流电流",通常所说的直流电流可默认为稳恒直流电流(DC)。方向随时间改变的电流则称为"交流电流"。图 1.2-1 所示为四种常见的电流曲线:

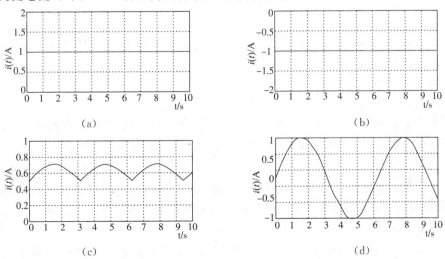

图 1.2-1 常见的电流曲线

图 1.2-1 中(a)表示稳恒直流(DC),电流 $i(t)=1\mathrm{A}$,其大小和方向不随时间变化,电流的真实方向始终与电流的参考方向一致。

图 1.2-1 中(b)表示稳恒直流(DC),电流 $i(t)=-1\mathrm{A}$,其大小和方向不随时间变化,电流的真实方向始终与电流的参考方向相反。

图 1.2-1 中(c)表示脉动直流(DC),电流 $i(t)=|\sin\omega t|\times 0.2+0.5\mathrm{A}$,其大小呈周期性变化但方向不变,该曲线显示电流的真实方向始终与电流的参考方向一致。

图 1.2-1 中(d)表示正弦交流(AC),电流 $i(t)=\sin\omega t \mathrm{A}$,其大小和方向均随时间呈周期性变化,正半周时 $i(t)>0$,电流的真实方向与电流的参考方向一致,负半周时 $i(t)<0$,电流的真实方向与电流的参考方向相反。

参考方向在电路中用"箭头"表示,并在箭头的附近标出电流变量,图 1.2-2 所示为某二端元件的电流表示,图中(a)、(b)两种表示方法完全相同,都假定电流方向为从 A 端指向 B 端。图(b)所示的二端元件类似于一个向左张开的"口",所以二端元件常被形象地称为"单口"元件。

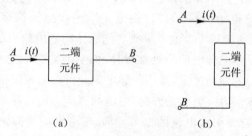

(a) (b)

图 1.2-2 电流参考方向的表示方法

由以上对参考方向与真实方向的讨论可知,在图 1.2-2 中,当电流 $i(t)>0$ 时,电流的真实方向为 $A\to B$,图(a)中的表现是从元件的左端流向右端,图(b)中的表现是从元件的上端流向下端;反之,当电流 $i(t)<0$ 时,电流的真实方向为 $B\to A$,图(a)中的表现是从元件的右端向左端,图(b)中的表现是从元件的下端流向上端。

1.2.2 电压

电荷的移动伴随着能量的转化,遵循能量转化与守恒定律,通常用 $w(t)$ 表示电能,单位为焦耳(J),则有:

$$u_{ab}=\frac{\mathrm{d}w(t)}{\mathrm{d}q} \tag{1.2-2}$$

式(1.2—2)中,u_{ab} 表示 a、b 两点之间的电压,它表明了把单位正电荷从 a 点转移到 b 点所需要的电能量。电压的单位是伏特(V),1 伏特表示两点间每移动一个库仑的电荷就需要 1 焦耳的电能量。

正电荷从元件电压高的点移动到电压低的点,电势能降低,元件消耗电能,根据能量守恒,减小的势能将转成其他形式的能量,如电阻元件内部正电荷从高电压端流向低电压端,减小的电势能转化为热能而消耗掉。

同理,正电荷从元件电压低的点移动到电压高的点,电势能升高,根据能量守恒,增加的电势能将由其他形式的能量转换过来,如电源元件内部,正电荷是从低电压端流向高电压端,这一过程若是干电池,则实现化学能转化为内部电势能,即化学能转化为电势能。

电压、电势或电位的概念基本相同,假如选某一节点为"地",并规定该节点的电位为零,其余节点到"地"的电压即为该节点的电位。

与分析电流变量类似,电压的实际方向(极性)通常不易预先判定且可能不断改变,在分析电压时也应引入参考方向或参考极性。参考方向为假定的电压正方向,不一定是真实方向,当参考方向与真实方向一致时 $u>0$,而当参考方向与真实方向不一致时 $u<0$。参考方向与电压数值一起可确定电压的实际方向和大小。今后在电路中标出的电压方向均默认为参考方向。

极性或方向不随时间改变的电压称为"直流电压"(DC),大小和方向均不随时间改变的电压称为"稳恒直流电压",通常所说的直流电压默认为稳恒直流电压。方向随时间改变的电压则称为"交流电压"(AC)。图 1.2-3 所示为四种常见的电压曲线:

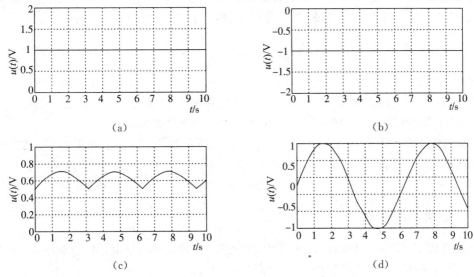

图 1.2-3　常见的电压曲线

图 1.2-3(a)表示稳恒直流电压,$u(t) = 1\text{ V}$,其大小和方向均不随时间变化,电压的真实方向始终与参考方向保持一致。

图 1.2-3(b)表示稳恒直流电压,$u(t) = -1\text{ V}$,其大小和方向均不随时间变化,电压的真实方向始终与参考方向相反。

图 1.2-3(c)表示脉动直流电压,$u(t) = |\sin\omega t|\times 0.2 + 0.5\text{ V}$,其大小随时间呈周期性变化,但电压的真实方向始终不变,且与参考方向保持一致。

图 1.2-3(d)表示正弦交流电压,$u(t) = \sin\omega t\text{ V}$,其大小和方向均随时间不断变化,正半周时电压的真实方向与电压的参考方向一致,负半周时电压的真实方向与电压的参考方向相反。

电路分析时,电压的参考方向用"+""−"表示,"+"表示电压参考方向的正极,"−"表示电压参考方向的负极。图 1.2-4 所示为某二端元件的端电压 $u(t)$ 的表示方法。

图 1.2-4 中的(a)、(b)两种表示方法完全相同,均表示 A 点为假定的电压正极,B 点为假定的电压负极。根据参考方向与真实方向的关系可得,当电压 $u(t)>0$ 时,电压(降)的真

实方向为 $A \to B$,具体表现为图(a)元件的左端钮电位高于右端钮,图(b)元件的上端钮电位高于下端钮,可统一表示为 $u_A > u_B$;而当电压 $u(t) < 0$ 时,电压(降)的真实方向为 $B \to A$,具体表现为图(a)元件的左端钮电位低于右端钮,图(b)元件的上端钮电位低于下端钮,可统一表示为 $u_A < u_B$。

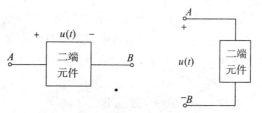

图 1.2-4 电压参考方向的表示方法

电压的参考方向也可以采用双下标的方法表示出来,如 u_{AB} 表示 A 点为参考极性的"+"极,B 点为参考极性的"-"极,对于图 1.2-4 所示的端口电压有:$u(t) = u_{AB}$,在一般情况下,显然有以下关系:

$$\begin{cases} u_{AB} = u_A - u_B \\ u_{BA} = u_B - u_A \end{cases} \tag{1.2-3}$$

在式(1.2-3)中,u_A、u_B 分别表示 A、B 两点的电位,显然有 $u_{AB} = -u_{BA}$。电位 u_A、u_B 的大小与"地"的选择有关,而两点之间的电压与"地"的选择无关。

当元件电压参考方向与电流的参考方向一致时,即在参考方向上电流从电压参考"+"极指向电压参考"-"极,称为"关联参考方向";而当元件电压参考方向与电流的参考方向不一致时,即在参考方向上电流从电压参考"-"极指向电压参考"+"极,则称为"非关联参考方向"。

1.2.3 电功率和能量

常用电功率来表征元件消耗或释放电能的速率,平均功率(P)指元件一段时间 Δt 内平均消耗或释放的电能,定义式为:

$$P = \frac{w(t_0, t_1)}{t_1 - t_0} = \frac{w(t_0, t_1)}{\Delta t} \tag{1.2-4}$$

瞬时功率(p)则定义为:

$$p = \lim_{\Delta t \to 0} \frac{w(t_0, t_1)}{\Delta t} = \frac{\mathrm{d}w}{\mathrm{d}t} \tag{1.2-5}$$

功率的单位为瓦特(W),$1W = 1J/s$,瞬时功率与元件电压、电流的关系为:

$$p = \frac{\mathrm{d}w}{\mathrm{d}t} = \frac{\mathrm{d}w}{\mathrm{d}q} \cdot \frac{\mathrm{d}q}{\mathrm{d}t} = ui \tag{1.2-6}$$

在式(1.2-6)中,电压单位为 V,电流单位为 A,功率的单位为 W(瓦特)。

电路元件吸收的功率表现为单位正电荷在经过该元件时所失去的电势能,当电压和电流取关联参考方向时,电路元件吸收的功率为:

$$p_{吸收} = u(t)i(t) \tag{1.2-7}$$

关联参考下元件释放的功率为:

$$p_{释放} = -p_{吸收} = -u(t)i(t)$$

如当某元件吸收的瞬时功率为 1W,表示释放的功率为 -1W。反之,当元件释放的功率为1W时,则表示吸收的功率为-1W。

当元件的电压电流取非关联参考方向时,元件吸收的功率为:
$$p_{吸收} = -u(t)i(t)$$

非关联参考时,元件释放的功率为:
$$p_{释放} = -p_{吸收} = u(t)i(t)$$

为方便起见,电路分析时常对二端元件取关联参考,而在求解功率时,通常先求元件的吸收功率。初学者应在把握客观规律的基础上,能够灵活地选择参考方向来分析相应的电路变量。

【例 1.2-1】 在分析某二端元件的端电压和电流时,其参考方向的选择组合有以下四种情况,如图 1.2-5 所示,请列出四种组态下求解电功率的表达式。

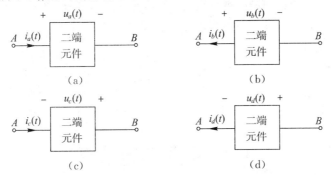

图 1.2-5 例 1.2-1 图

解: 图 1.2-5 中(a)、(d)取关联参考,所以有:
$$p_{吸收} = u(t)i(t) = u_a(t)i_a(t) = u_d(t)i_d(t)$$

或
$$p_{释放} = -p_{吸收} = -u(t)i(t) = -u_a(t)i_a(t) = -u_d(t)i_d(t)$$

对于电路中的同一个元件,显然有 $u_a = -u_d$ 和 $i_a = -i_d$,所以求出的最终结果是相同的。

图 1.2-5(b)、(c)中取非关联参考,所以有:
$$p_{吸收} = -u(t)i(t) = -u_b(t)i_b(t) = -u_c(t)i_c(t)$$

或
$$p_{释放} = -p_{吸收} = u(t)i(t) = u_b(t)i_b(t) = u_c(t)i_c(t)$$

对于电路中的同一个元件,显然有 $u_b = -u_c$ 和 $i_b = -i_c$,所以求出的最终结果也是相同的。

在图 1.2-5 中的四种组态下,存在关系式 $u_a = u_b = -u_c = -u_d$ 和 $i_a = -i_b = i_c = -i_d$。因此,在计算元件功率时,只要所用的公式与参考方向的选择相一致,则分析的结果是统一的。

可见,在计算元件功率时,所用的公式一定要与参考方向的选择相一致,否则会出现功率方向判错的情况。为方便起见,今后如无特别指出,电压电流的参考方向均采用关联参考,元件功率均指元件的吸收功率。

集总电路内部服从能量转换与守恒定律,具体表现为在任意时刻,电路一部分元件所吸收的电能必然由所有其余元件释放相同的电能来提供。该规律常表述为:集总电路内部所有元件吸收功率的代数和为零,称为"功率平衡原理",即有:

$$\sum_{i=1}^{N} p_i = 0 \qquad (1.2-8)$$

在式(1.2－8)中，p_i 表示第 i 个元件吸收的功率，N 表示电路中元件的总个数。

电路元件在 $t_0 \sim t_1$ 时间段内吸收的电能为：

$$w(t_0,t_1) = \int_{t_0}^{t_1} p(t)\mathrm{d}t = \int_{t_0}^{t_1} u(t)i(t)\mathrm{d}t \tag{1.2－9}$$

式(1.2－9)中，$p(t)$ 为元件吸收的瞬时功率，单位为瓦(W)，电能量 $w(t_0,t_1)$ 的单位为焦耳(J)，电压的单位为伏特(V)，电流的单位为安培(A)，时间的单位为秒(s)。

平均功率为元件在一段时间内平均消耗的能量，在稳恒直流电路中，元件的瞬时功率与平均功率相同。功率单位 $1\text{W}=1\text{J/s}$，所以有能量：$1\text{J}=3600^{-1}\text{Wh}$，或者 $1\text{Wh}=3600\text{J}$，Wh 称为"瓦·时"，平时所说的 1 度电指 1 千瓦时(1kWh)，$1\text{kWh}=3.6\times10^6\text{J}$。

根据元件能否主动地向外释放电能，可把元器件分为无源元件和有源元件。通常电阻元件只消耗电能，所以为典型的无源元件，而电源为典型的有源元件。电容和电感类似，在电路中时而充电时而放电，这种放电是以充电为基础的，所以也归为无源元件。

移动电源在充电状态时作为负载吸收电能并存储下来，所存电量越多则在充当电源时向外提供电能就越大。通常把可充电电源所能存储的最大电能称为"充电电源的容量"。如某锂电池的容量为 1650mAh，当标称电压为 3.7V 时，该电池充满时存储的电能为 $1650\text{mAh}\times3.7\text{V}$，即 6.1Wh。

1.3 基尔霍夫定律

为方便问题的说明，先介绍几个基本的电路概念，电路由若干元件相互连接组成，也可称为"电网络"，或简称"网络"。图 1.3-1 所示电路由 6 个二端元件相互连接组成，电路中的每一个二端元件均可以视为一条支路(branch)，若干串联或并联的二端元件也可以根据需要合并视为一条支路，所以电路中的支路数 b 是相对的，具体大小可取决于个人分析问题的习惯。支路与支路的连接点称为"节点(node)"，节点数 n 与支路数相对应，也是相对的。由若干支路构成的任一个闭合路径都可以称为"回路(loop)"，回路数 l 与节点数 n 和支路数 b 相对应，电路分析时往往不需要找出所有的回路，只要找到列方程时需要的回路即可，所以知道电路中一共有多少个回路并不是很重要。把一个电路图画在平面上，若能使其各条支路除节点外不再另有交叉，则该电路可称为"平面电路"，否则为"非平面电路"。

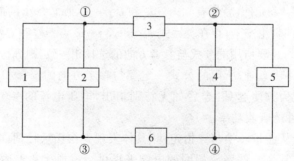

图 1.3-1 由 6 个元件组成的电网络

对于平面电路，当回路中不另含有其他支路时，该回路称为"网孔"，平面电路中的网孔数 m 与支路数 b、节点数 n 的关系为 $m=b-(n-1)$。如在分析图 1.3-1 所示电路时，可认为 6 个二端元件为6条支路,支路数$b=6$。相应的节点数$n=4$。网孔数$m=b-(n-1)=6-(4-1)=3$,三个网孔的组成元件分别为(1,2)、(2,3,4,6)和(4,5)。电路的回路数$l=6$,六个回路的组成元件分别为(1,2)、(1,3,4,6)、(1,3,5,6)、(2,3,4,6)、(2,3,5,6)和(4,5)。而当把并联的支路1和支路2合并为一条支路$1'$时,支路数$b=5$,节点数$n=4$。网孔数$m=b-(n-1)=5-(4-1)=2$,二个网孔的组成元件分别为$(1',3,4,6)$和(4,5)。

基尔霍夫定律是集总电路中最基本、最重要的电路定律,是电荷守恒和能量守恒运用到集总电路中的结果。基尔霍夫定律的成立与具体的电路元件没有关系,它仅取决于元件与元件的连接关系,所以基尔霍夫定律是一种取决于电路拓扑结构的约束关系,称为"拓扑约束",与元件性质无关。

基尔霍夫定律由基尔霍夫电流定律(KCL)和基尔霍夫电压定律(KVL)两个部分组成。

1.3.1 基尔霍夫电流定律(KCL)

电荷守恒定律指出电荷既不能创造,也不会被消灭,它只能从一个物体转移到另一个物体(如摩擦起电),或从物体的一部分转移到另一部分(如静电感应)。在任何物理过程中,电荷的代数和是恒定不变的。在集总电路中,对于任一个不能存储电荷的节点来说,在任一时刻,将有流出(或流进)该节点的所有支路电荷的代数和为零,所以有:

$$\sum \mathrm{d}q_k = 0 \Rightarrow \sum \frac{\mathrm{d}q_k}{\mathrm{d}t} = \sum i_k = 0 \tag{1.3-1}$$

式(1.3-1)所反映的规律称为"基尔霍夫电流定律(KCL)",可具体表述为:在任一时刻,对于集总电路中的任一节点,流出(或流进)该节点的所有支路电流的代数和为零。

在电路分析时,KCL可具体表现为以下三种情形:流进节点的所有电流代数和为零,即

$$\sum_{k=1}^{N} i_{k\text{流进}} = 0 \tag{1.3-2}$$

流出该节点的所有电流代数和为零,即

$$\sum_{k=1}^{N} i_{k\text{流出}} = 0 \tag{1.3-3}$$

流进节点的电流代数和等于通过所有其他支路流出节点的电流代数和,即

$$\sum_{k=1}^{M} i_{k\text{流进}} = \sum_{l=1}^{N-M} i_{l\text{流出}} \tag{1.3-4}$$

KCL定律描述了节点处各支路电流的代数关系,对电流的真实方向和参考方向同样成立。在引入电流参考方向后,式(1.3-2)、(1.3-3)和(1.3-4)中的各支路电流项i_k前会增加一个正号或负号,正负号的选择取决于电流参考方向与节点的相对关系。假设电路中的某一节点处共有6条支路,如图1.3-2所示:

根据KCL的情形一:流进节点的所有电流代数和为零,可得KCL方程:

$$\sum_{k=1}^{6} i_{k\text{流进}} = i_1 + i_2 + i_3 - i_4 + i_5 - i_6 = 0 \tag{1.3-5}$$

方程(1.3-5)中各项前的正负符号取决于电流参考方向与节点的相对关系,参考方向流进节点的支路电流项(如i_1、i_2、i_3和i_5)前取正号,流出节点的支路电流项(如i_4和i_6)

前则取负号。

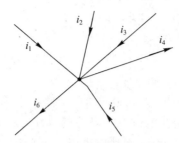

图 1.3-2　一个连接 6 条支路的节点

根据 KCL 的情形二：流出该节点的所有电流代数和为零，可得 KCL 方程：

$$\sum_{k=1}^{6} i_{k\text{流出}} = -i_1 - i_2 - i_3 + i_4 - i_5 + i_6 = 0 \quad (1.3-6)$$

方程(1.3-6)中各项前的正负符号取决于电流参考方向与节点的相对关系，参考方向流出节点的支路电流项（如 i_4 和 i_6）前取正号，流进节点的支路电流项（如 i_1、i_2、i_3 和 i_5）前取负号。

根据 KCL 的情形三：流进节点的电流代数和等于其他所有支路流出节点的电流代数和，可得 KCL 方程：

$$\sum_{k=1}^{4} i_{k\text{流进}} = \sum_{l=1}^{2} i_{l\text{流出}}，即：i_1 + i_2 + i_3 + i_5 = i_4 + i_6 \quad (1.3-7)$$

方程(1.3-7)各项前的正负符号取决于电流参考方向与节点的相对关系，左式中参考方向流进节点的取正号，反之取负；右式中参考方向流出节点的取正号，反之取负号。

显然 KCL 方程(1.3-5)、(1.3-6)和(1.3-7)在本质上是相同的。

基尔霍夫电流定律可推广应用于电路中的任何一个广义节点，而电路中的任何一个假设的封闭面均可视为一个广义节点。在如图 1.3-3 所示的电路中，共有 7 个元件相互连接，可把元件 3、4 和 6 合并在一起，并用虚线绘出一个假设的封闭面，构成一个广义节点，可对其列写 KCL 方程得：

按 KCL 的情形一可得：$\sum i_{\text{流进}} = i_3 + i_6 - i_7 = 0$；

按 KCL 的情形二可得：$\sum i_{\text{流出}} = -i_3 - i_6 + i_7 = 0$；

按 KCL 的情形三可得：$\sum i_{\text{流进}} = \sum i_{\text{流出}}$，即有 $i_3 + i_6 = i_7$。

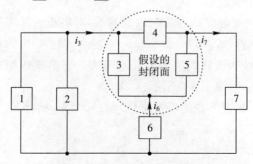

图 1.3-3　电路中的广义节点

【例1.3-1】 设电路中的某一节点处有4条支路,如图1.3-4所示,若已知:$i_1 = 2\,\text{A}$,$i_2 = -10\,\text{A}$,$i_3 = 2\,\text{A}$,求支路4的电流i_4,并分析各支路电流的真实方向。

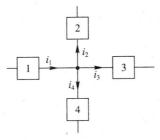

图1.3-4 例1.3-1图

解: 若依据流进节点的所有电流代数和为零,可得KCL方程:

$$i_1 - i_2 - i_3 - i_4 = 0 \tag{1.3-8}$$

把$i_1 = 2\,\text{A}$,$i_2 = -10\,\text{A}$和$i_3 = 2\,\text{A}$代入方程(1.3-8)可得:

$$i_4 = i_1 - i_2 - i_3 = 10\,\text{A}$$

依据电流真实方向、参考方向和电流数值三者之间的关系,可得:

$i_1 = 2\text{A} > 0$,支路1电流的真实方向与参考方向相同,为流进节点,电流大小为2A;

$i_2 = -10\text{A} < 0$,支路2电流的真实方向与参考方向相反,为流进节点,电流大小为10A;

$i_3 = 2\text{A} > 0$,支路3电流的真实方向与参考方向相同,为流出节点,电流大小为2A;

$i_4 = 10\text{A} > 0$,支路4电流的真实方向与参考方向相同,为流出节点,电流大小为10A。

可见,KCL定律对电流的参考方向和真实方向均是成立的。

1.3.2 基尔霍夫电压定律(KVL)

功率平衡原理是能量转换和守恒定律运用在集总电路上的结果,基尔霍夫电压定律可以由功率平衡原理和基尔霍夫电流定律推导出来。以单回路电路为例,设某电路如图1.3-5所示:

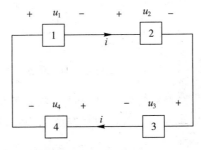

图1.3-5 单回路电路

由功率平衡原理可得,电路中所有元件在任何时刻吸收的功率之和为零,即有:

$$\sum p_{吸收} = p_1(t) + p_2(t) + p_3(t) + p_4(t) = 0 \tag{1.3-9}$$

为进一步求解各元件的吸收功率,在图1.3-5所示的电路中标出了各元件的电压电流

参考方向,均选取关联参考,则有:

$$\sum p_{吸收} = u_1 i_1 + u_2 i_2 + u_3 i_3 + u_4 i_4 = 0 \tag{1.3-10}$$

由 KCL 定律可得,单回路内所有元件的电流是相等的,此处电流参考方向均选择为顺时针方向,则有:

$$i_1 = i_2 = i_3 = i_4 = i \tag{1.3-11}$$

把式(1.3-11)代入方程(1.3-10)后可得:

$$(u_1 + u_2 + u_3 + u_4)i = 0 \tag{1.3-12}$$

方程(1.3-12)对所有 i 值均成立,所以有:

$$u_1 + u_2 + u_3 + u_4 = 0 \tag{1.3-13}$$

方程(1.3-13)的成立与元件的特性没有关系,是由电路结构得出的回路内各支路电压的关系,是电路中的拓扑约束。

为便于表述,通常假定顺时针或逆时针方向为回路的方向(或绕行方向),则方程(1.3-13)可表述为:单回路内,在任一时刻,在假定的回路方向上所有元件的电压降(或电压升)之和为零。

基尔霍夫电压定律(KVL)指明了以上结论适用于电路中的所有回路,具体内容为:在任一时刻,对于集总电路中的任一回路,在假定的回路绕行方向上所有支路的电压代数和为零。

$$\sum_{k=1}^{K} u_k(t) = 0 \tag{1.3-14}$$

式(1.3-14)中,$u_k(t)$ 表示回路内的第 k 条支路的支路电压,K 为回路中支路总个数。

KVL 定律的成立适用于电压真实极性和参考极性,列写电路方程时,式(1.3-14)中的各项前会增加正号或负号,正负号的选择取决于各支路参考方向和假定的回路绕行方向的相对关系。仍以单回路电路为例,如图 1.3-6 所示:

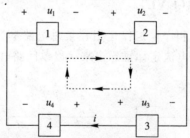

图 1.3-6 假定了回路绕行方向的单回路电路

在图 1.3-6 所示的电路中,选择顺时针方向为回路电压降方向,各支路电压参考方向也已标出,依据在顺时针回路方向上所有元件的电压降之和为零,则有 KVL 方程:

$$\sum u_k = u_1 + u_2 - u_3 + u_4 = 0 \tag{1.3-15}$$

方程(1.3-15)中各项前的正负符号取决于支路电压参考方向与回路方向的相对关系,参考方向与回路方向一致(如支路 1、2、4)时该项取正号。反之,当参考方向与回路方向不一致(如支路 3)时取负号。

若选择逆时针方向为回路电压降方向,则有 KVL 方程:

$$\sum u_k = -u_1 - u_2 + u_3 - u_4 = 0 \qquad (1.3-16)$$

方程(1.3—16)中各项前的正负符号同样取决于支路电压参考方向与回路方向的相对关系,参考方向与回路方向一致(支路3)时该项取正号,反之,当参考方向与回路方向不一致(支路1、2、4)时取负号。

两种情况下得出的 KVL 方程(1.3—15)和(1.3—16)实质上相同。

由 KVL 可得并联支路的各支路电压相等。

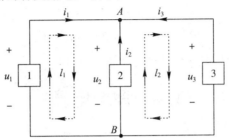

图 1.3-7 含有两个网孔的电路

在图 1.3-7 所示的电路中,由并联支路电压相等可得:

$$u_{AB} = u_1 = u_2 = u_3 \qquad (1.3-17)$$

方程(1.3—17)表明:电路中 A、B 两个节点之间的电压降 u_{AB},可以沿从 A 点到 B 点的任意一条路径求出,结果不变。

为便于直观地列写 KVL 方程,可优先针对较为直观的回路即网孔回路列写 KVL 方程。在图 1.3-7 所示的电路中,有 2 个节点和 3 条并联的支路,形成 3 个回路,其中有 2 个网孔。当选顺时针方向为回路绕行方向时,可得 2 个网孔回路的 KVL 方程为:

$$l_1: -u_1 + u_2 = 0 \quad 即 \quad u_1 = u_2$$
$$l_2: -u_2 + u_3 = 0 \quad 即 \quad u_2 = u_3$$

【例 1.3-2】 试求如图 1.3-8 所示电路中的支路电压 u_3、u_4、u_6 和 u_{AB},已知 $u_1 = 1\ \text{V}$,$u_2 = -3\ \text{V}$,$u_5 = 2\ \text{V}$。

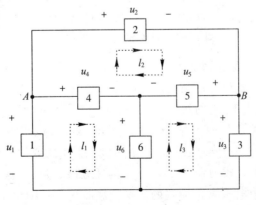

图 1.3-8 例 1.3-2 图

解: 为统一起见,所有回路均选顺时针为回路绕行方向,对 3 个网孔回路列写 KVL 方程可得:

$$\begin{cases} l_1: u_4 + u_6 - u_1 = 0 \\ l_2: u_2 + u_5 - u_4 = 0 \\ l_3: u_3 - u_6 - u_5 = 0 \end{cases} \quad (1.3-18)$$

把 $u_1 = 1\text{ V}$、$u_2 = -3\text{ V}$、$u_5 = 2\text{ V}$ 代入方程(1.3-18)，经整理后可得：

$u_4 = u_2 + u_5 = -1\text{ V}$；$u_6 = u_1 - u_4 = 2\text{ V}$；$u_3 = u_6 + u_5 = 4\text{ V}$

u_{AB} 可通过在电路中沿从 A 到 B 的任一路径求出：

若沿支路 2 可得：$u_{AB} = u_2 = -3\text{V}$；

若沿支路 4、5 可得：$u_{AB} = u_4 - u_5 = -3\text{V}$；

若沿支路 1、6、5 可得：$u_{AB} = u_1 - u_6 - u_5 = -3\text{V}$。

1.4 理想电源

1.4.1 理想电压源

理想电压源是典型的有源器件，又称为"独立电压源"或"恒压源"。它具有两个基本性质：(1)电压源的端电压是一定值 U_S（稳恒直流电压源）或是一定的时间函数 $u_S(t)$，与电压源的电流无关；(2)通过电压源的电流取决于电压源电压及其外接负载，理论上可以取任意值。

理想电压源的常用符号如图 1.4-1 所示：

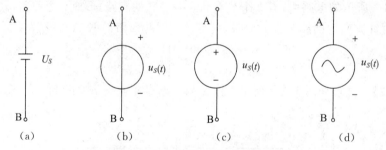

图 1.4-1 理想电压源的常用符号

图 1.4-1 中(a)仅用于表示稳恒直流电压源,(b)、(c)是通用的理想电压源符号,可表示直流或交流电压源,(d)通常仅表示交流正弦理想电压源。

二端元件的端电压与电流的关系称为元件的"伏安关系"(VAR, Voltage Ampere Relation)，或"电压电流关系"(VCR, Voltage Current Relation)。伏安关系是元件特性的重要表述方式，是元件特性的一种数学模型，通常用伏安关系式或伏安特性曲线的形式给出。

理想电压源的伏安关系式为：$u = u_S(t)$，i 为任意值。

图 1.4-2(a)表示理想电压源 t_1 时刻的伏安特性曲线,图(b)绘出了直流电压源、方波电压源和正弦波电压源的电压时域曲线。

理想电压源的伏安特性曲线不是通过原点的直线,因此理想电压源不是线性元件,而是在线性电路中常见的典型非线性元件。理想电压源不允许短路,否则违反 KVL 定律,而实际电压源通常设有短路保护,当负载短路时有自动保护功能。

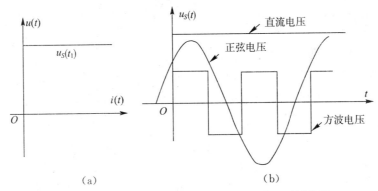

图 1.4-2 理想电压源的伏安特性曲线和电压时域曲线

理想电压源又是典型的有源器件，在电路中可以向外释放功率也可能吸收功率，电压源释放功率时则发挥"源"的作用，当吸收功率时则相当于"充电"而充当电路的"负载"。

在对电路的分析和计算过程中，电压源吸收功率 $p_{吸收} > 0$ 时，电源吸收功率；$p_{吸收} < 0$ 时，电源释放功率。电压源的电压参考极性和电流参考方向的选择会有以下 4 种组态，如图 1.4-3 所示。

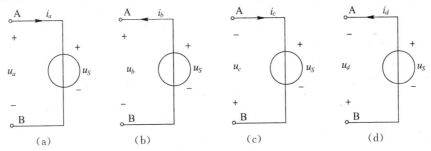

图 1.4-3 参考方向选择的 4 种组态

对于电路中的同一个元件，在图 1.4-3 所示的 4 种情况下端口电流关系为：$i_a = i_c = i$；$i_b = i_d = -i_a = -i$，而端口电压关系为 $u_a = u_b = u_S$，$u_c = u_d = -u_S$ 对电源的功率分析分别表现为：

在图 1.4-3(a)中，电压电流取关联参考，电压源的吸收功率 $p_{吸收} = u_a i_a = u_S i_a = u_S i$，释放功率 $p_{释放} = -p_{吸收} = -u_S i$；

在图 1.4-3(b)中，电压电流取非关联参考，电压源的吸收功率 $p_{吸收} = -u_b i_b = -u_S i_b = u_S i$，释放功率 $p_{释放} = -p_{吸收} = -u_S i$；

在图 1.4-3(c)中，电压电流取非关联参考，电压源的吸收功率 $p_{吸收} = -u_c i_c = u_S i_c = u_S i$，释放功率 $p_{释放} = -p_{吸收} = -u_S i$；

在图 1.4-3(d)中，电压电流取关联参考，电压源吸收的功率 $p_{吸收} = u_d i_d = -u_S i_d = u_S i$，释放功率 $p_{释放} = -p_{吸收} = -u_S i$。

可见在参考方向的不同组态下，对电压源功率的分析结果是相同的，电路分析时需要注意参考方向的选择和所使用的公式应保持一致。

1.4.2 理想电压源的串联和并联等效

一、理想电压源的串联

电压源串联通常是为了提高整个电源的输出电压值,常见的电动自行车通常以 4 组 12V 铅酸蓄电池为动力电源,4 组电源串联后达 48V 供电电压。

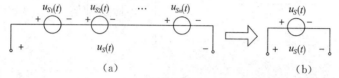

图 1.4-4 理想电压源的串联等效

n 个理想电压源串联可对外等效为一个理想电压源,等效过程如图 1.4-4 所示,等效后的电压源电压 $u_S(t)$ 等于各理想电压源电压的代数和,计算公式为:

$$u_S(t) = \sum_{i=1}^{n} (\pm) u_{Si}(t) \qquad (1.4-1)$$

式(1.4-1)中各项前的正负号取决于各理想电压源的参考方向与等效后电压源参考方向的关系,当 $u_{Si}(t)$ 与 $u_S(t)$ 参考方向一致时取正号。反之,取负号。

【例 1.4-1】 两个电压源串联可对外等效为一个电压源,在如图 1.4-5 所示的四种情况下,试求串联等效后的电压源电压 $u_{seqi}(t),(i=1,2,3,4)$。

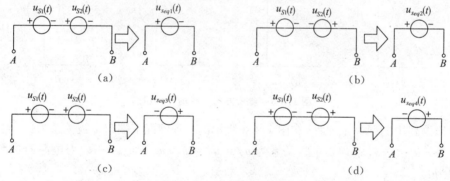

图 1.4-5 例 1.4-1 图

解: 由理想电压源的串联等效公式可得串联等效后的电压源端电压,在图 1.4-5(a)中,电压源 u_{S1} 和 u_{S2} 同向串联,且参考方向均与等效后的电压源一致,所以有 $u_{seq1} = u_{S1} + u_{S2}$;

在图 1.4-5(b)中,电压源 u_{S1} 和 u_{S2} 反向串联,其中 u_{S1} 的参考方向与等效后的电压源一致,而 u_{S2} 参考方向与等效后的电压源相反,所以有 $u_{seq2} = u_{S1} - u_{S2}$;

在图 1.4-5(c)中,电压源 u_{S1} 和 u_{S2} 同向串联,且参考方向均与等效后的电压源相反,所以有 $u_{seq3} = -u_{S1} - u_{S2} = -(u_{S1} + u_{S2})$;

在图 1.4-5(d)中,电压源 u_{S1} 和 u_{S2} 反向串联,其中 u_{S1} 参考方向与等效后的电压源相反,而 u_{S2} 参考方向与等效后的电压源一致,所以有:$u_{seq4} = -u_{S1} + u_{S2}$。

以上分析表明,在做等效变换并列式求解时,一定要考虑到各电压源参考方向和等效后电压源参考方向的关系。

二、理想电压源的并联

当理想电压源进行并联时,通常是为了提高整个电压源的最大输出电流,从而提高电压源的带负载能力。图 1.4-6 所示为两个理想电压源的并联电路,由 KVL 可得并联电压源的电压应该相等,电压不相等的电压源则不允许并联。

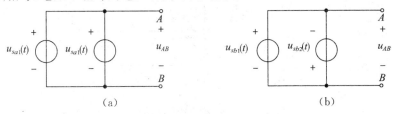

图 1.4-6　理想电压源的并联

图 1.4-6(a)中的电压源 u_{sa1} 和 u_{sa2} 同向并联,且参考方向均与端电压 u_{AB} 一致,所以有:$u_{sa1} = u_{sa2} = u_{AB} = -u_{BA}$;

而在图 1.4-6(b)中的电压源 u_{sb1} 和 u_{sb2} 反向并联,其中 u_{sb1} 参考方向与端电压 u_{AB} 一致,而 u_{sb2} 参考方向与端口电压 u_{AB} 相反,所以有:$u_{sb1} = -u_{sb2} = u_{AB} = -u_{BA}$。

三、理想电压源与其他非电压源元件的并联

理想电压源与其他非电压源器件并联,可对外等效为该理想电压源,如图 1.4-7 所示:

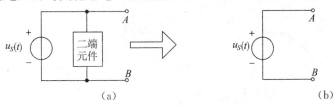

图 1.4-7　理想电压源与非电压源器件的并联

1.4.3　理想电流源

理想电流源是另一个典型的有源器件,又称为"独立电流源"或"恒流源"。它具有两个基本性质:(1)电流源的电流是一定值 I_s(直流电流源)或是一定的时间函数 $i_S(t)$,与两端电压无关;(2)电流源的电压取决于电流源电流及其外接负载,理论上可为任意值。根据以上性质可得理想电流源不允许开路。

理想电流源的常用符号如图 1.4-8 所示:

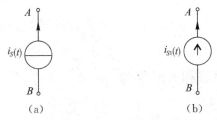

图 1.4-8　理想电流源的常用符号

图 1.4-8 所示的两种电流源符号均为通用符号,既可以用于表示稳恒直流电流源,也可用于表示交变电流源。

理想电流源的端电压与电流之间不存在正比例关系,其伏安特性曲线不是通过原点的直线。与理想电压源一样,理想电流源是在线性电路中较为常用的非线性元件。

电流源的电压在理论上可为任意值,图 1.4-9(a)所示为 t_1 时刻电流源的伏安特性曲线,图 1.4-9(b)表示为常见的直流电流源和正弦电流源的电流时域曲线。

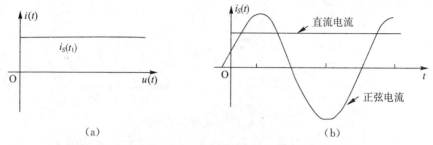

图 1.4-9 理想电流源的伏安特性曲线和电流时域曲线

理想电流源是典型的有源器件,它在电路中可以向外释放功率也可能吸收功率,当吸收功率 $p_{吸收}>0$ 时,电流源作为电路负载而处于"充电"状态,而当吸收功率 $p_{吸收}<0$ 时,电流源则充当"电源"并处于放电状态。

在分析电流源的功率时,对电压、电流参考方向的选择常有以下 4 种组态,如图 1.4-10 所示。

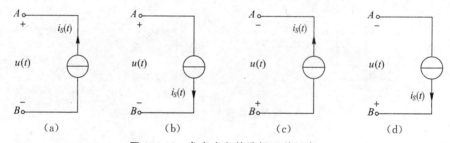

图 1.4-10 参考方向的选择四种组态

在图 1.4-10(a)组态中的电压电流取非关联参考,理想电流源的吸收功率 $p_{吸收}=-ui_S$,释放功率 $p_{释放}=-p_{吸收}=ui_S$;

在图 1.4-10(b)组态中的电压电流取关联参考,理想电流源吸收的功率 $p_{吸收}=ui_S$,释放功率 $p_{释放}=-p_{吸收}=-ui_S$;

在图 1.4-10(c)组态中的电压电流取关联参考,理想电流源吸收的功率 $p_{吸收}=ui_S$,释放功率 $p_{释放}=-p_{吸收}=-ui_S$;

在图 1.4-10(d)组态中电压电流取非关联参考,理想电流源吸收的功率 $p_{吸收}=-ui_S$,释放功率 $p_{释放}=-p_{吸收}=ui_S$。

1.4.4 理想电流源的串联和并联等效

一、理想电流源的串联

当理想电流源进行串联时,通常是为了提高整个电流源的最大输出电压,从而提高电源的带负载能力。图 1.4-11 所示为两个理想电流源的串联电路,由 KCL 可知串联电流源的电流应该相等,电流不同的电流源则不允许串联。

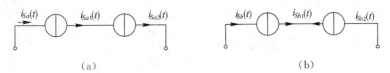

图 1.4-11 理想电流源的串联

在图 1.4-11(a)中,电流源 i_{Sa1} 和 i_{Sa2} 同向串联,且参考方向均与支路电流方向相同,所以有:$i_{Sa} = i_{Sa1} = i_{Sa2}$;

而在图 1.4-11(b)中,电流源 i_{Sb1} 和 i_{Sb2} 反向串联,其中 i_{Sb1} 的参考方向与支路电流方向相同,而 i_{Sb2} 的参考方向与支路电流方向相反,所以有:$i_{Sb} = i_{Sb1} = -i_{Sb2}$。

可见,在做等效变换并列式计算时,所列公式或方程一定要与选定的参考方向一致,否则,分析的结果将会出现错误。

二、理想电流源与其他非电流源器件的串联

理想电流源与其他非电流源器件的串联可对外等效为该理想电流源,如图 1.4-12 所示:

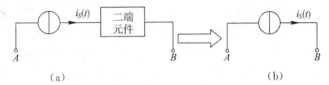

图 1.4-12 理想电流源与非电流源器件的串联

三、理想电流源的并联

n 个理想电流源并联可以对外等效为一个电流源,等效后电流源的电流 i_{seq} 等于各电流源电流的代数和,等效变换公式可表示为:

$$i_{seq} = \sum_{k=1}^{n}(\pm i_{Sk}) \tag{1.4-2}$$

等效过程如图 1.4-13 所示:

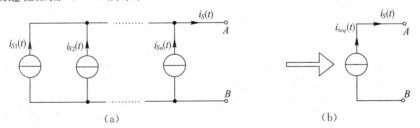

图 1.4-13 理想电流源的并联等效

式(1.4-2)中各项前的正负号取决于各电流源参考方向与等效后电流源参考方向的关系,当电流源 i_{Sk} 与等效后电流源的参考方向一致时取正号。反之,取负号。

图 1.4-13 中 i_S 为二端网络的端口电流,参考方向为从 A 端流出。i_S 的参考方向可以和 i_{seq} 方向一致,所以有 $i_S = i_{seq}$。

【例 1.4-2】 试求在图 1.4-14 所示的 4 种情况下,电流源的端口电流 $i_{seqi}(t)$,($i = 1, 2, 3, 4$)。

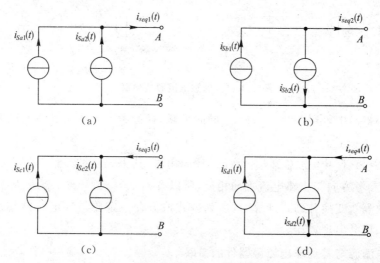

图 1.4-14 例 1.4-2 图

解： 由理想电流源的并联等效公式可得电流源的端口电流，在图 1.4-14(a)中，电流源 i_{Sa1} 和 i_{Sa2} 同向并联，且参考方向均与端口电流 i_{seq1} 方向一致，所以有：$i_{seq1} = i_{Sa1} + i_{Sa2}$；

在图 1.4-14(b)中，电流源 i_{Sb1} 和 i_{Sb2} 反向并联，其中 i_{Sb1} 的参考方向与端口电流 i_{seq2} 方向一致，而 i_{Sb2} 的参考方向与端口电流 i_{seq2} 方向相反，所以有：$i_{seq2} = i_{Sb1} - i_{Sb2}$；

在图 1.4-14(c)中，电流源 i_{Sc1} 和 i_{Sc2} 同向并联，且参考方向均与端口电流 i_{seq3} 方向相反，所以有：$i_{seq3} = -i_{Sc1} - i_{Sc2}$；

在图 1.4-14(d)中，电流源 i_{Sd1} 和 i_{Sd2} 反向并联，其中 i_{Sd1} 的参考方向与端口电流 i_{seq4} 方向相反，而 i_{Sd2} 的参考方向与端口电流 i_{seq4} 方向一致，所以有：$i_{seq4} = -i_{Sd1} + i_{Sd2}$。

1.5 实际电源模型及其等效变换

1.5.1 实际电压源模型

实际电压源通常由电子线路来实现，封装后作为一个器件，在模型上可抽象为理想电压源和内部等效电阻的串联，所以实际电压源又称"有伴电压源"，如图 1.5-1 所示：

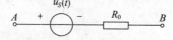

图 1.5-1 实际电压源模型

内阻 R_0 是反映实际电压源性能优劣的一项重要指标，内阻越小的电压源带负载能力越强，而理想电压源则相当于内阻为零的电压源，理想电压源又称"无伴电压源"。

为便于讨论实际电压源的伏安特性，可按如图 1.5-2 所示选择电压、电流的参考方向。

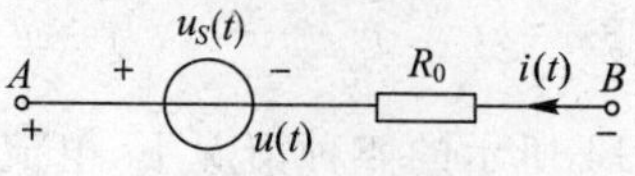

图 1.5-2 标出参考方向的电压源模型

图1.5-2中$u(t)$表示实际电压源的端电压,$i(t)$表示实际电压源的端电流,电压电流取非关联参考。实际直流电压源的伏安关系可表示为:

$$u(t) = u_S(t) - R_0 i(t) = U_S - R_0 i(t) \quad (1.5-1)$$

伏安特性曲线如图1.5-3所示:

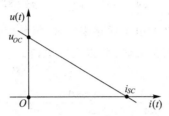

图1.5-3 实际电压源的伏安特性曲线

图1.5-3所示为实际电压源的伏安特性曲线,它不是一条通过原点的直线,所以实际电压源也不是线性元件,而是典型的非线性元件。

伏安特性曲线与纵轴的交点对应于$i=0$,表示电压源处在开路或空载状态,此时的端电压称为"开路电压u_{OC}",直流电压源的开路电压$u_{OC}=U_S$,与内部等效理想电压源的电压相等;伏安特性曲线与横轴的交点对应于$u=0$,表示电压源处在短路状态,此时电源的电流称为"短路电流i_{SC}",直流电压源的短路电流$i_{SC}=\dfrac{U_S}{R_0}=\dfrac{u_{OC}}{R_0}$。

直流电压源的等效内阻$R_0=\dfrac{U_S}{i_{SC}}=\dfrac{u_{OC}}{i_{SC}}$,在实践中可通过电压表近似测出开路电压,用电流表近似测出短路电流,利用u_{OC}、i_{SC}和R_0三者之间的关系求出R_0,由此则用实验法近似得出了实际直流电压源的模型。

【例1.5-1】某直流稳压电源经电压表测试可得其开路电压$U_{OC}=10$ V,如图1.5-4(a)所示,而当负载电流$i_1=2$ A时,端电压$u_1=9$ V,如图1.5-4(b)所示,试确定该直流电压源的等效模型。

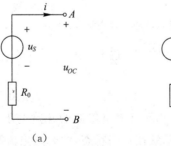
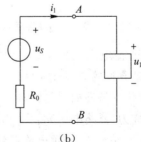

图1.5-4 例1.5-1图

解: 根据所选择的参考方向,图1.5-4所示电压源模型的伏安关系式为:

$$u_{AB} = u_S - R_0 i \quad (1.5-2)$$

已知电源的开路电压$u_{OC}=10$ V,所以有$u_S=u_{OC}=10$ V;

在求解电源的等效内阻时,式(1.5-2)可变换为:

$$R_0 = \dfrac{u_S - u_{AB}}{i} \quad (1.5-3)$$

把 $i = i_1 = 2\,\text{A}$，$u_{AB} = u_1 = 9\,\text{V}$ 代入式（1.5-3）可得：

$$R_0 = \frac{10-9}{2} = 0.5\,\Omega。$$

1.5.2 实际电流源模型

实际电流源通常由较为复杂的电子线路来实现，封装后作为一个器件，在模型上可以抽象为理想电流源与内部等效电阻的并联，所以实际电流源又称为"有伴电流源"，如图 1.5-5 所示：

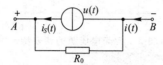

图 1.5-5 实际电流源的模型

内阻 R_0 是实际电流源的重要性能指标，内阻越大说明电流源带负载能力越强，理想电流源的内阻 $R_0 = \infty$，所以理想电流源又称为"无伴电流源"。

在图 1.5-5 所示的非关联参考下，实际电流源的伏安关系式为：

$$i(t) = i_S(t) - \frac{u(t)}{R_0} \tag{1.5-4}$$

式（1.5-4）中的 $i(t)$ 表示电流源的端口电流，$u(t)$ 表示电流源的端电压，$i_S(t)$ 表示内部等效理想电流源的电流。

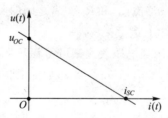

图 1.5-6 实际电流源的伏安特性曲线

图 1.5-6 所示为直流电流源的伏安特性曲线，它不是通过原点的直线，因此实际电流源也不是线性元件，而是典型的非线性元件。

实际直流电流源伏安特性曲线与纵轴的交点对应于 $i=0$，表示电流源处在开路或空载状态，此时的端电压称为"开路电压 u_{OC}"，实际直流电流源的开路电压 $u_{OC} = R_0 i_S$；特性曲线与横轴的交点对应于 $u=0$，表示电流源处在短路状态，此时的电流称为"短路电流 i_{SC}"，$i_{SC} = i_S$。电流源的伏安关系式给实验法确定实际电流源的模型提供了依据。

1.5.3 实际电压源与实际电流源模型互换等效

"等效"是电路理论中的重要概念，当两个二端元件对外的电气特性完全一致时，这两个二端元件等效。等效的两个二端元件可具体表现为伏安关系表达式相同或特性曲线相同。电路等效变换意义在于"化繁为简"或变换连接形式，是简化电路分析的重要方法之一。等效是一种对外等效，若网络 B 内部结构简单，而网络 A 内部结构复杂，当不涉及 A 内部变量时,可以用 B 代替 A 元件进行电路分析,有效地实现了电路分析的简化。

理想电压源和理想电流源的伏安关系式无法相等,所以理想电压源与理想电流源之间无法进行等效互换。实际电源可等效为理想电压源串联电阻的等效电压源模型,或等效为理想电流源并联电阻的等效电流源模型。

实际电源在非关联参考下等效为电压源模型时,伏安关系式为:

$$u(t) = u_S(t) - R_0 i(t) \tag{1.5-5}$$

等效电压源的模型如图 1.5-7 所示:

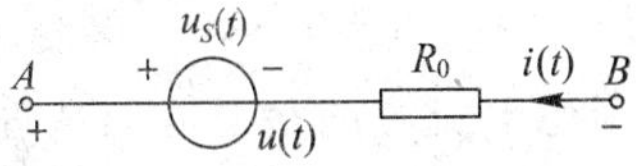

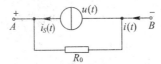

图 1.5-7 非关联参考下的等效电压源模型

实际电源在非关联参考下等效为电流源模型时,伏安关系表达式为:

$$i(t) = i_S(t) - u(t)/R_0 \tag{1.5-6}$$

等效电流源模型的电路模型如图 1.5-8 所示:

图 1.5-8 非关联参考下的等效电流源模型

为了实现电源等效电压源模型和等效电流源模型的相互变换,可把电流源的伏安关系式(1.5-6)转换为:

$$u(t) = R_0 i_S(t) - R_0 i(t) \tag{1.5-7}$$

当式(1.5-5)和式(1.5-7)相等时,两电源模型是等效的,对比后可得两类电源模型的等效条件为:伴随电阻 R_0 相等;当电源内部理想电流源的参考方向从理想电压源的"-"极指向"+"极时有 $u_S(t) = R_0 i_S(t)$。

当两类电源模型进行等效互换时,需要注意所选参考方向与表达式的对应关系,当参考方向改变时,表达式中对应的变量要适当调整符号。两类电源模型是否等效是一种客观事实,与所选的参考方向没有关系,但为便于对比,通常在判断两个模型是否等效时,参考方向尽量选择一致。

【例 1.5-2】 某等效电流源模型如图 1.5-9 所示,根据参考方向的不同可分别等效为 (a)、(b)、(c)和(d)四种等效电压源组态,试确定在各组态中的电路参数和伏安关系表达式。

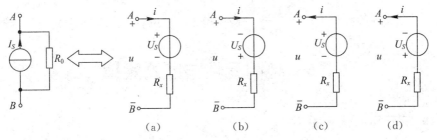

图 1.5-9 例 1.5-2 图

解： 根据电流源模型和电压源模型的等效变换规则,并考虑到理想电压源参考极性和理想电流源参考方向的关系,可得以下结果:

在图 1.5-9(a)中,电源内部理想电流源的参考方向从理想电压源的"—"极指向"+"极,所以理想电压源的电压 $U_S = R_0 I_S$;伴随电阻 $R_x = R_0$;伏安关系为 $u = U_S + R_0 i$;

在图 1.5-9(b)中,电源内部理想电流源的参考方向从理想电压源的"+"极指向"—"极,所以理想电压源的电压 $U_S = -R_0 I_S$;伴随电阻 $R_x = R_0$;伏安关系为 $u = -U_S + R_0 i$;

在图 1.5-9(c)中,电源内部理想电流源的参考方向从理想电压源的"—"极指向"+"极,所以理想电压源的电压 $U_S = R_0 I_S$;伴随电阻 $R_x = R_0$;伏安关系为 $u = U_S - R_0 i$;

在图 1.5-9(d)中,电源内部理想电流源的参考方向从理想电压源的"—"极指向"+"极,所以理想电压源的电压 $U_S = -R_0 I_S$;伴随电阻 $R_x = R_0$;伏安关系为 $u = -U_S - R_0 i$。

【例 1.5-3】 某等效电压源模型如图 1.5-10 所示,根据参考方向的选择不同可分别等效为(a)、(b)、(c)和(d)4 种等效电流源组态,试确定各组态的电路参数和伏安关系表达式。

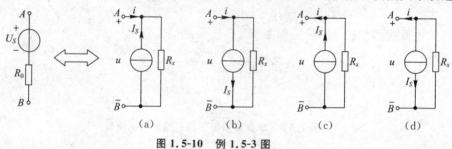

图 1.5-10 例 1.5-3 图

解： 根据等效电流源模型和等效电压源模型的互换规则,并考虑到理想电压源参考极性和理想电流源参考方向的关系,可得以下结果:

在图 1.5-10(a)中,电源内部理想电流源的参考方向从理想电压源的"—"极指向"+"极,所以理想电流源的电流 $I_S = \dfrac{U_S}{R_0}$;伴随电阻 $R_x = R_0$;伏安关系 $i = -I_S + \dfrac{u}{R_0}$;

在图 1.5-10(b)中,电源内部理想电流源的参考方向从理想电压源的"+"极指向"—"极,所以理想电流源的电流 $I_S = -\dfrac{U_S}{R_0}$;伴随电阻 $R_x = R_0$;伏安关系 $i = I_S + \dfrac{u}{R_0}$;

在图 1.5-10(c)中,电源内部理想电流源的参考方向从理想电压源的"—"极指向"+"极,所以理想电流源的电流 $I_S = \dfrac{U_S}{R_0}$;伴随电阻 $R_x = R_0$;伏安关系 $i = I_S - \dfrac{u}{R_0}$;

在图 1.5-10(d)中,电源内部理想电流源的参考方向从理想电压源的"+"极指向"—"极,所以理想电流源的电流 $I_S = -\dfrac{U_S}{R_0}$;伴随电阻 $R_x = R_0$;伏安关系 $i = -I_S - \dfrac{u}{R_0}$。

1.6 电阻元件与欧姆定律

1.6.1 电阻元件的伏安关系

物体对电流的阻碍作用(即电阻特性)是普遍存在的,新研制的超导材料在一定的工作环境下可实现对电流的阻碍近乎为零。把某种材料制成长 1 米、横截面积是 1 平方毫米的导线,该导线在常温下(20℃时)的电阻值叫作这种材料的"电阻率"。物体的电阻大小与材料电阻率、长度和横截面积大小有关,电阻率 ρ 是用来表示各种物质电阻特性的物理量。电阻率的单位是欧姆·米($\Omega \cdot m$),常见材料的电阻率如表 1.6-1 所示:

表 1.6-1　常见材料的电阻率

材料	电阻率 $\rho(\Omega \cdot m)$	用途
银	1.65×10^{-8}	导体
铜	1.75×10^{-8}	导体
金	2.40×10^{-8}	导体
铝	2.83×10^{-8}	导体
碳	4×10^{-5}	半导体
锗	47×10^{-2}	半导体
硅	6.4×10^{2}	半导体
纸	10^{10}	绝缘体
玻璃	5×10^{11}	绝缘体

用电阻率为 ρ 的材料,制作长为 l(单位:m),横截面为 A(单位:m^2)的电阻元件,其电阻值为:

$$R = \rho \frac{l}{A} \qquad (1.6-1)$$

电阻的单位为欧姆(Ω),电阻 R 的倒数称为电阻元件的"电导 G",单位为西门子(S),$1S=1\Omega^{-1}$。

电阻元件的伏安关系服从欧姆定律(Ohm's law),即电阻元件的端电压 u 与其流过的电流 i 成正比,即 $u \propto i$ 且 $u(t) = Ri(t)$。

由欧姆定律可得:

$$R = \frac{u(t)}{i(t)} \qquad (1.6-2)$$

实际电阻元件的阻值与所处的工作环境有很大关系,如在潮湿的环境下电阻可能变小,在高温条件下电阻值则可能变大,阻值通常随着使用时间和工作条件进行变化。当电阻阻值变化很小时,常忽略这种微小变化,从而简化为线性时不变正电阻,即阻值不随时间变化,且伏安特性曲线在 $u-i$ 平面上为通过坐标原点的斜率为正的直线。阻值随时间变化的电阻称为"时变电阻",而伏安特性曲线不是通过原点的直线的电阻为非线性电阻。如无特别指出,本书提及的电阻元件均指线性时不变正电阻。

电阻元件的常用符号如图 1.6-1 所示:

图 1.6-1　电阻元件的常用符号

电路中通常会包含有很多阻值不同的电阻元件,每个电阻元件均会有一个和其他元件所不同的流水号,如 R_1、R_2 等。而电阻的阻值通常在元件符号的附近标出,如图 1.6-1 所示,电阻符号附近标出的阻值为 10k、1M,分别表示 $R_1 = 10\text{k}\Omega = 10 \times 10^3 \Omega$,$R_2 = 1\text{M}\Omega = 1 \times 10^6 \Omega$。

实际电阻器阻值的标注方法有色环标注法和数标法,色环标注法适用于色环电阻,且有四环标注法和五环标注法两种,通过色环的颜色不同来表示阻值和精度的大小。数标法则适用于体积较小的贴片电阻,如 472 表示 $47 \times 10^2 \Omega$、104 表示 $10 \times 10^4 \Omega$,详细说明请参考相关书籍。

电阻元件作为常见的二端元件,其参考方向选择的组态有以下四种形式,如图 1.6-2 所示。

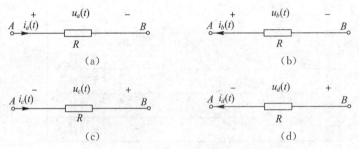

图 1.6-2 电阻元件电压、电流参考方向的四种组态

在图 1.6-2 所示的 4 种组态下,图(a)取关联参考方向,电阻元件的伏安关系为 $u_a(t) = Ri_a(t)$;图(b)取非关联参考方向,则伏安关系为 $u_b(t) = -Ri_b(t)$;图(c)取非关联参考方向,则伏安关系为 $u_c(t) = -Ri_c(t)$;图(d)取关联参考方向,则伏安关系为 $u_d(t) = Ri_d(t)$。

在图 1.6-2 中的 4 种组态下,电阻元件的吸收功率分别表现为:图(a)取关联参考方向,电阻的吸收功率 $p_a = u_a i_a = i_a^2 R = \dfrac{u_a^2}{R} > 0$;图(b)取非关联参考方向,电阻的吸收功率 $p_b = -u_b i_b = i_b^2 R = \dfrac{u_b^2}{R} > 0$;图(c)取非关联参考方向,电阻的吸收功率 $p_c = -u_c i_c = i_c^2 R = \dfrac{u_c^2}{R} > 0$;图(d)取关联参考方向,电阻的吸收功率 $p_d = u_d i_d = i_d^2 R = \dfrac{u_d^2}{R} > 0$。

可见,电阻元件是典型的耗能元件,吸收功率可统一表示为:

$$p = ui = i^2 R = \dfrac{u^2}{R} = Gu^2 = \dfrac{i^2}{G} > 0 \tag{1.6-3}$$

阻值为负值的电阻元件在自然界中极少见到,负电阻的吸收功率 $p = i^2 R \leqslant 0$,因此负电阻不是耗能元件。某些器件会在其伏安特性曲线的某一段呈现负电阻特性,由电子线路构成的电阻器件也可能呈现负电阻特性,但这种情况非常少,所以电路基本理论中很少提及负电阻元件。

电阻元件在 (t_0, t_1) 时间段内吸收的电能为:

$$w(t_0, t_1) = \int_{t_0}^{t_1} p(t) \mathrm{d}t = \int_{-\infty}^{t_0} p(t) \mathrm{d}t + \int_{t_0}^{t_1} p(t) \mathrm{d}t = \int_{-\infty}^{t_0} Ri^2(t) \mathrm{d}t + \int_{t_0}^{t_1} Ri^2(t) \mathrm{d}t \geqslant 0$$

当令 $t_0 = -\infty$ 时,对任意 t_1 均有 $w(-\infty, t_1) \geqslant 0$,即在电路的整个工作过程中,电阻元件不可能充当"电源"而向外释放电能,所以电阻元件又称为"无源元件"。

另一方面，由于电阻元件的电压仅与同一时刻的电流值有关，与该时刻之前的电流值毫无关系，所以电阻元件的电压和电流具有"即时性"特点，又被称为"无记忆元件"。

1.6.2 电阻元件的串联等效与串联分压

n 个电阻元件串联可对外等效为一个电阻元件 R_{eq}，如图 1.6-3 所示：

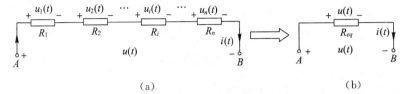

图 1.6-3 电阻元件的串联及对外等效

串联支路电流相等，根据 KVL 定律在图 1.6-3 所示的支路中存在以下关系式：

$$u(t) = u_1(t) + u_2(t) + \cdots + u_n(t) = \sum_{k=1}^{n} R_k i(t) = \left(\sum_{k=1}^{n} R_k\right) i(t) = R_{eq} i(t) \tag{1.6-4}$$

由式(1.6-4)可得串联后的等效电阻：$R_{eq} = \sum_{k=1}^{n} R_k$ (1.6-5)

即串联的等效电阻为各串联电阻之和。

n 个电阻元件串联分压，用 $u_i(t)$ 表示第 i 个电阻分到的电压，则分压公式可表示为

$$u_i(t) = R_i i(t) = \frac{R_i}{R_{eq}} u(t) \tag{1.6-6}$$

即串联电阻分到的电压等于对应电阻阻值与总阻值之比，再乘以总电压。

在具体使用式(1.6-6)时，还应注意各分电压的参考方向与总电压参考方向的关系，当分电压与总电压的参考方向一致时取"+"号，不一致时总电压 $u(t)$ 前应增加"−"号。

【例 1.6-1】 试求图 1.6-4 中所示的各电阻分到的电压，设已知端口总电压 $u_{AB} = 9$ V。

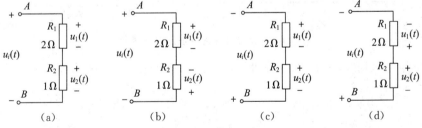

图 1.6-4 例 1.6-1

解： 根据图 1.6-4 对端口电压参考方向的选择可得，在图(a)、(b)中有 $u_i = u_{AB} = 9$ V；在图(c)、(d)中有 $u_i = -u_{AB} = -9$ V；

根据电阻元件串联分压公式，并考虑到分电压与总电压参考方向的关系，可得以下各电阻元件的分电压：

在 1.6-4 图(a)中，分电压 u_1 和 u_2 同向串联，且参考方向均与总电压 u_i 相同，所以有
$u_1 = \dfrac{R_1}{R_1 + R_2} u_i = \dfrac{R_1}{R_1 + R_2} u_{AB} = \dfrac{2}{3} \times 9 = 6$ V；

$$u_2 = \frac{R_2}{R_1+R_2}u_i = \frac{R_2}{R_1+R_2}u_{AB} = \frac{1}{3}\times 9 = 3 \text{ V};$$

在图 1.6-4(b)中，分电压 u_1 和 u_2 反向串联，其中 u_1 的参考方向与总电压 u_i 相同，而 u_2 的参考方向与总电压 u_i 相反，所以有

$$u_1 = \frac{R_1}{R_1+R_2}u_i = \frac{R_1}{R_1+R_2}u_{AB} = \frac{2}{3}\times 9 = 6 \text{ V};$$

$$u_2 = -\frac{R_2}{R_1+R_2}u_i = -\frac{R_2}{R_1+R_2}u_{AB} = -\frac{1}{3}\times 9 = -3 \text{ V};$$

在图 1.6-4(c)中，分电压 u_1 和 u_2 参考方向均与总电压 u_i 相反，所以有

$$u_1 = -\frac{R_1}{R_1+R_2}u_i = \frac{R_1}{R_1+R_2}u_{AB} = \frac{2}{3}\times 9 = 6 \text{ V};$$

$$u_2 = -\frac{R_2}{R_1+R_2}u_i = \frac{R_2}{R_1+R_2}u_{AB} = \frac{1}{3}\times 9 = 3 \text{ V};$$

在图 1.6-4(d)中，分电压 u_1 和 u_2 反向串联，其中 u_1 的参考方向与总电压 u_i 相同，而 u_2 的参考方向与总电压 u_i 相反，所以有

$$u_1 = \frac{R_1}{R_1+R_2}u_i = -\frac{R_2}{R_1+R_2}u_{AB} = -\frac{2}{3}\times 9 = -6 \text{ V};$$

$$u_2 = -\frac{R_2}{R_1+R_2}u_i = \frac{R_2}{R_1+R_2}u_{AB} = \frac{1}{3}\times 9 = 3 \text{ V}。$$

1.6.3 电阻元件的并联等效与并联分流

在分析并联电路时常用电导来描述电阻元件的导电特性，n 个电导元件 $G_k(k=1,\cdots,n)$ 并联可对外等效为一个电导元件 G_{eq}，如图 1.6-5 所示。

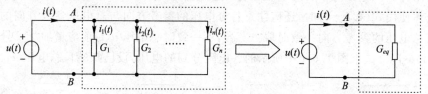

图 1.6-5 电导元件的并联及对外等效

并联支路电压相等，由 KCL 定律可得，在图 1.6-5 中各支路电流存在以下关系：

$$i(t) = i_1(t) + i_2(t) + \cdots + i_n(t) = \sum_{k=1}^{n} G_k u(t) = \left(\sum_{k=1}^{n} G_k\right)u(t) = G_{eq}u(t) \quad (1.6-7)$$

由式(1.6-7)可得并联后的等效电导：$G_{eq} = \sum_{k=1}^{n} G_k$ (1.6-8)

图 1.6-5 中各电导元件并联分流，把端口电流 $i(t)$ 称为并联支路的"总电流"，各电导元件 G_k 分到的电流为

$$i_k(t) = G_k u(t) = \frac{G_k}{G_{eq}}i(t) \quad (1.6-9)$$

式(1.6-9)称为"并联电导分流公式"，可表述为：并联各电导分到的电流等于对应电导与总电导之比，再乘以总电流。

在具体使用分流公式时,应注意各分电流参考方向与总电流参考方向的关系,参考方向一致时,取"+"号;不一致时,$i(t)$ 前应增加"−"号。

【例 1.6-2】 试求图 1.6-6 中所示的 4 种情况下各电导元件分到的电流,设已知端口电流的真实方向为从 A 端流进该单口网络,端口电流大小为 3A。

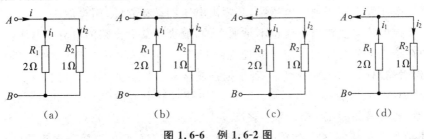

图 1.6-6 例 1.6-2 图

解: 已知端口电流的真实方向为从 A 端流进网络且大小为 3A,根据图 1.6-6 对端口电流参考方向的选择可得:在图(a)、(b)中有 $i = 3$ A;在图(c)、(d)中有 $i = -3$ A;

根据电导元件的并联分流公式,并考虑到分电流与总电流参考方向的关系,可得以下各元件的分电流:

在图 1.6-6(a)中,分电流 i_1 和 i_2 同向并联,且参考方向均与总电流 i 相同,所以有

$$i_1 = \frac{G_1}{G_1+G_2}i = \frac{R_2}{R_1+R_2}i = \frac{1}{3} \times 3 = 1 \text{ A};$$

$$i_2 = \frac{G_2}{G_1+G_2}i = \frac{R_1}{R_1+R_2}i = \frac{2}{3} \times 3 = 2 \text{ A};$$

在图 1.6-6(b)中,分电流 i_1 和 i_2 反向并联,其中 i_1 的参考方向与总电流 i 相反,而 i_2 的参考方向与总电流 i 相同,所以有

$$i_1 = -\frac{G_1}{G_1+G_2}i = -\frac{R_2}{R_1+R_2}i = -\frac{1}{3} \times 3 = -1 \text{ A};$$

$$i_2 = \frac{G_2}{G_1+G_2}i = \frac{R_1}{R_1+R_2}i = \frac{2}{3} \times 3 = 2 \text{ A};$$

在图 1.6-6(c)中,分电流 i_1 和 i_2 同向并联,且参考方向均与总电流 i 相反,所以有

$$i_1 = -\frac{G_1}{G_1+G_2}i = -\frac{R_2}{R_1+R_2}i = -\frac{1}{3} \times (-3) = 1 \text{ A};$$

$$i_2 = -\frac{G_2}{G_1+G_2}i = -\frac{R_1}{R_1+R_2}i = -\frac{2}{3} \times (-3) = 2 \text{ A};$$

在图 1.6-6(d)中,分电流 i_1 和 i_2 反向并联,其中 i_1 的参考方向与总电流 i 相同,而 i_2 的参考方向与总电流 i 相反,所以有

$$i_1 = \frac{G_1}{G_1+G_2}i = \frac{R_2}{R_1+R_2}i = \frac{1}{3} \times (-3) = -1 \text{ A};$$

$$i_2 = -\frac{G_2}{G_1+G_2}i = -\frac{R_1}{R_1+R_2}i = -\frac{2}{3} \times (-3) = 2 \text{ A}。$$

1.7 受控源

受控电源是从实际器件中抽象出来的一种理想元件,分为理想受控电压源和理想受控电流源。受控电压源不同于独立电压源,其输出电压不是独立的,而是取决于某一支路的电流或电压。受控电流源的输出电流也不是独立的,取决于某一支路的电流或电压。

受控源在结构上分为控制支路和受控支路,是四端元件,又称"双口元件",其输入端口为控制端口,而输出端口为受控端口。若根据控制量和被控量的不同,可把受控源分为电压控制电压源(VCVS)、电流控制电压源(CCVS)、电压控制电流源(VCCS)和电流控制电流源(CCCS)四类,其符号如图 1.7-1 所示。图 1.7-1(a)、(b)、(c)、(d)分别表示电压控制电压源(VCVS)、电流控制电压源(CCVS)、电压控制电流源(VCCS)和电流控制电流源(CCCS)。

受控量是电流的称为"受控电流源",如 CCCS 和 VCCS。而受控量是电压的称为"受控电压源",如 CCVS 和 VCVS。受控源的受控类型可通过在受控支路中的"菱形"符号加以区分,如图 1.7-1(a)、(b)表示受控电压源,(c)、(d)表示受控电流源。

控制量是电流变量的称为"电流控制型受控源",如 CCCS、CCVS。而控制量是电压变量的称为"电压控制型受控源",如 VCCS、VCVS。受控源的控制类型可通过受控变量的表达式加以区分,图 1.7-1(a)所示受控电压源的输出电压 $u_2(t) = Au_1(t)$,所以表示电压控制电压源,而图(b)所示受控电压源,其输出电压 $u_2(t) = Bi_1(t)$,所以表示电流控制电压源。

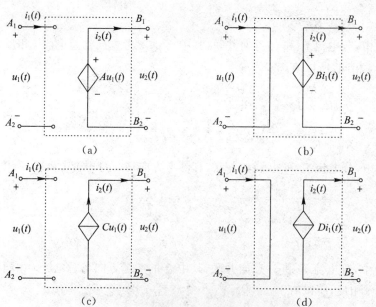

图 1.7-1 受控电源的符号

理想受控源与具体的实际器既相对应,又有区别,是从实际器件中抽象出来的理想元件模型。CCCS 对应于能实现电流放大的晶体双极型三极管(BJT),BJT 三极管的输入控制端的输入电阻通常很小,约几百欧,理想 CCCS 把三极管的输入支路的电阻简化为零,控制支路相当于短路。VCCS 对应于单极性的场效应三极管(FET 管),FET 三极管控制支路的电阻很大,约几百兆欧,理想 VCCS 把控制支路抽象成开路。所以理想受控源的控制支路为开路或短路,电压控制型的控制支路为开路,如图 1.7-1(a)、(c)所示,电流控制型的控制支路为短路,如图 1.7-1(b)、(d)所示。

控制量和受控量存在线性关系的受控源称为"线性受控源",今后如无特别指出,受控源均指线性受控源,可作为线性元件进行分析。在图 1.7-1(a)中 $A = \dfrac{u_2}{u_1} = \mu$,称为"转移电压比",量纲为 1。图(b)中 $B = \dfrac{u_2}{i_1} = r$,称为"转移电阻",单位为 Ω。图(c)中 $C = \dfrac{i_2}{u_1} = g$,称为"转移电导",单位为 S。图(d)中 $D = \dfrac{i_2}{i_1} = \beta$,称为"转移电流比",量纲为 1。

在分析含受控源的电路时,同样需要引入参考方向,参考方向的选择在原则上是任意的,但在调整控制量参考方向的时候,应注意与受控量的线性关系保持不变。在图 1.7-1 中所示的 4 种情况下,控制部分均选为关联参考,受控部分均选择非关联参考。

受控源的功率由控制支路功率和受控支路功率两个部分组成,受控源的结构特点决定了其控制支路部分的功率为零,所以计算受控源的功率实际上变成了求受控源受控支路的功率,在分析受控源功率时可把它视为二端元件。

图 1.7-1(a)中所示的电压控制电压源(VCVS)的吸收功率为 $p_{吸收} = -u_2 i_2 = -A u_1 i_2$,其中端口输出电压 u_2 与受控电压源电压的参考方向一致,所以 $u_2 = A u_1$。

受控电压源的电流 i_2 取决于输出端的外接负载,可能大于零、小于零或等于零。当 $p_{吸收} > 0$ 时受控源吸收功率,$p_{吸收} < 0$ 时受控源向外释放功率,$p_{吸收} = 0$ 时不吸收也不释放功率。

图 1.7-1(b)中所示的电流控制电压源(CCVS)的吸收功率为 $p_{吸收} = -u_2 i_2 = -B i_1 i_2$,其中端口输出电压 u_2 与受控电压源电压的参考方向一致,所以 $u_2 = B i_1$。受控电压源的电流 i_2 取决于输出端所接的负载,理论上可为任意值。

图 1.7-1(c)中所示的电压控制电流源(VCCS)的吸收功率为 $p_{吸收} = -u_2 i_2 = -C u_2 u_1$,其中端口输出电压 i_2 与受控电流源电流的参考方向一致,所以 $i_2 = C u_1$。同样,受控电流源的电压 u_2 取决于输出端所接的负载,理论上可为任意值。

图 1.7-1(d)中所示的电流控制电流源(CCCS)的吸收功率为 $p_{吸收} = -u_2 i_2 = -D i_1 u_2$,其中端口输出电压 i_2 与受控电流源的电流参考方向一致,所以 $i_2 = D i_1$。同样,受控电流源的电压 u_2 取决于输出端所接的负载,理论上可为任意值。

受控源与独立源类似的特性是均能向外释放电能,而充当"源"的作用,受控源在分析时被归为有源器件。在分析含有受控源的电路时,可把受控源当作电源处理,但受控源的输出量受控于控制量,不是独立的。

受控源反映了电路中支路变量之间的耦合关系,在电路图中受控量和控制量可能距离较远。

【例 1.7-1】 试求图 1.7-2 中各元件的功率,并指出各元件是吸收功率还是向外提供功率。

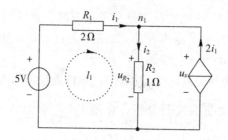

图 1.7-2 例 1.7-1 图

解： 图 1.7-2 所示电路含有一个电流控制电流源，对节点 n_1 列写 KCL 方程可得：

$$i_1 + 2i_1 - i_2 = 0 \tag{1.7-1}$$

对图 1.7-2 中的网孔回路 l_1 列写 KVL 方程可得：

$$2i_1 + i_2 = 5 \tag{1.7-2}$$

联立方程(1.7-1)和(1.7-2)可得：$i_1 = 1$ A，$i_2 = 3i_1 = 3$ A。

5V 电压源的参考方向为非关联参考，其吸收功率 $p_S = -5i_1 = -5$ W，即电压源向外提供 5W 的功率；

电阻 R_1 的吸收功率 $p_1 = i_1^2 R_1 = 2$ W，即 R_1 电阻吸收 2W 的功率；

电阻 R_2 的吸收功率 $p_2 = i_2^2 R_2 = 9$ W，即 R_2 电阻吸收 9W 的功率；

受控源与电阻 R_2 并联，端电压 $u_x = u_{R_2} = R_2 i_2 = 3$ V，则受控源在非关联参考下的吸收功率 $p_3 = -3 \times 2i_1 = -6$ W，即受控源向其他元件提供 6W 的功率。

显然有：$p_{us} + p_1 + p_2 + p_3 = 0$，满足功率平衡原理。

【例 1.7-2】 试求图 1.7-3 中各元件的功率，并明确指出各元件是吸收功率还是向外提供功率。

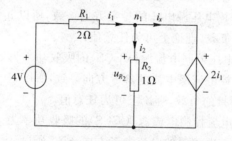

图 1.7-3 例 1.7-2 图

解： 图 1.7-3 所示电路含有一个电流控制电压源，对外围回路列写 KVL 方程可得：

$$2i_1 + 2i_1 = 4 \tag{1.7-3}$$

解方程(1.7-3)可得：$i_1 = 1$ A，即受控源端电压为 $2i_1 = 2$ V。

非关联参考下 4V 电压源的吸收功率为：$p_S = -4i_1 = -4$ W，即电压源向外提供 4W 的功率；

电阻 R_1 的吸收功率为：$p_1 = i_1^2 R_1 = 2$ W，即 R_1 电阻吸收 2W 的功率；

电阻 R_2 与受控电压源并联，则其端电压 $u_{R_2} = 2i_1 = 2$ V，所以电阻 R_2 的吸收功率为：$p_2 = u_{R_2}^2 / R_2 = 4$ W，即 R_2 电阻吸收 4W 的功率；

关联参考下受控电压源的吸收功率为

$$p_3 = 2i_1 i_x$$

受控电压源的电流 i_x 可通过对节点 n_1 列写 KCL 方程求得：

$$i_x = i_1 - i_2 = -1\,\text{A}$$

所以受控源的吸收功率 $p_3 = 2i_1 i_x = -2\,\text{W}$，即向外提供2W的功率。

分析结果符合功率平衡原理，即有：$p_S + p_1 + p_2 + p_3 = 0$。

1.8 Y－△等效变换

三相电力负载通常以 Y 形或△形接入供电网络之中，在分析此类电路时常需要对 Y 形和△形网络进行等效互换。当 Y 形负载与△形负载的对外电气特性完全一致时，两者对外等效，具体表现为在相同的工作条件下各端钮电流和端口电压对应相等。

图 1.8-1(a)、(b)所示的两个三端网络，在电气连接上是完全相同的，都可称为"Y 形网络"或"T 形网络"。当网络内的三个电阻相同时，称为"对称的 Y 形网络"。

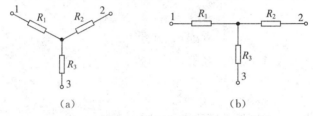

图 1.8-1 Y 形网络

图 1.8-2(a)、(b)所示的两个三端网络，在电气连接上也是完全相同的，都可称为"△形网络"或"π形网络"。当网络内的三个电阻相同时，称为"对称的△形网络"。

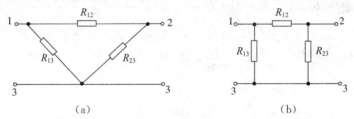

图 1.8-2 △形网络

为了便于讨论 Y 形网络和△形网络的等效互换规则，这里先假设图 1.8-3 中的两个三端网络是等效的，它们分别为 Y 形和△形电阻网络。

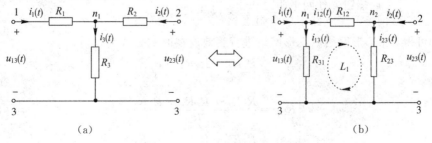

图 1.8-3 Y 形网络和△形网络的等效互换

根据等效网络的端口电压对应相等,可得
$$u_{13Y} = u_{13\triangle} = u_{13}, u_{23Y} = u_{23\triangle} = u_{23} \tag{1.8-1}$$
根据等效网络的端钮电流对应相等,可得
$$i_{1Y} = i_{1\triangle} = i_1, i_{2Y} = i_{2\triangle} = i_2 \tag{1.8-2}$$
在图 1.8-3(a)所示的 Y 形网络中,对节点 n_1 列写 KCL 方程可得:
$$i_3(t) = i_1(t) + i_2(t) \tag{1.8-3}$$
再根据 KVL 定律和各元件的伏安关系可得 Y 形网络的电路方程:
$$\begin{cases} u_{13Y} = R_1 i_1(t) + R_3 i_3(t) = R_1 i_1(t) + R_3(i_1(t) + i_2(t)) = (R_1 + R_3) i_1(t) + R_3 i_2(t) \\ u_{23Y} = R_2 i_2(t) + R_3 i_3(t) = R_2 i_2(t) + R_3(i_1(t) + i_2(t)) = R_3 i_1(t) + (R_2 + R_3) i_2(t) \end{cases}$$
$$\tag{1.8-4}$$

在图 1.8-3(b)所示的△形网络中,对回路 L_1 列写 KVL 方程可得:
$$R_{12} i_{12}(t) + R_{23} i_{23}(t) - R_{31} i_{13}(t) = 0 \tag{1.8-5}$$
对△形网络内部的节点 n_1 和 n_2 分别列写 KCL 方程可得:
$$\begin{cases} i_{13}(t) = i_1(t) - i_{12}(t) \\ i_{23}(t) = i_2(t) + i_{12}(t) \end{cases} \tag{1.8-6}$$
把式(1.8-6)代入式(1.8-5),经整理后可得:
$$i_{12} = \frac{R_{31} i_1 - R_{23} i_2}{R_{12} + R_{23} + R_{31}} \tag{1.8-7}$$
由电阻元件的伏安关系可得△形网络的端口电压为:
$$\begin{cases} u_{13\triangle} = R_{31} i_{13} = R_{31}(i_1 - i_{12}) = \dfrac{R_{31}(R_{12} + R_{23}) i_1 + R_{23} R_{31} i_2}{R_{12} + R_{23} + R_{31}} \\ u_{23\triangle} = R_{23} i_{23} = R_{23}(i_2 + i_{12}) = \dfrac{R_{23} R_{31} i_1 + R_{23}(R_{12} + R_{31}) i_2}{R_{12} + R_{23} + R_{31}} \end{cases} \tag{1.8-8}$$

对比式(1.8-8)和式(1.8-4)后,可得 △→Y 形网络的等效变换公式:
$$\begin{cases} R_1 = \dfrac{R_{12} R_{31}}{R_{12} + R_{23} + R_{31}} \\ R_2 = \dfrac{R_{12} R_{23}}{R_{12} + R_{23} + R_{31}} \\ R_3 = \dfrac{R_{23} R_{31}}{R_{12} + R_{23} + R_{31}} \end{cases} \tag{1.8-9}$$

根据公式(1.8-9),可整理出 △→Y 形网络等效变换的通式为:
$$R_k = \frac{\triangle \text{形端钮 } k \text{ 处两电阻之积}}{\triangle \text{形网络三个支路上的电阻之和}} \quad (k=1,2,3) \tag{1.8-10}$$
同理可得,当 Y 形网络向△形网络进行等效变换时的公式为:
$$\begin{cases} R_{12} = \dfrac{R_1 R_2 + R_2 R_3 + R_3 R_1}{R_3} \\ R_{23} = \dfrac{R_1 R_2 + R_2 R_3 + R_3 R_1}{R_1} \\ R_{31} = \dfrac{R_1 R_2 + R_2 R_3 + R_3 R_1}{R_2} \end{cases} \tag{1.8-11}$$

根据公式(1.8-11),可得 Y → △ 网络进行等效变换时的通式为:

$$R_{mn} = \frac{Y形电阻两两乘积之和}{Y形中接在与 R_{mn} 相对端钮的电阻} \qquad (1.8-12)$$

对于对称的 Y 形网络有 $R_1 = R_2 = R_3 = R_Y$,与之等效的△形网络也是对称的,且有 $R_\triangle = R_{12} = R_{23} = R_{31} = 3R_Y$;

同样,对于对称的△形网络有 $R_\triangle = R_{12} = R_{23} = R_{31}$,与之等效的 Y 形网络也是对称的,且有 $R_Y = R_1 = R_2 = R_3 = \frac{R_\triangle}{3}$。

【例1.8-1】 试把图1.8-4(a)所示的△形网络等效变换为 Y 形网络,已知 $R_{12} = 25\Omega$,$R_{23} = 15\Omega$,$R_{31} = 10\Omega$。

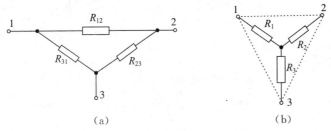

图 1.8-4 例 1.8-1 图

解: 图 1.8-4(a)中的△形网络可等效为 Y 形网络,如图(b)所示,根据 △ → Y 形网络的等效规则可得:

$$R_1 = \frac{R_{12}R_{31}}{R_{12} + R_{23} + R_{31}} = \frac{25 \times 10}{25 + 10 + 15} = 5\Omega;$$

$$R_2 = \frac{R_{12}R_{23}}{R_{12} + R_{23} + R_{31}} = \frac{25 \times 15}{25 + 10 + 15} = 7.5\Omega;$$

$$R_3 = \frac{R_{23}R_{31}}{R_{12} + R_{23} + R_{31}} = \frac{15 \times 10}{25 + 10 + 15} = 3\Omega$$

【例1.8-2】 试把图1.8-5所示的 Y 形网络等效变换为△形网络,已知 $R_1 = 10\Omega$,$R_2 = 20\Omega$,$R_3 = 40\Omega$。

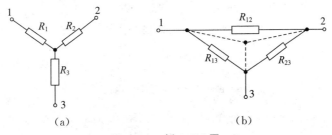

图 1.8-5 例 1.8-2 图

解: 图 1.8-5(a)所示的 Y 形网络可等效为△形网络,如图(b)所示,根据 Y → △ 形网络的等效规则可得:

$$R_{12} = \frac{R_1R_2 + R_2R_3 + R_3R_1}{R_3} = \frac{10 \times 20 + 20 \times 40 + 40 \times 10}{40} = \frac{1400}{40} = 35\Omega;$$

$$R_{23} = \frac{R_1R_2 + R_2R_3 + R_3R_1}{R_1} = \frac{10 \times 20 + 20 \times 40 + 40 \times 10}{10} = \frac{1400}{10} = 140\Omega;$$

$$R_{31} = \frac{R_1R_2 + R_2R_3 + R_3R_1}{R_2} = \frac{10 \times 20 + 20 \times 40 + 40 \times 10}{20} = \frac{1400}{20} = 70\Omega$$

1.9 输入电阻

通常把内部不含有独立电源的单口网络称为"无源单口网络 N_0",如图 1.9-1 所示:

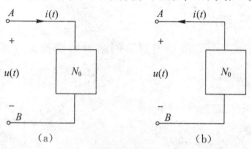

图 1.9-1 无源单口网络

在图 1.9-1(a)所示的关联参考下,无源单口网络 N_0 的伏安关系为:
$$u(t) = R_{eq}i(t) \quad (1.9-1)$$
在图 1.9-1(b)所示的非关联参考下,无源单口网络 N_0 的伏安关系为:
$$u(t) = -R_{eq}i(t) \quad (1.9-2)$$
式(1.9-1)和(1.9-2)中的 R_{eq} 称为"无源单口网络的等效电阻",通常在关联参考下求出。输入电阻与等效电阻相等,即 $R_i = R_{eq}$。输入电阻从信号传递的角度观察网络特性,而等效电阻是把网络作为负载而简化为电阻,两者之间的区别在于网络分析时观察的角度不同,本质相同。

内部含有独立电源的单口网络称为有源单口网络 N,如图 1.9-2 所示,

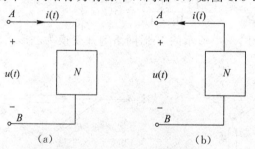

图 1.9-2 有源单口网络

在图 1.9-2(a)所示的关联参考下,有源单口网络 N 的伏安关系为:
$$u(t) = u_S(t) + R_{eq}i(t) \quad (1.9-3)$$
在图 1.9-2(b)所示的非关联参考下,有源单口网络 N 的伏安关系为:
$$u(t) = u_S(t) - R_{eq}i(t) \quad (1.9-4)$$
式(1.9-3)和(1.9-4)中的 R_{eq} 为对有源单口网络 N "除源"之后的等效电阻,所谓"除源"是指除去网络中的所有独立电源,即内部所有的独立电压源"短路"处理,所有的独立电流源"开路"处理,所有受控源保持不变。

分析单口网络的输入电阻,实质上就是求单口网络的伏安关系(默认为关联参考),可以

通过外接电压源求电流或外接电流源求电压的方法来确定伏安关系,也可以结合等效变换的方法进行求解。仅由电阻元件串并联构成的无源单口网络可通过等效变换规则求出输入电阻。

【**例 1.9-1**】 试求图 1.9-3 所示无源单口网络的输入电阻 R_i。

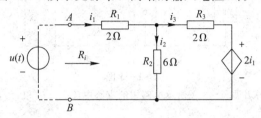

图 1.9-3 例 1.9-1 图

解: 为便于求输入电阻,可在端口处虚设接入一个电压可调的电压源,该电压源与单口网络一起构成相对完整的电路,方便电路方程的列写。

对含有电压源的两个回路列写 KVL 方程可得:

$$\begin{cases} 2i_1 + 6i_2 = u \\ 2i_1 + 2(i_1 - i_2) + 2i_1 = u \end{cases} \tag{1.9-5}$$

联立方程,消去变量 i_2 后可得:$u = 5i_1 = R_i i_1$

即该单口网络的输入电阻:$R_i = \dfrac{u}{i_1} = 5\ \Omega$。

习题 1

1—1 当某二端元件的电压 $u(t)$ 和电流 $i(t)$ 取关联参考方向时,试:

(1)当 $u(t) = 20\sin t\ \text{V}, i(t) = \sin t\ \text{A}$ 时,求该元件消耗的瞬时功率 $p(t)$ 和在一个电压整周期内的平均功率 P,该元件按此状态连续工作一天消耗多少电能?

(2)当 $u(t) = 2\ \text{V}, i(t) = 10\ \text{A}$ 时,该元件是消耗功率还是释放功率,功率为多少?

(3)当 $u(t) = 2\ \text{V}, i(t) = \sin t\ \text{A}$ 时,求该元件的瞬时功率 $p(t)$ 和在一个电流整周期内的平均功率 P,该元件按此状态连续工作一天消耗多少电能?

1—2 当某二端元件的电压 $u(t)$ 和电流 $i(t)$ 取非关联参考方向时,试:

(1)当 $u(t) = 20\sin t\ \text{V}, i(t) = \sin t\ \text{A}$ 时,求该元件的消耗瞬时功率 $p(t)$ 和在一个电压整周期内的平均功率 P,该元件按此状态连续工作一天消耗多少电能?

(2)当 $u(t) = 2\ \text{V}, i(t) = -10\ \text{A}$ 时,元件是消耗功率还是释放功率,功率为多少?

(3)当 $u(t) = 2\ \text{V}, i(t) = 1 + \sin t\ \text{A}$ 时,求该元件的瞬时功率 $p(t)$ 和在一个电流整周期内的平均功率 P,该元件按此状态连续工作一天消耗多少电能?

1—3 试用 KCL 定律求出题 1—3 图所示电路中的支路电流 i_3、i_4 和 i_6。已知 $i_1 = 1\ \text{A}, i_2 = -3\ \text{A}, i_5 = 6\text{A}$。

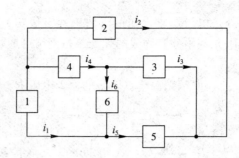

题 1—3 图

1—4 试用 KCL 定律求出题 1—4 图所示电路中的支路电流 i_4、i_5 和 i_6。已知 $i_1 = 1\,\mathrm{A}$,$i_2 = -2\,\mathrm{A}$,$i_3 = -4\,\mathrm{A}$,$i_7 = 5\,\mathrm{A}$。

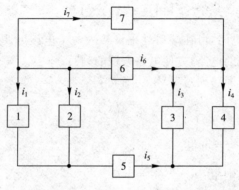

题 1—4 图

1—5 试用 KVL 定律求出题 1—5 图所示电路中的支路电压 u_1、u_2、u_3 和 u_5。已知 $u_4 = 1\,\mathrm{V}$,$u_7 = -2\,\mathrm{V}$,$u_6 = 5\,\mathrm{V}$。

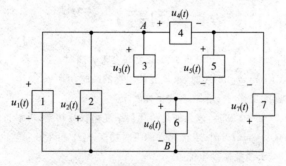

题 1—5 图

1—6 试求题 1—6 图所示电路中的支路电压 u_1、u_2 和 u_3。

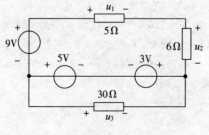

题 1—6 图

1-7 试求题 1-7 图所示电路中的支路电压 u_1、u_2 和 u_3。

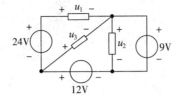

题 1-7 图

1-8 试求题 1-8 图所示电路中的电流 i 和 u_{AB}。

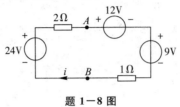

题 1-8 图

1-9 试通过电压源与电流源模型的等效变换,把题 1-9 图所示的电路变换为单回路电路,要求该单回路在求支路电流 i 时是等效的,求出 i。

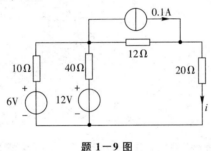

题 1-9 图

1-10 试通过电压源与电流源模型的等效变换,把题 1-10 图所示的电路变换为单回路电路,要求该单回路在求支路电流 i 时是等效的,求出 i。

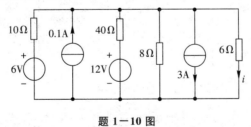

题 1-10 图

1-11 试求在题 1-11 图所示的电路中,各并联电阻分到的电流。

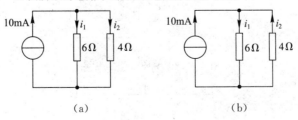

题 1-11 图

1-12 试求在题 1-12 图所示的电路中,各串联电阻分到的电压。

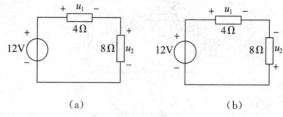

题 1-12 图

1-13 试求在题 1-13 图所示的电路中,各电阻分到的电压。

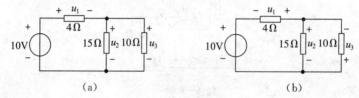

题 1-13 图

1-14 试求在题 1-14 图所示电路中的各支路电压和电流,并求出电压源的功率。

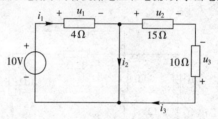

题 1-14 图

1-15 试求在题 1-15 图所示电路中的各支路电流,并求出电流源的功率。

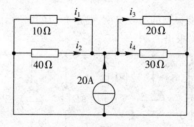

题 1-15 图

1-16 试求在题 1-16 图所示电路中的 i_x 和 u_x,并求出电压源的功率。

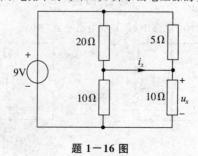

题 1-16 图

1-17 试求题 1-17 图所示单口网络的等效电阻 R_{AB}。

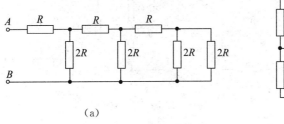

题 1-17 图

1-18 试求题 1-18 图所示电路中的电流 i 和各元件的功率。

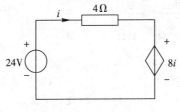

题 1-18 图

1-19 试求题 1-19 图所示电路中的电流 i 和各元件的功率。

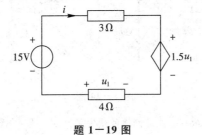

题 1-19 图

1-20 某电路如题 1-20 图所示,试求当 $\left|\dfrac{u_o}{u_i}\right|=10$ 时的电流转移比 β,假设图中所有电阻均相等。

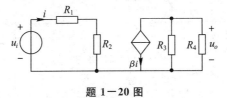

题 1-20 图

1-21 某电路如题 1-21 图所示,试求 20kΩ 电阻的电流、电压和功率。

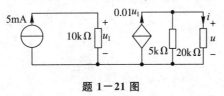

题 1-21 图

1-22 在三相供电线路中,负载通常以 Y 形或△形网络的形式接入电网,试把如题 1-22 图(a)所示的 Y 形网络转换成与其等效的△形网络,把如题 1-22 图(b)所示的△形网络转换成与其等效的 Y 形网络。

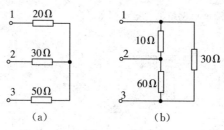

题 1-22 图

1-23 试求题 1-23 图所示单口网络的等效电阻 R_{AB}。

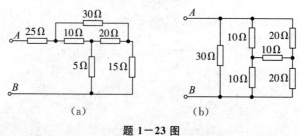

题 1-23 图

1-24 试求题 1-24 图所示单口网络的等效电阻 R_{AB}。

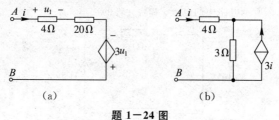

题 1-24 图

1-25 试求如题 1-25 图所示有源二端网络的伏安关系式。

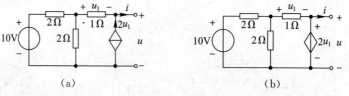

题 1-25 图

第2章 电阻电路的一般分析方法

【内容提要】电阻电路的一般分析方法也称为"方程法"。此类方法一般不改变电路的结构,选择一组合适的电路变量(电压或电流)作为未知量,根据基尔霍夫定律(KCL和KVL)和元件的伏安关系列写电路方程,通过解方程求出电路变量从而分析求解该电路。主要内容包括:支路电流法、回路电流法、网孔电流法、割集法、节点电压法等,这些都是在电路分析中最基本、最常用的方法。本章只讨论线性电阻电路,介绍线性电阻电路方程的建立方法,它是学习动态电路、非线性电路的基础。

2.1 电路的图

本节介绍图论中的一些基本概念。图论是研究点和线连接关系的理论,它是拓扑学的一个分支。在电路问题的讨论中,可以利用图论的一些知识来理解电路的连接性质并应用图的方法选择电路方程的独立变量。通过第1章的学习可以知道,基尔霍夫电流定律(KCL)说明了一个电路中的各支路电流之间的约束关系,基尔霍夫电压定律(KVL)说明了一个电路中的各支路电压之间的约束关系。这两个定律都只与电路中各支路连接的几何结构有关,而与支路上各元件的性质无关,也就是说只要一个电路的连接结构不变,且各支路电流和支路电压的参考方向不改变,则无论支路上的电路元件如何更换,对该电路所列写出的KCL方程或KVL方程总是相同的。因此可以利用电路的拓扑图讨论如何列写KCL和KVL方程,并讨论它们的独立性。

2.1.1 电路的拓扑图

将电路中的每一个二端元件用一条线段表示,称为"一条拓扑支路",简称"支路";各支路的连接点用黑点表示,称为"拓扑节点",简称"节点"。这样由电路抽象出来的几何图形就称为"电路的拓扑图",简称"图"(Graph),以符号G表示。一个图G是一组支路和一组节点的集合,每条支路的两端必须连接在节点上。

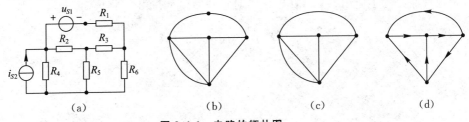

图 2.1-1 电路的拓扑图

图 2.1-1(a)是一个具有6个电阻和2个独立电源的电路。按照上述支路与节点的定义,图 2.1-1(a)所示电路的对应拓扑图如图 2.1-1(b)所示,它具有8条支路和5个节点。一

般把元件的串联组合当作一条支路,如电阻串联或独立电压源与电阻的串联,这样看,图2.1-1(a)的对应拓扑图如图2.1-1(c)所示,它具有7条支路和4个节点。有时为了需要还可以把元件的并联组合等效变换为一条支路,如电导并联或独立电流源与电导的并联,这样看,图2.1-1(a)的对应拓扑图如图2.1-1(d)所示,它具有6条支路和4个节点。所以,当对电路的一条支路的定义不同时,该电路以及它的图的节点数和支路数将随之不同。

在电路中通常需要指定每一支路电流的参考方向,电压一般取关联参考方向。在电路的图中可以对每一条支路指定一个方向,此方向即表示支路电流(和电压)的参考方向。例如图2.1-1(d)。

从图G中去掉某些支路或节点所得到的图称为"图G的子图"。若移去一个节点则应当把与该节点连接的全部支路都同时移去,而移去一条支路不需要同时把它连接的节点也移去,所以支路不能独立存在于图中,但节点可以独立存在。一个图G可以有多个子图。例如图2.1-2中(b)、(c)、(d)为图2.1-2(a)的3个子图,其余的子图在此未画出。

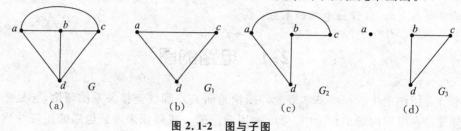

图2.1-2 图与子图

如果一个图中的所有节点都被支路所连通,则该图称为"连通图",否则称为"非连通图"。也就是说,连通图的任意两节点之间至少存在一条由支路构成的路径。图2.1-2(a)、(b)、(c)均为连通图;图2.1-2(d)为非连通图,该图中的节点a与其他节点之间不存在由支路构成的路径。一个非连通图至少有两个分离部分。

2.1.2 回路、割集、树

1. 回路

第1章已经介绍了回路的概念,这里从图的角度对回路给出定义。从图中的某一节点开始,经过一些支路和节点,并且只经过一次,最后又回到原开始节点的闭合路径称为"回路"。简单地说,回路是由支路和节点构成的闭合路径。如图2.1-3所示图G中,支路、节点集合$\{1,5,8;a,b,e\}$、$\{1,2,3,4;a,b,c,d\}$、$\{1,2,6,7,4;a,b,c,e,d\}$、$\{1,2,3,7,8;a,b,c,d,e\}$……均为回路,此图中共有13个不同的回路,读者可尝试找出。

讨论回路是为了应用KVL,在电路中对每一回路可写出一个KVL方程。

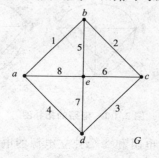

图2.1-3 回路的概念

2.割集

割集是这样定义的:若从连通图 G 中移去某些支路,则恰好将图 G 分割成两个分离的部分;但只要少移去其中任一条支路,则图 G 仍然还是连通的,这些支路的集合就叫"割集"。简单地说,割集就是把一个连通图分割为两个连通子图所需要移去的最少支路的集合。图 2.1-4 所示图 G 中,一条虚线所切割的支路的集合如 $\{1,2,4\}$,$\{1,3,5,4\}$,$\{1,3,6\}$,$\{4,5,6\}$……均为割集。显然,一个连通图可以有许多不同的割集。需要注意的是,割集定义中的两个条件都是必要的,只有同时满足这两个条件才能确定割集。如图 2.1-4 中的支路集 $\{2,3,5,6\}$,若少移去其中的支路 6 图 G 仍是分离的两部分,故支路集 $\{2,3,5,6\}$ 不是图 G 的割集,而支路集 $\{2,3,5\}$ 是图 G 的割集。

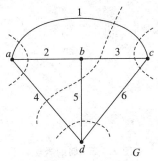

图 2.1-4 割集的概念

讨论割集是为了应用 KCL。引入割集这一概念后,KCL 可以表示为:任一割集中的各支路电流的代数和为零。可以把切割线假想为一封闭面,流入该封闭面的电流之和等于流出该封闭面的电流之和。因此,对电路中的每一割集可以写出一个 KCL 方程。

3.树

树是这样定义的:一个连通图 G 的树 T 是包含图中所有节点和部分支路但不包含回路的连通子图。如图 2.1-5 所示,图(b)、(c)是图(a)的两种树;图(d)、(e)、(f)不是图(a)的树,因为图(d)是图(a)的非连通子图,图(e)没有包含图(a)中的所有节点,图(f)是回路。一个连通图可以有多种树。例如图 2.1-5(a)所示的图 G 就有 16 种不同的树,图 2.1-5(b)、(c)是其中的两个,其他的在此没有画出,读者可尝试画出其他几种树。

树中的支路称为"该树的树支",而图 G 中不属于树支的其他支路则称为"对应于该树的连支"。所谓树支和连支,都是对某一选取的树而言的,不同的树有不同的树支,相应地也有不同的连支。如图 2.1-5(b)所示的树 T_1,它的树支为 $\{4,5,6\}$,其相应的连支为 $\{1,2,3\}$;如图 2.1-5(c)所示的树 T_2,它的树支为 $\{2,5,6\}$,其相应的连支为 $\{1,3,4\}$。树支和连支一起构成图 G 的全部支路。

图 2.1-5(a)所示的图 G 有 4 个节点,图 2.1-5(b)、(c)所示的树 T_1 和 T_2 都具有 3 条支路;图 2.1-5(d)、(e)都有两条支路,它们不是树,图 2.1-5(f)有 4 条支路,它也不是树。这个图 G 还有其他多个不同的树,其任一树的树支数总是 3,读者可自行验证。可以证明,一个具有 n 个节点,b 条支路的连通图 G,其任何一种树的树支数一定为 $(n-1)$,相应的连支数为 $(b-n+1)$。此处证明从略,读者可以参考有关图论的书。

在这里讨论树的概念是为了帮助确定一个图的独立回路组和独立割集组,从而列写出独立的 KVL 方程和 KCL 方程。

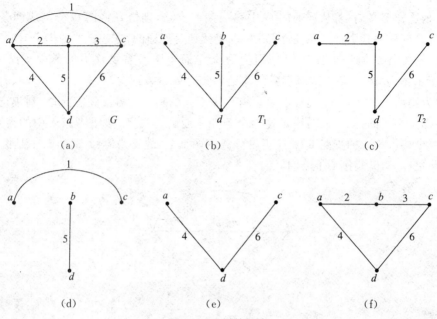

图 2.1-5 树的概念

4. 独立回路与独立割集

一个连通图 G 可能包含有多个回路，这些回路并不一定都是相互独立的，某个回路可能是由另外几个回路的部分支路组合得到。对相互不独立的回路列写的 KVL 方程必然也是相互不独立的，也就是说所列写的 KVL 方程组中的方程不是能满足求解要求的最少方程。同样，一个连通图 G 可能有多个割集，这些割集也并不一定都是相互独立的。对相互不独立的割集列写的 KCL 方程也是相互不独立的。因此，为了保证所列写出的 KVL 方程和 KCL 方程是最少且必需的，在分析电路问题时所关心的并不是如何找出一个电路的全部回路和全部割集，而是如何找出电路中的独立回路组和独立割集组。下面介绍独立回路和独立割集的概念。

在连通图 G 中，任选一树，则树支、连支相应确定，此时图中仅含有一条连支的回路称为"独立回路"，仅含有一条树支的割集称为"独立割集"。注意独立回路和独立割集的特点：每一个独立回路中只有一条连支且这一连支不出现在其他独立回路中，即一条连支只属于一个独立回路；每一个独立割集中只有一条树支且这一树支不出现在其他独立割集中，即一条树支只属于一个独立割集。因此可以得出以下结论：一个有 n 个节点，b 条支路的连通图 G，其独立回路的个数为它的连支数，即 $b-n+1$ 个；独立割集的个数为它的树支数，即 $n-1$ 个。

如图 2.1-6 所示，图中实线表示树支，虚线表示连支。图 2.1-6(a)取支路{2,3,5}为树，相应连支为{1,4,6}，则对应于这一树的独立回路是支路节点集{1,3,2;a,c,b}、{2,4,5;a,d,b}和{3,6,5;b,c,d}，独立割集是支路集{1,2,4}、{1,3,6}和{4,5,6}。图 2.1-6(b)取支路{1,3,6}为树，相应的连支为{2,4,5}，则对应于这一树的独立回路是支路节点集{1,2,3;a,b,c}、{3,5,6;b,d,c}和{1,4,6;a,d,c}，独立割集是支路集{1,2,4}、{2,5,3}和{4,5,6}。

对一个选定了树的图，全部连支所形成的独立回路构成独立回路组，对独立回路组中的每个独立回路可以列写出一个 KVL 方程，这些方程是相互独立的，即这些方程是能满足求解要求且数量又最少的 KVL 方程；全部树支所形成的独立割集构成独立割集组，对独立割集组中的每个独立割集可以列写一个 KCL 方程，这些方程是相互独立的，即这些方程是能满足求解要求且数量又最少的 KCL 方程。对同一个图，选择不同的树，就可以得到不同的独立回路组和独立割集组，如图 2.1-6(a)、(b)所示。

这里还应提到的是，为了列写 KVL 方程和 KCL 方程方便，还应规定独立回路、独立割集的参考方向。独立回路的参考方向是指独立回路的绕行方向，通常选连支的方向作为该连支所在独立回路的方向；独立割集的参考方向是指假想封闭面的法线方向，通常选树支的方向为该树支所在独立割集的方向。如图 2.1-6(a)、(b)所示。

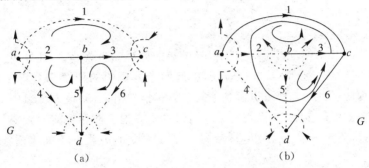

图 2.1-6　独立回路与独立割集的概念

2.2　KCL 和 KVL 的独立方程

在 2.1 节中我们知道，运用基尔霍夫定律对一个电路列写方程时只需对独立回路和独立割集列写方程，而不需要对全部回路和全部割集都列写方程，也就是要列写独立方程。本节以图 2.2-1 为例进一步说明为何要列写独立方程以及如何列写 KCL 和 KVL 的独立方程。

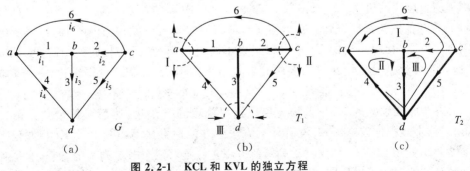

图 2.2-1　KCL 和 KVL 的独立方程

2.2.1　KCL 的独立方程

图 2.2-1(a)为一个电路的图 G，它的节点和支路都已分别加以编号，并给出了支路的方向，该方向即支路电流的参考方向（支路电压参考方向与支路电流参考方向关联，省略不标）。

对图 G 中的所有节点 a、b、c、d 分别列写 KCL 方程,支路电流选取流出节点为正、流入节点为负,得到方程组

$$\begin{cases} a: i_1 - i_4 - i_6 = 0 \\ b: -i_1 - i_2 + i_3 = 0 \\ c: i_2 + i_5 + i_6 = 0 \\ d: -i_3 + i_4 - i_5 = 0 \end{cases} \quad (2.2-1)$$

将式(2.2-1)中 a、b 节点的方程分别移项整理后得

$$\begin{cases} a: i_6 = i_1 - i_4 \\ b: i_2 = -i_1 + i_3 \end{cases} \quad (2.2-2)$$

再将式(2.2-2)代入式(2.2-1)中 c 节点的方程,得

$$-i_3 + i_4 - i_5 = 0 \quad (2.2-3)$$

可以看到,式(2.2-3)即式(2.2-1)中 d 节点的方程。也就是说,由 a、b、c 三个节点方程可以推出 d 节点方程。读者可自行验证,由这四个方程中的任意三个均可推出另一个。若在一方程组中,任意一个方程可以由其他几个方程推导出来,则该方程组中的方程不是相互独立的,其中有方程是多余的,而在解方程组时希望方程个数尽可能少。要写出方程数目最少而又能满足求解要求的方程组,只需写出相互独立的方程。下面来看怎么列写独立方程。

在 2.1 节中介绍了独立割集和独立回路的概念。选图 G 的一种树 T_1,如图 2.2-1(b)中粗实线所画,树支为 $\{1,2,3\}$,相应连支为 $\{4,5,6\}$,则独立割集为 $\{6,1,4\}$、$\{6,2,5\}$、$\{4,3,5\}$,割集的方向分别取树支 1、2、3 的方向。对各独立割集列写 KCL 方程,选取与割集方向一致的支路电流为正,否则为负,得到方程组

$$\begin{cases} \text{I}: i_1 - i_4 - i_6 = 0 \\ \text{II}: i_2 + i_5 + i_6 = 0 \\ \text{III}: i_3 - i_4 + i_5 = 0 \end{cases} \quad (2.2-4)$$

显然式(2.2-4)中各方程之间相互独立。这是因为,每个独立割集都包含一条其他独立割集所不包含的树支。所以按独立割集列写的 KCL 方程相互独立。读者可自行尝试对图 G 选取其他的树来确定独立割集组列写 KCL 方程,可以发现,选择不同的树所确定的独立割集组不同,相应写出的 KCL 方程组也不同,但方程数量是相同的,在这里是 $n-1=3$ 个,这 3 个方程就是能满足求解要求且数量最少的 KCL 方程。可得结论:一个 b 条支路 n 个节点的电路,可列写且仅能列写 $n-1$ 个相互独立的 KCL 方程。

要写出相互独立的 KCL 方程需要先选树确定独立割集,然后对每个独立割集列写方程,但是这个过程比较麻烦,有没有什么方法能方便地直接写出独立的 KCL 方程呢?观察图 2.2-1(b)发现,对三个独立割集列写的方程正好是对三个节点列写的方程,这是独立割集的一种特殊情况。可以证明,对于具有 n 个节点的电路,在任意 $n-1$ 个节点上写出的 KCL 方程是相互独立的。将这 $n-1$ 个节点称为"独立节点",那么以后列写 KCL 方程时只需要按独立节点来列写即可。

2.2.2 KVL 的独立方程

图 2.2-1(a)所示的图 G 共包含七个回路,可列写出七个 KVL 方程,但它们不是相互独立的。由 2.1 节内容可知,图 G 的独立回路有 $b-n+1=3$ 个,也就是这七个方程中有三个是相互独立的,只需要写三个即可。选图 G 的一种树 T_2,如图 2.2-1(c)中粗实线所画,树支为 $\{3,4,5\}$,相应连支为 $\{1,2,6\}$,则独立回路为 $\{4,5,6;a,d,c\}$、$\{1,3,4;a,b,d\}$、$\{2,3,5;b,d,c\}$,回路的方向分别取连支 1、2、6 的方向。对独立回路列写 KVL 方程,沿回路方向循行,先遇到其正极的支路电压取正号,否则取负号(支路电压与支路电流参考方向为关联),有

$$\begin{cases} \text{I}: -u_4-u_5+u_6=0 \\ \text{II}: u_1+u_3+u_4=0 \\ \text{III}: u_2+u_3-u_5=0 \end{cases} \tag{2.2-5}$$

显然式(2.2-5)中各方程相互独立。这是因为,每个独立回路都包含一条其他独立回路所不包含的连支。所以按独立回路列写的 KVL 方程相互独立。读者可尝试选其他树确定独立回路列写方程。可得结论:一个 b 条支路 n 个节点的电路,可列写且仅能列写 $b-n+1$ 个相互独立的 KVL 方程。

按独立回路列写相互独立的 KVL 方程需要选树确定独立回路,过程也比较繁杂,有没有什么方法能方便地直接写出独立的 KVL 方程呢?观察图 2.2-1(b)知,如果按此图所选的树来确定独立回路,可发现独立回路正好是网孔,网孔是独立回路的一种特殊情况。可以证明,对于具有 b 条支路 n 个节点的平面电路,它具有的网孔个数为 $b-n+1$,对这 $b-n+1$ 个网孔列出的 KVL 方程是相互独立的。这里注意网孔是对平面电路才有的概念,在分析电路问题时所遇到的大多数电路属于平面电路,对于这类电路,可直接按网孔来列写 KVL 方程。

2.3 支路电流法

对于一个具有 b 条支路、n 个节点的电路,当以各支路电压和各支路电流作为未知变量时,总共有 $2b$ 个未知变量。要解出 $2b$ 个未知变量就需要列写 $2b$ 个独立方程,那么如何来列写这 $2b$ 个方程呢?由上节的结论知道,根据基尔霍夫定律可列写出 $n-1$ 个独立的 KCL 方程和 $b-n+1$ 个独立的 KVL 方程;另外根据每一支路上的电压电流关系,又可列出 b 个 VAR 方程,因 b 条支路各异,所以列出的 b 个 VAR 方程相互独立。这样,总共可列出 $2b$ 个独立方程,由这 $2b$ 个方程就可以解出 $2b$ 个未知变量,这种方法称为"$2b$ 法"。

要求解的未知变量越多,需要列写的方程就越多,则解方程组就越困难。为了减少求解方程的个数,将 b 个 VAR 方程整理变换为以支路电流表示支路电压的形式,然后代入 KVL 方程,这样就得到以 b 个支路电流为未知变量的 b 个 KCL 和 KVL 方程,方程数从 $2b$ 减少至 b。解该方程组可得出各支路电流,如果需要,可再以支路电流为已知量进一步求得支路电压、功率等。这种方法称为"支路电流法"。

下面以图 2.3-1(a)所示电路为例说明 $2b$ 法和支路电流法。若将电压源 u_{S1} 和电阻 R_1 的串联组合作为一条支路;将电流源 i_{S5} 和电阻 R_5 的并联组合作为一条支路,则该电路的图如图 2.3-1(b)所示,其节点数 $n=4$,支路数 $b=6$,各支路电流的参考方向如图中所标,支路电

压参考方向与支路电流参考方向关联,省略不标。

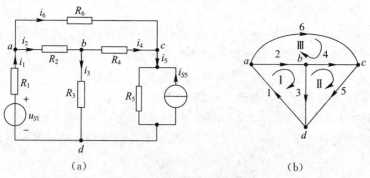

图 2.3-1　$2b$ 法和支路电流法

任选图中 $n-1$ 个独立节点列写 KCL 方程,这里选 a,b,c 节点,规定流出节点的电流取"$+$"号,反之取"$-$"号,有

$$\begin{cases} a: -i_1 + i_2 + i_6 = 0 \\ b: -i_2 + i_3 + i_4 = 0 \\ c: -i_4 + i_5 - i_6 = 0 \end{cases} \quad (2.3-1)$$

本例电路为平面电路,平面电路的网孔即是独立回路,对各网孔列写 KVL 方程。网孔 I、II、III 的循行方向如图 2.3-1(b)中所标,规定循行时先遇到其正极的电压取"$+$"号,反之取"$-$"号,有

$$\begin{cases} \text{I}: u_1 + u_2 + u_3 = 0 \\ \text{II}: -u_3 + u_4 + u_5 = 0 \\ \text{III}: -u_2 - u_4 + u_6 = 0 \end{cases} \quad (2.3-2)$$

根据电路中各支路具体的结构及元件值列写各支路的电压电流关系方程,有

$$\begin{cases} u_1 = -u_{S1} + R_1 i_1 \\ u_2 = R_2 i_2 \\ u_3 = R_3 i_3 \\ u_4 = R_4 i_4 \\ u_5 = R_5 i_5 + R_5 i_{S5} \\ u_6 = R_6 i_6 \end{cases} \quad (2.3-3)$$

联立式(2.3-1)、(2.3-2)和(2.3-3)可得到有 $2b$(本例中 $2b=12$)个方程的方程组,其中有 $2b$ 个未知量 $i_1、i_2、\cdots、i_6、u_1、u_2、\cdots、u_6$,解此方程组即可求解出各支路电压和各支路电流,这就是 $2b$ 法。

式(2.3-3)中的 b 个 VAR 方程即是用支路电流来表示支路电压的形式,把式(2.3-3)代入式(2.3-2)并整理,得

$$\begin{cases} R_1 i_1 + R_2 i_2 + R_3 i_3 = u_{S1} \\ -R_3 i_3 + R_4 i_4 + R_5 i_5 = -R_5 i_{S5} \\ -R_2 i_2 - R_4 i_4 + R_6 i_6 = 0 \end{cases} \quad (2.3-4)$$

联立式(2.3-1)和式(2.3-4)得到有 b(本例中 $b=6$)个方程的方程组,其中有 b 个未知量 $i_1、i_2、\cdots、i_6$,解此方程组可求解出各支路电流,这就是支路电流法。若有需要,可将求得

的支路电流代入式(2.3-3)即可求得各支路电压。

如果将式(2.3-3)整理变换为用支路电压表示支路电流的形式,然后代入式(2.3-1)的 KCL 方程,再联立式(2.3-2)的 KVL 方程,则可得到以各支路电压为未知变量的 b 个方程。解该方程组便得各支路电压,这就是支路电压法。

支路电流法和支路电压法也叫"b 法"。从解联立方程的个数来看,b 法比 $2b$ 法少了一半。比较这三种方法,支路电流法较方便也较常用。

对具有 n 个节点、b 条支路的电路,用支路电流法列写电路方程的一般步骤如下:

(1)标出各支路电流及其参考方向。

(2)选择 $n-1$ 个独立节点列写 KCL 方程。

第 m 节点:$\sum_k i_{mk} = 0$

其中 $m=1\sim(n-1)$,i_{mk} 为与节点 m 相连的第 k 条支路上的支路电流。注意各支路电流前的正负号,一般规定流出节点的电流取"+"号,反之取"-"号。

(3)选择 $b-n+1$ 个独立回路(对平面电路可直接选网孔)列写 KVL 方程,方程中的各支路电压根据 VAR 用支路电流表示

第 l 回路:$\sum_k R_{lk} i_{lk} = \sum_k u_{Slk}$

其中 $l=1\sim(b-n+1)$,R_{lk}、i_{lk} 为第 l 回路中第 k 条支路上的电阻、电压,当 i_{lk} 参考方向与回路循行方向(循行方向可任意指定)一致时,$R_{lk}i_{lk}$ 项前取"+"号,反之取"-"号;u_{Slk} 为第 l 回路中第 k 条支路上的电源电压,电源电压不仅包括电压源的电压,也包括电流源和受控源引起的电压,沿回路循行方向先遇到正极的取"-"号,反之取"+"号(因此项移在等号另一侧)。

(4)若电路中含有电流源或受控源,则需作相应处理。

【例 2.3-1】 如图 2.3-2(a)(b)(c)所示的三个电路,假设其中的 R_1、R_2、R_3、R_4、R_5、R_6、u_{S5}、u_{S6}、u_S、i_S、γ、μ 均为已知。若要求各支路电流,试用支路电流法写出各电路的求解方程。

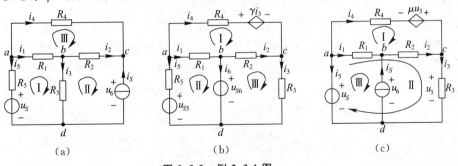

图 2.3-2 例 2.3-1 图

解: 在前面的图 2.3-1(a)中,电流源有一电阻与之并联,这种电流源称为"有伴电流源"。应用支路电流法时,若电路中存在有伴电流源,可将其等效变换为电压源与电阻的串联组合再列写方程。而在本例中,图 2.3-2(a)所示电路的其中一条支路仅含电流源而不存在与之并联的电阻,这种电流源称为"无伴电流源"。当电路中存在无伴电流源时,就无法用支路电流表示支路电压,必须加以处理后才能应用支路电流法列写方程。一种方法可先假设该电流源两端电压为 u_6,将 u_6 当作独立电压源一样看待列写方程。这样虽引入了电流源

两端电压 u_6 这个未知量,但电流源所在支路的支路电流等于 i_S 为已知,所以所列方程数还是等于未知量数。另一种方法是合理选择独立回路以减少方程中的未知变量,一般不选择由无伴电流源所在支路构成的独立回路。这里采用第一种方法。对图 2.3-2(a),选取 a、b、c 为独立节点,网孔 I、II、III 为独立回路。设各支路电流参考方向及各网孔循行方向如图中所标。应用支路电流法列写方程为

$$\begin{cases} a: i_1 + i_4 + i_5 = 0 \\ b: -i_1 + i_2 + i_3 = 0 \\ c: -i_2 - i_4 - i_S = 0 \\ \text{I}: R_1 i_1 + R_3 i_3 - R_5 i_5 = u_S \\ \text{II}: R_2 i_2 - R_3 i_3 = -u_6 \\ \text{III}: -R_1 i_1 - R_2 i_2 + R_4 i_4 = 0 \end{cases} \quad (2.3-5)$$

式(2.3-5)中的未知变量是支路电流 i_1、i_2、i_3、i_4、i_5 和电流源两端电压 u_6,未知量数等于方程数,可以求解。

图 2.3-2(b)所示电路含有受控电压源,且其控制量是某一支路电流,那么就将受控电压源两端电压当作独立电压源一样看待列写方程。对图 2.3-2(b),选取 a、b、c 为独立节点,网孔 I、II、III 为独立回路。设各支路电流参考方向及各网孔循行方向如图中所标。应用支路电流法列写方程为

$$\begin{cases} a: i_1 + i_4 + i_5 = 0 \\ b: -i_1 + i_2 + i_6 = 0 \\ c: -i_2 + i_3 - i_4 = 0 \\ \text{I}: -R_1 i_1 - R_2 i_2 + R_4 i_4 = -\gamma i_3 \\ \text{II}: R_1 i_1 - R_5 i_5 = u_{S5} - u_{S6} \\ \text{III}: R_2 i_2 + R_3 i_3 = u_{S6} \end{cases} \quad (2.3-6)$$

解式(2.3-6)即可求解出各支路电流 i_1、i_2、$\cdots$、i_6。

图 2.3-2(c)所示电路含有受控电压源和无伴电流源。其中受控电压源的控制量是某一电压,这将增加一个未知量,这种情况可先将受控源两端电压当作独立电压源一样看待列写方程,然后再增加一个用未知电流表示控制量的辅助方程,这样就得到了数量足够而又相互独立的方程组。对图 2.3-2(c),选取 a、b、c 为独立节点,回路 I、II、III 为独立回路。设各支路电流参考方向及各回路循行方向如图中所标。应用支路电流法列写方程为

$$\begin{cases} a: i_1 + i_4 + i_5 = 0 \\ b: -i_1 + i_2 - i_S = 0 \\ c: -i_2 + i_3 - i_4 = 0 \\ \text{I}: -R_1 i_1 - R_2 i_2 + R_4 i_4 = \mu u_3 \\ \text{II}: R_1 i_1 + R_2 i_2 + R_3 i_3 = u_S \\ \text{III}: R_1 i_1 = -u_6 + u_S \end{cases} \quad (2.3-7)$$

式(2.3-7)中有 i_1、i_2、i_3、i_4、i_5、u_3、u_6 七个未知量,而只有六个方程,无法求解该电路,所以还必须增加一个辅助方程。将控制量 u_3 用支路电流 i_3 表示,即

$$u_3 = R_3 i_3 \quad (2.3-8)$$

联立式(2.3-7)和式(2.3-8)就可以求解电路。

若电路中含有受控电流源,处理方法与独立电流源类似。

2.4 回路法与网孔法

支路电流法需要求解 b 个联立方程,如果电路的支路较多,则手工求解的过程就会相当繁杂。回路法和网孔法是为减少方程个数、简化手工求解过程的一类改进方法。

2.4.1 回路法

要使方程个数减少,则必须使求解的未知变量个数减少,所以需要寻找一组新的求解变量,这组求解变量的数目应少于支路数 b,并且应是相互独立和完备的。

假想在回路中有一个电流沿着构成该回路的各支路作闭合流动,则把这个假想电流称为"回路电流"。在 2.1 节中知道:一个有 n 个节点,b 条支路的连通图 G 有 $b-n+1$ 个独立回路,$b-n+1$ 个独立回路的回路电流即是一组独立且完备的电流变量。独立性是指若已知 $b-n+1$ 个中的任何 $b-n$ 个,求不出第 $b-n+1$ 个。完备性是指一旦各独立回路电流确定,则所有支路电流即可确定。显然连支电流就等于该连支所在独立回路的回路电流,而树支电流就等于流经该支路的回路电流的代数和。

以 $b-n+1$ 个独立回路的回路电流作为求解变量,对 $b-n+1$ 个独立回路列写 KVL 方程,解方程求出各回路电流,这种方法称为"回路电流法",简称"回路法"。回路法中求解变量数 $b-n+1$ 肯定少于电路的支路数 b,所以从求解方程的个数多少来看,回路法比支路电流法要简单。

【例 2.4-1】 如图 2.4-1(a)所示电路,假设其中 R_1、R_2、R_3、R_4、R_5、R_6、u_{S1}、u_{S5} 均为已知。试选择一组独立回路,列出回路电流方程。

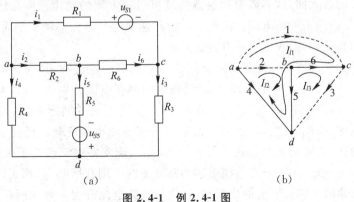

图 2.4-1 例 2.4-1 图

解: 电路的图如图 2.4-1(b)所示,可选择支路 4、5、6 为树。I_{l1}、I_{l2}、I_{l3} 为独立回路电流,一般取连支电流的参考方向作为独立回路电流的参考方向,如图中所标。选定独立回路后在图 2.4-1(a)中对独立回路分别列写 KVL 方程,以独立回路电流的参考方向为循行方向,有

$$\begin{cases} R_1 i_1 - R_6 i_6 + R_5 i_5 - R_4 i_4 = -u_{S1} + u_{S5} \\ R_2 i_2 + R_5 i_5 - R_4 i_4 = u_{S5} \\ R_6 i_6 + R_3 i_3 - R_5 i_5 = -u_{S5} \end{cases} \quad (2.4-1)$$

根据回路电流与支路电流的关系,有

$$i_1 = I_{l1}$$
$$i_2 = I_{l2}$$
$$i_3 = I_{l3}$$
$$i_4 = -I_{l1} - I_{l2}$$
$$i_5 = I_{l1} + I_{l2} - I_{l3}$$
$$i_6 = -I_{l1} + I_{l3}$$

(2.4-2)

将式(2.4-2)代入式(2.4-1),得

$$\begin{cases} R_1 I_{l1} - R_6 (I_{l3} - I_{l1}) + R_5 (I_{l1} + I_{l2} - I_{l3}) - R_4 (-I_{l1} - I_{l2}) = -u_{S1} + u_{S5} \\ R_2 I_{l2} + R_5 (I_{l1} + I_{l2} - I_{l3}) - R_4 (-I_{l1} - I_{l2}) = u_{S5} \\ R_6 (I_{l3} - I_{l1}) + R_3 I_{l3} - R_5 (I_{l1} + I_{l2} - I_{l3}) = -u_{S5} \end{cases}$$

(2.4-3)

式(2.4-3)经整理后为

$$\begin{cases} (R_1 + R_4 + R_5 + R_6) I_{l1} + (R_4 + R_5) I_{l2} - (R_5 + R_6) I_{l3} = -u_{S1} + u_{S5} \\ (R_4 + R_5) I_{l1} + (R_2 + R_4 + R_5) I_{l2} - R_5 I_{l3} = u_{S5} \\ -(R_5 + R_6) I_{l1} - R_5 I_{l2} + (R_3 + R_5 + R_6) I_{l3} = -u_{S5} \end{cases}$$

(2.4-4)

解式(2.4-4)的方程组得到回路电流 I_{l1}、I_{l2}、I_{l3},然后可根据式(2.4-2)求出各支路电流。本例若用支路电流法需求解 6 个联立方程,而回路电流法只需求解 3 个联立方程。但本例中列写回路电流方程的过程似乎比较繁杂,实际上观察式(2.4-4),各未知变量前的系数是有规律的,可按规律直接写出式(2.4-4),而不需要前面的推导过程。这一规律将在下面的网孔法中详细介绍。

2.4.2 网孔法

网孔是特殊的独立回路,不需要通过选树就可以很方便的确定。网孔法是回路法的一种特殊情况,它仅适用于平面电路。由于实际中所遇到的电路大都属于平面电路,所以人们经常使用的是网孔法,下面我们将重点讨论网孔法。

在网孔中沿着构成该网孔的各支路作闭合流动的假想电流称为"网孔电流"。图 2.4-2 所示平面电路有 3 个网孔,网孔 1、网孔 2、网孔 3 的网孔电流分别为 i_{m1}、i_{m2}、i_{m3},网孔电流的方向可任意指定,网孔电流的方向即作为列写 KVL 方程时的循行方向。实际上网孔电流就是独立回路电流,因此网孔电流也是一组独立且完备的电流变量。任何一条支路一定属于一个或两个网孔,如果某支路只属于某一网孔,那么该支路电流就等于该网孔电流,如图 2.4-2 中 $i_1 = i_{m1}$,$i_2 = i_{m2}$,$i_3 = -i_{m3}$;如果某支路属于两个网孔所共有,那么该支路上的电流就等于流经该支路的两网孔电流的代数和,注意与支路电流方向一致的网孔电流取正号,反之取负号,如图 2.4-2 中 $i_4 = i_{m1} - i_{m3}$,其他支路电流都可类似地求出。所以若网孔电流确定,则所有的支路电流就可确定。

对平面电路,以网孔电流作为求解变量,对全部网孔列写 KVL 方程,解方程组求得网孔电流,这种方法称为"网孔电流法",简称"网孔法"。

图 2.4-2 所示电路,对各网孔列写 KVL 方程,以网孔电流方向作为循行方向,有

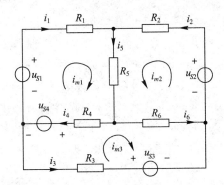

图 2.4-2 网孔法

$$\begin{cases} 1: R_1 i_1 + R_5 i_5 + R_4 i_4 = u_{S1} - u_{S4} \\ 2: R_2 i_2 + R_5 i_5 + R_6 i_6 = u_{S2} \\ 3: -R_3 i_3 - R_4 i_4 + R_6 i_6 = u_{S3} + u_{S4} \end{cases} \quad (2.4-5)$$

用网孔电流表示各支路电流，有

$$\begin{aligned} i_1 &= i_{m1} \\ i_2 &= i_{m2} \\ i_3 &= -i_{m3} \\ i_4 &= i_{m1} - i_{m3} \\ i_5 &= i_{m1} + i_{m2} \\ i_6 &= i_{m2} + i_{m3} \end{aligned} \quad (2.4-6)$$

将式(2.4-6)代入式(2.4-5)，得

$$\begin{cases} 1: R_1 i_{m1} + R_5 (i_{m1} + i_{m2}) + R_4 (i_{m1} - i_{m3}) = u_{S1} - u_{S4} \\ 2: R_2 i_{m2} + R_5 (i_{m1} + i_{m2}) + R_6 (i_{m2} + i_{m3}) = u_{S2} \\ 3: R_3 i_{m3} - R_4 (i_{m1} - i_{m3}) + R_6 (i_{m2} + i_{m3}) = u_{S3} + u_{S4} \end{cases} \quad (2.4-7)$$

式(2.4-7)经整理后可得

$$\begin{cases} 1: (R_1 + R_4 + R_5) i_{m1} + R_5 i_{m2} - R_4 i_{m3} = u_{S1} - u_{S4} \\ 2: R_5 i_{m1} + (R_2 + R_5 + R_6) i_{m2} + R_6 i_{m3} = u_{S2} \\ 3: -R_4 i_{m1} + R_6 i_{m2} + (R_3 + R_4 + R_6) i_{m3} = u_{S3} + u_{S4} \end{cases} \quad (2.4-8)$$

解式(2.4-8)得各网孔电流，再根据式(2.4-6)可确定各支路电流。若令

$R_{11} = R_1 + R_4 + R_5, R_{12} = R_5, R_{13} = -R_4, u_{S11} = u_{S1} - u_{S4}$

$R_{21} = R_5, R_{22} = (R_2 + R_5 + R_6), R_{23} = R_6, u_{S22} = u_{S2}$

$R_{31} = -R_4, R_{32} = R_6, R_{33} = (R_3 + R_4 + R_6), u_{S33} = u_{S3} + u_{S4}$

则式(2.4-8)可表示为

$$\begin{cases} 网孔1: R_{11} i_{m1} + R_{12} i_{m2} + R_{13} i_{m3} = u_{S11} \\ 网孔2: R_{21} i_{m1} + R_{22} i_{m2} + R_{23} i_{m3} = u_{S22} \\ 网孔3: R_{31} i_{m1} + R_{32} i_{m2} + R_{33} i_{m3} = u_{S33} \end{cases} \quad (2.4-9)$$

观察电路及式(2.4-9)，R_{11}是网孔1内所有电阻之和，称为"网孔1的自电阻"，由于循行方向与网孔电流方向一致，故自电阻前总为正号；R_{12}是网孔1和网孔2公有支路上的电

阻,称为"网孔1和网孔2的互电阻",由于网孔电流 i_{m1}、i_{m2} 以相同方向流过公有电阻 R_5,i_{m2} 在 R_5 上引起的电压的方向与网孔1的循行方向一致,故 R_5 前取正号;R_{13} 是网孔1和网孔3公有支路上的电阻,称为"网孔1和网孔3的互电阻",由于网孔电流 i_{m1}、i_{m3} 以相反方向流过公有电阻 R_4,i_{m3} 在 R_4 上引起的电压的方向与网孔1的循行方向相反,故 R_4 前取负号;u_{S11} 为网孔1中各电压源的代数和,按网孔电流的方向循行,先遇到电压源正极性端取负号,否则取正号(因移到等式右边)。同样,在网孔2、网孔3的方程中,R_{22}、R_{33} 分别为网孔2、网孔3的自电阻;R_{21}、R_{23}、R_{31}、R_{32} 分别为下标所示网孔之间的互电阻,u_{S22}、u_{S33} 分别为网孔2、网孔3中各电压源的代数和。

根据以上的观察分析可以知道,用网孔法列写的电路方程在形式上是有一定规律的。式(2.4-9)是三网孔电路的网孔方程的一般形式,对于具体的电路,仅是其中的自电阻、互电阻和电压源代数和的具体值不同。如果电路具有 n 个网孔,则网孔方程的一般形式为

$$\begin{cases} 网孔1: R_{11}i_{m1} + R_{12}i_{m2} + R_{13}i_{m3} + \cdots + R_{1n}i_{mn} = u_{S11} \\ 网孔2: R_{21}i_{m1} + R_{22}i_{m2} + R_{23}i_{m3} + \cdots + R_{2n}i_{mn} = u_{S22} \\ \cdots\cdots \\ 网孔n: R_{n1}i_{m1} + R_{n2}i_{m2} + R_{n3}i_{m3} + \cdots + R_{nn}i_{mn} = u_{Smn} \end{cases} \quad (2.4-10)$$

在按式(2.4-10)一般形式列写网孔方程时要注意:具有相同下标的 R_{ii} 是网孔 i 的所有电阻,称为"自电阻",自电阻恒为正;具有不同下标的 R_{ij} 是网孔 i 和网孔 j 的公有电阻,称为"互电阻",互电阻的正负则根据两网孔电流流经公有电阻的方向是否相同而定,相同为正,相反为负;方程右边的 u_{Sii} 为网孔 i 中各电源(包括电压源、电流源、受控源)引起的电压的代数和,按网孔电流的方向循行,先遇到电源电压的正极性端取负号,否则取正号。需要说明的是,实际上电阻值是没有正负的,这里的互电阻的正负号是由于把公有电阻上的电压的正负号归在相应的互电阻中,以使方程的形式整齐统一。

网孔法是回路法的一种特殊情况,选取网孔作独立回路时,回路法就是网孔法。前面所讲的回路法方程也可按式(2.4-10)一般形式列写,只不过要注意是对选定的各独立回路列写方程,式中的求解变量为独立回路电流。应用回路法或网孔法时只需通过观察电路求出各自电阻、互电阻及电源电压代数和,按照式(2.4-10)即可直接写出方程。采用网孔法,无需选树确定独立回路,因此网孔法比回路法更加简便,但网孔法只适用于平面电路,回路法则无此限制。

【例2.4-2】 如图2.4-3(a)所示电路,其中 $R_1=R_3=R_4=20\Omega$,$R_2=R_5=R_6=10\Omega$,$i_{S1}=0.1$A,$u_{S5}=2$V,$u_{S6}=4$V。用网孔电流法求电流 i_3。

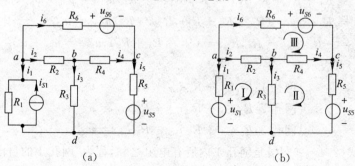

图2.4-3 例2.4-2图

解： 本题电路中含有有伴电流源。这种情况可应用电压源、电流源模型的互换等效将其等效为图 2.4-3(b)所示电路，其中

$$u_{S1} = i_{S1}R_1 = 0.1 \times 20 = 2\text{V}$$

设网孔电流为 i_{m1}、i_{m2}、i_{m3}，其方向如图 2.4-3(b)所标。观察电路，根据式(2.4-10)列写方程为

$$\begin{cases} 50i_{m1} - 20i_{m2} - 10i_{m3} = 2 \\ -20i_{m1} + 50i_{m2} - 20i_{m3} = -2 \\ -10i_{m1} - 20i_{m2} + 40i_{m3} = -4 \end{cases} \quad (2.4-11)$$

可用克莱姆法则求解线性方程组，计算式(2.4-11)方程组的系数行列式

$$\Delta = \begin{vmatrix} 50 & -20 & -10 \\ -20 & 50 & -20 \\ -10 & -20 & 40 \end{vmatrix}$$

$$= 50 \times 50 \times 40 + (-20) \times (-20) \times (-10) + (-20) \times (-20) \times (-10)$$
$$- (-10) \times 50 \times (-10) - (-20) \times (-20) \times 40 - (-20) \times (-20) \times 50 = 51000$$

把 Δ 中第 i 列元素对应地换成常数项而其余各列保持不变得到行列式 $\Delta_i (i=1,2,3)$ 如下

$$\Delta_1 = \begin{vmatrix} 2 & -20 & -10 \\ -2 & 50 & -20 \\ -4 & -20 & 40 \end{vmatrix} = -2400$$

$$\Delta_2 = \begin{vmatrix} 50 & 2 & -10 \\ -20 & -2 & -20 \\ -10 & -4 & 40 \end{vmatrix} = -6600$$

$$\Delta_3 = \begin{vmatrix} 50 & -20 & 2 \\ -20 & 50 & -2 \\ -10 & -20 & -4 \end{vmatrix} = -9000$$

则可得方程组的解

$$i_{m1} = \frac{\Delta_1}{\Delta} = -0.0471\text{A}, \quad i_{m2} = \frac{\Delta_2}{\Delta} = -0.1294\text{A}, \quad i_{m3} = \frac{\Delta_3}{\Delta} = -0.1765\text{A}$$

所以 $i_3 = i_{m1} - i_{m2} = [(-0.0471) - (-0.1294)]\text{A} = 0.0824\text{A}$

【例 2.4-3】 如图 2.4-4 所示电路，试用网孔法列写网孔电流方程。

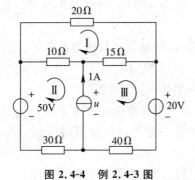

图 2.4-4　例 2.4-3 图

解： 设网孔电流为 i_{m1}、i_{m2}、i_{m3}，其方向如图 2.4-4 所标。本题电路中的电流源是无伴电流源，无法将其等效变换为电压源的形式，而且电流源两端的电压是不知道的，也就无法写出其所在网孔的方程等式右边电源电压的代数和。这种情况可先假设电流源两端电压为 u，按通式列写方程时把 u 当作独立电压源一样看待写入方程。由于引入了 u 这个未知量，所以还需要增加一个辅助方程，使得方程数与未知量数相等，方可求解。这个辅助方程可用网孔电流来表示电流源电流。如本题电路，可写出辅助方程为

$$i_{m3} - i_{m2} = 1 \tag{2.4-12}$$

按网孔方程的一般形式列写方程为

$$\begin{cases} (20+10+15)i_{m1} - 10i_{m2} - 15i_{m3} = 0 \\ -10i_{m1} + (10+30)i_{m2} = 50 - u \\ -15i_{m1} + (15+40)i_{m3} = -20 + u \end{cases} \tag{2.4-13}$$

联立式(2.4-12)和(2.4-13)，四个未知量、四个方程，即可求解电路。

【例 2.4-4】 如图 2.4-5 所示电路，试用网孔法求电流 i。

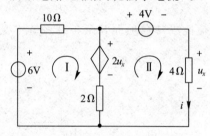

图 2.4-5 例 2.4-4 图

解： 设网孔电流为 i_{m1}、i_{m2}，其方向如图 2.4-5 所标。本题电路中含有受控电压源。在列写方程时，将受控电压源当作独立电压源一样看待写入方程，由此会引入一个新的未知量，即受控源的控制量，它可能是电压或是电流，在本题中是电压 u_x。因此需要增加一个辅助方程，用网孔电流来表示控制量。如本题电路，辅助方程为

$$u_x = 4i_{m2} \tag{2.4-14}$$

按网孔方程的一般形式列写方程为

$$\begin{cases} (10+2)i_{m1} - 2i_{m2} = 6 - 2u_x \\ -2i_{m1} + (2+4)i_{m2} = -4 + 2u_x \end{cases} \tag{2.4-15}$$

联立式(2.4-14)和(2.4-15)，解得 $i_{m1} = -1\text{A}$，$i_{m2} = 3\text{A}$，$u_x = 12\text{V}$，所以 $i = i_{m2} = 3\text{A}$

当电路中含有受控电流源时，处理方法与前面处理电流源的方法类似，同时把控制量用网孔电流表示。

网孔电流法的步骤可以归纳如下：

(1) 对平面电路的各网孔指定网孔电流的参考方向。

(2) 按照式(2.4-10)方程的一般形式直接写出方程。注意自电阻、互电阻及电源电压前面的"＋"、"－"号。

(3) 当电路中有电流源或受控源时需加以处理。

2.5 割集法与节点法

割集法和节点法是另一类改进的方法。

2.5.1 割集法

这里另外来寻找一组求解变量。在 2.1 节中知道:一个有 n 个节点,b 条支路的连通图 G,它的独立割集个数为它的树支个数,即 $n-1$ 个。$n-1$ 个树支电压是一组独立且完备的电压变量。如果知道 $n-1$ 个树支电压中的任何 $n-2$ 个,求不出第 $n-1$ 个。根据树的定义,树连通所有的节点,因此从一个节点到其他任何一个节点,一定有一条只由树支构成的唯一路径。那么任何两节点间的电压可以用沿这一路径的各树支电压的代数和表示。如图 2.5-1 所示的连通图,若选树支为 $\{1,2,4\}$,则相应连支为 $\{3,5,6\}$。各支路上的箭头为支路电流的参考方向,支路电压参考方向与电流参考方向关联,省略未标出。如果已知各树支电压 u_1、u_2、u_4,那么根据 KVL 各连支电压可表示为

$$u_3 = -u_1 - u_2$$
$$u_5 = -u_1 - u_2 - u_4$$
$$u_6 = u_2 + u_4$$

这就是说,一旦树支电压确定,则所有支路电压即可确定。

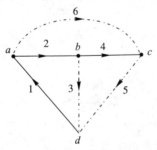

图 2.5-1 树支电压的表示

以 $n-1$ 个树支电压作为求解变量,列写 $n-1$ 个独立割集的 KCL 方程,解方程组求得树支电压,进而可求得所需要求的电流、电压、功率等量,这种分析方法称为"割集电压法",简称"割集法"。

用割集法列写电路方程的一般步骤如下:

(1)选树,确定独立割集,设定各支路电流的参考方向(支路电压的参考方向与支路电流参考方向关联,省略不标)。以树支电流的方向作为独立割集的方向。

(2)列写独立割集的 KCL 方程,将方程中的各支路电流表示为该支路的电导值与支路电压相乘积的形式。

(3)将第二步写出的 KCL 方程中的各支路电压用树支电压表示。

(4)解方程组,得树支电压。进一步可求得各支路电压。

【例 2.5-1】 如图 2.5-2(a)所示电路,试选择一组独立割集,列出割集电压方程。

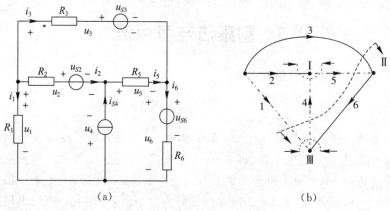

图 2.5-2 例 2.5-1 图

解： 本题电路的图如图 2.5-2(b)所示,若选支路 2、3、6 为树支,则独立割集为 I、II、III,各支路电流及割集的方向如图所标,支路电压参考方向与支路电流参考方向关联。列写独立割集的 KCL 方程,有

$$\begin{cases} \text{I}: i_2 + i_4 - i_5 = 0 \\ \text{II}: i_1 + i_3 - i_4 + i_5 = 0 \\ \text{III}: i_1 - i_4 + i_6 = 0 \end{cases} \quad (2.5-1)$$

将各支路电流表示为该支路的电导值与支路电压相乘积的形式,并用树支电压表示连支电压,有

$$\begin{cases} i_1 = G_1 u_1 = G_1(u_3 + u_6) \\ i_2 = G_2(u_2 - u_{S2}) \\ i_3 = G_3(u_3 - u_{S3}) \\ i_5 = G_5 u_5 = G_5(u_3 - u_2) \\ i_6 = G_6(u_6 - u_{S6}) \end{cases} \quad (2.5-2)$$

支路电流 i_4 就等于独立电流源的电流 i_{S4},即

$$i_4 = i_{S4} \quad (2.5-3)$$

将式(2.5-2)和(2.5-3)代入式(2.5-1),整理后可得

$$\begin{cases} (G_2 + G_5)u_2 - G_5 u_3 = G_2 u_{S2} - i_{S4} \\ -G_5 u_2 + (G_1 + G_3 + G_5)u_3 + G_1 u_6 = i_{S4} + G_3 u_{S3} \\ -G_1 u_3 + (G_1 + G_6)u_6 = i_{S4} + G_6 u_{S6} \end{cases} \quad (2.5-4)$$

解式(2.5-4)割集电压方程即可得到各树支电压 u_2、u_3、u_6,则各连支电压为

$$u_1 = u_3 + u_6$$
$$u_4 = u_2 - u_3 - u_6$$
$$u_5 = -u_2 + u_3$$

2.5.2 节点法

在电路中任选一个节点作为参考节点,其余各节点到参考节点的电压称为"节点电压"。例如图 2.5-3(a)所示电路,这里把电导与独立电流源的并联看作一条支路,电路的图如图

2.5-3(b),节点数为 4,支路数为 6,各节点的编号及各支路电流的参考方向如图中所标。若选择节点 4 作为参考节点,则节点 1、2、3 与参考节点之间的电压即为节点电压,分别为 u_{n1}、u_{n2}、u_{n3}。节点电压的参考方向是以参考节点为低电位端,其余节点为高电位端。

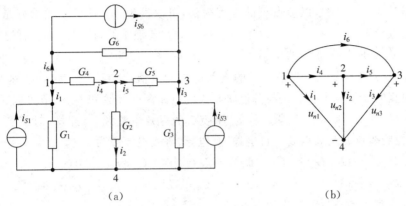

图 2.5-3 节点法

显然,一个具有 n 个节点的电路有 $n-1$ 个节点电压。$n-1$ 个节点电压是一组独立且完备的电压变量。若已知 $n-1$ 个节点电压中的任意 $n-2$ 个,求不出第 $n-1$ 个。由图 2.5-3(b)可以看出,电路中的所有支路电压都可以用节点电压表示

$$u_{14} = u_{n1}$$
$$u_{24} = u_{n2}$$
$$u_{34} = u_{n3}$$
$$u_{12} = u_{n1} - u_{n2}$$
$$u_{23} = u_{n2} - u_{n3}$$
$$u_{13} = u_{n1} - u_{n3}$$
(2.5-5)

以节点电压作为求解变量,对独立节点列写 KCL 方程,解方程组求得节点电压进而求得所需要求的电流、电压、功率等量,这种分析方法称为"节点电压法",简称"节点法"。

如图 2.5-3(a)所示电路,选择节点 4 为参考节点,对节点 1、2、3 应用 KCL 列写方程,设流出节点的电流取正号、流入节点的电流取负号,有

$$\begin{cases} 节点 1: i_1 + i_4 + i_6 = 0 \\ 节点 2: i_2 - i_4 + i_5 = 0 \\ 节点 3: i_3 - i_5 - i_6 = 0 \end{cases}$$
(2.5-6)

将各支路电流用节点电压表示为

$$\begin{cases} i_1 = G_1 u_{n1} - i_{S1} \\ i_2 = G_2 u_{n2} \\ i_3 = G_3 u_{n3} - i_{S3} \\ i_4 = G_4 (u_{n1} - u_{n2}) \\ i_5 = G_5 (u_{n2} - u_{n3}) \\ i_6 = G_6 (u_{n1} - u_{n3}) + i_{S6} \end{cases}$$
(2.5-7)

将式(2.5-7)代入式(2.5-6),并进行整理,得

$$\begin{cases}\text{节点 }1:(G_1+G_4+G_6)u_{n1}-G_4u_{n2}-G_6u_{n3}=i_{S1}-i_{S6}\\ \text{节点 }2:-G_4u_{n1}+(G_2+G_4+G_5)u_{n2}-G_5u_{n3}=0\\ \text{节点 }3:-G_6u_{n1}-G_5u_{n2}+(G_3+G_5+G_6)u_{n3}=i_{S6}+i_{S3}\end{cases} \quad (2.5-8)$$

观察电路及式(2.5－8)，以节点 1 的方程为例，可以发现：u_{n1} 前的系数恰好是与节点 1 相连的各支路电导之和，令 $G_{11}=G_1+G_4+G_6$，G_{11} 称为"节点 1 的自电导"；u_{n2} 前的系数是连接节点 1 与节点 2 的支路电导的负值，令 $G_{12}=-G_4$，G_{12} 称为"节点 1 与节点 2 间的互电导"；u_{n3} 前的系数是连接节点 1 与节点 3 的支路电导的负值，令 $G_{13}=-G_6$，G_{13} 称为"节点 1 与节点 3 间的互电导"；等式右端是与节点 1 相连的电流源的代数和，流入节点取"＋"号，流出节点取"－"号，令 $i_{S11}=i_{S1}-i_{S6}$，i_{S11} 称为"节点 1 的等效电流源"。同样，对节点 2、节点 3 的方程，可以找到节点 2 及节点 3 的自电导、互电导、等效电流源为

$$G_{21}=-G_4,\ G_{22}=G_2+G_4+G_5,\ G_{23}=-G_5,\ i_{S22}=0$$
$$G_{31}=-G_6,\ G_{32}=-G_5,\ G_{33}=G_3+G_5+G_6,\ i_{S33}=i_{S6}+i_{S3}$$

因此可以将式(2.5－8)表示为如下形式：

$$\begin{cases}\text{节点 }1:G_{11}u_{n1}+G_{12}u_{n2}+G_{13}u_{n3}=i_{S11}\\ \text{节点 }2:G_{21}u_{n1}+G_{22}u_{n2}+G_{23}u_{n3}=i_{S22}\\ \text{节点 }3:G_{31}u_{n1}+G_{32}u_{n2}+G_{33}u_{n3}=i_{S33}\end{cases} \quad (2.5-9)$$

根据以上的观察分析可以知道，用节点法列写的电路方程在形式上是有一定规律的。式(2.5－9)是具有三个独立节点电路的节点方程的一般形式，对于具体的电路，仅是其中的自电导、互电导和等效电流源的具体值不同。如果是具有 m 个独立节点的电路，则节点方程的一般形式为

$$\begin{cases}\text{节点 }1:G_{11}u_{n1}+G_{12}u_{n2}+G_{13}u_{n3}+\cdots+G_{1m}u_{nm}=i_{S11}\\ \text{节点 }2:G_{21}u_{n1}+G_{22}u_{n2}+G_{23}u_{n3}+\cdots+G_{2m}u_{nm}=i_{S22}\\ \cdots\cdots\cdots\cdots\cdots\\ \text{节点 }m:G_{m1}u_{n1}+G_{m2}u_{n2}+G_{m3}u_{n3}+\cdots+G_{mm}u_{nm}=i_{Smm}\end{cases} \quad (2.5-10)$$

在按式(2.5－10)一般形式列写节点方程时要注意：具有相同下标的 G_{ii} 是与节点 i 相连的所有支路上的电导，称为"自电导"，自电导总是正的；具有不同下标的 G_{ij} 是连接节点 i 和节点 j 的支路上的电导，称为"互电导"，互电导总是负的，出现负号是因为所有节点电压都一律假定为电压降；方程右边的等效电流源 i_{Sii} 为与节点 i 相连的各电源(包括电压源、电流源、受控源)引起的电流的代数和，流入节点取"＋"号，流出节点取"－"号。

节点法是割集法的一种特殊情况。割集法方程也可按式(2.5－10)一般形式列写，只不过注意是对选定的各独立割集列写方程，式中的求解变量为树支电压。和割集法相比，节点法无需选树确定独立割集，只需选定参考节点设出各节点电压，通过观察电路求出各独立节点的自电导、互电导及等效电流源，按照节点方程的一般形式即可直接写出方程。和网孔法相比，如果电路的独立节点数少于网孔数，则节点法联立的方程数就少些，较易求解；而且网孔法只适用于平面电路，节点法则对平面和非平面电路都适用。因此，节点法更具有普遍意义。

【例 2.5-2】 如图 2.5-4(a)所示电路，试列写该电路的节点电压方程。

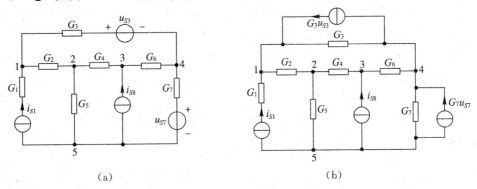

图 2.5-4 例 2.5-2 图

解： 本题电路中含有有伴电压源。这种情况可应用电源互换等效将电压源形式变换为电流源形式，如图 2.5-4(b)所示。选取节点 5 作为参考节点，其他 4 个节点的节点电压分别为 u_{n1}、u_{n2}、u_{n3}、u_{n4}。观察电路，按节点电压方程的一般形式列写方程为

$$\begin{cases} (G_2+G_3)u_{n1} - G_2 u_{n2} - G_3 u_{n4} = i_{S1} + G_3 u_{S3} \\ -G_2 u_{n1} + (G_2+G_4+G_5)u_{n2} - G_4 u_{n3} = 0 \\ -G_4 u_{n2} + (G_4+G_6)u_{n3} - G_6 u_{n4} = i_{S8} \\ -G_3 u_{n1} - G_6 u_{n3} + (G_3+G_6+G_7)u_{n4} = -G_3 u_{S3} + G_7 u_{S7} \end{cases} \quad (2.5-11)$$

解式(2.5-11)的节点电压方程组即可得到各节点电压。

在本题中要注意，节点 1 的自电导是 (G_2+G_3)，而不是 $(G_1+G_2+G_3)$。这是因为节点法的实质是按 KCL 列写方程，在 KCL 方程中电流源所在支路的电流已作为电流源电流写到了方程的右边，而与串联电阻无关。所以在列写节点电压方程时，要把与理想电流源串联的任意元件(包括电阻、电导、电压源等)看成短路。另外，由于节点 1 和 3、2 和 4 之间没有直接的公共支路，所以 $G_{13}=G_{31}=G_{24}=G_{42}=0$。

【例 2.5-3】 如图 2.5-5 所示电路，试用节点电压法求独立电流源产生的功率。

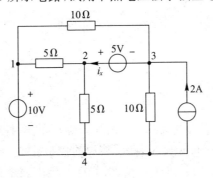

图 2.5-5 例 2.5-3 图

解： 本题电路中含有无伴电压源，无法将其等效变换为电流源形式，因为独立电压源的输出电流是不知道的，也就无法列写与电压源相关的节点 KCL 方程。在应用节点法时遇到无伴电压源，一种方法是选择无伴电压源支路所连的两个节点之一作为参考节点，这样另一节点的节点电压就为已知量了，就可少列写一个方程；另一种方法是假设独立电压源的

输出电流为 i_x，按一般形式列写方程时把 i_x 当作电流源一样看待写入方程。由于引入了 i_x 这个未知量，所以还需要增加一个辅助方程。这个辅助方程可用节点电压来表示电压源电压。在可能的条件下一般优先采用第一种处理方法，由于本题电路中含有两个无伴电压源支路，所以需结合上述两种方法来处理。选取节点 4 作为参考节点，其他 3 个节点的节点电压分别为 u_{n1}、u_{n2}、u_{n3}。显然，有

$$u_{n1} = 10\text{V} \tag{2.5-12}$$

设 5V 电压源所在支路电流为 i_x，参考方向如图 2.5-5 中所标。对节点 2、节点 3 列写方程，有

$$\begin{cases} -\dfrac{1}{5}u_{n1} + \left(\dfrac{1}{5} + \dfrac{1}{5}\right)u_{n2} = i_x \\ -\dfrac{1}{10}u_{n1} + \left(\dfrac{1}{10} + \dfrac{1}{10}\right)u_{n3} = 2 - i_x \end{cases} \tag{2.5-13}$$

用节点电压表示电压源电压，增加一个辅助方程

$$u_{n2} - u_{n3} = 5\text{V} \tag{2.5-14}$$

联立式(2.5-12)、(2.5-13)、(2.5-14)，并整理后可得

$$\begin{cases} 0.4u_{n2} + 0.2u_{n3} = 5 \\ u_{n2} - u_{n3} = 5 \end{cases} \tag{2.5-15}$$

解式(2.5-15)，可得

$$u_{n2} = 10\text{V},\ u_{n3} = 5\text{V}$$

则独立电流源产生的功率 P_S 为

$$P_S = 2 \times u_{n3} = 2 \times 5 = 10\text{W}$$

在列写节点方程时要注意将各电阻参数换算为电导参数。

【例 2.5-4】 如图 2.5-6 所示电路，试列写该电路的节点电压方程。

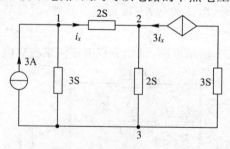

图 2.5-6 例 2.5-4 图

解： 本题电路中含有受控电流源。在列写方程时，将受控电流源当作独立电流源看待写入方程，由此会引入一个新的未知量，即受控源的控制量，它可能是电压或是电流，在本题中是电流 i_x。因此需要增加一个辅助方程，用节点电压来表示控制量。选取节点 3 作为参考节点，其他两个节点的节点电压分别为 u_{n1}、u_{n2}。观察电路，按节点电压方程的一般形式列写方程为

$$\begin{cases} (3+2)u_{n1} - 2u_{n2} = 3 \\ -2u_{n1} + (2+2)u_{n2} = 3i_x \end{cases} \tag{2.5-16}$$

用节点电压表示控制量，增加一个辅助方程

$$i_x = 2(u_{n1} - u_{n2}) \tag{2.5-17}$$

联立式(2.5—16)和(2.5—17)，三个方程可解出三个未知量 u_{n1}、u_{n2}、i_x。

需要注意在本题中受控电流源与3S电导串联，这种情况的处理方法与前述独立电流源的处理方法相同，在列写节点方程时该串联电导不计入自导和互导中去。

若电路中含有受控电压源，处理方法与前面处理独立电压源的方法类似，同时把控制量用节点电压表示。

节点电压法的步骤可以归纳如下：

(1)选定参考节点，对其余节点编号，明确各节点电压。通常以参考节点为各节点电压的负极性。

(2)按照式(2.5—10)节点方程的一般形式直接写出方程。注意自电导、互电导及电流源电流前面的"＋"、"－"号。

(3)当电路中有电压源或受控源时需加以处理。

习题 2

2—1 画出题 2—1 图所示电路的图，并说明其节点数和支路数。独立电压源(或受控电压源)和电阻的串联组合作为一条支路处理；独立电流源(或受控电流源)和电阻的并联组合作为一条支路处理。

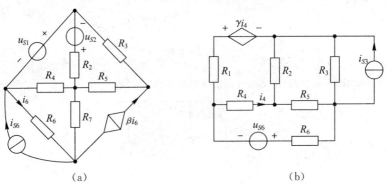

题 2—1 图

2—2 如题 2—2 图，请分别画出 4 个不同的树并指出树支数为多少？任选一个树，确定其独立回路组和独立割集组，并指出独立回路数和独立割集数各为多少？

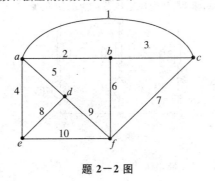

题 2—2 图

2-3 求题 2-1 图中两个电路可列写的 KCL、KVL 独立方程数分别为多少？独立电压源（或受控电压源）和电阻的串联组合作为一条支路处理；独立电流源（或受控电流源）和电阻的并联组合作为一条支路处理。

2-4 如题 2-4 图所示电路，选出一组独立节点和独立回路，列写其 KCL 和 KVL 方程。

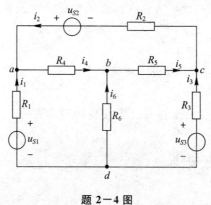

题 2-4 图

2-5 如题 2-5 图所示电路，用支路电流法求各支路电流 I_1、I_2、I_3。

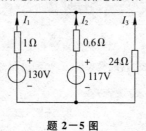

题 2-5 图

2-6 如题 2-6 图所示电路，用支路电流法求电流 I。

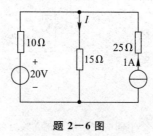

题 2-6 图

2-7 如题 2-7 图所示电路，求 U_R 和受控电压源产生的功率。

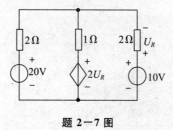

题 2-7 图

2-8 如题 2-8 图所示电路，求支路电流 I_1、I_2、I_3、I_4。

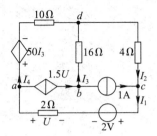

题 2-8 图

2-9 如题 2-9 图所示电路,用回路电流法求电压 U。

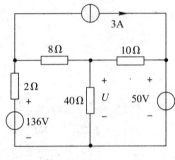

题 2-9 图

2-10 如题 2-10 图所示电路,用回路电流法求电流 I_1。

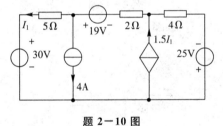

题 2-10 图

2-11 如题 2-11 图所示电路,用网孔法求电流 I_1、I_2、I_3。

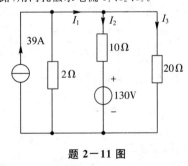

题 2-11 图

2-12 如图 2-12 图所示电路,用网孔法求电流 I。

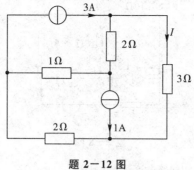

题 2-12 图

2-13 如题 2-13 图所示电路，$R_1=1\Omega$、$R_2=3\Omega$、$R_3=4\Omega$、$I_{S1}=0A$、$I_{S2}=8A$、$U_S=24V$，用网孔法求电压 U。

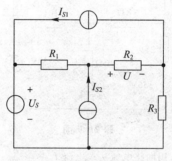

题 2-13 图

2-14 如题 2-14 图所示电路，用网孔电流法求电压 U 及受控电流源产生的功率。

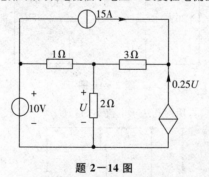

题 2-14 图

2-15 如题 2-15 图所示电路，试选一树，用割集法求电压 U。

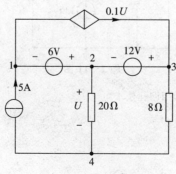

题 2-15 图

2—16 如题 2—16 图所示电路，用节点电压法求电流 I。

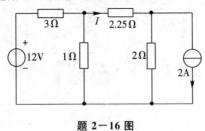

题 2—16 图

2—17 如题 2—17 图所示电路，用节点电压法求电流 I。

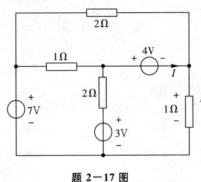

题 2—17 图

2—18 如题 2—18 图所示电路，用节点电压法求电流 I 和电压 U。

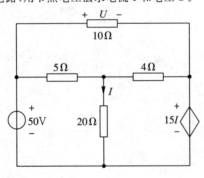

题 2—18 图

2—19 如题 2—19 图所示电路，求受控电压源产生的功率。

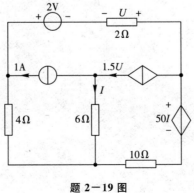

题 2—19 图

2—20 如题 2—20 图所示电路，求各独立电流源产生的功率。

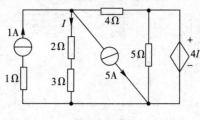

题 2—20 图

第3章 电路定理

【内容提要】 本章将讨论电路理论中常用的一些重要定理:叠加定理、齐次定理、替代定理、戴维南定理、诺顿定理、最大功率传输定理、特勒根定理、互易定理和对偶原理,这些定理是电路理论的重要组成部分,它们对于进一步学习后续专业课程起着重要作用。

3.1 齐次定理与叠加定理

线性电路的基本性质是线性特性,包含齐次性(又称"比例性"或"均匀性")和叠加性(又称"可加性")。它们是分析线性电路的重要依据,也是推导其他电路定理的基础。

3.1.1 齐次定理

齐次定理体现了线性电路的齐次性,其内容表述为:当一个激励(独立电压源或独立电流源)作用于线性电路时,其任意支路的响应(电压或电流)与该激励成正比。

【例 3.1-1】 如图 3.1-1 所示电路,求 u、i 与激励 u_S 的关系式。

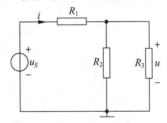

图 3.1-1 例 3.1-1 电路

解: 利用节点法,列节点方程得

$$\left(\frac{1}{R_1} + \frac{1}{R_2} + \frac{1}{R_3}\right)u = \frac{u_S}{R_1}$$

解得

$$u = \frac{R_2 R_3}{R_1 R_2 + R_1 R_3 + R_2 R_3} u_S$$

$$i = \frac{u_S - u}{R_1} = \frac{R_2 + R_3}{R_1 R_2 + R_1 R_3 + R_2 R_3} u_S$$

式中,R_1、R_2 和 R_3 都是常数。

显然,若 u_S 增大(或减小)k 倍,响应 u 和 i 也随之增大(或减小)k 倍。这种性质称为"齐次性"或"比例性"。

【例 3.1-2】 如图 3.1-2 所示电路,当 $u_S = 102$ V 时,求电流 i_1。

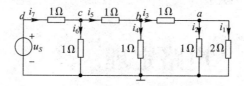

图 3.1-2 例 3.1-2 电路

解： 采用倒推法。设 $i_1 = 1\,\text{A}$，则应用节点电压法、KCL 及 KVL 逐次求得

$$V_a = 2 \times i_1 = 2 \times 1 = 2\,\text{V}$$

$$i_2 = \frac{V_a}{1} = \frac{2}{1} = 2\,\text{A}$$

$$i_3 = i_1 + i_2 = 1 + 2 = 3\,\text{A}$$

$$V_b = 1 \times i_3 + V_a = 1 \times 3 + 2 = 5\,\text{V}$$

$$i_4 = \frac{V_b}{1} = \frac{5}{1} = 5\,\text{A}$$

$$i_5 = i_3 + i_4 = 3 + 5 = 8\,\text{A}$$

$$V_c = 1 \times i_5 + V_b = 1 \times 8 + 5 = 13\,\text{V}$$

$$i_6 = \frac{V_c}{1} = \frac{13}{1} = 13\,\text{A}$$

$$i_7 = i_5 + i_6 = 8 + 13 = 21\,\text{A}$$

$$u_S = 1 \times i_7 + V_c = 21 + 13 = 34\,\text{V}$$

根据齐次定理有 $i_1 = g u_S$ 则 $g = \dfrac{i_1}{u_S} = \dfrac{1}{34}\,\text{S}$

所以，当 $u_S = 102\,\text{V}$ 时电流

$$i_1 = g u_S = \frac{1}{34} \times 102 = 3\,\text{A}$$

3.1.2 叠加定理

在含有多个激励的线性电路中，如何得到响应与激励之间的关系？叠加定理为研究这类问题提供了理论依据和方法，并经常作为建立其他电路定理的基础和方法。

下面以图 3.1-3(a) 所示电路为例来讨论这一问题。图 3.1-3(a) 电路中，有两个激励(一个独立电压源和一个独立电流源)，试用节点法求电路中的响应电流 i。

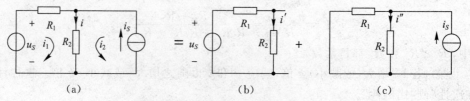

图 3.1-3 说明叠加定理的电路

设独立节点电压为 u，对独立节点列方程为：

$$\left(\frac{1}{R_1} + \frac{1}{R_2}\right) u = \frac{u_S}{R_1} + i_S$$

第 3 章 电路定理

所以
$$u = \frac{R_2}{R_1+R_2}u_S + \frac{R_1 R_2}{R_1+R_2}i_S$$

于是
$$i = \frac{u}{R_2} = \frac{1}{R_1+R_2}u_S + \frac{R_1}{R_1+R_2}i_S \tag{3.1-1}$$

由式(3.1—1)可知,响应 i 与两个激励都有关系,而且第一项只与 u_S 有关,第二项只与 i_S 有关。如令

$$i' = \frac{1}{R_1+R_2}u_S, \quad i'' = \frac{R_1}{R_1+R_2}i_S$$

则可将电流 i 写为:
$$i = i' + i''$$

上式中, i' 正比于 u_S ,可看作该电路在 $i_S=0$ (电流源视为开路),仅 u_S 单独作用时,在 R_2 上产生的电流,如图 3.1-3(b)所示; i'' 正比于 i_S ,可看作该电路在 $u_S=0$ (电压源视为短路),仅 i_S 单独作用时,在 R_2 上产生的电流,如图 3.1-3(c)所示。响应与激励的关系式(3.1—1)表明:由两个激励产生的响应等于每一激励单独作用时产生的响应之和。响应与激励之间关系的这种规律,对任何具有唯一解的线性电路都是适用的,具有普遍意义。因此,线性电路中响应与多个激励之间的这种关系称为"叠加性"。

叠加定理可表述为:在线性电路中,任一支路的响应(电压或电流)都可以看成是每一个激励单独作用而其他激励为零(即独立电压源短路,独立电流源开路)时,在该支路中产生响应的代数和。

上面通过对具有两个独立源的电路来对叠加定理进行了说明。如果有 m 个独立电压源,n 个独立电流源共同作用于线性电路,那么电路中第 k 条支路电压 u_k 和第 k 条支路电流 i_k 可分别表示为

$$u_k = k_1 u_{S1} + \cdots + k_m u_{Sm} + k_{m+1} i_{S1} + \cdots + k_{m+n} i_{Sn}$$
$$i_k = k_{11} u_{S1} + \cdots + k_{1m} u_{Sm} + k_{1(m+1)} i_{S1} + \cdots + k_{1(m+n)} i_{Sn}$$

其中,系数取决于电路的参数和结构,与激励无关。

必须指出:叠加定理只有在电路具有唯一解的前提下才能成立,在使用叠加定理时应注意:

(1)叠加定理仅适用于线性电路。

(2)叠加定理只能求解电压和电流,不能用来计算功率。

(3)叠加时应特别注意按照参考方向求其代数和。

(4)当考虑某一独立源单独作用时,其他独立源都应置零(即独立电压源短路,独立电流源开路)。

(5)受控源不是独立源。在独立源每次单独作用时受控源都要保留其中,其数值应随每一独立源单独作用时控制量数值的变化而变化。

(6)叠加的方式是任意的。对于含多个独立源的线性电路,可以将电路中的独立源分成几组,如何分组要视具体电路而定,每组中可以包含一个或多个独立源,其分组的基本原则应满足求解电路简便易行。

【例 3.1-3】 如图 3.1-4(a)所示电路,求电压 u 和电流 i。

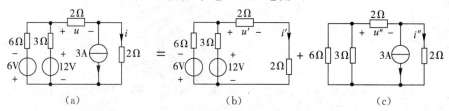

图 3.1-4 例 3.1-3 电路

解： 本题独立源数目有三个,若每一个独立源单独作用一次,需作 3 个分解图,分别计算 3 次,比较麻烦。这里将独立源作用分组成 2 组。考虑本电路结构的特点,3A 独立电流源单独作用一次,其余独立源共同作用一次,作两个分解图,如图 3.1-4(b)、(c)所示。

对图(b)分析知,先利用模型等效变换成一个简单的闭合路径,再利用 KVL 列式得

$$i' = \frac{6}{(6//3)+2+2} = 1 \text{ A}$$
$$u' = i' \times 2 = 2 \text{ V}$$

对图(c)分析知,利用电阻并联分流公式得

$$i'' = -\frac{(6//3)+2}{(6//3)+2+2} \times 3 = -2 \text{ A}$$
$$u'' = (3+i'') \times 2 = 2 \text{ V}$$

所以,由叠加定理得

$$u = u' + u'' = 2 + 2 = 4 \text{ V}$$
$$i = i' + i'' = 1 + (-2) = -1 \text{ A}$$

【例 3.1-4】 如图 3.1-5(a)所示电路,求电流 i、电压 u 和 1Ω 电阻消耗的功率 p。

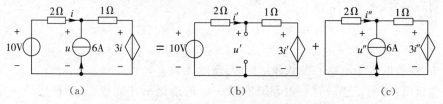

图 3.1-5 例 3.1-4 电路

解： 利用叠加定理求解。当 10V 独立电压源单独作用时,将独立电流源开路,受控源不是激励,应和电阻一样被保留下来,如图 3.1-5(b)所示。由于这时的控制量为 i',故受控电压源的电压为 $3i'$。列回路的 KVL 方程：

$$-10 + 2i' + i' + 3i' = 0$$

解得

$$i' = \frac{5}{3} \text{ A}, \quad u' = 1 \times i' + 3i' = \frac{20}{3} \text{ V}$$

当 6A 独立电流源单独作用时,将独立电压源短路,受控源保留,如图 3.1-5(c)所示。这时的控制量为 i'',故受控电压源的电压为 $3i''$。根据 KVL 有：

$$2i'' + 1 \times (6 + i'') + 3i'' = 0$$

解得：

$$i'' = -1 \text{ A}, \quad u'' = -2 \times i'' = 2 \text{ V}$$

根据叠加定理,可得：

$$i = i' + i'' = \left(\frac{5}{3} - 1\right) = \frac{2}{3} \text{A}$$

$$u = u' + u'' = \left(\frac{20}{3} + 2\right) = \frac{26}{3} \text{V}$$

1Ω电阻消耗的功率为：

$$p = (i+6)^2 \times 1 = \frac{400}{9} \text{W}$$

【例3.1-5】 封装好的电路如图3.1-6所示，已知下列实验数据：当 $u_S = 1\text{V}$，$i_S = 1\text{A}$ 时，$i = 2\text{A}$；当 $u_S = -1\text{V}$，$i_S = 2\text{A}$ 时，$i = 1\text{A}$。求当 $u_S = -3\text{V}$，$i_S = 5\text{A}$ 时，i 是多少？

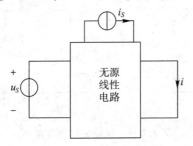

图 3.1-6 例 3.1-5 电路

解： 根据叠加定理有：$i = k_1 i_S + k_2 u_S$，代入实验数据得：

$$\begin{cases} k_1 + k_2 = 2 \\ 2k_1 - k_2 = 1 \end{cases}$$

联立方程组求得：$k_1 = 1$，$k_2 = 1$，故 $i = k_1 i_S + k_2 u_S = i_S + u_S = -3 + 5 = 2\text{A}$。

3.2 替代定理

替代定理又称"置换定理"。它对于简化电路的计算非常实用。无论是线性、非线性、时变、时不变电路，替代定理都是成立的。

替代定理内容表述为：在具有唯一解的电路中，若已知第 k 条支路的电压 u_k 或电流 i_k，则该支路可用大小和方向相同的电压源 u_k 替代，或用大小和方向相同的电流源 i_k 替代，或用阻值为 u_k / i_k 的电阻（u_k 与 i_k 参考方向关联）替代，替代后电路其余各处的电压、电流均保持原来的值不变。另一个限制条件：替代后，电路仍具有唯一解。

为了说明替代定理，考虑图3.2-1(a)所示电路，先利用节点法计算出支路电流 i_1、i_2 和支路电压 u_{ab}。列节点方程，有

$$\left(\frac{1}{1} + \frac{1}{1}\right) u_{ab} = \frac{2}{1} - \frac{4}{1} + 10 = 8$$

解得

$$u_{ab} = 4 \text{ V}$$

支路电流

$$i_1 = \frac{4+4}{1} = 8 \text{ A}, \quad i_2 = \frac{4-2}{1} = 2 \text{ A}$$

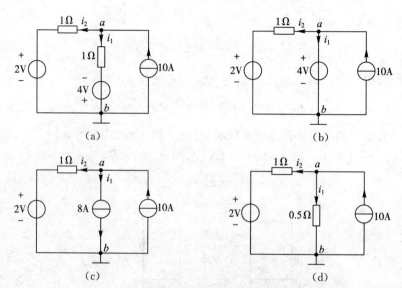

图 3.2-1 验证替代定理电路

(1) 将 1Ω 与 $4V$ 串联支路用 $4V$ 独立电压源替代，如图 3.2-1(b) 所示。由该图可求得

$$i_2 = \frac{4-2}{1} = 2\,\text{A},\quad i_1 = 10 - 2 = 8\,\text{A},\quad u_{ab} = 1 \times i_2 + 2 = 2 + 2 = 4\,\text{V}$$

(2) 将 1Ω 与 $4V$ 串联支路用 $8A$ 独立电流源替代，如图 3.2-1(c) 所示。由该图可求得

$$i_1 = 8\,\text{A},\quad i_2 = 10 - i_1 = 10 - 8 = 2\,\text{A},\quad u_{ab} = 1 \times i_2 + 2 = 2 + 2 = 4\,\text{V}$$

(3) 将 1Ω 与 $4V$ 串联支路用 0.5Ω 替代，如图 3.2-1(d) 所示。由该图可求得

$$\left(\frac{1}{1} + \frac{1}{0.5}\right) u_{ab} = 2 + 10 \qquad u_{ab} = 4\,\text{V}$$

$$i_1 = \frac{4}{0.5} = 8\,\text{A},\quad i_2 = 10 - i_1 = 10 - 8 = 2\,\text{A}$$

可见，在 3 种替代后的电路中，计算出的支路电流 i_1、i_2 和支路电压 u_{ab} 与替代前的原电路是相同的。这就验证了替代定理的正确性。下面举两个替代定理在电路分析中的应用。

【例 3.2-1】 如图 3.2-2(a) 所示电路，已知 $i = 1\,\text{A}$，试求电压 u。

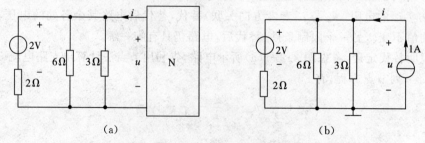

图 3.2-2 例 3.2-1 电路

解： 根据替代定理，电路 N 用 1A 电流源代替，并设参考点如图 3.3-2(b) 所示。列节点方程有

$$\left(\frac{1}{2} + \frac{1}{6} + \frac{1}{3}\right) u = \frac{2}{2} + 1$$

$$u = 2\text{V}$$

【例 3.2-2】 如图 3.2-3(a)所示电路,求电路中的电压 u。

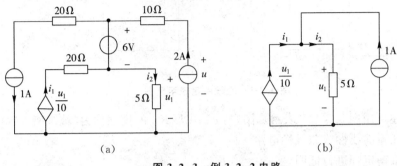

图 3.2-3 例 3.2-2 电路

解： 应用替代定理,将 1A 电流源与 20Ω 电阻串联支路用 1A 电流源替代,2A 电流源与 10Ω 电阻串联支路用 2A 电流源替代,$\dfrac{u_1}{10}$ 受控电流源与 20Ω 电阻串联支路用 $\dfrac{u_1}{10}$ 受控电流源替代,再应用电流源并联等效及再次应用替代定理,将图(a)等效为图(b)。则

$$i_1 = \frac{u_1}{10}, \quad i_2 = \frac{u_1}{5}$$

又

$$i_2 - i_1 = 1$$

即

$$\frac{u_1}{5} - \frac{u_1}{10} = 1$$

求得

$$u_1 = 10 \text{ V}$$

根据图(a),得

$$u = 2 \times 10 + 6 + u_1 = 26 + 10 = 36 \text{ V}$$

3.3 戴维南定理和诺顿定理

在电路分析中,通常需要研究某一支路上的电压、电流或功率。对所研究的支路来说,电路的其余部分就成为一个含源线性二端电路("源"指的是"独立源")。对于这个含源线性二端电路能不能化简,化简后的等效电路是什么？戴维南定理和诺顿定理将给我们一些启示。

3.3.1 戴维南定理

戴维南定理内容可表述为:任一个含源线性二端电路 N,对待求支路(或外电路)来说,可等效为一个电压源与电阻串联的实际电压源模型。该电压源的电压值 u_{OC} 等于含源二端电路 N 的端口电压,其串联的电阻 R_{eq} 等于 N 内部所有独立源置零(独立电压源短路,独立电流源开路)后所得无源二端电路 N_0 的端口等效电阻(又称"输入电阻")。

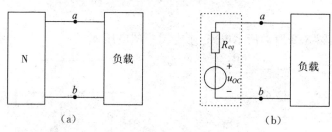

图 3.3-1　戴维南定理示意图

以上的表述可用图 3.3-1 来表示。图中：u_{OC} 串联 R_{eq} 的模型称为"戴维南等效电路"；待求支路可以是任意的线性或非线性电路。

下面对戴维南定理进行证明。

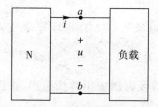

图 3.3-2　二端电路 N 接待求支路

图 3.3-2 为线性有源二端电路 N 与待求支路相连，设求解支路上电流为 i，电压为 u。根据替代定理将待求支路用独立电流源 i 替代，如图 3.3-3(a)所示，替代后应不影响 N 中各处的电压、电流。由叠加定理，电压 u 可分成两部分，写为

$$u = u' + u'' \tag{3.3-1}$$

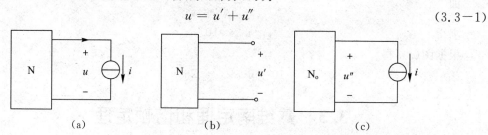

图 3.3-3　戴维南定理证明用图

其中：u' 由 N 内所有独立源共同作用时在端子间产生的电压即是端子间的开路电压，如图 3.3-3(b)所示。所以

$$u' = u_{OC} \tag{3.3-2}$$

u'' 是 N 内所有独立源置零后，仅由电流源 i 作用在端子间产生的电压，如图 3.3-3(c)所示。对电流源 i 来说，把 N_0 二端电路看成一个等效电阻 R_{eq}，且 u'' 与 i 对 R_{eq} 参考方向非关联，由欧姆定律可得

$$u'' = -R_{eq}i \tag{3.3-3}$$

将 u'，u'' 带入式(3.3-1)得：

$$u = u_{OC} - R_{eq}i \tag{3.3-4}$$

根据式(3.3-4)可画出戴维南等效电路图如图 3.3-4 所示。这样戴维南定理得证。

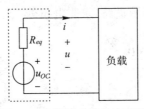

图 3.3-4 戴维南等效电路图

开路电压 u_{OC} 的求取方法:先将待求支路断开,设二端电路 N 的 u_{OC} 的参考方向,如图 3.3-5 所示,然后根据前面章节求解电路的方法计算该二端电路的端口电压 u_{OC}。

图 3.3-5 求开路电压电路　　图 3.3-6 求短路电流电路

R_{eq} 的求取方法:

1.电阻等效法(此方法只适用于不含受控源的二端电路)。先将独立源置零(独立电压源短路,独立电流源开路),后利用电阻串并联等效或 △—Y 互换的方法计算等效电阻。

2.开路、短路法(此方法适用于含受控源的二端电路)。即在求得电路 N 端口电压 u_{OC} 后,将两端子短路,并设端子短路电流 i_{SC}(i_{SC} 的参考方向从 u_{OC} 的"+"指向"-"),应用前面章节的方法求出 i_{SC},如图 3.3-6 所示,则等效电阻

$$R_{eq} = \frac{u_{OC}}{i_{SC}} \tag{3.3-5}$$

3.外加电源法(此方法适用于含受控源的二端电路)。先将二端电路 N 内所有的独立源置 0(独立电压源短路,独立电流源开路),后在端口加独立电压源 u,并设电流 i,u 与 i 参考方向对 u 来说非关联,如图 3.3-7(a)所示;或在端口加独立电流源 i,并设电压 u,i 与 u 参考方向对 i 来说非关联,如图 3.3-7(b)所示。端口间等效电阻为

$$R_{eq} = \frac{u}{i} \tag{3.3-6}$$

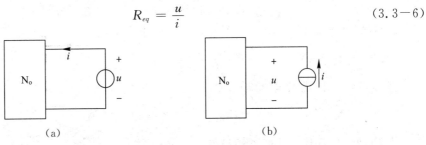

图 3.3-7 外加电源法求等效电阻 R_{eq}

4.伏安法。所谓伏安法,就是对二端电路 N 设端口上电压、电流参考方向后,根据二端电路 N 内部结构情况,应用 KCL、KVL 及欧姆定律基本概念,推导出二端电路 N 两个端口上的电压、电流关系式(VCR),也即端口间的伏安关系(VAR)。因二端电路 N 是线性的,所以写出的伏安关系式是一次式。它的常数项即是开路电压 u_{OC},电流 i 前面所乘系数即是等效电阻 R_{eq}。

【例 3.3-1】 如图 3.3-8(a)所示电路,求当电阻 R_L 上分别为 1.2Ω、3.2Ω 时,该电阻上的电流 i。

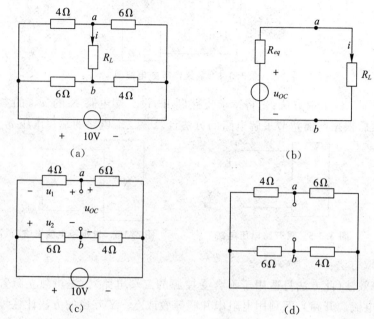

图 3.3-8 例 3.3-1 电路

解： 根据戴维南定理,电路中除 R_L 之外,其他部分所构成的二端电路可以简化为戴维南等效电路,如图 3.3-8(b)所示。

(1)求 u_{OC}。将该二端电路的 ab 端断开,如图 3.3-8(c)所示。u_{OC} 即为该电路中 ab 两点间的电压并设电压 u_1、u_2,且它们的参考方向如图 3.3-8(c)所示,列 KVL 方程：

$$u_{OC} = u_1 + u_2 = -10 \times \frac{4}{6+4} + 10 \times \frac{6}{6+4} = -4 + 6 = 2\text{V}$$

(2)求 R_{eq}。将二端电路内部的独立电压源短路,如图 3.3-8(d)所示。应用电阻串并联等效方法,得该电路中 ab 两端的等效电阻为

$$R_{eq} = 4//6 + 6//4 = 4.8\Omega$$

(3)根据已求的 u_{OC}、R_{eq},由图 3.3-8(b)可求得电流

$$i = \frac{u_{OC}}{R_{eq} + R_L} = \frac{2}{4.8 + R_L}\text{A} \tag{3.3-7}$$

将 $R_L = 1.2\Omega$ 代入式(3.3-7)得

$$i = \frac{2}{4.8 + 1.2} = 0.333 \text{ A}$$

将 $R_L = 3.2\Omega$ 代入式(3.3-7)得

$$i = \frac{2}{4.8 + 3.2} = 0.25 \text{ A}$$

【例 3.3-2】 如图 3.3-9(a)所示电路,求负载电阻 R_L 上的功率。

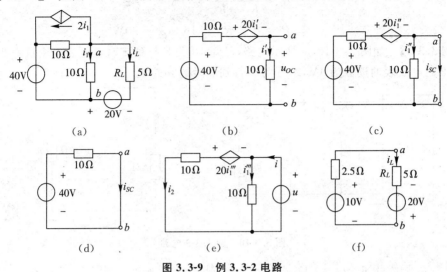

图 3.3-9　例 3.3-2 电路

解：(1)求 u_{OC}。将 3.3-9(a)图先作局部等效,并自 a、b 断开待求支路,设 u_{OC} 参考方向如图 3.3-9(b)所示。由 KVL 得

$$10i_1' + 20i_1' + 10i_1' = 40$$

所以

$$i_1' = 1 \text{ A}, \quad u_{OC} = 10i_1' = 10 \text{ V}$$

(2)求 R_{eq}。

方法一:开路、短路法求 R_{eq}。将图 3.3-9(b)中 a、b 两端子短路并设短路电流 i_{SC} 的参考方向如图 3.3-9(c)所示。由图可知

$$i_1'' = 0$$

从而受控电压源

$$20i_1'' = 0（相当于短路）$$

因此图 3.3-9(c)等效为图 3.3-9(d),显然

$$i_{SC} = \frac{40}{10} = 4 \text{ A}$$

所以,由式(3.3-5)得

$$R_{eq} = \frac{u_{OC}}{i_{SC}} = \frac{10}{4} = 2.5 \text{ } \Omega$$

方法二:外加电源法求 R_{eq}。将图 3.3-9(b)中的 40V 独立电压源短路,并在 a,b 端子间加电压源 u,设出各支路电流如图 3.3-9(e)所示。由图 3.3-9(e)可得

$$i_1''' = \frac{u}{10}, \quad i_2 = \frac{u + 20i_1'''}{10} = \frac{3}{10}u, \quad i = i_1''' + i_2 = \frac{1}{10}u + \frac{3}{10}u$$

由式(3.3-6)得

$$R_{eq} = \frac{u}{i} = \frac{10}{4} = 2.5 \text{ } \Omega$$

(3)画出戴维南等效电路,接上待求支路如图 3.3-9(f)所示,可得

$$i_L = \frac{u_{OC}+20}{R_L+R_{eq}} = 4\text{A}$$
$$P = i_L^2 \times R_L = 16 \times 5 = 80\text{W}$$

【例 3.3-3】 如图 3.3-10(a)所示电路,已知:开关 S 打到 1 时电流表的读数为 2A,开关 S 打到 2 时电压表的读数为 4V,求开关 S 打到 3 时的 u。

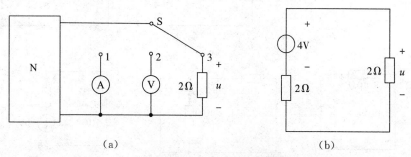

图 3.3-10 例 3.3-3 电路

解: 由题意可知:$u_{OC} = 4\text{V}$,$i_{SC} = 2\text{A}$,则

$$R_{eq} = \frac{u_{OC}}{i_{SC}} = \frac{4}{2} = 2\Omega$$

等效电路如图 3.3-10(b)所示,由 KVL 得:

$$u = \frac{2}{2+2} \times 4 = 2\text{V}$$

3.3.2 诺顿定理

诺顿定理是戴维南定理的对偶形式,其内容可表述为:任一个含源线性二端电路 N,对外电路(或待求支路)来说,可等效为一个电流源与电阻并联的实际电流源模型。该电流源的电流值等于二端电路 N 两个端子短路时的短路电流 i_{SC},其并联的电阻 R_{eq} 等于 N 内部所有独立源置零(独立电压源短路,独立电流源开路)后所得 N_0 的端口等效电阻(输入电阻)。

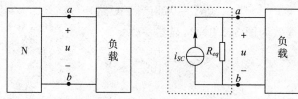

图 3.3-11 诺顿定理等效模型图

以上的表述可用图 3.3-11 来表示。图中,i_{SC} 并联 R_{eq} 的模型称为"诺顿等效电路",待求支路可以是任意的线性或非线性电路。

诺顿定理的证明非常简单。由于任何线性含源二端电路都可以等效为戴维南等效电路,根据实际电源两种模型互换即可得到诺顿等效电路,如图 3.3-12 所示。故诺顿定理可看作戴维南定理的另一种形式。

由图 3.3-12 可以看出开路电压、短路电流和戴维南等效电阻三者之间的关系为:

$$R_{eq} = \frac{u_{OC}}{i_{SC}}$$

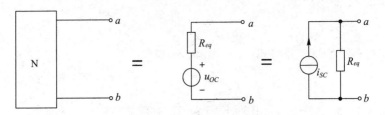

图 3.3-12 诺顿等效电路与戴维南等效电路的关系

【**例 3.3-4**】 如图 3.3-13(a)所示电路,用诺顿定理求 u, i。

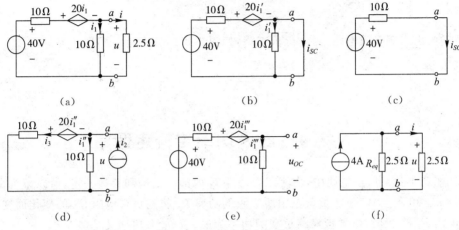

图 3.3-13 例 3.3-4 电路

解：(1)求短路电流 i_{SC}。将 ab 端短路,并标出短路电流 i_{SC} 及其参考方向,如图 3.3-13(b)所示。由图可得

$$i_1' = 0$$

从而受控源的电压值

$$20i_1' = 0 \quad (\text{相当于短路})$$

这样图 3.3-13(b)电路可等效为图 3.3-13(c),显然

$$i_{SC} = \frac{40}{10} = 4 \text{ A}$$

(2)求等效电阻 R_{eq}。

方法一：开路短路法求 R_{eq}。短路电流 i_{SC} 前面已求出,下面只要求出开路电压 u_{OC} 即可。设定开路电压 u_{OC} 的参考方向,如图 3.3-13(e)所示。由 KVL 方程得

$$40 = 10i_1''' + 20i_1''' + 10i_1'''$$

解得

$$i_1''' = 1 \text{ A}$$

故

$$u_{OC} = 10i_1''' = 10 \text{ V}$$

根据式(3.3-5)得

$$R_{eq} = \frac{u_{OC}}{i_{SC}} = \frac{10}{4} = 2.5 \Omega$$

方法二：外加电源法求 R_{eq}。将独立电压源短路,并外加电流源 i_2,求电压 u,注意 u 与 i_2 对电流源取非关联参考方向,如图 3.3-13(d)所示。对 10Ω 的电阻利用欧姆定律,有

$$i''_1 = \frac{u}{10} \qquad (3.3-8)$$

在节点 a 列 KCL 方程,并将式(3.3-8)代入,有

$$i_3 = i_2 - i''_1 = i_2 - \frac{u}{10} \qquad (3.3-9)$$

再对图 3.3-13(d)中左边的网孔列 KVL 方程,并将式(3.3-8)和式(3.3-9)代入,得

$$u = -20i''_1 + 10i_3 = -2u + 10i_2 - u$$

化简上式得
$$u = 2.5i_2$$

故
$$R_{eq} = \frac{u}{i_2} = \frac{10}{4} = 2.5\,\Omega$$

(3) 画出诺顿等效电路,接上待求支路,如图 3.3-13(f)所示,可得

$$i = \frac{1}{2} \times 4 = 2\,\text{A}$$

$$u = 2.5i = 2.5 \times 2 = 5\,\text{V}$$

3.4 最大功率传输定理

如图 3.4-1(a)所示电路中,由于二端电路 N 内部的结构和参数一定,所以戴维南等效电路中的 u_{OC} 和 R_{eq} 为定值。负载电阻所吸收的功率 P_L 将随负载电阻 R_L 的变化而变化,那么负载电阻 R_L 多大时,电源传输给负载的功率为最大?最大功率又是多少?

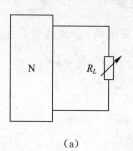
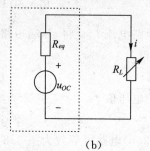

图 3.4-1 电路及其等效电路

由图 3.4-1(b)可知,负载电阻 R_L 吸收的功率为

$$P_L = i^2 R_L = \left(\frac{u_{OC}}{R_{eq} + R_L}\right)^2 R_L \qquad (3.4-1)$$

因二端电路 N 一定,上式中的 u_{OC}、R_{eq} 一定,为求得负载电阻 R_L 上吸收最大功率的条件,取 P_L 对 R_L 的导数,并令它等于零,即

$$\frac{\text{d}P_L}{\text{d}R_L} = u_{OC}^2 \frac{(R_{eq} + R_L)^2 - 2R_L(R_{eq} + R_L)}{(R_{eq} + R_L)^4} = 0$$

解上式,得
$$R_L = R_{eq}$$

因此,当 $R_L = R_{eq}$ 时负载电阻 R_L 获得最大功率,其最大值为

$$P_{Lm} = \frac{u_{OC}^2}{4R_{eq}}$$

最大功率传输定理的内容为:一可变负载电阻 R_L 接于线性含源二端电路 N 上,该二端电路的开路电压 u_{OC} 和戴维南等效内阻 R_{eq} 已知,则当

$$R_L = R_{eq} \tag{3.4-2}$$

时,负载电阻 R_L 可获得最大功率,其最大功率为

$$P_{Lm} = \frac{u_{OC}^2}{4R_{eq}} \tag{3.4-3}$$

式(3.4-2)为最大功率匹配条件。

对最大功率传输定理的几点说明:

(1)运用最大功率传输定理时,对于含有受控源的线性有源二端电路 N 的戴维南等效内阻不能为零或负值。

(2)二端电路 N 和它的等效电路,就其内部功率而言是不等效的,等效电阻消耗的功率一般并不等于二端电路 N 内部消耗的功率,因此,实际上当负载得到最大功率时,其功率传输效率不一定是 50%。

(3)负载可变,等效内阻不变。

【例 3.4-1】 如图 3.4-2(a)所示电路,求负载电阻 R_L 等于多少时能获得的最大功率,并求出最大功率 P_{Lm}。

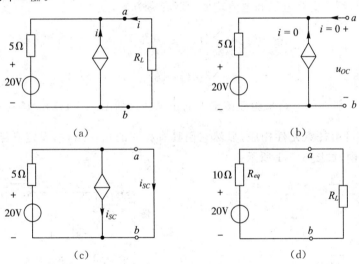

图 3.4-2 例 3.4-1 电路

解: (1)由图 3.4-2(b)电路求端口开路电压 u_{OC}。

$$u_{OC} = 20 \text{ V}$$

(2)根据图 3.4-2(c)电路求端口短路电流 i_{SC}。

$$i_{SC} = 2 \text{ A}$$

(3)求等效电阻 R_{eq}。

$$R_{eq} = \frac{u_{OC}}{i_{SC}} = \frac{20}{2} = 10 \Omega$$

(4)等效电路如图 3.4-2(d)所示。

(5)由最大功率传输定理可知,当 $R_L = R_{eq} = 10 \Omega$ 时,可获得最大功率。此时负载电阻

R_L 上获得的最大功率为

$$P_{Lm} = \frac{u_{OC}^2}{4R_{eq}} = \frac{400}{4 \times 10} = 10 \text{ W}$$

3.5 特勒根定理

特勒根定理(Tellgent's thorem)是由基尔霍夫定律直接推导出的,它具有两种表述形式。

定理的表述形式一:对于任意一个具有 b 条支路的集总参数电路,设各支路电压、支路电流分别为 u_k、i_k($k=1,2,\cdots,b$),且各支路电压和电流均取关联参考方向,则在任意时刻有

$$\sum_{k=1}^{b} u_k i_k = 0 \tag{3.5-1}$$

定理的表述形式二:对于任意两个拓扑结构完全相同的集总参数电路 N 和 $\hat{\text{N}}$,设支路数为 b,相对应支路的编号相同,其第 k 条支路电压分别为 u_k 和 $\hat{u}_k$,支路电流分别为 i_k 和 $\hat{i}_k$($k=1,2,\cdots,b$),且各支路电压和电流均取关联参考方向,则

$$\sum_{k=1}^{b} u_k \hat{i}_k = 0 \tag{3.5-2}$$

$$\sum_{k=1}^{b} \hat{u}_k i_k = 0 \tag{3.5-3}$$

下面用两个一般性的电路来验证该定理的正确性。如图 3.5-1(a)、(b)是两个不同的电路 N 和 $\hat{\text{N}}$,支路可由任意元件构成,显然它们具有相同的拓扑结构,设定支路电压、支路电流取关联参考方向,如图 3.5-1 所示。

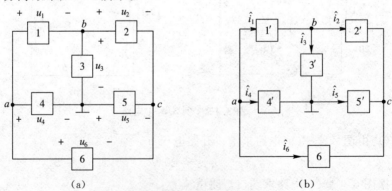

图 3.5-1 特勒根定理验证

对图 3.5-1(a)电路 N,将各支路电压用其节点电位 v_a、v_b、v_c 表示,有

$$\left.\begin{aligned} u_1 &= v_a - v_b \\ u_2 &= v_b - v_c \\ u_3 &= v_b \\ u_4 &= v_a \\ u_5 &= -v_c \\ u_6 &= v_a - v_c \end{aligned}\right\} \quad (3.5-4)$$

根据图 3.5-1(b)电路,对独立节点 a、b、c 列 KCL 方程,有

$$\left.\begin{aligned} \hat{i}_1 + \hat{i}_4 + \hat{i}_6 &= 0 \\ -\hat{i}_1 + \hat{i}_2 + \hat{i}_3 &= 0 \\ -\hat{i}_2 - \hat{i}_5 - \hat{i}_6 &= 0 \end{aligned}\right\} \quad (3.5-5)$$

将式(3.5-4)代入式(3.5-2),有

$$\sum_{k=1}^{6} u_k \hat{i}_k = (v_a - v_b)\hat{i}_1 + (v_b - v_c)\hat{i}_2 + v_b \hat{i}_3 + v_a \hat{i}_4 - v_c \hat{i}_5 + (v_a - v_c)\hat{i}_6$$

$$= (\hat{i}_1 + \hat{i}_4 + \hat{i}_6) v_a + (-\hat{i}_1 + \hat{i}_2 + \hat{i}_3) v_b + (-\hat{i}_2 - \hat{i}_5 - \hat{i}_6) v_c$$

将式(3.5-5)代入上式,可得

$$\sum_{k=1}^{6} u_k \hat{i}_k = 0$$

从而验证了式(3.5-2),同理也可验证式(3.5-3)。上述论证过程可推广到任意电路。

3.6 互易定理

互易定理内容可表述为:对于仅含线性电阻的二端口电路 N_R,其中一个端口加激励,另一个端口作响应端口。在只有一个激励的情况下,当激励与响应互换位置时,同一激励所产生的响应相同。

互易定理可看作是特勒根定理的应用,有三种形式。

形式一:如图 3.6-1 所示,激励为电压源 u_S,响应为短路电流 i_2,若 $\hat{u}_S = u_S$,则 $\hat{i}_1 = i_2$。

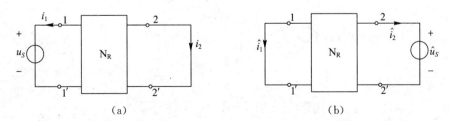

图 3.6-1 互易定理形式一

形式二:如图 3.6-2 所示激励为电流源 i_S,响应为开路电压 u_2,若 $\hat{i}_S = i_S$,则 $\hat{u}_1 = u_2$。

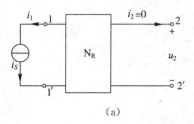 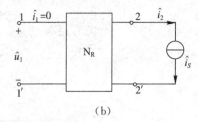

图 3.6-2 互易定理形式二

形式三:如图 3.6-3 所示,激励分别为电流源 i_S 和电压源 u_S,响应分别为短路电流 i_2 和开路电压 $\hat{u}_1$,若数值上 $u_S = i_S$,则数值上 $\hat{u}_1 = i_2$。

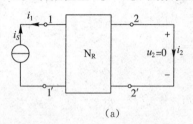 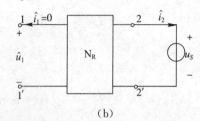

图 3.6-3 互易定理形式三

互易定理可通过特勒根定理证明,证明过程省略。应用互易定理时需注意以下几个问题:

(1)互易定理只适用于一个独立源作用的纯线性电阻电路。

(2)互易前后应保持电路的拓扑结构及参数不变,仅独立电压源(或独立电流源)搬移。

(3)对于形式一和形式二,互易前后电压源极性与 $1-1'$,$2-2'$ 支路电流的参考方向应保持一致,即要关联都关联,要非关联都非关联;对于形式三,互易前后两个激励支路电压、电流参考方向必须相反。

3.7 对偶原理

在前面的章节内容中,无论是对于电压源和电流源的分析,还是对于串联和并联电路的分析,有一个现象值得注意。例如对于电阻元件,其关系式:

$$u = Ri \tag{3.7-1}$$

$$i = Gu \tag{3.7-2}$$

再例如电压源的端电压

$$u = u_S - R_S i \tag{3.7-3}$$

而电流源的输出电流

$$i = i_S - G_S u_S \tag{3.7-4}$$

在上面关系式中,如果把式(3.7-1)中的电压 u 换成电流 i,电阻 R 换成电导 G,电流 i 换成电压 u,即可得到式(3.7-2);反过来就可以将式(3.7-2)得到式(3.7-1)。同样将式(3.7-3)、式(3.7-4)中的电压 u 与电流 i 互换,电压源电压 u_S 与电流源电流 i_S 互换,电阻 R_S 与电导 G_S 互换,则关系式可以彼此转换。将这种对应关系称为"对偶关系",这些互换元素称为"对偶元素",对应的电路称为"对偶电路"。

对偶原理指出,在对偶电路中,某些元素之间的关系(或方程)可以通过对偶元素的互换而相互转换。根据对偶原理,如果导出了电路某一些关系式或结论,就等于解决了与它对偶的另一个电路中的关系式和结论。而这就为电路的分析提供了方便。必须注意,"对偶"和"等效"是两个不同的概念。

习题 3

3-1 用叠加定理求题 3-1 图所示电路中标出的电压 u。

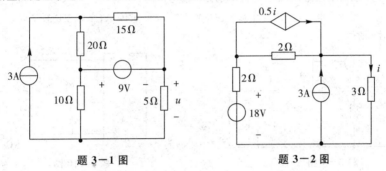

题 3-1 图　　　　　　题 3-2 图

3-2 用叠加定理求题 3-2 图所示电路中的电流 i。

3-3 用叠加定理求题 3-3 图所示电路中的电压 u,并求电流源发出的功率。

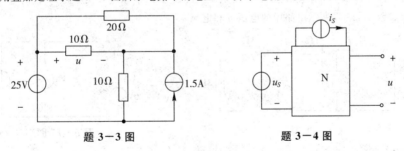

题 3-3 图　　　　　　题 3-4 图

3-4 如题 3-4 图所示电路,N 为不含独立源的线性电路。已知:当 $u_S = 10$ V、$i_S = 4$ A 时,$u = 1$ V;当 $u_S = -10$ V、$i_S = -2$ A 时,$u = 1$ V;求当 $u_S = 20$ V、$i_S = 8$ A 时的电压 u。

3-5 应用叠加定理求题 3-5 图所示电路中的电压 u。

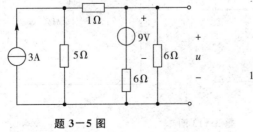 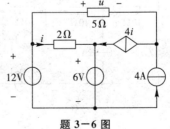

题 3-5 图　　　　　　题 3-6 图

3-6 电路如题 3-6 图所示,求电流 i 和电压 u。

3－7 如题 3-7 图所示梯形电路:
(1)已知 $u_2 = 4$ V, 求 u_S、i 和 u_1;
(2)已知 $u_S = 27$ V, 求 i、u_1 和 u_2;
(3)已知 $i = 1.5$ A, 求 u_S、u_1 和 u_2。

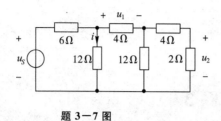

题 3－7 图

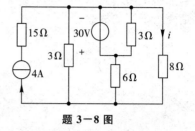

题 3－8 图

3－8 如题 3-8 图所示电路,用替代定理求电路中的电流 i。

3－9 如题 3-9 图所示电路,已知当开关 S 在位置 1 时,$i = 0.04$ A;当 S 在位置 2 时,$i = -0.06$ A;求当 S 在位置 3 时 i 的值。

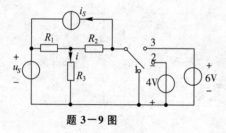

题 3－9 图

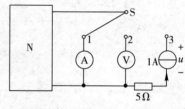

题 3－10 图

3－10 如题 3-10 图所示电路中,N 为线性含源二端网络,电流表、电压表均时理想的,已知当开关 S 置"1"位时电流表读数为 2A,当开关 S 置"2"位时电压表读数为 4V。求开关 S 置"3"位时电路中的 u。

3－11 求如题 3-11 图所示电路中的电压 u 和电流 i。

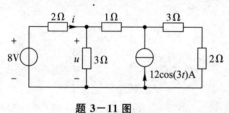

题 3－11 图

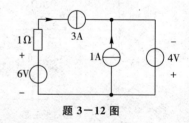

题 3－12 图

3－12 如题 3-12 图所示电路,应用替代定理等效,求电路中 3A 电流源产生的功率 P。

3－13 求题 3-13 图所示二端网络的戴维南等效电路。

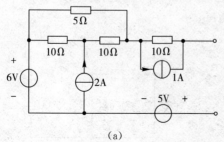

(a)

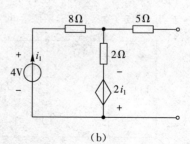

(b)

题 3－13 图

3－14 如题 3-14(a)图所示线性含源二端电路 N,其伏安关系如题 3-14(b)图所示。试求它的戴维南等效电路。

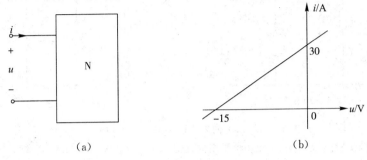

题 3－14 图

3－15 如题 3－15 图所示电路中 N_R 仅由线性电阻组成，(a)图中 $u_{S1}=20V$ 时测得 $i_1=i_2=5A$；若 1－1′端接 2Ω 电阻，2－2′端接电压源 $u_{S2}=30V$ 时[见图(b)]，求电流 i_R。

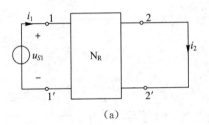 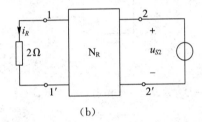

题 3－15 图

3－16 试用求题 3－16 图所示电路中的电流 i。

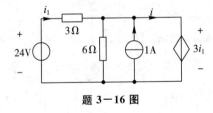 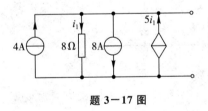

题 3－16 图　　　　　　　　　题 3－17 图

3－17 求出题 3－17 图所示二端网络的戴维南等效电路和诺顿等效电路。

3－18 如题 3－18 图所示电路，求 R_L 为何值时能获得最大功率，并求最大功率的值。

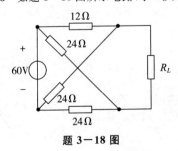 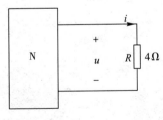

题 3－18 图　　　　　　　　　题 3－19 图

3－19 如题 3－19 图所示电路，N 为含源的二端电路，已知当 $R=4\Omega$ 时得到的功率最大，其最大功率 $P_{Lm}=25\,W$。求 N 的戴维南等效电路和诺顿等效电路。

3－20 如题 3－20 图所示电路，求 R_L 为何值时能获得最大功率，并求最大功率的值。

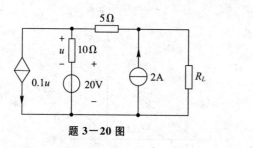
题 3-20 图

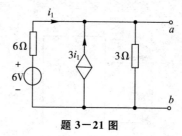
题 3-21 图

3-21 如题 3-21 图所示电路,求端口 ab 向外所能供出的最大功率。

3-22 如题 3-22 图所示电路 N 仅由电阻组成,已知图(a)中电压 $u_1 = 1\text{V}$,电流 $i_2 = 0.5\text{A}$。求图(b)所示电路中的 $\hat{i}_1$。

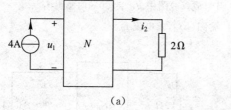
(a)

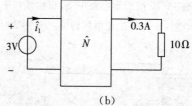
(b)

题 3-22 图

3-23 求题 3-23 图所示电路中的 i。

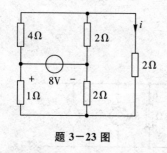
题 3-23 图

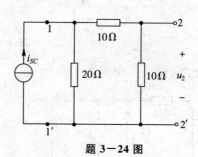
题 3-24 图

3-24 试用互易定理核实题 3-24 图所示电路的互易性。

动态电路的时域分析

【内容提要】本章在分析动态元件特性的基础上,讨论了动态电路方程的建立和电路初始状态的确定方法。分析并总结出动态电路中的换路规则,介绍了一阶电路的三要素分析法和二阶系统的时域分析法。强调了零输入响应、零状态响应、全响应、阶跃响应和冲激响应等较为重要的电路概念。

电路分析的过程有建立电路方程、求解电路方程、分析运算结果并得出结论。建立电路方程的依据是电路中存在的两类约束,一是元件约束,即元件的伏安关系,二是拓扑约束,包括 KCL 和 KVL 定律。

不含动态元件的电路方程通常为以电流或电压为变量的线性方程组,可用线性代数的理论去求解此类方程。而含有动态元件的电路方程通常为线性常系数微分方程,可采用高等数学介绍的待定系数法求解。

4.1 动态元件

电容和电感是电路中常见的二端动态元件,其伏安关系存在微积分关系。它们是无源器件,其工作过程常体现为频繁的充放电,所放的电能是以前期的"储能"为基础,又称为"储能元件",大容量的电容器在某些场合被当作"电池"使用。

4.1.1 电容元件

两个相互绝缘的导体就构成了电容器,最常见的电容器为平行板电容器,其电容量为:

$$C = \frac{\varepsilon S}{d} \quad (4.1-1)$$

式(4.1-1)中的 ε 为绝缘介质的相对电容率,d 为两极板的距离,S 为两极板的正对面积,对于平行板电容器,可通过调节极板的正对面积或极板距离来改变其电容量的大小。

电容元件在电路中的用途很广泛,可用于信号滤波、选频、隔离直流信号而耦合交流信号等。电容器形态各异,但工作原理与平行板电容器基本相同。理论上任何两个相互绝缘的导体均会构成电容,所以实际上的电容特性是普遍存在的,只不过有的表现得比较集中,有的表现得则比较分散,分散的电容特性可在效果上等效为一个电容器。

电容量反映了电容器存储电荷的能力,线性时不变电容器的电容量(C)是一常数,其存储的电荷 q 与端电压 u 成正比,库伏关系式为:

$$q(t) = Cu(t) \quad (4.1-2)$$

或

$$C = \frac{q(t)}{u(t)} \quad (4.1-3)$$

在式(4.1-2)和式(4.1-3)中,$q(t)$ 表示电容存储的电荷量,单位为库仑(C);$u(t)$ 表示电容端电压，单位为伏特（V）；C 表示电容，单位为法拉（F），$1\text{F}=1\text{C}/1\text{V}$。

在任何时刻，电容器两极板上的电荷均电量相等且极性相反。电容元件的电荷分布示意图如图 4.1-1 所示：

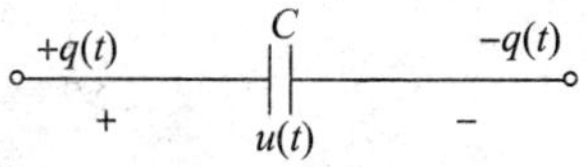

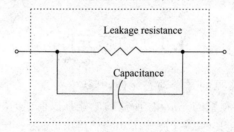

图 4.1-1　电容元件电荷分布示意图

法拉是个比较大的单位，常用的电容容量级别为微法（$1\mu\text{F}=10^{-6}\text{F}$）、皮法（$1\text{pF}=10^{-12}\text{F}$）和纳法（$1\text{nF}=10^{-9}\text{F}$）。在标注电容量时可采用以 pF 为基准的简化标注，比如某电容器表面上标注的容量为 104，该数值表示电容为 $10\times10^4\text{pF}=10^5\text{pF}=0.1\mu\text{F}$，同理，若标注为 103 则表示容量为 $10\times10^3\text{pF}=10^4\text{pF}=0.01\mu\text{F}$。

实用电容器的性能参数除了电容量之外，还有耐压等级和工作温度范围等，通常也会在器件上标出或在产品说明书上指出。漏电阻（Leakage resistance）是实际电容器的另一个重要参数，理想电容器的漏电阻为∞，相当于电容器两极板间的绝缘体的电阻率无穷大，实际电容器的模型可用一个漏电阻和一个理想电容并联构成，如图 4.1-2 所示。

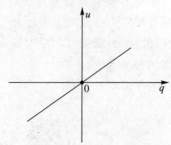

图 4.1-2　实际电容器的元件模型

实际电容器按有无极性，可分为极性电容和无极性电容，极性电容的两极具有正负之分，铝电解电容较为常见的极性电容，正负电极不可接反，否则可能使内部电解液溢出而发生爆炸。其余类型的电容大多是无极性的，无极性电容则是双向性元件，两端可互换使用。理想电容器均假设为无极性电容。

当电容 C 为一定值时，电容元件的库－伏特性曲线在 $q-u$ 平面上表现为通过原点的直线，如图 4.1-3 所示，对应的电容元件称为"线性电容"。库－伏特性曲线不是通过原点直线的电容则称为"非线性电容"，库－伏特性曲线随时间变化的电容称为"时变电容"。以后如无特别指出，所有的电容元件均指线性时不变电容。

图 4.1-3　电容元件的库－伏特性曲线

当对电容元件取关联参考方向时,如图 4.1-4 所示。

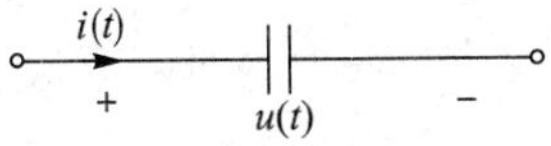

$$\circ\!\!-\!\!\!\xrightarrow{i(t)}\!\!\!-\!\!\Big|\Big|\!\!-\!\!\circ$$
$$\quad\quad+\;\;u(t)\;\;-$$

图 4.1-4　电容元件的关联参考方向

电容元件的伏安关系式为

$$i(t) = \frac{dq(t)}{dt} = \frac{dCu(t)}{dt} = C\frac{du(t)}{dt} \quad\quad (4.1-4)$$

式(4.1-4)表明电容元件的电流与其端电压对时间的一阶导数成正比。在直流电压作用下,电容电流为零,相当于开路,所以电容元件具有"隔直流,通交流"的特点。

式(4.1-4)可以整理为积分形式

$$u(t) = \frac{1}{C}\int_{-\infty}^{t} i(\xi)d\xi = \frac{1}{C}\int_{t_0}^{t} i(\xi)d\xi + \frac{1}{C}\int_{-\infty}^{t_0} i(\xi)d\xi = \frac{1}{C}\int_{t_0}^{t} i(\xi)d\xi + u(t_0)$$

$$(4.1-5)$$

式(4.1-5)表明电容元件的电压与其电流对时间的积分成正比。电容元件在 t 时刻的端电压 $u(t)$ 不仅与该时刻的电流 $i(t)$ 有关,还与该时刻之前电流值有关。即电压变量与电流的"历史数据"有关,电容电压具有连续性和记忆性,因此电容元件被称为"记忆性元件"。式(4.1-5)中 $u(t_0)$ 表示 t_0 时刻电容电压的初始值,通常取 $t_0 = 0$。

电路分析时,可以任意选择电容元件的电压、电流参考方向,具体应用时会有四种组态形式,如图 4.1-5 所示。

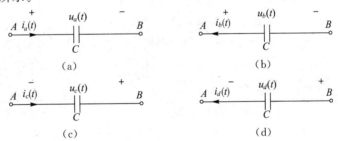

图 4.1-5　电容元件参考方向选择的四种组态

图 4.1-5(a)中取关联参考方向,电容元件的伏安关系为：$i_a(t) = C\dfrac{du_a(t)}{dt}$；

图 4.1-5(b)中取非关联参考方向,电容元件的伏安关系为：$i_b(t) = -C\dfrac{du_b(t)}{dt}$；

图 4.1-5(c)中取非关联参考方向,电容元件的伏安关系为：$i_c(t) = -C\dfrac{du_c(t)}{dt}$；

图 4.1-5(d)中取关联参考方向,电容元件的伏安关系为：$i_d(t) = C\dfrac{du_d(t)}{dt}$；

电容元件以电场能的形式存储电能 $w(t)$,其计算公式在关联参考方向下表现为：

$$w(t) = \int_{-\infty}^{t} p(\xi)d\xi = \int_{-\infty}^{t} u(\xi)i(\xi)d\xi = \int_{-\infty}^{t} u(\xi)\frac{d}{dt}q(\xi)d\xi$$

$$= C\int_{-\infty}^{t} u(\xi)\frac{d}{dt}u(\xi)d\xi = C\int_{u(-\infty)}^{u(t)} u\,du = \frac{1}{2}Cu^2\bigg|_{-\infty}^{t}$$

$$= \frac{1}{2}Cu^2(t) - \frac{1}{2}Cu^2(-\infty) \qquad (4.1-6)$$

通常认为 $u(-\infty) = 0$，则式(4.1-6)所示的储能公式可简化为：

$$w(t) = \frac{1}{2}Cu^2(t) \qquad (4.1-7)$$

【例 4.1-1】 当在 $120\mu F$ 电容元件的两端加上 5V 直流电压时，该电容元件存储的电荷 $q(t)$ 为多少，其存储的电能 $w(t)$ 又为多少？

解： 根据电容元件的库伏关系可得：$q(t) = Cu(t) = 120 \times 10^{-6} \times 5 = 600\mu C$

根据电容元件的储能公式可得：$w(t) = \frac{1}{2}Cu^2(t) = \frac{1}{2} \times 120 \times 10^{-6} \times 5^2 = 1.5mJ$

【例 4.1-2】 当在 $10\mu F$ 电容元件的两端加上交流电压 $u(t) = 20\sin t$ V 时，试求：(1)关联参考方向下，电容元件的电流 $i(t)$；(2)电容元件吸收的瞬时功率 $p(t)$；(3)在正弦电压的整周期内，电容元件吸收的平均功率 P。

解： (1)根据电容元件在关联参考下的伏安关系式可得：

$$i(t) = C\frac{d}{dt}u(t) = 10 \times 10^{-6} \times \frac{d}{dt}(20\sin t) = 200\cos t \, \mu A$$

(2)根据关联参考下元件吸收功率的计算公式可得：

$$p(t) = u(t)i(t) = 20\sin t \times 200 \times 10^{-6}\cos t = 4 \times 10^{-3}\sin t\cos t = 2\sin 2t \, mW$$

(3)在正弦电压的整周期内，电容元件吸收的平均功率 P 为：

$$P = \frac{1}{T}\int_0^T u(t)i(t)dt = \int_0^\pi 2 \times 10^{-3}\sin 2t \, dt = 0 \qquad (4.1-8)$$

式(4.1-8)表明，理想电容器是无源元件，不消耗电能。

【例 4.1-3】 当通过 0.001F 电容元件的电流 $i(t) = e^{-3t}$ A 时，试求关联参考方向下电容的电压 $u(t)$，假设 $u(0) = 0V$。

解： 根据电容元件的伏安关系可得：

$$u(t) = \frac{1}{C}\int_{-\infty}^t i(\xi)d\xi = \frac{1}{C}\int_0^t i(\xi)d\xi + u(0) = 1 \times 10^3 \times \int_0^t e^{-3\xi}d\xi = 1 \times 10^3 \times \left.\frac{e^{-3\xi}}{-3}\right|_0^t$$

$$= \frac{1}{3}(1 - e^{-3t}) \, kV$$

4.1.2 电容元件的串联和并联等效

一、电容元件的串联等效

n 个电容元件串联，可对外等效为一个电容 C_{eq}，如图 4.1-6 所示。

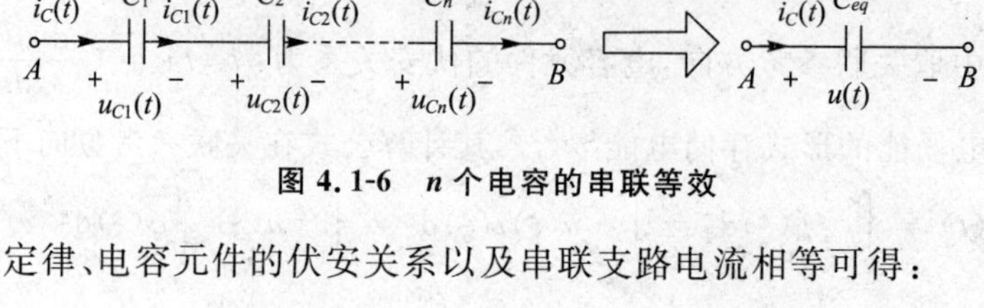

图 4.1-6 n 个电容的串联等效

根据 KVL 定律、电容元件的伏安关系以及串联支路电流相等可得：

$$\begin{cases} u_{AB}(t) = u(t) = \sum_{i=1}^{n} u_{Ci}(t) = \sum_{i=1}^{n} \frac{1}{C_i} \int_{-\infty}^{t} i_{Ci}(\xi)d\xi = (\sum_{i=1}^{n} \frac{1}{C_i}) \int_{-\infty}^{t} i_C(\xi)d\xi \\ u_{AB}(t) = u(t) = \frac{1}{C_{eq}} \int_{-\infty}^{t} i_C(\xi)d\xi \end{cases}$$

(4.1-9)

由式(4.1-9)可得,电容元件的串联等效公式为:

$$\begin{cases} \frac{1}{C_{eq}} = \sum_{i=1}^{n} \frac{1}{C_i} \\ C_{eq} = \frac{1}{\sum_{i=1}^{n} \frac{1}{C_i}} \end{cases}$$

(4.1-10)

式(4.1-10)表明 n 个电容串联,可对外等效为一个电容,等效电容 C_{eq} 的倒数为各电容 C_i 的倒数之和。

【例 4.1-4】 试求两个 $10\mu F$ 的电容串联后的等效电容。

解: 根据串联电容的等效规则可得:

$$C_{eq} = \frac{1}{\frac{1}{C_1} + \frac{1}{C_2}} = \frac{C_1 C_2}{C_1 + C_2} = 5\mu F$$

二、电容元件的并联等效

n 个电容并联电路,可对外等效为一个电容 C_{eq},如图 4.1-7 所示。

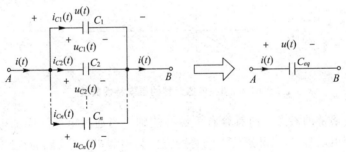

图 4.1-7 n 个电容的并联等效

并联支路电压相等,根据 KCL 定律和电容元件的伏安关系可得:

$$i(t) = \sum_{i=1}^{n} i_{Ci}(t) = \sum_{i=1}^{n} C_i \frac{du(t)}{dt} = (\sum_{i=1}^{n} C_i) \frac{du(t)}{dt} = C_{eq} \frac{du(t)}{dt}$$

即并联后的等效电容 $$C_{eq} = \sum_{i=1}^{n} C_i$$ (4.1-11)

式(4.1-11)表明 n 个电容并联,可对外等效为一个电容,等效电容为各并联电容之和。

【例 4.1-5】 试求两个 $10\mu F$ 的电容并联之后的等效电容。

解: 根据并联电容的等效规则可得:

$$C_{eq} = C_1 + C_2 = 20\mu F$$

4.1.3 电感元件

电感元件通常由导线绕制而成，有的是空芯，有的有磁芯，环形绕制的电感元件的电感量计算公式为：

$$L = \frac{N^2 \mu A}{l} \quad (4.1-12)$$

在式(4.1-12)中：L 为电感器的电感量，单位为亨(H)；N 为线圈的匝数；μ 为磁芯材料的磁导率；A 为线圈的横截面；l 为 N 匝线圈的宽度。在其他参数不变的情况下，$L \propto N^2$，即匝数越多，电感量越大；在其他参数不变的情况下 $L \propto \frac{1}{l}$，增大各匝线圈的间距，从而增大 l，会使电感量减小，在某些 LC 振荡电路或选频网络中，可通过这种方式调节电感参数。

电感元件能够以磁场的形式存储电能，电感量反映了电感元件存储电能的能力，当电流通过电感线圈时，将在其周围布满磁场，磁场大小用磁链 Ψ 来描述，单位韦伯(Wb)。线性电感的磁链 Ψ 和电流 i 之间存在关系式

$$\Psi(t) = Li(t) \quad (4.1-13)$$

线性时不变电感元件的电感量 L 是一定值，其韦安特性曲线为一条在 $\Psi - i$ 平面上通过原点的直线，如图 4.1-8 所示。

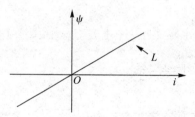

图 4.1-8 电感元件的韦安特性曲线

假定电流与磁链的参考方向符合右手螺旋法则。当通过电感线圈的电流变化时，线圈内部会产生感应电动势 ε，内部感应电动势的方向为阻碍电流(或磁通链)变化的方向，感应电动势的计算公式为：

$$\varepsilon(t) = -\frac{d\Psi(t)}{dt} = -L\frac{di(t)}{dt} \quad (4.1-14)$$

电感元件对外的端口电压与其内部的感应电动势极性相反、大小相等，当端口电压的参考方向与电流参考方向一致时，有：

$$u(t) = -\varepsilon(t) = L\frac{di(t)}{dt} \quad (4.1-15)$$

式(4.1-15)表明：电感元件的端电压与其电流对时间的一阶导数成正比。直流电流作用下，电感电压为零，相当于短路。

电感元件的伏安关系式与电压电流参考方向选择的组合有关，具体使用时会有四种组态，如图 4.1-9 所示：

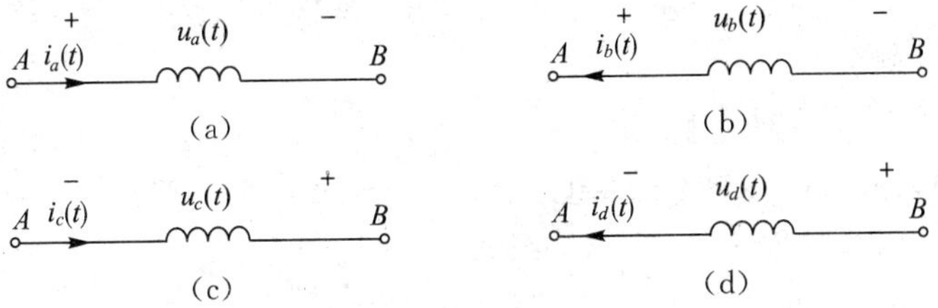

第 4 章 动态电路的时域分析

图 4.1-9 电感元件参考方向的四种组态

图 4.1-9(a)中取关联参考方向,其伏安关系为:$u_a(t) = L\dfrac{\mathrm{d}i_a(t)}{\mathrm{d}t}$;

图 4.1-9(b)中取非关联参考方向,其伏安关系为:$u_b(t) = -L\dfrac{\mathrm{d}i_b(t)}{\mathrm{d}t}$;

图 4.1-9(c)中取非关联参考方向,其伏安关系为:$u_c(t) = -L\dfrac{\mathrm{d}i_c(t)}{\mathrm{d}t}$;

图 4.1-9(d)中取关联参考方向,其伏安关系为:$u_d(t) = L\dfrac{\mathrm{d}i_d(t)}{\mathrm{d}t}$。

电感元件以磁场的形式存储电能 $w(t)$,关联参考下的计算公式为:

$$w(t) = \int_{-\infty}^{t} p(\xi)\mathrm{d}\xi = \int_{-\infty}^{t} u(\xi)i(\xi)\mathrm{d}\xi = \int_{-\infty}^{t} L\dfrac{\mathrm{d}i(\xi)}{\mathrm{d}t}i(\xi)\mathrm{d}\xi$$

$$= L\int_{i(-\infty)}^{i(t)} i(\xi)\mathrm{d}i(\xi) = \dfrac{1}{2}Li^2 \Big|_{-\infty}^{t}$$

$$= \dfrac{1}{2}Li^2(t) - \dfrac{1}{2}Li^2(-\infty) \tag{4.1-16}$$

通常认为 $i(-\infty) = 0$,则电感储能公式(4.1-16)可简化为:

$$w(t) = \dfrac{1}{2}Li^2(t) \tag{4.1-17}$$

与电容元件类似,电感元件的放电是以吸收电能为前提的,在整个电路工作过程中并不能独立的向外释放电能,所以电感元件也是一种无源元件。

【例 4.1-6】 当通过 10mH 电感元件的电流 $i(t) = 2\sin 10t$ A 时,试求:(1)关联参考方向下,电感元件的电压 $u(t)$;(2)电感元件吸收的瞬时功率 $p(t)$;(3)在正弦电流的整周期内,电感元件吸收的平均功率 P;(4)电感元件存储的电能 $w(t)$。

解:

(1)根据电感元件在关联参考下的伏安关系可得:

$$u(t) = L\dfrac{\mathrm{d}}{\mathrm{d}t}i(t) = 10 \times 10^{-3} \times \dfrac{\mathrm{d}}{\mathrm{d}t}(2\sin 10t) = 200\cos 10t\,\mathrm{mV}$$

(2)根据关联参考下二端元件吸收功率的计算公式可得:

$$p(t) = u(t)i(t) = 200 \times 10^{-3}\cos 10t \times 2\sin 10t = 400 \times 10^{-3}\sin 10t\cos 10t = 200\sin 20t\,\mathrm{mW}$$

(3)在正弦电流的整周期内,吸收的平均功率 P 为:

$$P = \dfrac{1}{T}\int_0^T u(t)i(t)\mathrm{d}t = \dfrac{1}{T}\int_0^T 200\sin 20t\,\mathrm{d}t = 0 \tag{4.1-18}$$

式(4.1-18)表明,理想电感元件是无源元件,不消耗电能。

(4)由电感元件的储能公式(4.1-17)可得:

$$w(t) = \frac{1}{2}Li^2(t) = \frac{1}{2} \times 10 \times 10^{-3} \times 4\sin^2 10t = 10(1-\cos 20t)\,\text{mJ}$$

【例 4.1-7】 当 0.1H 的电感元件电压 $u_1(t) = 10\sin 100t$ V 时,试求:(1)在关联参考方向下,电感元件的电流 $i_1(t)$;(2)若端电压幅值不变,角频率调整为 10rad/s 时,通过电感的电流 $i_2(t)$。设以上二种情况下均有 $i(0)=0$A。

解: (1)根据电感元件的伏安关系可得:

$$i_1(t) = \frac{1}{L}\int_{-\infty}^{t} u_1(\xi)\text{d}\xi = \frac{1}{L}\int_0^t u_1(\xi)\text{d}\xi + i(0) = 10 \times \int_0^t 10\sin 100\xi \text{d}\xi$$
$$= -\cos 100\xi\big|_0^t = (1-\cos 100t)\,\text{A} \qquad (4.1-19)$$

(2)当端电压幅值不变,角频率调整为 10rad/s 时,电感电压可表示为 $u_2(t) = 10\sin 10t$ V

由电感元件的伏安关系可得:

$$i_2(t) = \frac{1}{L}\int_{-\infty}^{t} u_2(\xi)\text{d}\xi = \frac{1}{L}\int_0^t u_2(\xi)\text{d}\xi + i(0) = 10\int_0^t 10\sin 10\xi \text{d}\xi$$
$$= -10\cos 10\xi\big|_0^t = 10(1-\cos 10t)\,\text{A} \qquad (4.1-20)$$

式(4.1-19)和式(4.1-20)对比可得,相同幅值的电压作用在同一电感两端,频率越高电流越小,频率越低电流越大,电感元件的动态特性表现为"通直流,阻交流",电流频率越低越容易通过电感元件。

【例 4.1-8】 假设如图 4.1-10(a)所示的电路处于直流稳态,试求:(1)电感电流 i_L 和电容电压 u_C;(2)电容元件和电感元件的储能。

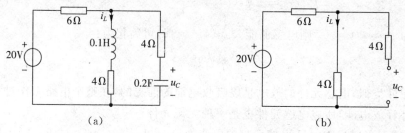

图 4.1-10 例 4.1-8 图

解: (1)在直流稳态下电容元件相当于开路,电感元件相当于短路,图 4.1-10(a)所示电路在直流稳态下可等效为图 4.1-10(b)。所以有:$i_L = \dfrac{20}{6+4} = 2$ A;$u_C = \dfrac{4}{6+4} \times 20 = 8$ V;

(2)根据电容元件的储能公式可得:$w_C(t) = \dfrac{1}{2}Cu_C^2(t) = \dfrac{1}{2} \times 0.2 \times 8^2 = 6.4$ J;

根据电感元件的储能公式可得:$w_L(t) = \dfrac{1}{2}Li_L^2(t) = \dfrac{1}{2} \times 0.1 \times 2^2 = 0.2$ J。

4.1.4 电感元件的串联和并联等效

一、电感元件的串联等效

n 个电感串联可对外等效为一个电感 L_{eq},如图 4.1-11 所示。

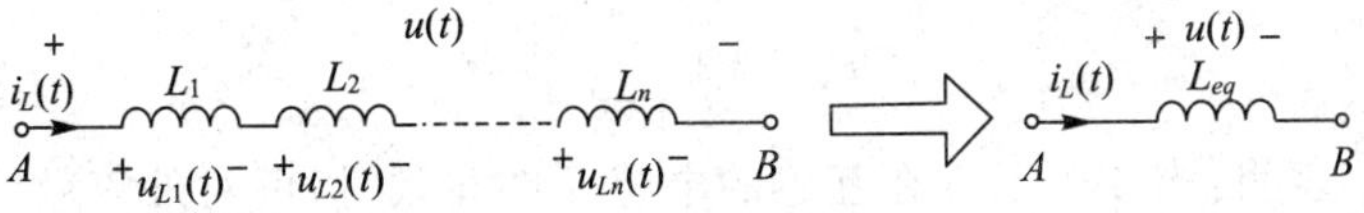

第 4 章 动态电路的时域分析

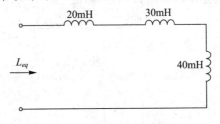

图 4.1-11 n 个电感元件的串联等效

假设图 4.1-11 中各电感元件之间不存在互感（带有互感的电感元件将在后续章节中介绍），根据串联支路电流相等、电感元件的伏安关系以及 KVL 定律可得：

$$u_{AB}(t) = u(t) = \sum_{i=1}^{n} u_{Li}(t) = \sum_{i=1}^{n} L_i \frac{di_{Li}(t)}{dt} = (\sum_{i=1}^{n} L_i) \frac{di_L(t)}{dt} = L_{eq} \frac{di_L(t)}{dt}$$

整理后可得电感元件的串联等效公式：

$$L_{eq} = \sum_{i=1}^{n} L_i \tag{4.1-21}$$

式(4.1-21)表明：当 n 个不存在互感的电感元件串联时，可对外等效为一个电感，等效电感为各串联电感之和。

【**例 4.1-9**】 3 个电感串联，如图 4.1-12 所示，试求串联等效电感 L_{eq}。

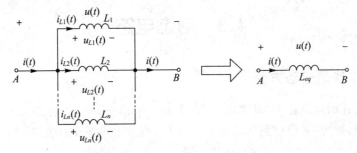

图 4.1-12 例 4.1-9 图

解： 根据电感元件的串联等效公式可得：$L_{eq} = (20 + 30 + 40)\text{mH} = 90\text{mH}$

二、电感元件的并联等效

n 个电感并联可对外等效为一个电感元件 L_{eq}，如图 4.1-13 所示。

图 4.1-13 n 个电感元件的并联等效

假设图 4.1-13 中的各电感元件之间不存在互感，根据并联支路电压相等、电感元件的伏安关系以及 KCL 定律可得：

$$i(t) = \sum_{i=1}^{n} i_{Li}(t) = \sum_{i=1}^{n} \left\{ \frac{1}{L_i} \int_{-\infty}^{t} u_{Li}(\xi) d\xi \right\} = (\sum_{i=1}^{n} \frac{1}{L_i}) \int_{-\infty}^{t} u(\xi) d\xi = \frac{1}{L_{eq}} \int_{-\infty}^{t} u(\xi) d\xi$$

整理后可得电感元件的并联等效公式

$$\frac{1}{L_{eq}} = \sum_{i=1}^{n} \frac{1}{L_i} \tag{4.1-22}$$

或
$$L_{eq} = 1/\sum_{i=1}^{n} \frac{1}{L_i}$$

式(4.1-22)表明:当 n 个不存在互感的电感元件并联时,可对外等效为一个电感,该电感量的倒数为各并联电感的倒数之和。

【例 4.1-10】 如图 4.1-14 所示,3 个电感元件并联,试求并联等效电感。

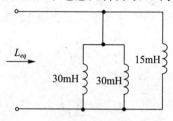

图 4.1-14 例 4.1-10 图

解: 根据并联电感元件的等效变换规则: $L_{eq} = (30 \parallel 30) \parallel 15 = 15 \parallel 15 = 7.5 \text{mH}$

【例 4.1-11】 由 4 个电感组成的单口网络,如图 4.1-15 所示,试求等效电感。

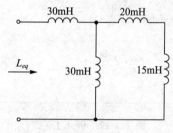

图 4.1-15 例 4.1-11 图

解: 可根据电感元件的串、并联等效规则逐步求解,单口网络的对外等效电感为:
$$L_{eq} = ((20 + 40) \parallel 30) + 30 = (60 \parallel 30) + 30 = 20 + 30 = 50 \text{mH}$$

4.2 动态电路

4.2.1 动态电路的运动方程

含有动态元件的电路称为"动态电路"。含有一个动态元件的电路,其对应的电路方程为一阶微分方程,称为"一阶电路",具体有一阶 RC 电路和一阶 RL 电路。

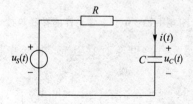

图 4.2-1 一阶 RC 电路

图 4.2-1 所示的一阶 RC 电路由电压源、电阻 R 和电容 C 串联构成,对图 4.2-1 所示的单回路列写 KVL 方程可得:

$$Ri(t) + u_C(t) = u_S(t) \qquad (4.2-1)$$

电容元件取关联参考,其伏安关系为:

$$i(t) = C\frac{du_C(t)}{dt} \qquad (4.2-2)$$

把式(4.2-2)代入式(4.2-1)后可得:

$$RC\frac{du_C(t)}{dt} + u_C(t) = u_S(t) \qquad (4.2-3)$$

方程(4.2-3)表明一阶电路的电路方程为一阶线性常系数微分方程。电容元件的电压常作为电路分析的第一步求解对象,常被称为"电路的状态变量"。

一阶 RL 串联电路如图 4.2-2 所示:

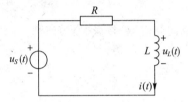

图 4.2-2　一阶 RL 电路

对图 4.2-2 所示电路的回路列写 KVL 方程可得:

$$Ri(t) + u_L(t) = u_S(t) \qquad (4.2-4)$$

电感元件取关联参考,其伏安关系为

$$u_L(t) = L\frac{di(t)}{dt} \qquad (4.2-5)$$

把式(4.2-5)代入方程(4.2-4)后可得:

$$L\frac{di(t)}{dt} + Ri(t) = u_S(t) \qquad (4.2-6)$$

方程(4.2-6)表明:一阶电路的电路方程为一阶线性常系数微分方程。与电容元件类似,电感元件的电流常作为电路分析的第一步求解对象,常被称为"电路的状态变量"。

n 阶线性常系数微分方程描述的动态电路称为"n 阶动态电路"。动态电路的阶次是由其电路方程的阶次决定,而不是由动态元件的个数所决定。通常由 n 个动态元件组成的动态电路为 n 阶电路,但也有例外。

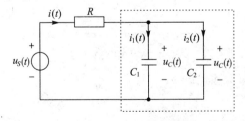

图 4.2-3　含有两个电容的电路

图 4.2-3 所示的电路尽管含有 2 个动态元件,但电容 C_1 和 C_2 并联可以等效为一个电容 $C_{eq} = C_1 + C_2$,电路分析时应视为一阶电路,对应的 KVL 方程为一阶微分方程,如方程(4.2-7)所示:

$$R(C_1 + C_2)\frac{du_C(t)}{dt} + u_C(t) = u_S(t) \qquad (4.2-7)$$

【例 4.2-1】 某 RLC 串联动态电路如图 4.2-4 所示,试列出以电容电压 $u_C(t)$ 为变量的电路方程。

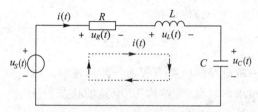

图 4.2-4 例 4.2-1 图

解： 对图 4.2-4 所示的单回路电路,按顺时针环绕方向列写 KVL 方程可得：

$$u_R(t) + u_L(t) + u_C(t) = u_S(t) \qquad (4.2-8)$$

关联参考下各元件的伏安关系为：

$$\begin{cases} i(t) = C\dfrac{d}{dt}u_C(t) \\ u_R(t) = Ri(t) = RC\dfrac{d}{dt}u_C(t) \\ u_L(t) = L\dfrac{d}{dt}i(t) = LC\dfrac{d^2}{dt^2}u_C(t) \end{cases} \qquad (4.2-9)$$

把式(4.2-9)代入方程(4.2-8),经整理后可得：

$$LC\frac{d^2}{dt^2}u_C(t) + RC\frac{d}{dt}u_C(t) + u_C(t) = u_S(t) \qquad (4.2-10)$$

方程(4.2-10)表明,RLC 串联电路的电路方程为二阶常系数微分方程,对应的电路为二阶电路。

【例 4.2-2】 某动态电路如图 4.2-5 所示,试列出以电感电流 $i_L(t)$ 为变量的电路方程。

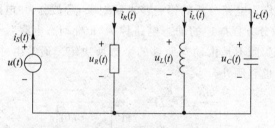

图 4.2-5 例 4.2-2 图

解： 对图 4.2-5 所示电路列写 KCL 方程可得：

$$i_R(t) + i_L(t) + i_C(t) = i_S(t) \qquad (4.2-11)$$

并联电路电压相等,所以有：$u_R(t) = u_L(t) = u_C(t) = u(t)$

关联参考下各元件的伏安关系为：

$$\begin{cases} u(t) = u_L(t) = L\dfrac{\mathrm{d}}{\mathrm{d}t}i_L(t) \\ i_R(t) = \dfrac{u_R(t)}{R} = GL\dfrac{\mathrm{d}}{\mathrm{d}t}i_L(t) \\ i_C(t) = C\dfrac{\mathrm{d}}{\mathrm{d}t}u_C(t) = CL\dfrac{\mathrm{d}^2}{\mathrm{d}t^2}i_L(t) \end{cases} \quad (4.2-12)$$

把公式(4.2-12)代入方程(4.2-11),经整理后可得:

$$CL\dfrac{\mathrm{d}^2}{\mathrm{d}t^2}i_L(t) + GL\dfrac{\mathrm{d}}{\mathrm{d}t}i_L(t) + i_L(t) = i_S(t) \quad (4.2-13)$$

方程(4.2-13)表明 RLC 并联电路为二阶电路。

4.2.2 换路规则和电路初始值的计算

电路结构或参数的改变称为"换路",常见的换路现象有开关的动作和元件的投切,若把换路时刻定义为 t_0,则换路时刻之前的瞬间可用 t_{0-} 表示,而换路时刻之后的瞬间则可用 t_{0+} 表示,为方便起见,可令换路时刻 $t_0 = 0$。

换路后,t_{0+} 时刻的电容电压为:

$$u_C(t_{0+}) = \dfrac{1}{C}\int_{-\infty}^{t_{0+}} i_C(t)\mathrm{d}t = \dfrac{1}{C}\int_{-\infty}^{t_{0-}} i_C(t)\mathrm{d}t + \dfrac{1}{C}\int_{t_{0-}}^{t_{0+}} i_C(t)\mathrm{d}t = u_C(t_{0-}) + \Delta u_C(t) \quad (4.2-14)$$

式(4.2-14)中,
$$\Delta u_C(t) = \dfrac{1}{C}\int_{t_{0-}}^{t_{0+}} i_C(t)\mathrm{d}t \quad (4.2-15)$$

$\Delta u_C(t)$ 表示换路前后电容电压的增量,当电容电流 $i_C(t)$ 为有限值时,有:

$$\begin{cases} \Delta u_C(t) = 0 \\ u_C(t_{0+}) = u_C(t_{0-}) \end{cases} \quad (4.2-16)$$

式(4.2-16)表明,当 $i_C(t)$ 为有限值时,换路前后电容电压不跃变。

同样,在换路后的 t_{0+} 时刻,电感电流可表示为:

$$i_L(t_{0+}) = \dfrac{1}{L}\int_{-\infty}^{t_{0+}} u_L(t)\mathrm{d}t = \dfrac{1}{L}\int_{-\infty}^{t_{0-}} u_L(t)\mathrm{d}t + \dfrac{1}{L}\int_{t_{0-}}^{t_{0+}} u_L(t)\mathrm{d}t = i_L(t_{0-}) + \Delta i_L(t) \quad (4.2-17)$$

换路前后瞬间电感电流的增量为:

$$\Delta i_L(t) = \dfrac{1}{L}\int_{t_{0-}}^{t_{0+}} u_L(t)\mathrm{d}t \quad (4.2-18)$$

显然,当 $u_L(t)$ 为有限值时有:

$$\begin{cases} \Delta i_L(t) = 0 \\ i_L(t_{0+}) = i_L(t_{0-}) \end{cases} \quad (4.2-19)$$

式(4.2-19)表明,当 $u_L(t)$ 为有限值时,换路前后电感电流不跃变。

式(4.2-16)和(4.2-19)所示的关系称为"动态电路的换路规则"。换路规则是动态电路分析的重要依据之一,常用换路规则确定换路后电路变量的初始值。

【例 4.2-3】 某二阶电路如图 4.2-6 所示,$t = 0$ 时打开开关,设换路前电路已达稳态,直流电压源的电压为 U_S,试求:

(1)换路前的初始稳态值 $u_C(0_-)$、$i_L(0_-)$、$i_C(0_-)$、$u_L(0_-)$、$u_{R2}(0_-)$；
(2)换路后的初始状态值 $u_C(0_+)$、$i_L(0_+)$、$i_C(0_+)$、$u_L(0_+)$、$u_{R2}(0_+)$；
(3)换路后的直流稳态值 $u_C(+\infty)$、$i_L(+\infty)$、$i_C(+\infty)$、$u_L(+\infty)$、$u_{R2}(+\infty)$。

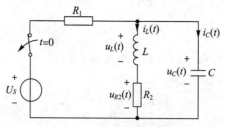

图 4.2-6　例 4.2-3 图

解：（1）开关打开前，在电路达到稳态时，电容元件相当于开路，电感元件相当于短路。等效电路如图 4.2-7 所示。

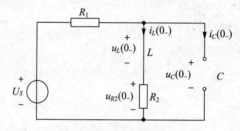

图 4.2-7　0_- 时刻的等效电路

所以有：$u_L(0_-)=0$，$u_{R2}(0_-)=u_C(0_-)=\dfrac{R_2}{R_1+R_2}U_S$，$i_C(0_-)=0$，$i_L(0_-)=\dfrac{U_S}{R_1+R_2}$；

（2）根据换路规则，即换路前后电容电压和电感电流不跃变，可首先确定：

$$u_C(0_+)=u_C(0_-)=\dfrac{R_2}{R_1+R_2}U_S；\quad i_L(0_+)=i_L(0_-)=\dfrac{U_S}{R_1+R_2}$$

$t=0_+$ 时刻，图 4.2-6 所示的电路可等效为图 4.2-8。

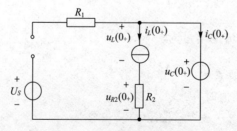

图 4.2-8　0_+ 时刻的等效电路

其余变量可依次确定为：$u_{R2}(0_+)=R_2 i_L(0_+)=\dfrac{R_2 U_S}{R_1+R_2}$，$i_C(0_+)=-i_L(0_+)$
$=-\dfrac{U_S}{R_1+R_2}$，$u_L(0_+)=u_C(0_+)-u_{R2}(0_+)=0$；

（3）换路后，当电路重新达直流稳态时，所有电能通过电阻元件消耗殆尽，所以有：

$u_C(+\infty) = u_L(+\infty) = u_{R2}(+\infty) = 0, i_C(+\infty) = i_L(+\infty) = 0$;

【例 4.2-4】 如图 4.2-9 所示电路中,电源 $U_S = 12\text{ V}$,开关断开前电路达到稳态,试求:
(1) 换路前的初始稳态值:$u_C(0_-)$、$i_C(0_-)$、$i_L(0_-)$、$i_R(0_-)$、$u_L(0_-)$;
(2) 换路后的初始状态值:$u_C(0_+)$、$i_C(0_+)$、$i_L(0_+)$、$i_R(0_+)$、$u_L(0_+)$;
(3) 换路后的直流稳态值:$u_C(+\infty)$、$i_C(+\infty)$、$i_L(+\infty)$、$i_R(+\infty)$、$u_L(+\infty)$。

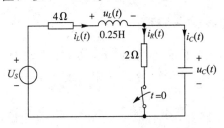

图 4.2-9 例 4.2-4 图

解:
(1) 开关断开前电路已达稳态,电容相当于开路,电感相当于短路,则有:

$$u_C(0_-) = \frac{2}{2+4} \times 12 = 4\text{ V}, i_L(0_-) = \frac{12}{2+4} = 2\text{ A};$$

$$i_R(0_-) = i_L(0_-) = 2\text{ A}, u_L(0_-) = 0\text{ V}, i_C(0_-) = 0\text{ A};$$

(2) 换路后,开关断开:$i_R(0_+) = 0\text{ A}$;
换路过程符合换路规则,所以有

$$u_C(0_+) = u_C(0_-) = \frac{2}{2+4} \times 12 = 4\text{ V};$$

$$i_L(0_+) = i_L(0_-) = \frac{12}{2+4} = 2\text{ A};$$

此时电感等效为电流源,所以有 $i_C(0_+) = i_L(0_+) = 2\text{ A}$;
而电容元件可等效为电压源,对换路后的单回路列写 KVL 方程可得:

$$4i_L(0_+) + u_L(0_+) + u_C(0_+) = U_S$$

∴ $u_L(0_+) = U_S - u_C(0_+) - 4i_L(0_+) = 12 - 4 - 4 \times 2 = 0\text{ V}$
(3) 开关断开后,当电路达到稳态时,电容又相当于开路,电感相当于短路,则有:
$i_R(+\infty) = 0\text{ A}, u_C(+\infty) = 12\text{ V}, u_L(+\infty) = 0\text{ V}$,
$i_C(+\infty) = 0, i_L(+\infty) = i_C(+\infty) = 0$;

从以上分析可知:
(1) n 阶动态电路的电路方程为 n 阶微分方程,分析电路的过程伴随着对微分方程的求解,微分方程的数学解算方法成为动态电路分析的重要工具,下一节将专门讨论微分方程的解算方法。
(2) 动态电路中的电容电压和电感电流,通常作为电路的状态变量,往往成为电路分析的第一步求解对象。
(3) 动态电路的换路过程是普遍存在的,一个稳定的电路总是从现有的稳态出发,朝着新的稳态进行变化,在未到达新稳态之前,电路处于动态过程或暂态过程。电路分析可根据需要分解为稳态分析和暂态分析两个部分。

4.3 一阶电路的零输入响应

在没有外加激励输入时,电路仅在动态元件初始储能作用下产生的响应称为"电路的零输入响应"。本节以一阶 RC 和 RL 电路为例,讨论一阶电路的零输入响应。

4.3.1 一阶 RC 电路的零输入响应

某一阶 RC 电路如图 4.3-1 所示,换路前($t<0$)开关 S_1 闭合,S_2 断开,电路在直流电压源 U_S 作用下达到初始稳态。此时电容元件相当于开路,$i_C(0_-)=0$,电容电压初始值 $u_C(0_-)=U_S$。

换路后($t>0$)开关 S_1 断开,S_2 闭合,直流电源 U_S 从电路中撤去,R、C 元件组成单回路电路,呈现出典型的零输入响应。

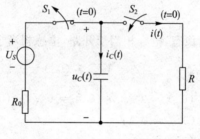

图 4.3-1 一阶 RC 电路

换路前后电容电压不跃变,所以有:$u_C(0_+)=u_C(0_-)=U_S=U_0$;$i(0_+)=\dfrac{u_C(0_+)}{R}=\dfrac{U_0}{R}$。

换路后,电路动态放电。当放电完毕、电能消耗殆尽时电路达新的稳态,电容元件又相当于开路,此时有:$u_C(+\infty)=0\,\text{V}$;$i(+\infty)=0\,\text{A}$。

要获得整个零输入响应的动态过程,需要列写并解算相关方程,对换路后的 RC 回路列写 KVL 方程可得:

$$RC\frac{du_C(t)}{dt}+u_C(t)=0 \qquad (4.3-1)$$

这是一阶齐次微分方程,令方程的通解为 $u_C(t)=Ae^{pt}$,代入方程(4.3-1)后有:

$$(RCp+1)Ae^{pt}=0 \qquad (4.3-2)$$

相应的特征方程为:

$$RCp+1=0$$

特征根为:

$$p=-\frac{1}{RC}=-\frac{1}{\tau}$$

其中 $\tau=RC$,称为一阶 RC 电路的时间常数。根据初始条件 $u_C(0_+)=u_C(0_-)=U_0=U_S$,可得:

$$u_C(t) = u_C(0_+)e^{-\frac{t}{RC}} = u_C(0_+)e^{-\frac{t}{\tau}}, \quad (t > 0) \tag{4.3-4}$$

式(4.3-4)表明电容电压 $u_C(t)$ 的零输入响应按指数规律衰减,其衰减快慢与时间常数成反比,τ 值越大,衰减越慢。

电容电流可通过电容元件的伏安关系求出,即:

$$i_C(t) = \frac{\mathrm{d}u_C(t)}{\mathrm{d}t} = \frac{U_0}{R}e^{-\frac{t}{RC}} = i_C(0_+)e^{-\frac{t}{\tau}}, \quad (t > 0) \tag{4.3-5}$$

$u_C(t)$ 和 $i_C(t)$ 的零输入响应曲线如图4.3-2所示:

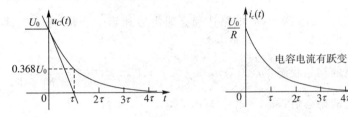

图 4.3-2 $u_C(t)$ 和 $i_C(t)$ 的零输入响应曲线

电容电压曲线在 $t = 0$ 时刻的斜率为:

$$\left.\frac{\mathrm{d}u_C(t)}{\mathrm{d}t}\right|_{t=0_+} = -\frac{1}{C}i_C(t)\Big|_{t=0_+} = -\frac{1}{C}i_C(0_+) = -\frac{U_0}{RC} \tag{4.3-6}$$

式(4.3-6)表明 $u_C(t)$ 曲线在 0 时刻的切线与时间轴的交点对应于电路的时间常数 τ,且有

$$u_C(t)\big|_{t=\tau} = u_C(0)e^{-1} = 0.368u_C(0)$$

以上分析表明一阶 RC 电路的零输入响应具有以下特点:

(1) 换路前后,电容电压不跃变,即 $u_C(0_+) = u_C(0_-)$。

(2) 换路前后,电容电流可能发生跃变。在图 4.3-1 所示的电路中,$i_C(0_-) = 0$,$i_C(0_+) = U_0/R$,$i_C(0_+) \neq i_C(0_-)$。

(3) $t > 0$ 时,电容电压按指数规律衰减,电容储能逐步减小,衰减速度与时间常数的大小成反比,时间常数 τ 越小电压衰减越快,反之越慢。

(4) $t = 0$ 时,$u_C(0_+) = u_C(0_-) = U_0$;$t = \tau = RC$ 时,$u_C(\tau) = U_0 e^{-1} = 0.368U_0$,且每经过一个时间常数 $t = \tau$,总有 $u_C(t_0 + \tau) = U_0 e^{-\frac{t_0+\tau}{\tau}} = 0.368u_C(t_0)$。

(5) 理论上动态过程结束的时间为 $t = \infty$,工程上则近似为 $t = (3 \sim 5)\tau$。

(6) 一阶 RC 电路的时间常数在一般情况下可表示为 $\tau = R_{eq}C$,其中 R_{eq} 为在换路后的动态电路中除电容以外其余部分的戴维南等效电阻。

【例 4.3-1】 如图 4.3-3 所示电路中,$t = 0$ 时开关 S 由 a 投向 b,在此以前电路达到稳态,试求

(1) 换路前电路的初始稳态值:$u_C(0_-)$、$i_C(0_-)$;

(2) 换路后电路的初始状态值:$u_C(0_+)$、$i_C(0_+)$;

(3) 换路后电路的稳态值:$u_C(\infty)$、$i_C(\infty)$;

(4) $t \geqslant 0$ 时电容电压 $u_C(t)$ 及电容电流 $i(t)$。

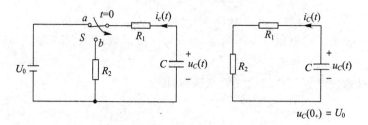

图 4.3-3 例 4.3-1 图

解： (1)换路前开关 S 接 a 端，电路达稳态时电容相当于开路，电容电流 $i_C(0_-) = 0$，电容电压 $u_C(0_-) = U_0$；

(2)换路后电路的初始状态：$u_C(0_+) = u_C(0_-) = U_0$，$i_C(0_+) = \dfrac{U_0}{R_1 + R_2}$；

(3)换路后电路的稳态值：$u_C(\infty) = 0 \text{ V}$，$i_C(\infty) = 0 \text{ A}$；

(4)换路后，一阶 RC 电路的时间常数为：$\tau = R_{eq}C = (R_1 + R_2)C$，则根据一阶 RC 电路零输入响应的计算公式(4.3-4)可得：

$$u_C(t) = u_C(0_+) e^{-\frac{t}{\tau}} = U_0 e^{-\frac{t}{(R_1+R_2)C}}$$

根据非关联参考下电容元件的伏安关系可得：

$$i_C(t) = -C \frac{\mathrm{d}}{\mathrm{d}t} u_C(t) = -CU_0 \frac{\mathrm{d}}{\mathrm{d}t} e^{-\frac{t}{\tau}} = \frac{U_0}{R_1 + R_2} e^{-\frac{t}{(R_1+R_2)C}} \qquad (4.3-7)$$

【例 4.3-2】 电路如图 4.3-4 所示，$t = 0$ 时开关 S 断开，且换路前电路已达稳态，试求 $u_{ab}(t)$，$t \geqslant 0$。

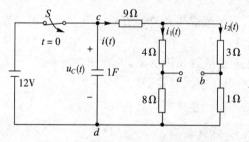

图 4.3-4 例 4.3-2 图

解： 对于图 4.3-4 所示电路，换路前已达稳态，电容元件相当于开路，电容电压初始值：$u_C(0_-) = 12 \text{ V}$；

换路后，一阶电路的时间常数为：$\tau = R_{eq}C = [(4+8) \mathbin{/\mkern-6mu/} (1+3) + 9] \times 1 = 12 \text{ s}$

$$u_C(0_+) = u_C(0_-) = 12 \text{V}$$

则根据一阶 RC 电路零输入响应的计算公式可得：

$$u_C(t) = u_C(0_+) e^{-\frac{t}{\tau}} = 12 e^{-\frac{t}{12}} \text{ V}$$

在非关联参考下，电容的电流为：

$$i(t) = -\frac{\mathrm{d}}{\mathrm{d}t} u_C(t) = -12 \frac{\mathrm{d}}{\mathrm{d}t} e^{-\frac{t}{12}} = e^{-\frac{t}{12}} \text{ A}$$

根据并联分流公式可得：

$$i_1(t) = \frac{4}{12+4}i(t) = 0.25\mathrm{e}^{-\frac{t}{12}} \text{ A}$$

$$i_2(t) = \frac{12}{12+4}i(t) = 0.75\mathrm{e}^{-\frac{t}{12}} \text{ A}$$

则根据两点之间电压的求解方法可得：

$$u_{ab}(t) = -4i_1(t) + 3i_2(t) = 1.25\mathrm{e}^{-\frac{t}{12}} \text{ V}$$

4.3.2　一阶 RL 电路的零输入响应

如图 4.3-5 所示电路为一阶 RL 电路，换路前（$t<0$）开关 S_1 的 a 端与 b 端相接，S_2 断开，电路在直流电流源 I_S 的作用下达到稳态，此时电感相当于短路，获初始电流 $i_L(0_-) = I_S$。

换路后（$t>0$）开关 S_1 的 a 端与 c 端相接，S_2 闭合，电流源 I_S 短路，RL 组成一阶动态电路，呈现出典型的零输入响应。

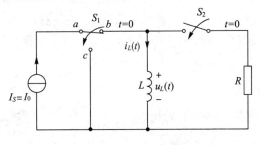

图 4.3-5　一阶 RL 电路

根据换路规则可得 $i_L(0_+) = i_L(0_-) = I_S = I_0$，换路之后电路动态放电，直至放电完毕到达新的稳态：$i_L(+\infty) = 0$ A。同样，若要获得整个零输入响应的动态过程，需列写并求解相关方程。

对换路后的 RL 回路列写 KVL 方程可得：

$$L\frac{\mathrm{d}i_L(t)}{\mathrm{d}t} + Ri_L(t) = 0 \tag{4.3-8}$$

这是一阶齐次微分方程，设其通解为 $i_L(t) = A\mathrm{e}^{pt}$，代入方程（4.3-8）后可得：

$$(Lp + R)A\mathrm{e}^{pt} = 0 \tag{4.3-9}$$

即特征方程

$$Lp + R = 0$$

特征根

$$p = -\frac{R}{L} = -\frac{1}{\tau}$$

其中 $\tau = \frac{L}{R}$，称为一阶 RL 电路的时间常数，根据初始条件 $i_L(0_+) = i_L(0_-) = I_S = I_0$，可得：

$$i_L(t) = i_L(0_+)\mathrm{e}^{-\frac{t}{\tau}} = I_0\mathrm{e}^{-\frac{t}{\tau}}, \ (t>0)$$

电感电压可通过元件的伏安关系求出：

$$u_L(t) = L\frac{\mathrm{d}i_L(t)}{\mathrm{d}t} = -LI_0\frac{1}{\tau}\mathrm{e}^{-\frac{t}{\tau}} = -RI_0\mathrm{e}^{-\frac{t}{\tau}}, \ (t>0)$$

电感元件端电压和电流响应曲线如图 4.3-6 所示：

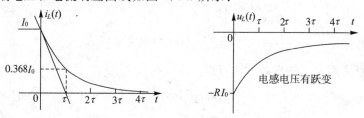

图 4.3-6 电感元件电压和电流曲线

一阶 RL 电路的零输入响应具有以下特点：

(1)换路前后，电感电流不跃变：$i_L(0_+) = i_L(0_-)$。

(2)换路前后，电感电压可能发生跃变：$u_L(0_-) = 0$，$u_L(0_+) = -RI_0$，$u_L(0_+) \neq u_L(0_-)$。

(3) $t > 0$ 时，电感元件的电流按指数规律衰减，电感储能逐步减小，衰减速度与时间常数的大小成反比，时间常数 τ 越小，电压衰减越快，反之，则越慢。

(4)经过一个时间常数 $t = \tau$ 时，$i_L(\tau) = I_0 e^{-1} = 0.368 I_0$，且每经过一个时间常数 $t = \tau$，总有 $i_L(t_0 + \tau) = I_0 e^{-\frac{t_0 + \tau}{\tau}} = 0.368 i_L(t_0)$。

(5)理论上动态过程结束的时间为 $t = \infty$，在工程上则近似为 $t = (3 \sim 5)\tau$。

(6)一阶 RL 电路的时间常数在一般情况下可表示为：$\tau = \dfrac{L}{R_{eq}}$，其中 R_{eq} 为在换路后的动态电路中除电感元件以外其余部分的戴维南等效电阻。

4.4 一阶电路的零状态响应

当电路处于零初始状态时，电路仅在外施电源作用下的响应称为"零状态响应"。以下分别讨论在直流电源作用下一阶 RC 和 RL 电路的零状态响应。

4.4.1 一阶 RC 电路的零状态响应

某一阶 RC 电路如图 4.4-1 所示，

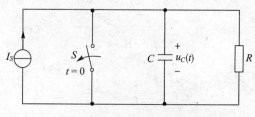

图 4.4-1 一阶 RC 电路

换路前($t < 0$)，开关 S 闭合，电流源短路，电路达初始稳态，电容电压 $u_C(0_-) = 0\,\text{V}$。
换路过程符合换路规则，可得：$u_C(0_+) = u_C(0_-) = 0\,\text{V}$。
换路后($t > 0$)，开关 S 断开，电流源 I_S、R 和 C 元件组成并联动态电路，电路内部呈现出典型的零状态响应。

当电路在换路后重新达到直流稳态时，电容相当于开路，电容电流 $i_C(\infty) = 0\,\text{A}$，

$u_C(\infty) = RI_s$。

对图 4.4-1 所示电路列写 KCL 方程可得:

$$C\frac{\mathrm{d}u_C(t)}{\mathrm{d}t} + \frac{u_C(t)}{R} = I_s \qquad (4.4-1)$$

方程(4.4-1)为一阶非齐次方程,方程的解由非齐次方程的特解 $u'_C(t)$ 和对应的齐次方程的通解 $u''_C(t)$ 两个分量组成,即

$$u_C(t) = u'_C(t) + u''_C(t)$$

直流电源作用下,特解 $u'_C(t) = u_C(\infty) = RI_s$。

齐次方程 $RC\dfrac{\mathrm{d}u_C(t)}{\mathrm{d}t} + u_C(t) = 0$ 的通解为:

$$u''_C(t) = A\mathrm{e}^{-\frac{t}{RC}} = A\mathrm{e}^{-\frac{t}{\tau}}$$

即非齐次方程的通解为:

$$u_C(t) = RI_s + A\mathrm{e}^{-\frac{t}{\tau}}$$

再根据电路初始状态 $u_C(0_+) = u_C(0_-) = 0 \text{ V}$,可得:

$$u_C(t) = RI_s(1 - \mathrm{e}^{-\frac{t}{\tau}}),\ (t \geqslant 0) \qquad (4.4-2)$$

一阶电路中 $u_C(t)$ 的零状态响应公式可整理为:

$$u_C(t) = u_C(\infty)(1 - \mathrm{e}^{-\frac{t}{\tau}}) = u_C(\infty) - u_C(\infty)\mathrm{e}^{-\frac{t}{\tau}} \qquad (4.4-3)$$

$u_C(t)$ 零状态响应由两个分量组成:其中 $u_{Cp} = u_C(\infty) = RI_s$ 为稳态分量,也被称为"强制分量",对应于非齐次方程的特解,其形式与激励有关,直流信号作用下为一定值;$u_{ch}(t) = -u_C(\infty)\mathrm{e}^{-\frac{t}{\tau}}$ 为暂态分量(动态分量),也被称为"自由分量",对应于齐次方程的通解。

电容电压 $u_C(t)$ 的零状态响应曲线如图 4.4-2 所示:

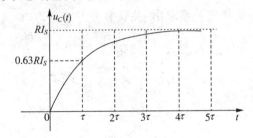

图 4.4-2 $u_C(t)$ 零状态响应曲线

电容电流可通过电容元件的伏安关系求出,关联参考下可得:

$$i_C(t) = C\frac{\mathrm{d}}{\mathrm{d}t}u_C(t) = RI_sC\frac{\mathrm{d}}{\mathrm{d}t}(1 - \mathrm{e}^{-\frac{t}{\tau}}) = I_s\mathrm{e}^{-\frac{t}{\tau}}$$

一阶 RC 电路的零状态响应具有以下特点:

(1)换路前后,电容电压不跃变:$u_C(0_+) = u_C(0_-) = 0 \text{ V}$。

(2)换路前后,电容电流可能发生跃变:$i_C(0_-) = 0$,$i_C(0_+) = I_s$,$i_C(0_+) \neq i_C(0_-)$。

(3)$t > 0$ 时,电容充电,电容电压按指数规律单调增长,储能逐渐增加,其增长速度与时间常数成反比,时间常数越小,电压增加越快,反之越慢。

(4)动态过程中,当 $t = \tau$ 时,$u_C(\tau) = u_C(\infty)(1 - \mathrm{e}^{-1}) = 0.632u_C(\infty)$,即经过 $t = \tau$ 时间达稳态值的 63.2%。当 $t = 3\tau$ 时,$u_C(3\tau) = u_C(\infty)(1 - \mathrm{e}^{-3}) = 0.95u_C(\infty)$,即经过 $t = 3\tau$ 时

间达稳态值的 95%，接近稳态；$t=4\tau$ 时，$u_C(4\tau)=u_C(\infty)(1-e^{-4})=0.98u_C(\infty)$，即经过 $t=4\tau$ 时间达稳态值的 98%，更接近稳态；理论上暂态过程结束的时间为 $t=+\infty$，工程上则近似认为 $t=3\tau$ 时达到新的稳态，而实际上达到稳态值的 95%；或近似认为 $t=4\tau$ 时达到新的稳态，而实际上达到稳态值的 98%。

(5) 一阶 RC 电路的时间常数在一般情况下可表示为：$\tau=R_{eq}C$，其中 R_{eq} 为在换路后的动态电路中除电容元件以外其余部分的戴维南等效电阻。

【例 4.4-1】 在图 4.4-3 所示电路中，$t=0$ 时，开关 S 由 a 投向 b，设换路前开关与 a 端相接为时已久，试求 $t \geqslant 0$ 时的电容电压及电流，并计算在整个充电过程中电阻元件消耗的能量。

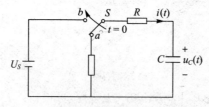

图 4.4-3 例 4.4-1 图

解： 由题意可知，换路前电路已达稳态，电容电压：$u_C(0_-)=0$ V；

换路后，开关 S 与 b 端相接，电压源与电阻、电容构成单回路电路，呈现出典型的零状态响应，则根据一阶 RC 电路零状态响应的计算公式(4.4-3)可得：

$$u_C(t)=u_C(\infty)(1-e^{-\frac{t}{\tau}}) \text{ V}$$

时间常数为 $\tau=RC$；换路后的稳态值 $u_C(\infty)=U_S$，即电容电压为：

$$u_C(t)=U_S(1-e^{-\frac{t}{RC}}) \text{ V}$$

回路电流可通过电容元件的伏安关系求出，关联参考下有：

$$i(t)=C\frac{d}{dt}u_C(t)=CU_S\frac{d}{dt}(1-e^{-\frac{t}{RC}})=\frac{U_S}{R}e^{-\frac{t}{RC}} \text{ A} \quad (4.4-4)$$

由式(4.4-4)可得：$i(0_+)=\dfrac{U_S}{R}$，$i(\infty)=0$ A

电阻消耗的功率为：$p(t)=i^2(t)R=\dfrac{U_S^2}{R}e^{-\frac{2t}{RC}}$

在整个动态过程中电阻元件消耗的能量为：

$$W_R=\int_0^\infty p(t)dt=\int_0^\infty i^2(t)Rdt=\int_0^\infty \frac{U_S^2}{R}e^{-\frac{2t}{RC}}dt=\frac{U_S^2}{R}\left(-\frac{RC}{2}\right)e^{-\frac{2t}{RC}}\bigg|_0^\infty=\frac{1}{2}CU_S^2$$

(4.4-5)

式(4.4-5)表明，整个动态过程电阻元件消耗的总能量与 R 大小没有关系。

充电完成后，电容元件的储能值为：$W_C=\dfrac{1}{2}Cu_C^2(\infty)=\dfrac{1}{2}CU_S^2$

可见：$W_C=W_R=\dfrac{1}{2}CU_S^2$

4.4.2 一阶 RL 电路的零状态响应

某一阶 RL 电路如图 4.4-4 所示，

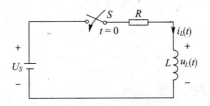

图 4.4-4　一阶 RL 电路

换路前($t<0$),开关 S 断开,电感电流:$i_L(0_-)=0$ A。

换路过程符合电路规则,由此可得电感电流:$i_L(0_+)=i_L(0_-)=0$ A。

换路后($t>0$),开关 S 闭合,直流电压源 U_S 和 RL 一起组成单回路电路。当换路后电路达到新的稳态时,电感相当于短路,电感电压 $u_L(\infty)=0$ V,电感电流 $i_L(\infty)=\dfrac{U_S}{R}$。

对换路后的单回路电路列写 KVL 方程可得:

$$L\frac{di_L(t)}{dt}+Ri_L(t)=U_S \tag{4.4-6}$$

方程(4.4-6)为一阶非齐次方程,方程的解由非齐次方程的特解 $i'_L(t)$ 和对应的齐次方程的通解 $i''_L(t)$ 两个分量组成,即:

$$i_L(t)=i'_L(t)+i''_L(t)$$

直流电源作用下,特解为:$i'_L(t)=i_L(\infty)=\dfrac{U_S}{R}$

齐次方程 $L\dfrac{di_L(t)}{dt}+Ri_L(t)=0$ 的通解为:

$$i''_L(t)=Ae^{-\frac{t}{\tau}},\tau=\frac{L}{R}$$

即

$$i_L(t)=\frac{U_S}{R}+Ae^{-\frac{t}{\tau}}$$

根据初始条件 $i_L(0_+)=i_L(0_-)=0$ A 可得:

$$i_L(t)=\frac{U_S}{R}(1-e^{-\frac{t}{\tau}}),(t\geqslant 0)$$

一阶 RL 电路的零状态响应 $i_L(t)$ 可表示为:

$$i_L(t)=i_L(\infty)(1-e^{-\frac{t}{\tau}})=i_L(\infty)-i_L(\infty)e^{-\frac{t}{\tau}}$$

$i_L(t)$ 响应可分为两个分量,分量 $i_{Lp}=i_L(\infty)=\dfrac{U_S}{R}$,称为"稳态分量",也可称为"强制分量",对应于非齐次方程的特解,其形式与激励有关,直流信号作用下为一定值;分量 $i_{Lh}(t)=-i_L(\infty)e^{-\frac{t}{\tau}}$ 可称为"暂态分量(动态分量)",也称为"自由分量",对应于齐次方程的通解。

当 $i_L(\infty)=1$ A、$\tau=1$ s 时,$i_L(t)$ 的零状态响应曲线如图 4.4-5 所示:

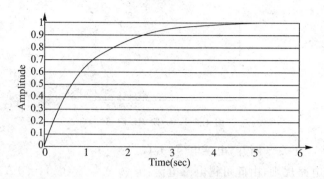

图 4.4-5 $i_L(t)$ 的零状态响应曲线

电感电压可通过电感元件的伏安关系求出,在关联参考方向下有:

$$u_L(t) = L\frac{\mathrm{d}i_L(t)}{\mathrm{d}t} = L\frac{U_S}{R}\frac{1}{\tau}\mathrm{e}^{-\frac{t}{\tau}} = U_S\mathrm{e}^{-\frac{t}{\tau}}$$

综上所述,一阶 RL 电路的零状态响应具有以下特点:

(1)换路前后,电感电流不跃变:$i_L(0_+) = i_L(0_-) = 0$;

(2)换路前后,电感电压可能发生跃变:$u_L(0_-) = 0$,$u_L(0_+) = U_S$;

(3)$t > 0$ 时,电感充电,电流按指数规律单调增长,电感储能逐步增加,增加速度与时间常数的大小成反比,时间常数 τ 越小电流增加越快,反之越慢;

(4)动态过程中:

$t = \tau$ 时,$i_L(\tau) = i_L(+\infty)(1 - \mathrm{e}^{-1}) = 0.632 i_L(+\infty)$;

$t = 3\tau$ 时,$i_L(\tau) = i_L(+\infty)(1 - \mathrm{e}^{-3}) = 0.95 i_L(+\infty)$;

$t = 4\tau$ 时,$i_L(\tau) = i_L(+\infty)(1 - \mathrm{e}^{-4}) = 0.98 i_L(+\infty)$;

与 RC 电路类似:理论上的过渡过程持续时间为 $t = +\infty$,工程上认为 $t = 3\tau$ 时动态过程近似结束,而实际上达到稳态值的 95%;或认为 $t = 4\tau$ 时动态过程近似结束,而实际上达到稳态值的 98%。

(5)一阶 RL 电路的时间常数在一般情况下可表示为:$\tau = \dfrac{L}{R_{eq}}$,其中 R_{eq} 为在换路后的动态电路中除电感元件以外其余部分的戴维南等效电阻。

【例 4.4-2】 在图 4.4-6(a)所示电路中,$t < 0$ 时,开关 S 断开,电路已达直流稳态。$t = 0$ 时,开关 S 闭合,试求换路后的电流变量 $i_L(t)$ 和 $i(t)$。

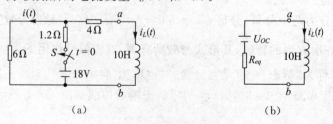

图 4.4-6 例 4.4-2 图

解: 由题意可得,换路前开关 S 断开,电路达直流稳态时,电感电流 $i_L(0) = 0$ A,电路具有零初始状态。换路后,开关 S 闭合,电压源接入电路。把图 4.4-6(a)中除电感以外的所有部分视为一个含源的线性单口网络,运用戴维南定理将原电路等效为由 U_{oc}、R_{eq} 和 L 形成的单回路,如图 4.4-6(b)所示。

由戴维南定理可知:$U_\infty = \dfrac{6}{6+1.2} \times 18 = 15 \text{ V}$;$R_{eq} = 6 \text{ // } 1.2 + 4 = 5\Omega$;$i_L(\infty) = 3 \text{ A}$;$\tau = \dfrac{L}{R_{eq}} = 2 \text{ s}$;

根据一阶 RL 电路的零状态响应公式可得:$i_L(t) = i_L(\infty)(1 - e^{-\frac{t}{\tau}}) = 3(1 - e^{-\frac{t}{2}}) \text{ A}$
对换路后由 4Ω、6Ω 和 10H 构成的回路列写 KVL 方程可得:

$$4i_L(t) + 10\dfrac{\mathrm{d}}{\mathrm{d}t}i_L(t) - 6i(t) = 0$$

即:
$$i(t) = \dfrac{4}{6}i_L(t) + \dfrac{10}{6}\dfrac{\mathrm{d}}{\mathrm{d}t}i_L(t) = 2(1 - e^{-\frac{t}{2}}) + \dfrac{5}{2}e^{-\frac{t}{2}} = 2 + \dfrac{1}{2}e^{-\frac{t}{2}} \text{ A} \quad (4.4-7)$$

由式(4.4-7)可得:$i(0_+) = \dfrac{5}{2} \text{ A}$ \hfill (4.4-8)

式(4.4-8)的结果可通过对换路后 0_+ 时刻的等效电路进行分析来验证。换路过程电感电流不变,0_+ 时刻电感相当于电流源且 $i_L(0) = 0$ A(效果上相当于开路),对电路中 18 V 电压源、6Ω 电阻和 10H 电感构成的回路列写 KVL 方程可得:

$$6i(0_+) + 1.2i(0_+) = 18 \quad (4.4-9)$$

由式(4.4-9)可得:
$$i(0_+) = \dfrac{18}{7.2} = 2.5 \text{ A} \quad (4.4-10)$$

式(4.4-10)与式(4.4-8)相等,电路分析的结果得到了验证。

4.5 一阶电路的全响应

在外施激励源和动态元件的初始储能的共同作用下,动态电路的响应称为"完全响应"。全响应 $f(t)$ 为零输入响应 $f_{zi}(t)$ 和零状态响应 $f_{zs}(t)$ 之和,即

$$f(t) = f_{zi}(t) + f_{zs}(t) = f(0_+)e^{-\frac{t}{\tau}} + f(+\infty)(1 - e^{-\frac{t}{\tau}}) \quad (4.5-1)$$

式(4.5-1)中:$f_{zi}(t) = f(0_+)e^{-\frac{t}{\tau}}$ 表示初始电压或电流,按指数规律衰减;$f_{zs}(t) = f(+\infty)(1 - e^{-\frac{t}{\tau}})$ 表示电压或电流,按指数规律增长。

式(4.5-1)也可整理为:

$$f(t) = f_{ss}(t) + f_{ts}(t) = f(+\infty) + (f(0_+) - f(+\infty))e^{-\frac{t}{\tau}} \quad (4.5-2)$$

式(4.5-2)中:$f_{ss}(t) = f(+\infty)$ 表示电路的稳态响应分量,又称"强制分量";$f_{ts}(t) = (f(0_+) - f(+\infty))e^{-\frac{t}{\tau}}$ 表示电路的暂态响应分量,又称"自由分量"。

式(4.5-1)和(4.5-2)均表明直流一阶动态电路全响应取决于电路中的 3 个要素,分别为换路后初始值 $f(0_+)$,换路后直流稳态值 $f(+\infty)$,换路后电路的时间常数 τ。

通过式(4.5-1)和(4.5-2)直接确定一阶电路全响应的方法称为"一阶电路分析的三要素法"。

【例 4.5-1】 如图 4.5-1 所示电路,当 $t = 0$ 时,直流电压源 $U_s = 12$ V 加于 RC 电路,已知 $u_C(0_-) = 4$ V,$R = 1\Omega$,$C = 5$F,求 $t \geqslant 0$ 的 $u_C(t)$ 和 $i_C(t)$。

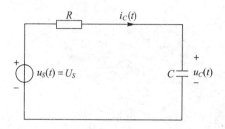

图 4.5-1 例 4.5-1 图

解： 可用三要素法直接确定电容电压，换路前后电容电压不跃变，所以 $u_C(0_+) = u_C(0_-) = 4 \text{ V}$；

换路后，一阶电路的时间常数为 $\tau = RC = 5$ s；换路后电路的稳态值 $u_C(\infty) = U_S = 12$ V 则由一阶电路的三要素法公式可得：

零输入响应分量：$u_{C1}(t) = u_C(0_+)\mathrm{e}^{-\frac{t}{\tau}} = 4\mathrm{e}^{-\frac{t}{5}}$ V

零状态响应分量：$u_{C2}(t) = u_C(\infty)(1 - \mathrm{e}^{-\frac{t}{\tau}}) = 12(1 - \mathrm{e}^{-\frac{t}{5}})$ V

全响应：$u_C(t) = u_{C1}(t) + u_{C2}(t) = u_C(0_+)\mathrm{e}^{-\frac{t}{\tau}} + u_C(\infty)(1 - \mathrm{e}^{-\frac{t}{\tau}}) = 4\mathrm{e}^{-\frac{t}{5}} + 12(1 - \mathrm{e}^{-\frac{t}{5}}) = 12 - 8\mathrm{e}^{-\frac{t}{5}}$ V $(t > 0)$

电容电流可通过电容元件的伏安关系求出，在关联参考方向下有：

$$i_C(t) = C\frac{\mathrm{d}}{\mathrm{d}t}u_C(t) = C\frac{\mathrm{d}}{\mathrm{d}t}(12 - 8\mathrm{e}^{-\frac{t}{5}}) = 8\mathrm{e}^{-\frac{t}{5}} \text{ A} \quad (t > 0) \quad (4.5-3)$$

电容电流也可以通过三要素法直接求出，换路后电容电流的初始值可通过 KVL 方程求出：

$$Ri_C(0_+) + u_C(0_+) = U_S$$

即 $i_C(0_+) + 4 = 12, \therefore i_C(0_+) = 8$ A

换路后电容电流稳态值：$i_C(+\infty) = 0$ A

则由一阶电路的三要素法公式可得：

$$i_C(t) = i_C(\infty) + (i_C(0_+) - i_C(\infty))\mathrm{e}^{-\frac{t}{5}} = 8\mathrm{e}^{-\frac{t}{5}} \text{ A} \quad (t > 0) \quad (4.5-4)$$

式(4.5-3)所得结果与式(4.5-4)相同，电路分析结果得到了验证。

【例 4.5-2】 求图 4.5-2 所示电路中开关打开后的电容电压 $u_C(t)$ 和电流 $i_C(t)$，设换路前电路已处于稳态。

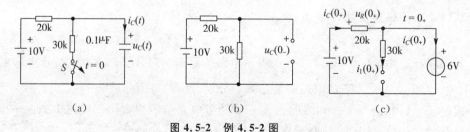

图 4.5-2 例 4.5-2 图

解： 可根据一阶 RC 电路的三要素法求电容电压，依次求出以下 3 个要素：

(1) 初始状态 $u_C(0_+)$。

换路前电路已达稳态，电容相当于开路，0_- 时刻等效电路如图(b)所示，由分压公式可得：

$$u_C(0_-) = 10 \times \frac{30}{20+30} = 6 \text{ V};$$

换路前后，符合换路规则，所以有 $u_C(0_+) = u_C(0_-) = 6$ V；

(2)换路后一阶 RC 电路的时间常数 $\tau = R_{eq}C$：$R_{eq} = 20\text{k}\Omega$，$C = 0.1\mu\text{F}$，则 $\tau = R_{eq}C = 2\text{ms}$；

(3)换路后的稳态值 $u_C(\infty)$，电路达稳态时电容相当于开路，所以有：$u_C(\infty) = 10$ V；

(4)由三要素法公式可得：

$$u_C(t) = u_C(+\infty) + (u_C(0_+) - u_C(+\infty))e^{-\frac{t}{\tau}} = 10 + (6-10)e^{-500t} = 10 - 4e^{-500t} \text{ V}$$

($t > 0$)

电容电流可通过关联参考下的伏安关系求出：

$$i_C(t) = C\frac{\text{d}}{\text{d}t}u_C(t) = C\frac{\text{d}}{\text{d}t}(10 - 4e^{-\frac{t}{\tau}}) = \frac{4C}{\tau}e^{-\frac{t}{\tau}} = \frac{4 \times 0.1 \times 10^{-6}}{2 \times 10^{-3}} \times e^{-500t}$$

$$= 0.2e^{-500t} \text{ mA } (t > 0)$$

(4.5-5)

电容电流也可以通过三要素法直接求出：

换路后 0_+ 时刻电容相当于电压源且 $u_C(0_+) = 6$ V；

图 4.5-2(c)表示 0_+ 时刻的等效电路，$i_1(0_+) = 0$ mA；

对换路后由 20kΩ、电容和 10V 电压源构成的回路列写 KVL 方程可得：

$$20i_C(0_+) + 6 - 10 = 0$$

可求出：$i_C(0_+) = \frac{4}{20} = 0.2$ mA

换路后的稳态值：$i_C(\infty) = 0$ mA

由三要素法公式可得：

$$i_C(t) = i_C(+\infty) + (i_C(0_+) - i_C(+\infty))e^{-\frac{t}{\tau}} = 0.2e^{-500t} \text{ mA } (t>0) \quad (4.5-6)$$

把式(4.5-5)与(4.5-6)进行对比，验证分析结果。

【例 4.5-3】 如图 4.5-3 所示电路中，已知 $u_C(0) = 5$ V，在 $t = 1$ s 时开关 S 从 A 端拨到 B 端，试求 $t \geqslant 0$ 的电路响应 $u_C(t)$ 和 $i_C(t)$。

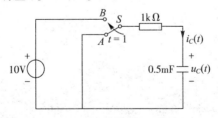

图 4.5-3 例 4.5-3 图

解： 可把电路的响应分为两个阶段。

第一阶段：换路前 $t < 1$ s 时，开关 S 接 A 端，电路响应为零输入响应，则有：

$$u_C(t) = u_C(0)e^{-\frac{t}{\tau}} \quad (4.5-7)$$

电容电压初始值： $u_C(0) = 5$ V (4.5-8)

该时间段内电路的时间常数：$\tau = RC = 1 \times 10^3 \times 0.5 \times 10^{-3} = 0.5$ s (4.5-9)

把式(4.5－8)和(4.5－9)代入式(4.5－7)后,可得:
$$u_C(t) = 5\mathrm{e}^{-2t} \text{ V} \quad (0 < t < 1) \tag{4.5-10}$$

第二阶段:换路后 $t \geqslant 1\,\mathrm{s}$ 时为全响应,可用三要素法求出:

该阶段的电压初始值为: $u_C(t)\big|_{t=1} = u_C(1) = 5\mathrm{e}^{-2\times 1} = 0.7 \text{ V}$ (4.5－11)

换路后的电压稳态值为: $u_C(\infty) = 10 \text{ V}$ (4.5－12)

换路后电路的时间常数为: $\tau = RC = 0.5 \text{ s}$(没有变化)

则由三要素法公式可得:
$$u_C(t) = u_C(+\infty) + (u_C(1_+) - u_C(+\infty))\mathrm{e}^{-\frac{(t-1)}{\tau}} = 10 + (0.7-10)\mathrm{e}^{-2(t-1)}$$
$$= 10 - 9.3\mathrm{e}^{-2(t-1)} \text{ V} \quad (t \geqslant 1) \tag{4.5-13}$$

综合式(4.5－10)和式(4.5－13)可得,电路的总响应为:
$$\begin{cases} u_C(t) = 5\mathrm{e}^{-2t}, (0 < t < 1) \\ u_C(t) = 10 - 9.3\mathrm{e}^{-2(t-1)}, (t \geqslant 1) \end{cases} \tag{4.5-14}$$

$u_C(t)$ 响应曲线如图 4.5-4 所示:

图 4.5-4　$u_C(t)$ 响应曲线

4.6　一阶电路的阶跃响应和冲激响应

4.6.1　一阶电路的阶跃响应

阶跃函数是一种奇异函数,又称为"开关函数",可以很方便地描述电源在电路中的投切,可定义为:
$$f(t) = \begin{cases} 0, t < 0 \\ K, t > 0 \end{cases} \tag{4.6-1}$$

当 $K = 1$ 时,称为"单位阶跃函数",表示为 $\varepsilon(t)$,即有
$$\varepsilon(t) = \begin{cases} 0, t < 0 \\ 1, t > 0 \end{cases} \tag{4.6-2}$$

单位阶跃函数曲线如图 4.6-1 所示:

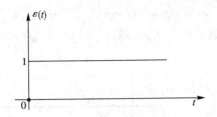

图 4.6-1 单位阶跃函数曲线

在引入阶跃函数之后,图 4.6-2(a)、(b)所示的两个电路是等效的,都表示在 $u_S(t)\varepsilon(t)$ 时刻开关闭合,从而使 2V 电压源接入电路。

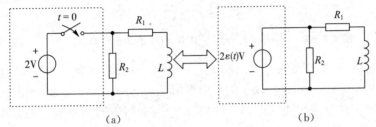

图 4.6-2 开关函数的应用

阶跃函数的延迟函数可定义为:

$$\varepsilon(t-t_0) = \begin{cases} 0, t < t_0 \\ 1, t > t_0 \end{cases} \quad (4.6-3)$$

式(4.6-3)表示阶跃信号的动作发生在 t_0 时刻,与阶跃函数相比延迟了 t_0 时刻。

阶跃函数及其延迟函数可以用来起始某一函数,若需要从 $t=0$ 时刻起始时域函数 $f(t) = \sin \pi t$,则可表示为:

$$f(t)\varepsilon(t-1) = \begin{cases} f(t), t > 1 \\ 0, t < 1 \end{cases}$$

$f(t)$、$\varepsilon(t-1)$ 和 $f(t)\varepsilon(t-1)$ 的函数曲线如图 4.6-3 所示:

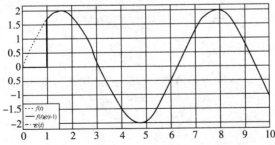

图 4.6-3 $f(t)$、$\varepsilon(t-1)$ 和 $f(t)\varepsilon(t-1)$ 的函数曲线

另外,阶跃函数及其延迟函数可以把分段函数写成闭合形式,如某分段函数为

$$f(t) = \begin{cases} 0, t < 1 \\ 1, 1 < t < 2 \\ 0, t > 2 \end{cases} \quad (4.6-4)$$

在引入阶跃函数后,函数式(4.6-4)可表示为:

$$f(t) = \varepsilon(t-1) - \varepsilon(t-2) \tag{4.6-5}$$

式(4.6-5)把 $f(t)$ 分解成两个函数，即 $\varepsilon(t-1)$ 和 $-\varepsilon(t-2)$。$\varepsilon(t-1)$、$\varepsilon(t-2)$ 和 $f(t)$ 的函数曲线如图 4.6-4 所示：

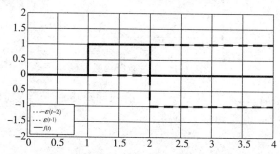

图 4.6-4　$\varepsilon(t-1)$、$-\varepsilon(t-2)$ 和 $f(t)$ 的函数曲线

在线性时不变电路中，激励与响应之间的关系可表现为：若在电源 $u_S(t)\varepsilon(t)$ 作用下的响应为 $f(t)$，则在电源 $u_S(t-t_0)\varepsilon(t-t_0)$ 的延迟作用下，响应为 $f(t-t_0)\varepsilon(t-t_0)$。电路在阶跃信号作用下的响应称为"阶跃响应"，分析阶跃响应与分析普通电路响应的方法是相同的，只是表示方法稍有区别。

【例 4.6-1】　某一阶动态电路的电路方程为：$T\dfrac{\mathrm{d}u_C(t)}{\mathrm{d}t} + u_C(t) = 1 \cdot \varepsilon(t)$，试求零状态响应 $u_C(t)$。

解： 电路方程 $T\dfrac{\mathrm{d}u_C(t)}{\mathrm{d}t} + u_C(t) = 1 \cdot \varepsilon(t)$ 为一阶非齐次线性微分方程，方程的特解为：

$$u'_C(t) = 1$$

对应齐次方程的通解为：$u''_C(t) = A\mathrm{e}^{-\frac{t}{T}}$

即电路方程的非齐次通解为：$u_C(t) = u'_C(t) + u''_C(t) = 1 + A\mathrm{e}^{-\frac{t}{T}}$

根据零初始条件 $u_C(0) = 0$ 可得：

$u_C(t) = 1 - \mathrm{e}^{-\frac{t}{T}}$，$(t > 0)$ 或 $u_C(t) = (1 - \mathrm{e}^{-\frac{t}{T}})\varepsilon(t)$

4.6.2　一阶电路的冲激响应

单位冲激函数 $\delta(t)$ 也是一种奇异函数，又称为"狄拉克(Dirac)函数"，可定义为：

$$\begin{cases} \delta(t) = 0, t \neq 0 \\ \displaystyle\int_{-\infty}^{+\infty} \delta(t)\mathrm{d}t = 1 \end{cases} \tag{4.6-6}$$

非单位冲激函数：

$$f(t) = K\delta(t) \tag{4.6-7}$$

式(4.6-7)中，K 为实数，称为"冲激函数的强度"。冲激函数是从物理效果上定义的一种函数，用来模拟在极短时间内的冲激作用，如冲激力、冲激电流、冲激电压等，其抽象过程如图 4.6-5 所示。

冲激信号的延迟函数可表示为：

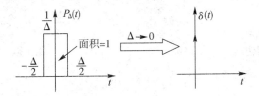

图 4.6-5 冲激信号的抽象过程

$$\begin{cases} \delta(t-\tau) = 0, t \neq \tau \\ \int_{-\infty}^{+\infty} \delta(t-\tau)\mathrm{d}t = 1 \end{cases} \quad (4.6-8)$$

式(4.6-8)表示冲激信号的作用时刻为 τ,函数曲线如图 4.6-6 所示:

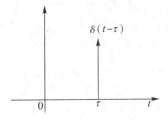

图 4.6-6 冲激信号的延迟函数

冲激函数是阶跃函数的一阶导数,即:

$$\delta(t) = \frac{\mathrm{d}\varepsilon(t)}{\mathrm{d}t} \quad (4.6-9)$$

冲激函数及其延迟函数常被称为"采样函数",具有"筛选"特性,它可以从时域函数 $f(t)$ 中筛选出指定时刻的函数值,可具体表示为式(4.6-10)和(4.6-11)。

$$\begin{cases} f(t)\delta(t) = f(0)\delta(t) \\ \int_{-\infty}^{+\infty} f(t)\delta(t)\mathrm{d}t = \int_{-\infty}^{+\infty} f(0)\delta(t)\mathrm{d}t = f(0) \end{cases} \quad (4.6-10)$$

$$\begin{cases} f(t)\delta(t-\tau) = f(\tau)\delta(t-\tau) \\ \int_{-\infty}^{+\infty} f(t-\tau)\delta(t)\mathrm{d}t = \int_{-\infty}^{+\infty} f(0)\delta(t-\tau)\mathrm{d}t = f(\tau) \end{cases} \quad (4.6-11)$$

电路在冲激信号作用下的响应称为"冲激响应"。分析冲激响应与分析普通电路的区别较大,因为在冲激信号作用下,电容电压和电感电流均可能会发生跃变,换路规则不再成立。即当电路中有冲激信号存在时,换路规则不再成立。

电容元件的伏安关系为:

$$u_C(t) = \frac{1}{C}\int_{-\infty}^{t} i_C(\xi)\mathrm{d}\xi = u_C(0_-) + \frac{1}{C}\int_{0}^{t} i_C(\xi)\mathrm{d}\xi \quad (4.6-12)$$

冲激电流作用下,即 $i_C(t) = A\delta(t)$,代入式(4.6-12)后可得:

$$u_C(0_+) = u_C(0_-) + \frac{1}{C}\int_{0_-}^{0_+} A\delta(t)\mathrm{d}t = u_C(0_-) + \frac{A}{C} \neq u_C(0_-) \quad (4.6-13)$$

式(4.6-13)表明:在冲激电流作用下,电容电压发生跃变,跃变值与电容量成反比,与冲激信号的强度成正比。

同样,电感元件的伏安关系为:

$$i_L(t) = \frac{1}{L}\int_{-\infty}^{t} u_L(\xi)\mathrm{d}\xi = i_L(0_-) + \frac{1}{L}\int_{0_-}^{t} u_L(\xi)\mathrm{d}\xi \qquad (4.6-14)$$

冲激电压作用下,即 $u_L(t) = A\delta(t)$,代入式(4.6-14)后可得:

$$i_L(0_+) = i_L(0_-) + \frac{1}{L}\int_{0_-}^{0_+} A\delta(t)\mathrm{d}t = i_L(0_-) + \frac{A}{L} \neq i_L(0_-) \qquad (4.6-15)$$

式(4.6-15)表明:在冲激电压的作用下,电感电流发生跃变,其跃变值与电感量成反比,与冲激信号的强度成正比。

【例 4.6-3】 某一阶动态电路的电路方程为:$T\dfrac{\mathrm{d}u_C(t)}{\mathrm{d}t} + u_C(t) = \delta(t)$,求电路的零状态响应 $u_C(t)$。

解:对电路方程两边在 $[0_-,0_+]$ 时间段内取积分,可得:

$$\int_{0_-}^{0_+}\left(T\frac{\mathrm{d}u_C(t)}{\mathrm{d}t} + u_C(t)\right)\mathrm{d}t = \int_{0_-}^{0_+}\delta(t)\mathrm{d}t = 1 \qquad (4.6-16)$$

当 $u_C(t)$ 为有限值时,$\int_{0_-}^{0_+} u_C(t)\mathrm{d}t = 0$,代入方程(4.6-16)后可得:

$$\int_{0_-}^{0_+} T\frac{\mathrm{d}u_C(t)}{\mathrm{d}t}\mathrm{d}t = Tu_C(t)\Big|_{0_-}^{0_+} = 1 \qquad (4.6-17)$$

零状态时,$u_C(0_-) = 0$,所以有:

$$u_C(0_+) = \frac{1}{T}$$

冲激信号的作用后,电路处于零输入状态,电路响应为:

$$u_C(t) = u_C(0_+)\mathrm{e}^{-\frac{t}{T}} = \frac{1}{T}\mathrm{e}^{-\frac{t}{T}},\ (t>0)$$

可见冲激信号作用前后,电容电压发生跃变:$u_C(0_-) = 0\ \mathrm{V}$,$u_C(0_+) = \dfrac{1}{T}$,$u_C(0_+) \neq u_C(0_-)$。电容电压的冲激响应曲线如图 4.6-7 所示:

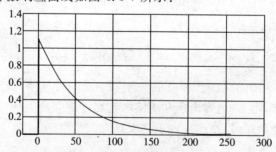

图 4.6-7 冲激响应曲线

对于线性时不变电路,当把激励函数的一阶导数作为激励时,响应会变成原来响应的一阶导数。当已知电路的单位阶跃响应时,可通过求导来确定其单位冲激响应,若用 $h(t)$ 表示电路的单位阶跃响应,$g(t)$ 表示电路的单位冲激响应,则有 $g(t) = \dfrac{\mathrm{d}h(t)}{\mathrm{d}t}$,即线性时不变电路的冲激响应是其阶跃响应的一阶导数。

在例 4.6-1 中已求出某一阶电路的单位阶跃响应为:$u_C(t) = u_{Ch}(t) = 1 - \mathrm{e}^{-\frac{t}{T}}$。

现在，可通过对单位阶跃响应求导的方法来确定单位冲激响应：$u_{Cg}(t) = \dfrac{\mathrm{d}}{\mathrm{d}t}(1 - \mathrm{e}^{-\frac{t}{T}})$ $= \dfrac{1}{T}\mathrm{e}^{-\frac{t}{T}}$，分析结果与例 4.6-3 的结果相同。

4.7 二阶电路的时域分析

4.7.1 二阶电路的零状态响应

用二阶微分方程描述的动态电路称为"二阶电路"。分析二阶电路的方法和分析一阶电路类似，可从零输入和零状态两个方面进行讨论，也可从自由分量和强制分量两个方面进行分析。在求解二阶常系数微分方程时可以用待定系数法，也可以用变换法求解。

RLC 串联和 GCL 并联电路是结构最为简单的二阶电路，某 RLC 串联电路如图 4.7-1 所示：

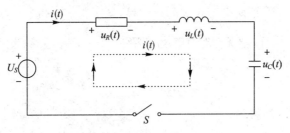

图 4.7-1 RLC 串联电路

在图 4.7-1 所示的电路中，换路前（$t < 0$）开关 S 断开，设动态元件 L、C 的初始储能均为 0，换路后开关 S 闭合，换路过程符合换路规则，则电路的初始状态有：

$$\begin{cases} u_C(0_+) = u_C(0_-) = 0\mathrm{V} \\ u'_C(0_+) = \dfrac{i_C(0_+)}{C} = \dfrac{i_L(0_+)}{C} = \dfrac{i_L(0_-)}{C} = u'_C(0_-) = 0\mathrm{V/s} \end{cases} \quad (4.7-1)$$

在引入阶跃函数之后，图 4.7-1 所示的电路可等效为图 4.7-2 所示。

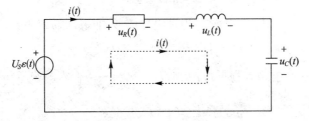

图 4.7-2 含阶跃函数的等效电路

对图 4.7-2 所示电路的回路列写 KVL 方程可得：

$$u_R(t) + u_L(t) + u_C(t) = U_S\varepsilon(t) \quad (4.7-2)$$

各元件的伏安关系为：

$$\begin{cases} i(t) = C \dfrac{\mathrm{d}u_C(t)}{\mathrm{d}t} \\ u_R(t) = RC \dfrac{\mathrm{d}u_C(t)}{\mathrm{d}t} \\ u_L(t) = LC \dfrac{\mathrm{d}^2 u_C(t)}{\mathrm{d}t^2} \end{cases} \quad (4.7-3)$$

把式(4.7-3)代入方程(4.7-2)，经整理后可得：

$$LC \dfrac{\mathrm{d}^2 u_C(t)}{\mathrm{d}t^2} + RC \dfrac{\mathrm{d}u_C(t)}{\mathrm{d}t} + u_C(t) = U_s \varepsilon(t) \quad (4.7-4)$$

特征方程为：

$$LCp^2 + RCp + 1 = 0$$

特征根的情况，会有以下三种情形：

情形一：$R > 2\sqrt{\dfrac{L}{C}}$，称为"过阻尼"。

此时，特征根 p_1、p_2 是两个不相等的负实根，且 $p_{1,2} = -\zeta\omega_n \pm \omega_n \sqrt{\zeta^2 - 1}$。

其中：$\omega_n = \dfrac{1}{\sqrt{LC}}$，称为"无阻尼振荡角频率"；$\zeta = \dfrac{R}{2\sqrt{\dfrac{L}{C}}}$，称为"RLC 串联电路的阻尼比"。

电路响应的非齐次通解为：

$$u_C(t) = u'_C(t) + u''_C(t) = u'_C(t) + (k_1 e^{p_1 t} + k_2 e^{p_2 t}), (t > 0) \quad (4.7-5)$$

式(4.7-5)中：$u'_C(t)$ 为非齐次方程的特解，与电路输入有关；$u''_C(t) = k_1 e^{p_1 t} + k_2 e^{p_2 t}$ 为齐次方程的通解，系数 k_1 和 k_2 可通过待定系数法求出。

【例 4.7-1】 某二阶电路的回路方程为 $\dfrac{\mathrm{d}^2 u_C(t)}{\mathrm{d}t^2} + 4\dfrac{\mathrm{d}u_C(t)}{\mathrm{d}t} + 3u_C(t) = \varepsilon(t)$，试求出电路响应 $u_C(t)$，设已知 $u_C(0) = 0$、$u'_C(0) = 0$。

解： 由电路方程可得特征方程为：

$$p^2 + 4p + 3 = 0$$

可得特征根：$p_1 = -1$，$p_2 = -3$，为过阻尼情形，非齐次通解为：

$$u_C(t) = u'_C(t) + (k_1 e^{-t} + k_2 e^{-3t}), (t > 0) \quad (4.7-6)$$

令 $u'_C(t) = A$ 代入电路方程可得：$u'_C(t) = A = \dfrac{1}{3}$，代入式(4.7-6)可得：

$$u_C(t) = \dfrac{1}{3} + (k_1 e^{-t} + k_2 e^{-3t}) \quad (4.7-7)$$

由初始状态 $u_C(0) = 0$、$u'_C(0) = 0$，可得：

$$\begin{cases} u_C(0) = \dfrac{1}{3} + (k_1 + k_2) = 0 \\ u'_C(t) = k_1 p_1 + k_2 p_2 = 0 \end{cases}$$

解得：$k_1 = -\dfrac{1}{2}$，$k_2 = \dfrac{1}{6}$

即
$$u_C(t) = \frac{1}{3} - \frac{1}{2}e^{-t} + \frac{1}{6}e^{-3t}, \quad (t > 0) \tag{4.7-8}$$

由式(4.7-8)可知：$u_C(t)$ 的初始值 $u_C(0) = 0$，$u_C(t)$ 的稳态值 $u_C(\infty) = \frac{1}{3}$。$u_C(t)$ 响应曲线如图 4.7-3 所示：

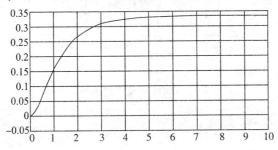

图 4.7-3 $u_C(t)$ 的过阻尼响应曲线

情形二：$R = 2\sqrt{\dfrac{L}{C}}$，称为"临界阻尼"。

此时，特征根 p_1、p_2 为两个相等的负实根，$p_{1,2} = p = -\omega_n$。

其中：$\omega_n = \dfrac{1}{\sqrt{LC}}$，称为"无阻尼振荡角频率"；$\zeta = \dfrac{R}{2\sqrt{\dfrac{L}{C}}}$，称为"RLC 串联电路的阻尼比"。

电路响应的非齐次通解为：
$$u_C(t) = u_C'(t) + u_C''(t) = u_C'(t) + (k_1 + k_2 t)e^{pt}, \quad (t > 0) \tag{4.7-9}$$

式(4.7-9)中：$u_C'(t)$ 为非齐次方程的特解，与电路输入有关；$u_C''(t) = k_1 e^{pt} + k_2 t e^{pt}$ 为齐次方程的通解，系数 k_1 和 k_2 可通过待定系数法求出。

【例 4.7-2】 某二阶电路的电路方程为 $\dfrac{d^2 u_C(t)}{dt^2} + 2\dfrac{du_C(t)}{dt} + u_C(t) = \varepsilon(t)$，试求出电路响应 $u_C(t)$，假设已知 $u_C(0) = 0$、$u_C'(0) = 0$。

解：由电路方程可得特征方程为：
$$p^2 + 2p + 1 = 0$$

可得特征根：$p_1 = p_2 = -1$，为临界阻尼情形，非齐次通解为：
$$u_C(t) = u_C'(t) + (k_1 + k_2 t)e^{-t}, \quad (t > 0) \tag{4.7-10}$$

令 $u_C'(t) = A$ 代入电路方程可得：$u_C'(t) = A = 1$，代入式(4.7-10)可得：
$$u_C(t) = 1 + (k_1 + k_2 t)e^{-t}$$

由初始状态 $u_C(0) = 0$、$u_C'(0) = 0$，可得：
$$\begin{cases} u_C(0) = 1 + k_1 = 0 \\ u_C'(t) = -k_1 + k_2 = 0 \end{cases}$$

解得：$k_1 = -1$，$k_2 = -1$

即
$$u_C(t) = 1 - (1 + t)e^{-t} \quad (t > 0) \tag{4.7-11}$$

由式(4.7-11)可知：$u_C(t)$ 的初始值 $u_C(0) = 0$，$u_C(t)$ 的稳态值 $u_C(\infty) = 1$。响应曲线

如图 4.7-4 所示：

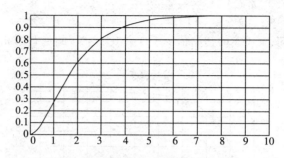

图 4.7-4　$u_C(t)$ 的临界阻尼响应曲线

情形三：$R < 2\sqrt{\dfrac{L}{C}}$，称为"欠阻尼"。

此时，特征根 p_1、p_2 是两个实部为负的共轭复根，$p_{1,2} = -\zeta\omega_n \pm j\omega_n\sqrt{1-\zeta^2} = -\delta \pm j\omega_d$
$$(4.7-12)$$

其中，$\omega_n = \dfrac{1}{\sqrt{LC}}$ 为无阻尼振荡角频率；$\zeta = \dfrac{R}{2\sqrt{\dfrac{L}{C}}}$ 为 RLC 串联电路的阻尼比；$\omega_d = \omega_n\sqrt{1-\zeta^2}$ 为阻尼振荡角频率。

电路响应的非齐次通解为：
$$u_C(t) = u'_C(t) + u''_C(t) = u'_C(t) + e^{-\delta t}(k_1 \sin\omega_d t + k_2 \cos\omega_d t),\ (t>0) \quad (4.7-13)$$

式（4.7-13）中：$u'_C(t)$ 为非齐次方程的特解，与电路输入有关；$u''_C(t) = e^{-\delta t}(k_1\sin\omega_d t + k_2\cos\omega_d t)$ 为齐次方程的通解，系数 k_1 和 k_2 可通过待定系数法求出。

直流电源作用下二阶电路的欠阻尼零状态响应呈振荡性收敛过程。$u'_C(t) = U_S$，称为"$u_C(t)$ 的稳态分量"；$u''_C(t) = e^{-\delta t}(k_1\sin\omega_d t + k_2\cos\omega_d t)$，称为"$u_C(t)$ 的暂态分量"；特征根的实部 $-\zeta\omega_n$ 影响暂态分量的响应速度，$\zeta\omega_n$ 越大收敛的速度越快；特征根的虚部 ω_d 为暂态分量的振荡频率，ω_d 越大，振荡的频率越高，平稳性越差。

【例 4.7-3】 某二阶电路的电路方程为 $\dfrac{d^2 u_C(t)}{dt^2} + \dfrac{du_C(t)}{dt} + u_C(t) = \varepsilon(t)$，试求出电路响应 $u_C(t)$，假设已知 $u_C(0) = 0$、$u'_C(0) = 0$。

解：由电路方程可得特征方程为：
$$p^2 + p + 1 = 0$$

可得特征根：$p_{1,2} = -\dfrac{1}{2} \pm j\dfrac{\sqrt{3}}{2}$，为欠阻尼情形，非齐次通解为：
$$u_C(t) = u'_C(t) + e^{-\frac{1}{2}t}\left(k_1\sin\dfrac{\sqrt{3}}{2}t + k_2\cos\dfrac{\sqrt{3}}{2}t\right),\ (t>0) \quad (4.7-14)$$

其中：$\beta = \tan^{-1}\dfrac{\omega_d}{\delta} = \tan^{-1}\sqrt{3} = 60°$

令 $u'_C(t) = A$ 代入电路方程可得：$u'_C(t) = A = 1$，代入式（4.7-14）可得：
$$u_C(t) = 1 + e^{-\frac{1}{2}t}\left(k_1\sin\dfrac{\sqrt{3}}{2}t + k_2\cos\dfrac{\sqrt{3}}{2}t\right)$$

由初始状态 $u_C(0)=0$、$u'_C(0)=0$，可得：

$$\begin{cases} u_C(0)=1+k_2=0 \\ u'_C(t)=-\dfrac{1}{2}k_2+\dfrac{\sqrt{3}}{2}k_1=0 \end{cases}$$

解得：$k_1=-\dfrac{\sqrt{3}}{3}$，$k_2=-1$

即：
$$u_C(t)=1-\mathrm{e}^{-\frac{1}{2}t}(\dfrac{\sqrt{3}}{3}\sin\dfrac{\sqrt{3}}{2}t+\cos\dfrac{\sqrt{3}}{2}t)$$
$$=1-\dfrac{2\sqrt{3}}{3}\mathrm{e}^{-\frac{1}{2}t}(\dfrac{1}{2}\sin\dfrac{\sqrt{3}}{2}t+\dfrac{\sqrt{3}}{2}\cos\dfrac{\sqrt{3}}{2}t)$$
$$=1-\dfrac{2\sqrt{3}}{3}\mathrm{e}^{-\frac{1}{2}t}\sin(\dfrac{\sqrt{3}}{2}t+\dfrac{\pi}{3})$$

由此可见：$u_C(t)$ 的初始值 $u_C(0)=0$，$u_C(t)$ 的稳态值 $u_C(\infty)=1$。$u_C(t)$ 欠阻尼响应曲线如图 4.7-5 所示：

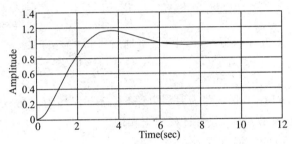

图 4.7-5 $u_C(t)$ 的欠阻尼响应曲线

当 $R=0$ 时，L、C 和电源元件组成无阻尼振荡电路，此时特征方程的两个特征根 p_1、p_2 为共轭纯虚根，且有 $p_{1,2}=\pm\mathrm{j}\omega_n$。

电路响应的非齐次通解为：
$$u_C(t)=u'_C(t)+u''_C(t)=u'_C(t)+(k_1\sin\omega_d t+k_2\cos\omega_d t),(t>0) \quad (4.7-15)$$

式(4.7-15)中：$u'_C(t)$ 为非齐次方程的特解，与电路输入有关；$u''_C(t)=k_1\sin\omega_d t+k_2\cos\omega_d t$ 为齐次方程的通解，系数 k_1 和 k_2 可通过待定系数法求出。

4.7.2 二阶电路的零输入响应

零输入响应为在无外施激励时，电路仅在初始储能作用下所产生的电路响应。本节以 GCL 并联电路为例来讨论二阶电路的零输入响应，设 GCL 二阶电路如图 4.7-6 所示：

在图 4.7-6 所示的电路中，换路前($t<0$)开关 S_1 闭合，动态电路达到初始稳态，电感元件相当于短路，电容元件相当于开路，此时有：$u_C(0_-)=u_L(0_-)=0$；$i_L(0_-)=I_S$。

换路后开关 S_1 断开，电路进入仅在初始储能作用下的零输入响应，由换路规则可得：
$$u_C(0_+)=u_C(0_-)=u_C(0)=0;\ i_L(0_+)=i_L(0_-)=I_S=i_L(0);\ i_R(0_+)=0$$
$$u'_C(0_+)=\dfrac{i_C(0_+)}{C}=-\dfrac{i_L(0_+)}{C}=-\dfrac{I_S}{C};\ i'_L(0_+)=\dfrac{u_L(0_+)}{L}=\dfrac{u_C(0_+)}{L}=0$$

对换路后的电路列写 KCL 方程可得：

$$i_R(t) + i_L(t) + i_C(t) = 0 \qquad (4.7-16)$$

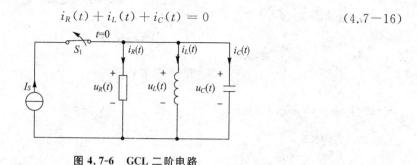

图 4.7-6 GCL 二阶电路

由各元件的伏安关系可得：

$$\begin{cases} u_L(t) = L \dfrac{d i_L(t)}{dt} \\ i_C(t) = C \dfrac{d u_C(t)}{dt} = C \dfrac{d u_L(t)}{dt} = CL \dfrac{d^2 i_L(t)}{dt^2} \\ i_R(t) = \dfrac{u_R(t)}{R} = \dfrac{u_L(t)}{R} = \dfrac{L}{R} \dfrac{d i_L(t)}{dt} = GL \dfrac{d i_L(t)}{dt} \end{cases} \qquad (4.7-17)$$

把式(4.7-17)代入方程(4.7-16)中，经整理后可得：

$$CL \dfrac{d^2 i_L(t)}{dt^2} + GL \dfrac{d i_L(t)}{dt} + i_L(t) = 0 \qquad (4.7-18)$$

GCL 并联电路和 RLC 串联电路为对偶电路，电路方程均为二阶线性常系数微分方程，GCL 参数分别与 RLC 参数对应，分析过程完全相同。

方程(4.7-18)对应的特征方程为：

$$CLp^2 + GLp + 1 = 0$$

特征根的情况，有以下 3 种情形：

情形一：$G > 2\sqrt{\dfrac{C}{L}}$，称为"过阻尼"。此时，特征方程的两个特征根 p_1、p_2 是两个不相等的负实根，$p_{1,2} = -\zeta\omega_n \pm \omega_n\sqrt{\zeta^2 - 1}$，其中：$\omega_n = \dfrac{1}{\sqrt{LC}}$，称为"无阻尼振荡角频率"；$\zeta = \dfrac{G}{2\sqrt{\dfrac{C}{L}}}$，称为"GCL 并联电路的阻尼比"。

电路响应的齐次通解为：

$$i_L(t) = k_1 e^{p_1 t} + k_2 e^{p_2 t}, \ (t > 0)$$

系数 k_1 和 k_2 可通过待定系数法求出。

【例 4.7-3】 某二阶电路的电路方程为 $\dfrac{d^2 i_L(t)}{dt^2} + 4\dfrac{d i_L(t)}{dt} + 3 i_L(t) = 0$，试求出电路的零输入响应 $i_L(t)$，设电路的初始状态为 $i_L(0) = 1A$，$i'_L(0) = 0$。

解：由电路方程可得特征方程为：

$$p^2 + 4p + 3 = 0$$

可得特征根：$p_1 = -1$，$p_2 = -3$，为过阻尼情形，齐次通解为：

$$i_L(t) = k_1 e^{-t} + k_2 e^{-3t}, \ (t > 0)$$

由初始状态 $i_L(0) = 1\text{A}, i'_L(0) = 0$,可得:
$$\begin{cases} i_L(0) = k_1 + k_2 = 1 \\ i'_L(t) = -k_1 - 3k_2 = 0 \end{cases}$$

解得: $k_1 = \dfrac{3}{2}, k_2 = -\dfrac{1}{2}$;

即:
$$i_L(t) = \dfrac{3}{2}\mathrm{e}^{-t} - \dfrac{1}{2}\mathrm{e}^{-3t}, (t > 0)$$

$i_L(t)$ 的零输入响应曲线如图 4.7-7 所示:

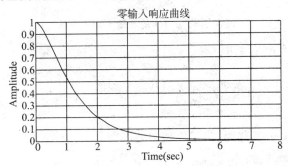

图 4.7-7 $i_L(t)$ 的零输入响应曲线

情形二: $G = 2\sqrt{\dfrac{C}{L}}$,称为"临界阻尼"。

此时,特征方程的特征根为两个相等的负实根,$p_{1,2} = -\omega_n$,其中 $\omega_n = \dfrac{1}{\sqrt{LC}}$,称为"无阻尼振荡角频率"。电路响应的齐次通解为:
$$i_L(t) = (k_1 + k_2 t)\mathrm{e}^{pt}, (t > 0)$$

系数 k_1 和 k_2 可通过待定系数法求出。

【**例 4.7-4**】 某二阶电路的方程为 $\dfrac{\mathrm{d}^2 i_L(t)}{\mathrm{d}t^2} + 2\dfrac{\mathrm{d}i_L(t)}{\mathrm{d}t} + i_L(t) = 0$,试求出电路的零输入响应 $i_L(t)$,设电路的初始状态为 $i_L(0) = 1\text{A}, i'_L(0) = 0$。

解: 由电路方程可得特征方程为:
$$p^2 + 2p + 1 = 0$$

可得特征根: $p_1 = p_2 = -1$,为临界阻尼情形,齐次通解为:
$$i_L(t) = (k_1 + k_2 t)\mathrm{e}^{-t}, (t > 0)$$

由初始状态 $i_L(0) = 1\text{A}, i'_L(0) = 0$,可得
$$\begin{cases} i_L(0) = k_1 = 1 \\ i'_L(t) = k_2 - k_1 = 0 \end{cases}$$

解得: $k_1 = k_2 = 1$;

即:
$$i_L(t) = (1+t)\mathrm{e}^{-t}, (t > 0)$$

$i_L(t)$ 的零输入响应曲线如图 4.7-8 所示:

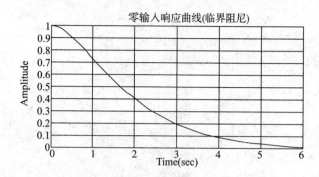

图 4.7-8 $i_L(t)$ 的零输入响应曲线

情形三：$G < 2\sqrt{\dfrac{C}{L}}$，称为"欠阻尼"。

此时，特征方程的特征根为实部为负的共轭复根。

$$p_{1,2} = -\zeta\omega_n \pm j\omega_n\sqrt{1-\zeta^2} = -\delta \pm j\omega_d$$

其中：$\omega_d = \omega_n\sqrt{1-\zeta^2}$ 称为"阻尼振荡角频率"。

电路响应的齐次通解为：

$$i_L(t) = e^{-\delta t}(k_1\sin\omega_d t + k_2\cos\omega_d t),\ (t>0)$$

系数 k_1 和 k_2 可通过待定系数法求出。

【**例 4.7-5**】 某二阶电路的电路方程为 $\dfrac{d^2 i_L(t)}{dt^2} + \dfrac{di_L(t)}{dt} + i_L(t) = 0$，试求出电路的零输入响应 $i_L(t)$，设电路的初始状态为 $i_L(0) = 1A,\ i'_L(0) = 0$。

解： 由电路方程可得特征方程为：

$$p^2 + p + 1 = 0$$

可得特征根：$p_{1,2} = -\dfrac{1}{2} \pm j\dfrac{\sqrt{3}}{2}$，为欠阻尼情形，齐次通解为：

$$i_L(t) = e^{-\frac{1}{2}t}\left(k_1\sin\dfrac{\sqrt{3}}{2}t + k_2\cos\dfrac{\sqrt{3}}{2}t\right),\ (t>0)$$

由初始状态 $i_L(0) = 1A,\ i'_L(0) = 0$，可得：

$$\begin{cases} i_L(0) = k_2 = 1 \\ i'_L(t) = -\dfrac{1}{2}k_2 + k_1\dfrac{\sqrt{3}}{2} = 0 \end{cases}$$

解得：$k_1 = \dfrac{\sqrt{3}}{3},\ k_2 = 1$

即： $i_L(t) = e^{-\frac{1}{2}t}\left(\sin\dfrac{\sqrt{3}}{2}t + \dfrac{\sqrt{3}}{3}\cos\dfrac{\sqrt{3}}{2}t\right) = \dfrac{2\sqrt{3}}{3}e^{-\frac{1}{2}t}\sin\left(\dfrac{\sqrt{3}}{2}t + \dfrac{\pi}{3}\right),\ (t>0)$

$i_L(t)$ 的零输入响应曲线如图 4.7-9 所示：

二阶动态电路的零输入响应是电路仅在初始储能作用下的一种暂态过程，经一段时间电路储能衰减为零，电路放电完毕，暂态响应消失。过阻尼和临界阻尼时的动态过程，呈单调衰减趋势，欠阻尼时呈现振荡性衰减趋势。

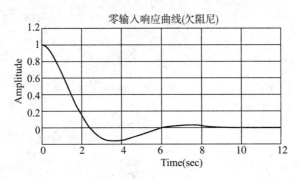

图 4.7-9 $i_L(t)$ 的零输入响应曲线

当 $R = 0$ 或 $G = \infty$ 时，LC 和电源组成无阻尼振荡电路,动态过程呈等幅振荡形态。

【例 4.7-6】 某电路如图 4.7-10 所示, $t = 0$ 时开关断开,并假设换路前电路已达稳态,试求:(1)换路后的电感电流 $i_L(t)$;(2)换路后的电容电压 $u_C(t)$。

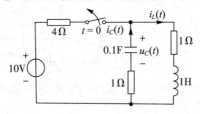

图 4.7-10 例 4.7-6 图

解: 换路前电路已达到稳态,电容相当于开路,电感相当于短路,则有初始状态:

$$u_C(0_-) = u_C(0_+) = \frac{1}{1+4} \times 10 = 2 \text{ V}; \quad i_L(0_-) = i_L(0_+) = \frac{10}{1+4} = 2 \text{ A}$$

换路后,两个 1Ω 电阻、0.1F 电容和 1H 电感构成单回路电路,对该回路列写 KVL 方程可得:

$$2i_L(t) + \frac{\mathrm{d}}{\mathrm{d}t}i_L(t) - u_C(t) = 0 \tag{4.7-19}$$

换路后,由电容元件在非关联参考下的伏安关系可得:

$$i_L(t) = i_C(t) = -Cu_C'(t) = -0.1u_C'(t) \tag{4.7-20}$$

把式(4.7-20)代入方程(4.7-19),并整理后可得:

$$u_C''(t) + 2u_C'(t) + 10u_C(t) = 0$$

特征方程为

$$p^2 + 2p + 10 = 0$$

可得特征根: $p_{1,2} = -1 \pm \mathrm{j}3$,为欠阻尼情形,齐次通解为:

$$u_C(t) = \mathrm{e}^{-t}(k_1 \sin 3t + k_2 \cos 3t), (t > 0) \tag{4.7-21}$$

换路后电路的初始状态为:

$$\begin{cases} u_C(0_+) = u_C(0_-) = 2 \\ u_C'(0_+) = -\dfrac{i_C(0_+)}{C} = -\dfrac{i_L(0_+)}{C} = -\dfrac{2}{0.1} = -20 \end{cases} \tag{4.7-22}$$

把式(4.7-22)代入式(4.7-21),可得:

$$\begin{cases} k_2 = 2 \\ -k_2 + 3k_1 = -20 \end{cases}$$

解得:$k_1 = -6, k_2 = 2$

即:
$$u_C(t) = 2e^{-t}\cos 3t - 6e^{-t}\sin 3t \, V \, (t > 0)$$

由电容元件的伏安关系可得:
$$i_L(t) = i_C(t) = -C\frac{d}{dt}u_C(t) = 2e^{-t}\cos 3t \, A(t > 0)$$

【例 4.7-7】 某电路如图 4.7-11 所示,$t = 0$ 时开关闭合,并假设换路前电路已达稳态,试求:(1)换路后的电感电流 $i_L(t)$;(2)换路后的电容电压 $u_C(t)$。

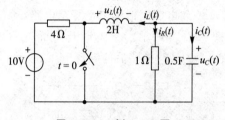

图 4.7-11 例 4.7-7 图

解: 换路前电路已达到稳态,电容相当于开路,电感相当于短路,换路过程符合换路规则,所以有:

$$\begin{cases} u_C(0_+) = u_C(0_-) = \frac{1}{1+4} \times 10 = 2V \\ i_L(0_+) = i_L(0_-) = -\frac{10}{1+4} = -2A \end{cases}$$

换路后,1Ω 电阻、0.5F 电容和 2H 电感构成 GCL 并联电路,所以有:
$$i'_L(0_+) = \frac{u_L(0_+)}{L} = \frac{u_C(0_+)}{L} = 1A$$

对换路后的电路列写 KCL 方程可得:
$$i_L(t) + i_R(t) + i_C(t) = 0 \qquad (4.7-23)$$

根据元件的伏安关系可得:
$$\begin{cases} u_C(t) = u_L(t) = L\frac{d}{dt}i_L(t) = 2i'_L(t) \\ i_C(t) = C\frac{d}{dt}u_C(t) = CL\frac{d^2}{dt^2}i_L(t) = i''_L(t) \\ i_R(t) = \frac{u_C(t)}{R} = 2i'_L(t) \end{cases} \qquad (4.7-24)$$

把式(4.7-23)代入方程(4.7-24)后可得:
$$i''_L(t) + 2i'_L(t) + i_L(t) = 0$$

特征方程为:
$$p^2 + 2p + 1 = 0$$

可得特征根:$p_1 = p_2 = -1$,为临界阻尼情形,齐次通解为:
$$i_L(t) = (k_1 + k_2 t)e^{-t}, (t > 0)$$

代入初始条件可得:

$$\begin{cases} k_1 = -2 \\ k_2 - k_1 = 1 \end{cases}$$

解得:$k_1 = -2$, $k_2 = -1$
即:
$$i_L(t) = -(2+t)\mathrm{e}^{-t} \quad (t>0)$$

由电感元件的伏安关系可得:

$$u_C(t) = u_L(t) = L\frac{\mathrm{d}}{\mathrm{d}t}i_L(t) = -2\frac{\mathrm{d}}{\mathrm{d}t}(2+t)\mathrm{e}^{-t} = 2(1+t)\mathrm{e}^{-t} \quad (t>0)$$

4.7.3 二阶电路的全响应

二阶电路的全响应可分解为零输入响应和零状态响应,电路既有初始储能,又有外施电源作用,对于二阶电路全响应的求解,并不需要增加额外的知识技能,整个分析过程的数学运算仍集中在对非齐次二阶方程的求解。

【**例 4.7-8**】 某电路如图 4.7-12 所示,$t=0$ 时开关断开,并假设开关断开前电路已达稳态,试分别求出当 $R=5\Omega$、$R=4\Omega$ 和 $R=2\Omega$ 时,换路后的电容电压 $u_C(t)$ 和电感电流 $i_L(t)$。

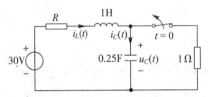

图 4.7-12 例 4.7-8 图

解: 换路后,直流电压源和 R、L、C 元件构成单回路电路,对其列写 KVL 方程可得:

$$Ri_L(t) + L\frac{\mathrm{d}}{\mathrm{d}t}i_L(t) + u_C(t) = 30 \quad (4.7-25)$$

由关联参考下电容元件的伏安关系可得:

$$i_C(t) = i_L(t) = C\frac{\mathrm{d}}{\mathrm{d}t}u_C(t) \quad (4.7-26)$$

把式(4.7-26)代入式(4.7-25),整理后可得:

$$\frac{\mathrm{d}^2}{\mathrm{d}t^2}u_C(t) + R\frac{\mathrm{d}}{\mathrm{d}t}u_C(t) + 4u_C(t) = 120 \quad (4.7-27)$$

(1)当 $R=5\Omega$ 时,方程(4.7-27)可确定为:

$$\frac{\mathrm{d}^2}{\mathrm{d}t^2}u_C(t) + 5\frac{\mathrm{d}}{\mathrm{d}t}u_C(t) + 4u_C(t) = 120$$

特征方程为:
$$p^2 + 5p + 4 = 0$$

可得特征根:$p_1 = -1$,$p_2 = -4$ 为过阻尼情形,非齐次通解为:

$$u_C(t) = u'_C(t) + (k_1\mathrm{e}^{-t} + k_2\mathrm{e}^{-4t})\mathrm{V} \quad (t>0) \quad (4.7-28)$$

令 $u'_C(t) = A$ 代入电路方程可得:$u'_C(t) = 30\mathrm{V}$,代入式(4.7-28)可得:

$$u_C(t) = 30 + (k_1\mathrm{e}^{-t} + k_2\mathrm{e}^{-4t})\mathrm{V} \quad (4.7-29)$$

换路后 0_+ 时刻的电路状态为:

$$\begin{cases} u_C(0_+) = u_C(0_-) = \dfrac{1}{6} \times 30 = 5\text{V} \\ u'_C(0_+) = \dfrac{i_C(0_+)}{C} = \dfrac{i_L(0_-)}{C} = 20\text{V/s} \end{cases} \quad (4.7-30)$$

把式(4.7-30)代入方程(4.7-29)后可得：

$$\begin{cases} 30 + k_1 + k_2 = 5 \\ -k_1 - 4k_2 = 20 \end{cases}$$

解得：$k_1 = -\dfrac{80}{3}$, $k_2 = \dfrac{5}{3}$

即：
$$u_C(t) = 30 + \dfrac{5}{3}(e^{-4t} - 16e^{-t})\text{V}, \ (t > 0)$$

再由电容元件的伏安关系可得：
$$i_C(t) = i_L(t) = \dfrac{1}{4}\dfrac{\text{d}}{\text{d}t}u_C(t) = \dfrac{5}{3}(4e^{-t} - e^{-4t})\text{A}, \ (t > 0)$$

(2)当 $R = 4\Omega$ 时，电路方程可确定为：
$$\dfrac{\text{d}^2}{\text{d}t^2}u_C(t) + 4\dfrac{\text{d}}{\text{d}t}u_C(t) + 4u_C(t) = 120$$

特征方程为：$p^2 + 4p + 4 = 0$

可得特征根：$p_1 = p_2 = -2$，为临界阻尼情形，非齐次通解为：
$$u_C(t) = u'_C(t) + (k_1 + k_2 t)e^{-2t}\text{V}, \ (t > 0) \quad (4.7-31)$$

令 $u'_C(t) = A$ 代入电路方程可得：$u'_C(t) = A = 30\text{V}$，代入式(4.7-31)可得：
$$u_C(t) = 30 + (k_1 + k_2 t)e^{-2t}\text{V} \quad (4.7-32)$$

换路前电路达到稳态，换路前后符合换路规则，所以有换路后 0_+ 时刻的电路状态为：

$$\begin{cases} u_C(0_+) = u_C(0_-) = \dfrac{1}{5} \times 30 = 6 \\ u'_C(0_+) = \dfrac{i_C(0_+)}{C} = \dfrac{i_L(0_-)}{C} = 4 \times \dfrac{30}{4+1} = 24 \end{cases} \quad (4.7-33)$$

式(4.7-33)代入式(4.7-32)中可得：

$$\begin{cases} 30 + k_1 = 6 \\ k_2 - 2k_1 = 24 \end{cases}$$

解得：$k_1 = -24$, $k_2 = -24$

即：
$$u_C(t) = 30 - 24(1 + t)e^{-2t}\text{V}, \ (t > 0)$$

再由电容元件的伏安关系可得：
$$i_C(t) = i_L(t) = \dfrac{1}{4}\dfrac{\text{d}}{\text{d}t}u_C(t) = 6e^{-2t}(1 + 2t)\text{A}, \ (t > 0)$$

(3)当 $R = 2\Omega$ 时，电路方程可确定为：
$$\dfrac{\text{d}^2}{\text{d}t^2}u_C(t) + 2\dfrac{\text{d}}{\text{d}t}u_C(t) + 4u_C(t) = 120$$

特征方程为：
$$p^2 + 2p + 4 = 0$$

可得特征根：$p_{1,2}=-1\pm j\sqrt{3}$，为欠阻尼情形，非齐次通解为：
$$u_C(t)=u'_C(t)+\mathrm{e}^{-t}(k_1\sin\sqrt{3}t+k_2\cos\sqrt{3}t)\mathrm{V},(t>0) \tag{4.7-34}$$
令 $u'_C(t)=A$ 代入电路方程可得：$u'_C(t)=A=30\mathrm{V}$ 代入式(4.7-34)可得：
$$u_C(t)=30+\mathrm{e}^{-t}(k_1\sin\sqrt{3}t+k_2\cos\sqrt{3}t)\mathrm{V},(t>0) \tag{4.7-35}$$
换路前电路达到稳态，换路前后符合换路规则，所以换路后 0_+ 时刻的电路状态为：
$$\begin{cases}u_C(0_+)=u_C(0_-)=\dfrac{1}{3}\times 30=10\\ u'_C(0_+)=\dfrac{i_C(0_+)}{C}=\dfrac{i_L(0_-)}{C}=4i_L(0_-)=4\times\dfrac{30}{2+1}=40\end{cases} \tag{4.7-36}$$
式(4.7-36)代入式(4.7-35)后可得：
$$\begin{cases}30+k_2=10\\ -k_2+\sqrt{3}k_1=40\end{cases}$$
解得：$k_1=-\dfrac{20\sqrt{3}}{3},k_2=-20$

即：
$$u_C(t)=30-\dfrac{20\sqrt{3}}{3}\mathrm{e}^{-t}(\sqrt{3}\cos\sqrt{3}t-\sin\sqrt{3}t)\mathrm{V},(t>0)$$

再由电容元件的伏安关系可得：
$$i_C(t)=i_L(t)=\dfrac{1}{4}\dfrac{\mathrm{d}}{\mathrm{d}t}u_C(t)=\dfrac{5\sqrt{3}}{3}\mathrm{e}^{-t}(\sqrt{3}\cos\sqrt{3}t-\sin\sqrt{3}t)+$$
$$\dfrac{5\sqrt{3}}{3}\mathrm{e}^{-t}(3\sin\sqrt{3}t+\sqrt{3}\cos\sqrt{3}t)\mathrm{A},(t>0)$$

4.7.4 二阶电路的阶跃响应和冲激响应

二阶电路在阶跃信号作用下的响应称为"阶跃响应"，以电容电压为例，阶跃响应过程是从某初始状态 $u_C(0)$ 到新的直流稳态 $u_C(\infty)$ 的过程，二阶电路的阶跃响应会有以下三种响应形态：

过阻尼时的阶跃响应形态为：
$$u_C(t)=u_C(\infty)+k_1\mathrm{e}^{p_1 t}+k_2\mathrm{e}^{p_2 t}\mathrm{V},(t>0) \tag{4.7-37}$$
式(4.7-37)中：特征根 p_1、p_2 为两个不等的负实根，系数 k_1 和 k_2 可用待定系数法求出：
$$\begin{cases}u_C(0_+)=u_C(\infty)+k_1+k_2\\ u'_C(0_+)=k_1 p_1+k_2 p_2\end{cases} \tag{4.7-38}$$
临界阻尼时的阶跃响应形态为：
$$u_C(t)=u_C(\infty)+(k_1+k_2 t)\mathrm{e}^{pt}\mathrm{V},(t>0) \tag{4.7-39}$$
式(4.7-39)中：特征根 p_1、p_2 为两个相等的负实根，设 $p_1=p_2=p$；系数 k_1 和 k_2 可通过待定系数法求出：
$$\begin{cases}u_C(0_+)=u_C(\infty)+k_1\\ u'_C(0_+)=k_1 p+k_2\end{cases} \tag{4.7-40}$$
欠阻尼时的阶跃响应形态为：

$$u_C(t) = u_C(\infty) + e^{-\delta t}(k_1 \cos\omega_d t + k_2 \sin\omega_d t)\,\text{V}, (t>0) \quad (4.7-41)$$

式(4.7-41)中：特征根 p_1、p_2 为实部为负的共轭复根，设 $p_{1,2} = -\delta \pm j\omega_d$；系数 k_1、k_2 可通过待定系数法求出：

$$\begin{cases} u_C(0_+) = u_C(\infty) + k_1 \\ u'_C(0_+) = -\delta k_1 + \omega_d k_2 \end{cases} \quad (4.7-42)$$

二阶电路在冲激信号作用下的响应称为"冲激响应"，理想冲激信号 $\delta(t)$ 的维持时间为零，电路在冲激信号的作用下获得初始值，而 $t>0$ 时，$\delta(t)=0$，因此电路在 $t>0$ 时的响应等同于零输入响应，只不过在冲激信号的作用前后电容电压和电感电流均可能发生跃变。

若用 $h(t)$ 表示电路的单位阶跃响应，用 $g(t)$ 表示电路的单位冲激响应，两者存在以下关系：

$$g(t) = \frac{d}{dt}h(t) \quad (4.7-43)$$

当已知电路的阶跃响应时，可以通过式(4.7-43)来确定冲激响应。

以二阶 RLC 电路的电容电压为例，其冲激响应会有以下三种情形：

(1) 过阻尼时的响应形态为：$u_C(t) = Ae^{p_1 t} + Be^{p_2 t}\,\text{V}$ \quad (4.7-44)

式(4.7-44)中：特征根 p_1、p_2 为两个不相等的负实根；系数 A、B 可用待定系数法求出。

(2) 临界阻尼时的响应形态为：$u_C(t) = (A + Bt)e^{pt}\,\text{V}$ \quad (4.7-45)

式(4.7-45)中：特征根 p_1、p_2 为两个相等的负实根，设 $p_1 = p_2 = p$；系数 A、B 可用待定系数法求出。

(3) 欠阻尼时的响应形态为：$u_C(t) = e^{-\delta t}(A\cos\omega_d t + B\sin\omega_d t)\,\text{V}$ \quad (4.7-46)

式(4.7-46)中：特征根 p_1、p_2 为实部为负的共轭复根，设 $p_{1,2} = -\delta \pm j\omega_d$；系数 A、B 可用待定系数法求出。

【例4.7-9】 在图 4.7-13 所示的电路中，若已知 $u_C(0_-) = 0\,\text{V}$，$i_L(0_-) = 0\,\text{A}$，$R = 0.2\,\Omega$，$L = 0.25\,\text{H}$，$C = 2\,\text{F}$，$i_S(t) = \delta(t)\,\text{A}$，试求单位冲激响应 $i_L(t)$ 和 $u_C(t)$，并指出冲激信号作用后的电路初始值 $i_L(0_+)$、$u_C(0_+)$。

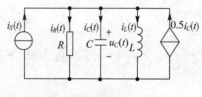

图 4.7-13 例 4.7-9 图

解：对图 4.7-13 所示的电路列写 KCL 方程可得：

$$i_R(t) + i_C(t) + i_L(t) - 0.5i_C(t) = i_S(t) \quad (4.7-47)$$

由关联参考下的伏安关系可得：

$$\begin{cases} i_R(t) = \frac{L}{R}\frac{d}{dt}i_L(t) = \frac{0.25}{0.2}\frac{d}{dt}i_L(t) = 1.25\frac{d}{dt}i_L(t) \\ i_C(t) = C\frac{d}{dt}u_C(t) = CL\frac{d^2}{dt^2}i_L(t) = 0.5\frac{d^2}{dt^2}i_L(t) \end{cases} \quad (4.7-48)$$

把式(4.7-48)代入式(4.7-47)中，整理后可得：

$$0.25\frac{d^2}{dt^2}i_L(t) + 1.25\frac{d}{dt}i_L(t) + i_L(t) = \delta(t) \tag{4.7-49}$$

把方程(4.7-49)两边从 $t = 0_-$ 到 0_+ 区间积分有

$$0.25\int_{0_-}^{0_+}\frac{d^2}{dt^2}i_L(t)dt + 1.25\int_{0_-}^{0_+}\frac{d}{dt}i_L(t)dt + \int_{0_-}^{0_+}i_L(t)dt = \int_{0_-}^{0_+}\delta(t)dt$$

即：
$$0.25\,i_L'(t)\big|_{0_-}^{0_+} + 1.25\,i_L(t)\big|_{0_-}^{0_+} + \int_{0_-}^{0_+}i_L(t)dt = 1 \tag{4.7-50}$$

为使方程(4.7-50)成立，有 $i_L(0_+) - i_L(0_-) = 0$、$\int_{0_-}^{0_+}i_L(t)dt = 0$，所以有

$$0.25[i_L'(0_+) - i_L'(0_-)] = 1$$

电路在 0_- 时刻的电路状态为：

$$\begin{cases} i_L(0_-) = 0 \\ i_L'(0_-) = \dfrac{u_L(0_-)}{L} = 0 \end{cases}$$

所以有，冲激信号作用后电路的初始状态为：$i_L(0_+) = 0$，$i_L'(0_+) = 4$。

由电路方程可得特征方程为：

$$0.25p^2 + 1.25p + 1 = 0$$

即：
$$p^2 + 5p + 4 = 0$$

可得特征根：$p_1 = -1$，$p_2 = -4$，为过阻尼情形，冲激响应的非齐次通解为：

$$i_L(t) = Ae^{-t} + Be^{-4t}, \ (t > 0)$$

把 $i_L(0_+) = 0$，$i_L'(0_+) = 4$ 代入，整理后可得：

$$\begin{cases} A + B = 0 \\ -A - 4B = 4 \end{cases}$$

解得，$A = \dfrac{4}{3}$，$B = -\dfrac{4}{3}$

即：
$$i_L(t) = \frac{4}{3}e^{-t} - \frac{4}{3}e^{-4t}, \ (t > 0) \tag{4.7-51}$$

或
$$i_L(t) = \left(\frac{4}{3}e^{-t} - \frac{4}{3}e^{-4t}\right)\varepsilon(t)$$

式(4.7-51)表明电感电流在冲激信号的作用下没有跃变。

$$u_C(t) = u_L(t) = L\frac{d}{dt}i_L(t) = 0.25\frac{d}{dt}\left[\left(\frac{4}{3}e^{-t} - \frac{4}{3}e^{-4t}\right)\varepsilon(t)\right] = \left(-\frac{1}{3}e^{-t} + \frac{4}{3}e^{-4t}\right)\varepsilon(t)$$

或
$$u_C(t) = -\frac{1}{3}e^{-t} + \frac{4}{3}e^{-4t}, \ (t > 0) \tag{4.7-52}$$

由式(4.7-52)可得：$u_C(0_+) = 1 \neq u_C(0_-)$，表明该电容电压在冲激信号的作用下发生了跃变。

【**例 4.7-10**】 假设在例 4.7-9 图所示的电路中，$u_C(0_-) = 0\,\text{V}$，$i_L(0_-) = 0\,\text{A}$，$R = 0.2\,\Omega$，$L = 0.25\,\text{H}$，$C = 2\,\text{F}$，$i_S(t) = \varepsilon(t)\,\text{A}$，试：(1)求出电路的单位阶跃响应 $i_{Lh}(t)$ 和 $u_{Ch}(t)$；(2)根据冲激响应和阶跃响应的关系求出电路的单位冲激响应 $i_{Lg}(t)$ 和 $u_{Cg}(t)$。

解： 当把电流源调整为阶跃信号后，电路方程为：

$$0.25\frac{d^2}{dt^2}i_L(t) + 1.25\frac{d}{dt}i_L(t) + i_L(t) = \varepsilon(t)$$

特征方程为：
$$0.25p^2 + 1.25p + 1 = 0$$
即：
$$p^2 + 5p + 4 = 0$$

可得特征根：$p_1 = -1$，$p_2 = -4$，为过阻尼情形，阶跃响应的非齐次通解为：
$$i_{Lh}(t) = i_L(\infty) + k_1 e^{-t} + k_2 e^{-4t}，(t > 0)$$

特解 $i_{Lh}(\infty) = 1$，即
$$i_{Lh}(t) = 1 + k_1 e^{-t} + k_2 e^{-4t}，(t > 0) \tag{4.7-53}$$

换路前电路达到稳态，换路前后符合换路规则，所以有换路后 0_+ 时刻的电路状态为：
$$\begin{cases} i_L(0_+) = i_L(0_-) = 0 \\ i'_L(0) = \dfrac{u_L(0_+)}{L} = \dfrac{u_C(0_-)}{L} = 0 \end{cases}$$

代入式(4.7-53)，经整理后得：
$$\begin{cases} 1 + k_1 + k_2 = 0 \\ -k_1 - 4k_2 = 0 \end{cases}$$

解得，$k_1 = -\dfrac{4}{3}$，$k_2 = \dfrac{1}{3}$；

即：
$$i_{Lh}(t) = 1 - \frac{4}{3} e^{-t} + \frac{1}{3} e^{-4t}，(t > 0) \tag{4.7-54}$$

或
$$i_{Lh}(t) = (1 - \frac{4}{3} e^{-t} + \frac{1}{3} e^{-4t}) \varepsilon(t)$$

由式(4.7-54)可得：$i_{Lh}(0_+) = i_{Lh}(0_-) = 0$ A，表明该电感电流在阶跃信号的作用下没有跃变，符合换路规则。

$$u_{Ch}(t) = u_L(t) = L \frac{d}{dt} i_L(t) = \frac{1}{4} \frac{d}{dt}(1 - \frac{4}{3} e^{-t} + \frac{1}{3} e^{-4t}) = \frac{1}{3} e^{-t} - \frac{1}{3} e^{-4t}，(t > 0) \tag{4.7-55}$$

或
$$u_{Ch}(t) = u_L(t) = L \frac{d}{dt} i_L(t) = (\frac{1}{3} e^{-t} - \frac{1}{3} e^{-4t}) \varepsilon(t)$$

由式(4.7-55)可得：$u_{Ch}(0_+) = u_{Ch}(0_-) = 0$ V，表明电容电压在阶跃信号的作用下，没有跃变，符合换路规则。

根据冲激响应和阶跃响应的关系可得：
$$\begin{aligned} i_{Lg}(t) &= \frac{d}{dt} i_{Lh}(t) \\ &= \frac{d}{dt} \left((1 - \frac{4}{3} e^{-t} + \frac{1}{3} e^{-4t}) \varepsilon(t) \right) \\ &= \frac{d}{dt}(1 - \frac{4}{3} e^{-t} + \frac{1}{3} e^{-4t}) \cdot \varepsilon(t) + (1 - \frac{4}{3} e^{-t} + \frac{1}{3} e^{-4t}) \cdot \frac{d}{dt} \varepsilon(t) \\ &= (\frac{4}{3} e^{-t} - \frac{4}{3} e^{-4t}) \varepsilon(t) + (1 - \frac{4}{3} e^{-t} + \frac{1}{3} e^{-4t}) \cdot \delta(t) \\ &= (\frac{4}{3} e^{-t} - \frac{4}{3} e^{-4t}) \varepsilon(t) \end{aligned}$$

或
$$i_{Lg}(t) = \frac{4}{3} e^{-t} - \frac{4}{3} e^{-4t}，(t > 0) \tag{4.7-56}$$

$$u_{Cg}(t) = \frac{\mathrm{d}}{\mathrm{d}t}u_{Ch}(t)$$
$$= \frac{\mathrm{d}}{\mathrm{d}t}\left(\left(\frac{1}{3}\mathrm{e}^{-t} - \frac{1}{3}\mathrm{e}^{-4t}\right)\varepsilon(t)\right)$$
$$= \left(\frac{4}{3}\mathrm{e}^{-4t} - \frac{1}{3}\mathrm{e}^{-t}\right) \cdot \varepsilon(t) + \left(\frac{4}{3}\mathrm{e}^{-4t} - \frac{1}{3}\mathrm{e}^{-t}\right) \cdot \frac{\mathrm{d}}{\mathrm{d}t}\varepsilon(t)$$
$$= \left(\frac{4}{3}\mathrm{e}^{-4t} - \frac{1}{3}\mathrm{e}^{-t}\right) \cdot \varepsilon(t) + \delta(t)$$

或
$$u_{Cg}(t) = \frac{4}{3}\mathrm{e}^{-4t} - \frac{1}{3}\mathrm{e}^{-t}, \quad (t > 0) \tag{4.7-57}$$

式(4.7-56)、(4.7-57)分别与式(4.7-51)、(4.7-52)对应相等,分析结果与例 4.7-9 相同。

习题 4

4-1 假设加在 $2\mu F$ 电容元件两端的电压是 $u_C(t) = 220\sqrt{2}\sin 100\pi t\,\mathrm{V}$,则关联参考方向下的电容电流 $i_{C1}(t)$ 为多少?非关联参考方向下的电容电流 $i_{C2}(t)$ 为多少?电容吸收的瞬时功率为多少?电容在一个电压的整周期内的平均功率为多少?

4-2 假设通过 $0.1F$ 电容元件两端的电流是 $i_C(t) = 10\sqrt{2}\sin 100\pi t\,\mathrm{A}$,设电容电压 $u_C(0) = 0\,\mathrm{V}$,则关联参考方向下的电容电压 $u_{C1}(t)$ 为多少?非关联参考方向下的电容电压 $u_{C2}(t)$ 为多少?电容吸收的瞬时功率为多少?电容在一个电流的整周期内的平均功率为多少?

4-3 假设通过 $1\mathrm{mH}$ 电感元件的电流是 $i_L(t) = 10\mathrm{e}^{-2t}\,\mathrm{A}$,则关联参考方向下的电感电压 $u_{L1}(t)$ 为多少?非关联参考方向下的电感电压 $u_{L2}(t)$ 为多少?电感吸收的瞬时功率为多少?

4-4 假设加在 $0.1\mathrm{H}$ 电感元件两端的电压是 $u_L(t) = 2\mathrm{e}^{-t}\,\mathrm{V}$,设电感电流 $i_L(0) = 0\,\mathrm{A}$,则关联参考方向下的电感电流 $i_{L1}(t)$ 为多少?非关联参考方向下的电感电流 $i_{L2}(t)$ 为多少?电感吸收的瞬时功率为多少?

4-5 求题 4-5 图所示(a)(b)两个单口网络的等效电容 C_{eq}。

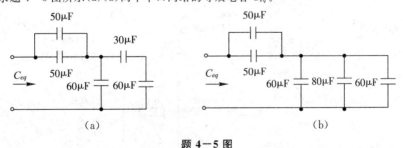

题 4-5 图

4-6 在题 4-6 图(a)(b)所示的两个电路中,两电容构成串联、并联关系,设电路处于零初始条件,即有 $u_{C1}(0) = u_{C2}(0) = 0\,\mathrm{V}$,试求:

(1)证明电容串联分压公式:$u_{C1} = \dfrac{C_2}{C_1+C_2}u_S$;$u_{C2} = \dfrac{C_1}{C_1+C_2}u_S$;

(2)证明电容并联分流公式:$i_{C1} = \dfrac{C_1}{C_1+C_2}i_S$;$i_{C2} = \dfrac{C_2}{C_1+C_2}i_S$。

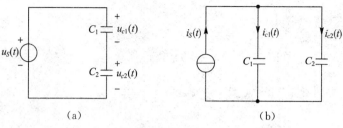

题 4－6 图

4－7 求题 4－7 图(a)(b)所示单口网络的等效电感 L_{eq}。

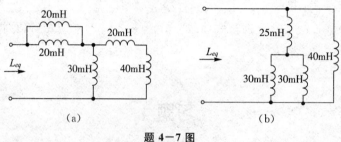

题 4－7 图

4－8 在题 4－8 图(a)(b)所示的两个电路中，两电感构成串联、并联关系，设电路处于零初始条件，即有 $i_{L1}(0) = i_{L2}(0) = 0$ A，试：

(1)证明电感串联分压公式：$u_{L1} = \dfrac{L_1}{L_1 + L_2}u_S$；$u_{L2} = \dfrac{L_2}{L_1 + L_2}u_S$；

(2)证明电感并联分流公式：$i_{L1} = \dfrac{L_2}{L_1 + L_2}i_S$；$i_{L2} = \dfrac{L_1}{L_1 + L_2}i_S$；

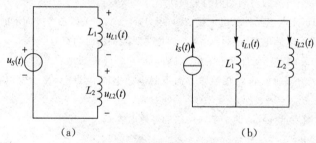

题 4－8 图

4－9 在题 4－9 图所示的电路中，假设电路已达直流稳态，试求各电容和电感的储能。

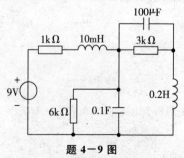

题 4－9 图

4－10 在题 4－10 图(a)(b)所示的两个电路中，开关 S 动作前电路已达稳态，试求换路后电压、电流的初始值 $u_C(0_+)$、$i_C(0_+)$、$i_L(0_+)$ 和 $u_L(0_+)$。

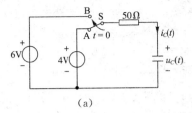 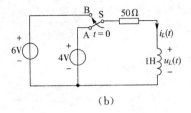

题 4-10 图

4-11 在题 4-11 图所示的电路中,开关 S 动作前电路已达稳态,试求:

(1)换路后的初始值 $u_C(0_+)$、$i_L(0_+)$、$\dfrac{\mathrm{d}u_C(0_+)}{\mathrm{d}t}$ 和 $\dfrac{\mathrm{d}i_L(0_+)}{\mathrm{d}t}$;

(2) $u_C(\infty)$、$i_L(\infty)$。

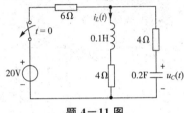

题 4-11 图

4-12 用奇异函数表示以下两个分段函数 $u(t)$ 和 $i(t)$。

(1) $u(t) = \begin{cases} 0, t<0 \\ -2, 0<t<3 \\ 2, 3<t<5 \\ 0, t>5 \end{cases}$ (2) $i(t) = \begin{cases} t-1, 1<t<2 \\ 1, 2<t<3 \\ 4-t, 3<t<4 \\ 0, 其他 \end{cases}$

4-13 用奇异函数表示图 4-13(a)(b)所示的两个信号。

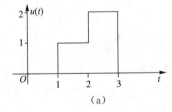 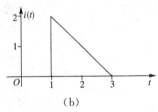

题 4-13 图

4-14 试绘出以下函数 $u(t)$ 和 $i(t)$ 的波形。

(1) $u(t) = \varepsilon(t) + \varepsilon(t-1) - 3\varepsilon(t-2) + 2(t-3)$

(2) $i(t) = \varepsilon(t) + t\varepsilon(t-1) - 2t\varepsilon(t-2)$

4-15 在题 4-15 图所示的电路中,已知 $t=0$ 时开关从 A 端拨到 B 端,假设开关动作前电路已达稳态,求 $t>0$ 时的电压 $u_C(t)$ 和电流 $i(t)$。

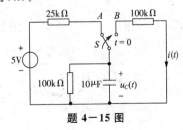

题 4-15 图

4-16 在题 4-16 图所示的电路中,已知 $t=0$ 时开关从 B 端拨到 A 端,假设开关动作前电路已达稳态,求 $t>0$ 时的电流 $i_L(t)$ 和电压 $u_L(t)$。

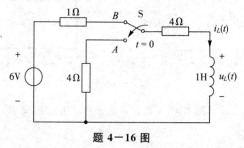

题 4-16 图

4-17 在题 4-17 图所示的电路中,已知 $t=0$ 时开关闭合,假设开关闭合前电路已达稳态,求 $t>0$ 时的电流 $i_C(t)$ 和电压 $u_C(t)$。

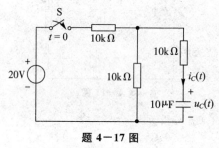

题 4-17 图

4-18 在题 4-18 图所示的电路中,已知 $u_C(0_-)=0$,$t=0$ 时开关闭合,求 $t>0$ 时的电流 $i_C(t)$ 和电压 $u_C(t)$。

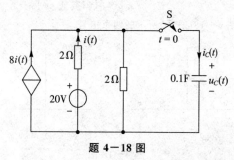

题 4-18 图

4-19 在题 4-19 图所示的电路中,已知 $i_L(0_-)=0$,$t=0$ 时开关闭合,试求 $t>0$ 时的电流 $i_L(t)$ 和电压 $u_L(t)$。

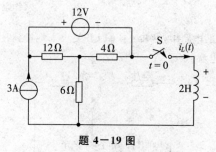

题 4-19 图

4-20 在题 4-20 图所示的电路中,设开关打开前电路已达稳态,$t=0$ 时开关闭合。试求:
(1) $t>0$ 时的 $i_L(t)$;

(2) 换路后直流电压源发出的瞬时功率。

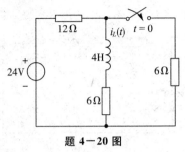

题 4-20 图

4-21 在题 4-21 图所示的电路中,设开关打开前电路已达稳态,$t=0$ 时开关 S 打开。求 $t>0$ 时的 $i_C(t)$。

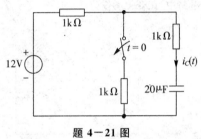

题 4-21 图

4-22 某 RLC 电路的方程为:$\dfrac{d^2 u(t)}{dt^2}+3\dfrac{du(t)}{dt}+2u(t)=0$,试求当初始条件为 $u(0)=0$、$\dfrac{du(0)}{dt}=-1$ 时的电压 $u(t)$。

4-23 某 RLC 电路的方程为:$\dfrac{d^2 u(t)}{dt^2}+2\dfrac{du(t)}{dt}+u(t)=0$,试求当初始条件为 $u(0)=1$、$\dfrac{du(0)}{dt}=2$ 时的电压 $u(t)$。

4-24 某电路的方程为:$\dfrac{d^2 i(t)}{dt^2}+5\dfrac{di(t)}{dt}+4i(t)=2$,试求当初始条件为 $i(0)=0$、$\dfrac{di(0)}{dt}=3$ 时的电流 $i(t)$。

4-25 某电路的方程为:$\dfrac{d^2 i(t)}{dt^2}+6\dfrac{di(t)}{dt}+25i(t)=0$,试求当初始条件为 $i(0)=2$、$\dfrac{di(0)}{dt}=1$ 时的电流 $i(t)$。

4-26 在题 4-26 图所示的电路中,在开关打开前已达稳态,$t=0$ 时,开关 S 打开,试求 $t>0$ 时的 $u_C(t)$。

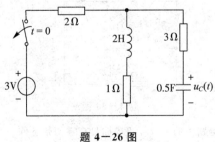

题 4-26 图

4-27 在题 4-27 图所示的电路中,已知 $u_C(0_-)=6\text{ V}$,$i_L(0_-)=0\text{ A}$,$R=2.5\,\Omega$,$L=0.25\text{H}$,$C=0.25\text{F}$,试求:

(1) 开关闭合后的 $u_C(t)$、$i_L(t)$；
(2) 若使电路在临界阻尼下放电,当 L 和 C 不变时,电阻 R 应为何值。

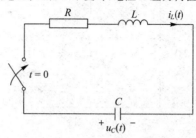

题 4－27 图

4－28 在题 4－28 图所示的电路中,在开关动作前已达稳态,$t=0$ 时 S 由 A 接至 B,试求 $t>0$ 时的 $i_L(t)$ 和 $u_C(t)$。

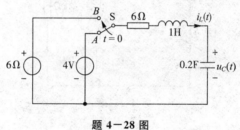

题 4－28 图

4－29 在题 4－29 图所示的电路中,在开关动作前已达稳态,$t=0$ 时 S 由 B 接至 A,试求 $t>0$ 时的 $i_L(t)$。

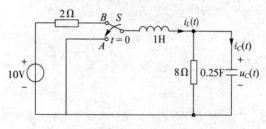

题 4－29 图

4－30 在题 4－30 图所示的电路中,开关动作前已达稳态,$t=0$ 时 S 断开,试求 $t>0$ 时的 $u_C(t)$。

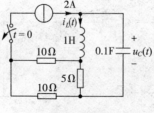

题 4－30 图

4－31 试求题 4－31 所示电路中的 $i_L(t)$,设电路具有零初始条件。

4－32 在题 4－32 图所示的电路中,已知 $G=5\text{S}$,$L=0.25\text{H}$,$C=1\text{F}$,设电路具有零初始状态,试求：

(1) $i_S(t) = \varepsilon(t)$ A 时,电路的阶跃响应 $i_L(t)$;
(2) $i_S(t) = \delta(t)$ A 时,电路的冲激响应 $u_C(t)$。

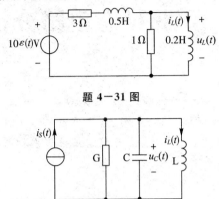

题 4-31 图

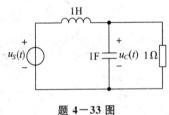

题 4-32 图

4-33 某二阶电路如题 4-33 图所示,设电路具有零初始条件,试求当 $u_S(t)$ 分别为下列两种情况时的电路响应 $u_C(t)$:(1) $u_S(t) = \varepsilon(t)$ V;(2) $u_S(t) = \delta(t)$ V;

题 4-33 图

正弦稳态电路分析

【内容提要】本章用相量法分析线性时不变电路对于正弦激励信号的稳定状态响应,介绍正弦交流信号的基本概念和相量表示方法,重点讨论电路元件、电路定律的相量形式,正弦稳态电路的相量模型和相量分析方法,最后介绍正弦稳态电路的功率计算及最大功率的传输条件。

5.1 正弦量及其三要素

5.1.1 正弦量的三要素

电路中按正弦规律变化的电压或电流,统称为"正弦交流电"或"正弦量"。对正弦量的数学描述,可以采用 sin 函数或 cos 函数。本教材统一用 cos 函数表示。

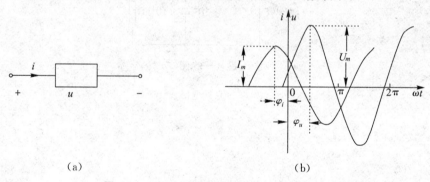

图 5.1-1 正弦交流电路及正弦量的图形

图 5.1-1(a)表示的是一段正弦交流电路,正弦电压 u 和正弦电流 i,在图示参考方向下可分别表示为:

$$u(t) = U_m \cos(\omega t + \varphi_u)$$
$$i(t) = I_m \cos(\omega t + \varphi_i)$$

正弦量是时间 t 的函数,它在任一时刻的函数值,称为"瞬时值"。瞬时值有时为正值,有时为负值。只有在设定正弦量参考方向的前提下,才能依据瞬时值的正负判定它在电路中的实际方向。图 5.1-1(b)画出了正弦量的图形表示,称为"正弦量的波形"。

U_m 或 I_m 为正弦量的振幅,表示电压或电流在整个变化过程中可能达到的最大值。$(\omega t + \varphi)$ 称为"正弦量的瞬时相位角",简称"相位",单位可以用弧度(rad)或角度(°)表示。ω 称为"角频率",表示相位随时间变化的角速度,即

$$\omega = \frac{d}{dt}(\omega t + \varphi) \tag{5.1-1}$$

ω 单位是弧度/秒(rad/s)。φ 是 $t=0$ 时的 $(\omega t+\varphi)$ 相位值,称为"初始相位",简称初相,其单位与相位相同,可用弧度或度表示。初相与计时零点($t=0$)的位置有关。习惯规定初相的取值范围为 $|\varphi|\leqslant 180°$(或 π 弧度)。例如,出现 $u(t)=U_m\cos(\omega t+240°)$V 时,习惯上用 $u(t)=U_m\cos(\omega t-120°)$V 表示。

由于正弦信号变化一周,其相位变化 2π 弧度,因此角频率 ω 与正弦量的周期 T 以及频率 f 的关系可表示为

$$\omega = 2\pi f = \frac{2\pi}{T} \tag{5.1-2}$$

$$f = \frac{1}{T} \tag{5.1-3}$$

式(5.1-3)中 T 的单位是秒(s)。f 的单位是赫兹(Hz),简称"赫"。频率较高时,常用千赫(kHz)或兆赫(MHz)作单位,其转换关系是:

$$1\text{MHz}=10^3\text{kHz}=10^6\text{Hz}$$

正弦交流信号的振幅、角频率和初相称为"正弦量的三要素"。

【例 5.1-1】 已知正弦电流 $i(t)$ 的振幅 $I_m=500$mA,初相角 $\varphi_i=-30°$,周期 $T=2$ms,试写出 $i(t)$ 的函数表达式。

解: 由已知条件求出正弦电流 $i(t)$ 的三要素:

振幅 $I_m=500$mA

角频率 $\omega=\dfrac{2\pi}{2\text{ms}}=1000\pi$ rad/s

初相角 $\varphi_i=-30°$

所以 $i(t)=500\cos(1000\pi t-30°)$ mA

5.1.2 相位差

在正弦电源激励下,电路中各处的稳态响应都是与电源有相同的角频率的正弦量。因此,为了便于比较不同正弦量的相位关系,对于同一电路的正弦量都采用相同的计时零点。

两个同频率正弦量的相位之差称为"相位差"。设相同频率的正弦电压和电流分别为

$$u(t)=U_m\cos(\omega t+\varphi_u)$$
$$i(t)=I_m\cos(\omega t+\varphi_i)$$

它们的相位之差用 φ 表示,则有

$$\varphi=(\omega t+\varphi_u)-(\omega t+\varphi_i)=\varphi_u-\varphi_i \tag{5.1-4}$$

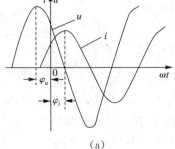
(a)

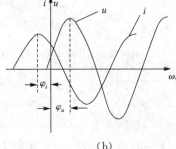
(b)

图 5.1-2 相位差

由式(5.1-4)可知,两个同频率的正弦量的相位差等于它们的初相之差,为一个与时间 t 无关常数。如果 $\varphi = \varphi_u - \varphi_i > 0$,如图 5.1-2(a)所示,表示随 t 的增大,电压 u 要比电流 i 先达到最大值、零值或最小值。这种关系称电压 u 超前于电流 i 或电流 i 滞后于电压 u;如果 $\varphi = \varphi_u - \varphi_i < 0$,如图 5.1-2(b)所示,则称电压 u 滞后于电流 i 或电流 i 超前于电压 u。

在工程应用中,分析和计算同频率正弦量相位差时,还会遇到下列三种特殊情况:

(1)若 $\varphi = \varphi_u - \varphi_i = 0$,则称 u 与 i 同相,如图 5.1-3(a)所示。这时随时间 t 的增长,u 与 i 将依次同时到达最大值、零值和最小值。

(2)若 $\varphi = \varphi_u - \varphi_i = \pm \pi$,则称 u 与 i 反相,波形如图 5.1-3(b)所示。此时,若 u 达到最大值时,则 i 达最小值,反之亦然。

(3)若 $\varphi = \varphi_u - \varphi_i = \pm \dfrac{\pi}{2}$,则称 u 与 i 正交。$\varphi = \varphi_u - \varphi_i = \dfrac{\pi}{2}$ 时的波形如图 5.1-3(c)所示。

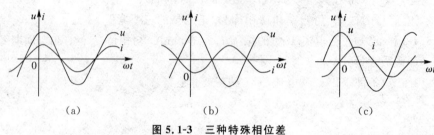

图 5.1-3 三种特殊相位差

【例 5.1-2】 已知正弦电压 $u(t)$ 和电流 $i(t)$ 的瞬时值表达式为:
$$u(t) = 220\sqrt{2}\cos(\omega t - 120°) \text{ V}$$
$$i(t) = 50\cos(\omega t + 90°) \text{ A}$$

试求电压 $u(t)$ 与电流 $i(t)$ 的相位差。

解: 电压 $u(t)$ 与电流 $i(t)$ 的相位差为:
$$\varphi = \varphi_u - \varphi_i = (-120°) - (90°) = -210°$$

习惯上将相位差的范围控制在 $-180°$ 到 $+180°$ 之间,我们不说电压 $u(t)$ 与电流 $i(t)$ 的相位差为 $-210°$,而说电压 $u(t)$ 与电流 $i(t)$ 的相位差为 $360° + (-210°) = 150°$,所以 $u(t)$ 超前 $i(t)$ $150°$。

【例 5.1-3】 已知正弦电流 $i_1(t)$,$i_2(t)$ 和正弦电压 $u(t)$ 分别为
$$i_1(t) = 50\cos[\omega(t+2)] \text{ A}$$
$$i_2(t) = -15\cos(\omega t + 135°) \text{ A}$$
$$u(t) = 20\sin(\omega t + 60°) \text{ V}$$

其中 $\omega = \dfrac{\pi}{3}$ rad/s。试比较 $i_1(t)$ 与 $i_2(t)$,$i_1(t)$ 与 $u(t)$ 间的相位关系。

解: $i_1(t) = 50\cos(\omega \times t + \omega \times 2) = 50\cos(\omega t + 120°)$ A
$i_2(t) = -15\cos(\omega t + 135°) = 15\cos(\omega t + 135° - 180°) = 15\cos(\omega t - 45°)$ V
$u(t) = 20\sin(\omega t + 60°) = 20\cos(\omega t + 60° - 90°) = 20\cos(\omega t - 30°)$ V
电压 $i_1(t)$ 与 $i_2(t)$ 的相位差为:$\varphi = 120° - (-45°) = 165°$
$i_1(t)$ 超前 $i_2(t)$ 的角度为 $165°$

电压 $i_1(t)$ 与 $u(t)$ 的相位差为：$\varphi' = 120° - (-30°) = 150°$

$i_1(t)$ 超前 $u(t)$ 的角度为：$150°$

5.1.3 有效值

正弦量的瞬时值随时间而变，为了衡量其大小，工程上采用有效值来表示。

设有两个相同的电阻，分别通过正弦电流和直流电流，如图 5.1-4 所示。若在正弦电流的一个周期内，两个电阻消耗的能量相同，就定义该直流电流的数值为这个正弦电流的有效值。

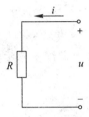

图 5.1-4 电阻负载

当正弦电流 i 通过电阻 R 时，一周期 T 内电阻消耗的电能为：

$$W_i = \int_0^T Ri^2(t)\,dt = \int_0^T R[I_m\cos(\omega t + \varphi_i)]^2 dt$$

当直流电流 I 通过电阻 R 时，在相同时间内，电阻消耗的电能为：

$$W_I = RI^2 T$$

令 $W_i = W_I$，得

$$\int_0^T R[I_m\cos(\omega t + \varphi_i)]^2 dt = I^2 RT$$

$$I^2 T = \int_0^T [I_m\cos(\omega t + \varphi_i)]^2 dt$$

$$I = \sqrt{\frac{1}{T}\int_0^T [I_m\cos(\omega t + \varphi_i)]^2 dt} = \frac{1}{\sqrt{2}}I_m = 0.707 I_m \tag{5.1-5}$$

同样可得正弦电压 $u(t) = U_m\cos(\omega t + \varphi_u)$ 的有效值

$$U = \frac{1}{\sqrt{2}}U_m = 0.707 U_m \tag{5.1-6}$$

可见，正弦量的有效值与振幅值之间有确定的关系，即振幅值是有效值的 $\sqrt{2}$ 倍。应用有效值，可将正弦电流、电压的瞬时表达式改写为：

$$i(t) = \sqrt{2}I\cos(\omega t + \varphi_i)$$

$$u(t) = \sqrt{2}U\cos(\omega t + \varphi_u)$$

正弦量的有效值是度量正弦量大小的物理量。通常交流仪表测量显示的电压、电流数字都是有效值。例如，用交流电压表测量某交流电路两端的电压为 220V，是指该正弦电压的有效值是 220V，其振幅值为 $\sqrt{2} \times 220 = 311$V。此外，工程中使用的交流电气设备铭牌上标出的电压、电流额定值也是有效值。

5.2 正弦量的相量表示

5.2.1 复数

复数及其运算是应用相量法的数学基础,用复数表示正弦量,可将正弦量的三角函数运算转化为复数运算,简化了正弦稳态电路的分析求解过程。

一个复数 F 有多种表示形式。复数 F 的代数形式为:

$$F = a + \mathrm{j}b \tag{5.2-1}$$

式(5.2-1)中,$\mathrm{j} = \sqrt{-1}$ 为虚数单位;a 和 b 分别是复数 F 的实部和虚部。复数 F 在复平面上是一个坐标点,常用原点至该点的有向线段表示,如图 5.2-1 所示。

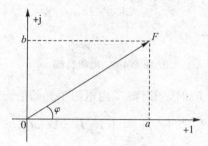

图 5.2-1 复数的表示

根据图 5.2-1,可得复数 F 的三角形式为 $F = |F|(\cos\varphi + \mathrm{j}\sin\varphi)$。

复数 F 的指数形式和极坐标形式分别为 $F = |F|\mathrm{e}^{\mathrm{j}\varphi}$ 和 $F = |F|\angle\varphi$。式中 $|F|$ 为复数 F 的模,φ 为复数 F 的辐角。

复数 F 的代数形式与指数形式(或极坐标形式)之间的转换关系为:

$$|F| = \sqrt{a^2 + b^2} \quad \varphi = \arctan\left(\frac{b}{a}\right)$$

$$a = \mathrm{Re}[F] = |F|\cos\varphi, \, b = \mathrm{Im}[F] = |F|\sin\varphi$$

式中 $\mathrm{Re}[F]$ 表示取复数 F 的实部,$\mathrm{Im}[F]$ 表示取复数 F 的虚部。

复数 F 的共轭复数用 F^* 表示,即

$$F^* = a - \mathrm{j}b \text{ 或 } F^* = |F|\angle(-\varphi)$$

下面介绍复数的运算。

两个复数相加(减)等于两复数的实部和虚部分别相加(减)。

例如,若 $F_1 = a_1 + \mathrm{j}b_2$,$F_2 = a_2 + \mathrm{j}b_2$,则:

$$F_1 \pm F_2 = (a_1 + \mathrm{j}b_1) \pm (a_2 + \mathrm{j}b_2)$$
$$= (a_1 \pm a_2) + \mathrm{j}(b_1 \pm b_2)$$

复数的相加(减)运算宜采用代数形式。

两个复数相乘(除)等于将两复数的模相乘(除)、辐角相加(减)。

例如,若 $F_1 = |F_1|\mathrm{e}^{\mathrm{j}\varphi_1} = |F_1|\angle\varphi_1$,$F_2 = |F_2|\mathrm{e}^{\mathrm{j}\varphi_2} = |F_2|\angle\varphi_2$,则:

$$F_1 \cdot F_2 = |F_1|\mathrm{e}^{\mathrm{j}\varphi_1} \cdot |F_2|\mathrm{e}^{\mathrm{j}\varphi_2} = |F_1| \cdot |F_2|\mathrm{e}^{\mathrm{j}(\varphi_1+\varphi_2)} = |F_1| \cdot |F_2|\angle(\varphi_1 + \varphi_2)$$

$$\frac{F_1}{F_2} = \frac{|F_1|e^{j\varphi_1}}{|F_2|e^{j\varphi_2}} = \frac{|F_1|}{|F_2|}e^{j(\varphi_1-\varphi_2)} = \frac{|F_1|}{|F_2|}\angle(\varphi_1-\varphi_2)$$

复数的乘、除运算采用指数形式或极坐标形式较方便。

复数代数运算在复平面上有一定的几何意义。复数相加符合"平行四边形法则",复数相减符合"三角形法则"。复数 F_1、F_2 乘法运算,相当于把矢量 F_1 的模($|F_1|$)扩大 $|F_2|$(F_2 的模)倍后,再绕原点按逆时针方向旋转 φ_2 角。复数 F_1 除以 F_2 时,相当于把矢量 F_1 的模($|F_1|$)缩小 $|F_2|$ 倍后,再绕原点按顺时针方向旋转 φ_2 角。

5.2.2 正弦量的相量表示

相量法是分析研究正弦稳态电路的一种简单易行的方法。它是在数学理论和电路理论的基础上建立起来的一种系统方法。下面以电压 $u(t) = U_m\cos(\omega t + \varphi_u)$ 为例,介绍正弦量的相量表示方法。

根据欧拉公式,可将复指数函数 $U_m e^{j(\omega t+\varphi_u)}$ 表示为:

$$U_m e^{j(\omega t+\varphi_u)} = U_m\cos(\omega t+\varphi_u) + jU_m\sin(\omega t+\varphi_u) \qquad (5.2-2)$$

式(5.2-2)中的实部即为正弦电压 $u(t)$ 的表达式,于是有

$$\begin{aligned}u(t) &= U_m\cos(\omega t+\varphi_u)\\ &= \mathrm{Re}[U_m e^{j(\omega t+\varphi_u)}] = \mathrm{Re}[U_m e^{j\varphi_u} \cdot e^{j\omega t}]\\ &= \mathrm{Re}[\dot{U}_m e^{j\omega t}]\end{aligned}$$

其中
$$\dot{U}_m = U_m e^{j\varphi_u} = U_m\angle\varphi_u \qquad (5.2-3)$$

式(5.2-3)中,复数 $\dot{U}_m$ 的模和辐角恰好分别对应正弦电压 $u(t)$ 的振幅和初相。在此基础上,再考虑已知的角频率,就能完全表示一个正弦量。像这样能用来表示正弦量的特定复数称为"相量",并用大写字母且在字母上方标记圆点"·"的符号表示。如正弦电压 $u(t)$ 和电流 $i(t)$ 对应的相量分别表示为 $\dot{U}_m$ 和 $\dot{I}_m$,符号 $\dot{U}_m$ 和 $\dot{I}_m$ 上方中的圆点"·",表示与正弦量相关联的特定复数,以区别于一般的复数。

相量与复数一样,可以在复平面上用矢量表示,如图 5.2-2(a) 所示。相量在复平面上的图示称为"相量图"。有时为了简便,常省去坐标轴,只画出坐标原点和一条表示参考相量的射线,如图 5.2-2(b) 所示。

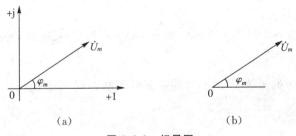

图 5.2-2 相量图

式(5.2-2)中的 $e^{j\omega t}$ 是旋转因子,表示相量 $\dot{U}_m$ 或 $\dot{I}_m$ 在复平面上绕原点以角速度 ω 按逆时针方向旋转。由于正弦信号振幅是有效值的 $\sqrt{2}$ 倍,因此有

$$\begin{cases} \dot{U}_m = U_m \mathrm{e}^{\mathrm{j}\varphi_u} = \sqrt{2}U\mathrm{e}^{\mathrm{j}\varphi_u} = \sqrt{2}\dot{U} \\ \dot{I}_m = I_m \mathrm{e}^{\mathrm{j}\varphi_i} = \sqrt{2}I\mathrm{e}^{\mathrm{j}\varphi_i} = \sqrt{2}\dot{I} \end{cases} \quad (5.2-4)$$

式中：

$$\begin{cases} \dot{U} = U\mathrm{e}^{\mathrm{j}\varphi_u} = U\angle\varphi_u \\ \dot{I} = I\mathrm{e}^{\mathrm{j}\varphi_i} = I\angle\varphi_i \end{cases} \quad (5.2-5)$$

$\dot{U}$ 和 $\dot{I}$ 分别称为"电压、电流的有效值相量"，将 $\dot{U}_m$ 和 $\dot{I}_m$ 分别称为"电压和电流的振幅相量"。显然，振幅相量是有效值相量的 $\sqrt{2}$ 倍。

必须指出，正弦量是代数量，并非矢量或复数量，所以，相量不等于正弦量。相量必须乘以旋转因子 $\mathrm{e}^{\mathrm{j}\omega t}$ 并取实部后才等于相应的正弦量。可见，相量与正弦量之间存在如下对应关系，或变换关系：

$$\begin{cases} u = U_m\cos(\omega t + \varphi_u) \overset{\omega}{\leftrightarrow} \dot{U}_m = U_m\mathrm{e}^{\mathrm{j}\varphi_u} = U_m\angle\varphi_u \\ i = I_m\cos(\omega t + \varphi_i) \overset{\omega}{\leftrightarrow} \dot{I}_m = I_m\mathrm{e}^{\mathrm{j}\varphi_i} = I_m\angle\varphi_i \end{cases} \quad (5.2-6)$$

或者

$$\begin{cases} u = \sqrt{2}U\cos(\omega t + \varphi_u) \overset{\omega}{\leftrightarrow} \dot{U} = U\mathrm{e}^{\mathrm{j}\varphi_u} = U\angle\varphi_u \\ i = \sqrt{2}I\cos(\omega t + \varphi_i) \overset{\omega}{\leftrightarrow} \dot{I} = I\mathrm{e}^{\mathrm{j}\varphi_i} = I\angle\varphi_i \end{cases} \quad (5.2-7)$$

【例 5.2-1】 试写出下列各电压的相量，并画出相量图。

(1) $u_1(t) = 10\cos(100\pi t + 30°)\mathrm{V}$；

(2) $u_2(t) = 20\sin(100\pi t + 135°)\mathrm{V}$；

(3) $u_3(t) = -5\cos(100\pi t + 35°)\mathrm{V}$。

解：(1) $\dot{U}_{1m} = 10\angle 30°$ V

(2) 由于本书相量用 cos 函数表示，所以应先把 $u_2(t)$ 表达式中的 sin 函数化为 cos 函数，将它改写为：

$$u_2(t) = 20\sin(100\pi t + 135°) = 20\cos(100\pi t + 135° - 90°) = 20\cos(100\pi t + 45°)\mathrm{V}$$

然后得到相量 $\dot{U}_{2m} = 20\angle 45°\mathrm{V}$

(3) 先把 $u_3(t)$ 改写为：

$$u_3(t) = -5\cos(100\pi t + 35°) = 5\cos(100\pi t + 35° - 180°) = 5\cos(100\pi t - 145°)\mathrm{V}$$

所以 $\dot{U}_{3m} = 5\angle -145°\mathrm{V}$

以上三个正弦电压的角频率相同，可将其相量图画在同一复平面上，如图 5.2-3 所示。

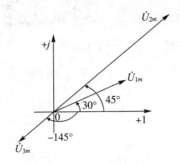

图 5.2-3 电压相量图

【例 5.2-2】 写出正弦量 $\dot{U}_1 = (-6+\mathrm{j}8)\mathrm{V}$ 的时域形式。

解： $\dot{U}_1 = (-6+\mathrm{j}8)\mathrm{V}$ 换为振幅形式：

$$\dot{U}_{1m} = \sqrt{2}(-6+\mathrm{j}8) = \sqrt{2} \times \sqrt{6^2+8^2} \angle \left(\arctan\frac{8}{-6}\right) = 10\sqrt{2}\angle 126.9°\mathrm{V}$$

所以时域可写为：$u_1(t) = 10\sqrt{2}\cos(\omega t + 126.9°)\mathrm{V}$

【例 5.2-3】 已知正弦电流 $i_1(t) = 5\cos(314t + 60°)\mathrm{A}$，$i_2(t) = -10\sin(314t + 60°)\mathrm{A}$。写出这两个正弦电流的电流相量，画出相量图，并求出 $i(t) = i_1(t) + i_2(t)$。

解： 表示正弦电流 $i_1(t) = 5\cos(314t + 60°)\mathrm{A}$ 的相量为：

$$\dot{I}_{1m} = 5\mathrm{e}^{\mathrm{j}60°}\mathrm{A} = 5\angle 60°\mathrm{A}$$

表示正弦电流 $i_2(t) = -10\sin(314t + 60°)\mathrm{A}$ 的相量为：

$$\begin{aligned} i_2(t) &= -10\sin(314t + 60°)\mathrm{A} \\ &= -10\cos(314t + 60° - 90°)\mathrm{A} \\ &= 10\cos(314t - 30° + 180°)\mathrm{A} \end{aligned}$$

$$\Rightarrow \dot{I}_{2m} = 10\angle 150°\mathrm{A}$$

各电流的振幅相量如图 5.2-4 所示。图中清楚地反映了各相量之间模及辐角的关系。

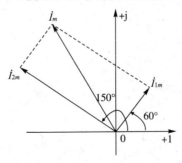

图 5.2-4 例 5.2-3 用图

相量图的另外一个好处是可以用向量和复数的运算法则求得几个同频率正弦电压或电流之和。

例如，用向量运算的平行四边形作图法则可以得到电流相量，如图 5.2-4 所示，从而知道电流 $i(t) = I_m\cos(314t + \varphi)\mathrm{A}$ 的振幅大约为 11.18A，初相大约为 123.4°。作图法简单直

观,但不精确。采用复数运算可以得到更精确的结果。计算如下:

$$\dot{I}_m = \dot{I}_{1m} + \dot{I}_{2m} = 5\angle 60° + 10\angle 150°$$
$$= (2.5 + j4.33) + (-8.66 + j5)$$
$$= (-6.16 + j9.33)$$
$$= 11.18\angle 123.4°A$$

所以有

$$i(t) = 11.18\cos(314t + 123.4°)A$$

从上面的例题可以看出,相量法就是将与时间有关的同频率的正弦函数的运算转换为与时间无关的相量的复代数运算,最后再把运算的结果转换为相应的正弦量。相量法是线性电路正弦稳态分析的一种既简便又有效的方法。

5.3 电路定律的相量形式

电路定律的相量形式就是用相量通过复数形式的电路方程描述电路的基本定律 VCR、KCL 和 KVL。

5.3.1 基本元件 VCR 的相量形式

1. 电阻元件

如图 5.3-1(a) 所示,假设电阻 R 的端电压与电流为关联参考方向。当正弦电流

$$i(t) = I_m\cos(\omega t + \varphi_i)$$

通过电阻时,由欧姆定律可知电阻元件的端电压为:

$$u(t) = Ri(t) = RI_m\cos(\omega t + \varphi_i) = U_m\cos(\omega t + \varphi_u) \tag{5.3-1}$$

式 5.3-1 中,U_m 和 φ_u 是电压 $u(t)$ 的振幅和初相。式(5.3-1)表明,在正弦电流作用下,电阻元件的端电压是与电流同频率的正弦量。电阻上电流、电压波形如图 5.3-1(b) 所示。

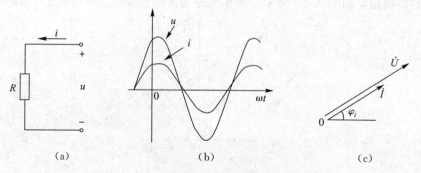

图 5.3-1 电阻元件的电流、电压波形和 $\dot{I}, \dot{U}$ 相量图

式(5.3-1)对应的相量表达式为:

$$\dot{U}_m = R\dot{I}_m \quad \text{或} \quad U_m e^{j\varphi_u} = RI_m e^{j\varphi_i} \tag{5.3-2}$$

利用 $\dot{U}_m = \sqrt{2}\dot{U}$ 和 $\dot{I}_m = \sqrt{2}\dot{I}$ 可将式(5.3-2)改写成有效值形式:

$$\dot{U} = R\dot{I} \quad \text{或} \quad U\mathrm{e}^{\mathrm{j}\varphi_u} = RI\mathrm{e}^{\mathrm{j}\varphi_i} \tag{5.3-3}$$

由式(5.3-2)和(5.3-3)可得电阻上电压、电流的振幅(或有效值)关系和相位关系满足：

$$\begin{cases} U_m = RI_m, U = RI \\ \varphi_u = \varphi_i \end{cases} \tag{5.3-4}$$

式(5.3-2)和(5.3-3)表明了电阻上电压、电流相量之间的关系，称为"电阻元件 VCR 的相量形式"。电阻上电流、电压的相量图如图 5.3-1(c) 所示。

综上所述，电阻元件 VCR 的相量形式既反映了元件上电压、电流振幅或有效值之间的关系，同时又体现了电压、电流同相位的特点。

2. 电感元件

假设电感 L 的端电压与电流为关联参考方向，如图 5.3-2(a) 所示。当正弦电流

$$i(t) = I_m\cos(\omega t + \varphi_i)$$

通过电感时，其端电压为：

$$u(t) = L\frac{\mathrm{d}i(t)}{\mathrm{d}t} = L\frac{\mathrm{d}}{\mathrm{d}t}[I_m\cos(\omega t + \varphi_i)] = -\omega L I_m\sin(\omega t + \varphi_i)$$

$$= \omega L I_m\cos(\omega t + \varphi_i + 90°) = U_m\cos(\omega t + \varphi_u) \tag{5.3-5}$$

上式中，U_m 和 φ_u 为电感电压的振幅和初相。由式(5.3-5)可知电感电压、电流是同频率的正弦量，其波形如图 5.3-2(b) 所示。

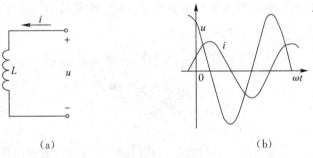

图 5.3-2 电感元件的电流、电压波形

式(5.3-5)对应的振幅相量表达式为：

$$\dot{U}_m = \mathrm{j}\omega L \dot{I}_m \quad \text{或} \quad U_m\mathrm{e}^{\mathrm{j}\varphi_u} = \mathrm{j}\omega L I_m\mathrm{e}^{\mathrm{j}\varphi_i} = \omega L I_m\mathrm{e}^{\mathrm{j}(\varphi_i+90°)} \tag{5.3-6a}$$

有效值相量表达式为

$$\dot{U} = \mathrm{j}\omega L \dot{I} \quad \text{或} \quad U\mathrm{e}^{\mathrm{j}\varphi_u} = \mathrm{j}\omega L I\mathrm{e}^{\mathrm{j}\varphi_i} = \omega L I\mathrm{e}^{\mathrm{j}(\varphi_i+90°)} \tag{5.3-6b}$$

式(5.3-6)称为"电感元件 VCR 的相量形式"，它综合反映了电感元件电压、电流的振幅、有效值及相位之间的关系，用公式表示有：

$$\begin{cases} U_m = \omega L I_m, U = \omega L I \\ \varphi_u = \varphi_i + 90° \end{cases} \tag{5.3-7}$$

可见，在正弦稳态电路中，电感电压在相位上超前电流 90°(设电压、电流参考方向关联)。电感元件的相量模型及电感电流、电压相量图如图 5.3-3(a) 和 (b) 所示。

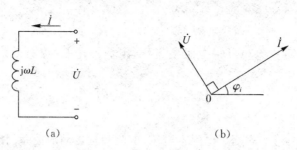

图 5.3-3 电感的相量模型和 $\dot{I}, \dot{U}$ 相量图

电感电压、电流振幅(或有效值)之间的关系满足

$$\frac{U_m}{I_m} = \frac{U}{I} = \omega L = X_L \tag{5.3-8}$$

式 5.3-8 中，X_L（ωL）称为"感抗"，当 L 的单位为 H，ω 的单位为 rad/s 时，X_L 的单位为 Ω。

式(5.3-8)表明，感抗 X_L 与 L 或 ω 成正比。对于给定的电感 L，当电流 I 一定时，ω 愈高，X_L 愈大，要求电感端电压 U 愈高；反之，ω 愈低则要求 U 也愈低。也就是说，电感对高频电流呈现阻力大，对低频电流呈现阻力小。这种阻碍作用是由电感中感应电动势反抗电流变化而产生的。电子线路中应用的高频扼流圈就是利用这一原理制成的。在直流情况下，$\omega = 0$，$X_L = 0$，故 $U = 0$，此时电感 L 相当于短路。

3. 电容元件

假设电容元件 C 的端电压与电流为关联参考方向，如图 5.3-4(a)所示。当电容端电压为 $u(t) = U_m \cos(\omega t + \varphi_u)$ 时，通过 C 的电流为：

$$\begin{aligned}
i(t) &= C\frac{\mathrm{d}u(t)}{\mathrm{d}t} = C\frac{\mathrm{d}}{\mathrm{d}t}[U_m\cos(\omega t + \varphi_u)] \\
&= -\omega C U_m \sin(\omega t + \varphi_u) \\
&= \omega C U_m \cos(\omega t + \varphi_u + 90°) \\
&= I_m \cos(\omega t + \varphi_i)
\end{aligned} \tag{5.3-9}$$

式中 I_m 和 φ_i 是电容电流的振幅和初相。式(5.3-9)表明，电容电压、电流是同频率的正弦量，其波形如图 5.3.4(b) 所示。

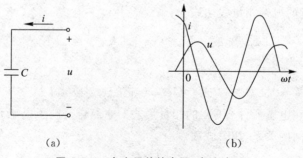

图 5.3-4 电容元件的电压、电流波形

式(5.3-9)对应的相量表达式为：

$$\dot{I}_m = \mathrm{j}\omega C \dot{U}_m$$

通常写成
$$\dot{U}_m = \frac{1}{j\omega C}\dot{I}_m = j\left(-\frac{1}{\omega C}\right)\dot{I}_m = -jX_C\dot{I}_m \quad (5.3-10a)$$

对应有效值相量为
$$\dot{U} = -jX_C\dot{I} \quad (5.3-10b)$$

式中，$X_C = \frac{1}{\omega C}$ 称为"容抗"，当 C 的单位为 F，ω 的单位为 rad/s 时，X_C 的单位为 Ω。

式(5.3-10)是电容元件 VCR 的相量形式，它综合反映了电容元件电压、电流的振幅、有效值及相位之间的关系，用公式表示有

$$\begin{cases} U_m = \frac{1}{\omega C}I_m, U = \frac{1}{\omega C}I \\ \varphi_u = \varphi_i - 90° \end{cases} \quad (5.3-11)$$

可见，在正弦稳态电路中，电容电压在相位上滞后电流 90°（设电压、电流参考方向关联）。电容元件的相量模型和电流、电压的相量图如图 5.3-5(a) 和 (b) 所示。

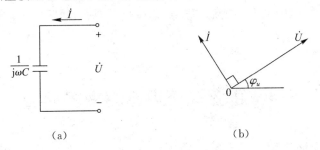

图 5.3-5 电容的相量模型和 $\dot{I}, \dot{U}$ 相量图

电压、电流振幅（或有效值）之间的关系满足

$$\frac{U_m}{I_m} = \frac{U}{I} = \frac{1}{\omega C} = X_C \quad (5.3-12)$$

式(5.3-12)表明，容抗 X_C 与 C 或 ω 成反比。对于给定的电容 C，当 U 一定时，ω 愈高，X_C 愈小，I 就愈大，表示电流愈容易通过。反之，ω 愈低，电流将愈不容易通过。换言之，电容元件对低频电流呈现的阻力大，对高频电流呈现的阻力小。所以，在电子线路中常用电容旁通高频信号。在直流情况下，$\omega = 0$，$X_C = \infty$，电容相当于开路，故电容具有隔直流的作用。

【**例 5.3-1**】 将正弦电压 $u(t) = 10\cos(500t + 30°)$ V 加到 $C = 1000\mu$F 的电容上，求流过该电容的正弦稳态电流。

解： 电压振幅相量 $\dot{U}_m = 10\angle 30°$ V

由电容元件 VCR 有 $\dot{I}_m = j\omega C\dot{U}_m = j500 \times 1000 \times 10^{-6} \times 10\angle 30° = 5\angle 120°$ A

对应的正弦稳态电流为 $i(t) = 5\cos(500t + 120°)$ A

5.3.2 基尔霍夫定律的相量形式

在正弦稳态电路中，各支路电流都是同频率的正弦量，只是振幅和初相不同，其 KCL 可表示为：

$$\sum_{k=1}^{n} i_k = \sum_{k=1}^{n} I_{mk}\cos(\omega t + \varphi_{ik}) = 0 \tag{5.3-13}$$

对应的相量关系表示为：

$$\sum_{k=1}^{n} \dot{I}_{mk} = 0 \quad \text{或} \quad \sum_{k=1}^{n} \dot{I}_k = 0 \tag{5.3-14}$$

式(5.3—14)中，n 为汇于节点或与割集相关的支路数，i_k 为第 k 条支路的电流，$\dot{I}_{mk}$ 和 $\dot{I}_k$ 分别为第 k 条支路电流的振幅相量和有效值相量。

式(5.3—14)是 KCL 的相量形式，它表明，在正弦稳态电路中，对任一节点或割集，各相关支路电流相量的代数和恒为零。

同理，对于正弦稳态电路中的任一回路，KVL 的相量形式为：

$$\sum_{k=1}^{n} \dot{U}_{mk} = 0 \quad \text{或} \quad \sum_{k=1}^{n} \dot{U}_k = 0 \tag{5.3-15}$$

式(5.3—15)中，n 为回路中的支路数，$\dot{U}_{mk}$ 和 $\dot{U}_k$ 分别为回路中第 k 条支路电压的振幅相量和有效值相量。式(5.3—15)表明，沿正弦稳态电路中任一回路绕行一周，各相关支路电压相量的代数和恒为零。

5.4 正弦稳态电路的相量模型

5.4.1 阻抗与导纳

阻抗和导纳的概念是线性电路正弦稳态分析中的重要内容。图 5.4-1(a)为一个无源单口电路 N，在正弦稳态情况下，端口电压相量 $\dot{U}$ 和电流相量 $\dot{I}$ 采用关联参考方向。无源单口电路的端口电压相量 $\dot{U}$ 和电流相量 $\dot{I}$ 的比值定义为该电路的阻抗。记为"Z"，即

$$Z = \frac{\dot{U}_m}{\dot{I}_m} = \frac{\dot{U}}{\dot{I}} \tag{5.4-1}$$

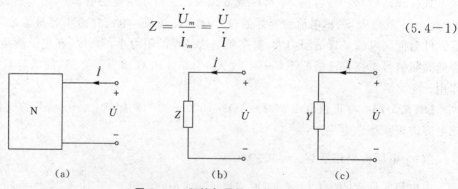

图 5.4-1 阻抗与导纳

显然，阻抗的单位为欧姆(Ω)。将式(5.4—1)中的相量表示成指数型，可得

$$Z = \frac{\dot{U}}{\dot{I}} = \frac{U e^{j\varphi_u}}{I e^{j\varphi_i}} = \frac{U}{I} e^{j(\varphi_u - \varphi_i)} = |Z| e^{j\varphi_z}$$

$$= |Z|\cos\varphi_z + j|Z|\sin\varphi_z \tag{5.4-2}$$

式(5.4-2)中，$|Z|$称为"阻抗模"，φ_z称为"阻抗角"。阻抗的实部$\text{Re}[Z]=|Z|\cos\varphi_z$称为"电阻"，记为"$R$"，阻抗的虚部$\text{Im}[Z]=|Z|\sin\varphi_z$称为"电抗"，记为"$X$"。式(5.4-2)可写成

$$Z = R + jX \tag{5.4-3}$$

阻抗模、阻抗角、电阻和电抗之间的对应关系为

$$\begin{cases} R = |Z|\cos\varphi_z \\ X = |Z|\sin\varphi_z \\ |Z| = \sqrt{R^2 + X^2} = \dfrac{U}{I} \\ \varphi_z = \arctan\dfrac{X}{R} = \varphi_u - \varphi_i \end{cases} \tag{5.4-4}$$

式(5.4-4)表明，无源单口电路的阻抗模等于端口电压与端口电流的有效值之比，阻抗角等于电压与电流的相位差。若$\varphi_z > 0$，表示电压超前电流，电路呈电感性；$\varphi_z < 0$，电压滞后电流，电路呈电容性；$\varphi_z = 0$时，电抗为零，电压与电流同相，电路呈电阻性。

将式(5.4-1)改写为

$$\dot{U}_m = Z\dot{I}_m \quad \text{或} \quad \dot{U} = Z\dot{I} \tag{5.4-5}$$

式(5.4-5)与电阻电路中的欧姆定律相似，故称为"欧姆定律的相量形式"。根据式(5.4-5)画出的相量模型如图5.4-1(b)所示。如果无源单口电路内部仅含单个元件R,L和C，则对应的阻抗分别为

$$\begin{cases} Z_R = R \\ Z_L = j\omega L = jX_L \\ Z_C = \dfrac{1}{j\omega C} = -j\dfrac{1}{\omega C} = -jX_C \end{cases} \tag{5.4-6}$$

无源单口电路的端口电流相量$\dot{I}$和电压相量$\dot{U}$的比值定义为该电路的导纳，记为Y，即

$$Y = \frac{\dot{I}_m}{\dot{U}_m} = \frac{\dot{I}}{\dot{U}} \tag{5.4-7}$$

或

$$Y = \frac{1}{Z} \tag{5.4-8}$$

导纳的单位为西门子(S)。将式(5.4-7)中的电流、电压相量表示成指数型，可得

$$Y = \frac{\dot{I}}{\dot{U}} = \frac{Ie^{j\varphi_i}}{Ue^{j\varphi_u}} = \frac{I}{U}e^{j(\varphi_i - \varphi_u)} = |Y|e^{j\varphi_y} \tag{5.4-9}$$
$$= |Y|\cos\varphi_y + j|Y|\sin\varphi_y$$

式(5.4-9)中$|Y|$称为"导纳模"，φ_y称为"导纳角"。导纳的实部$\text{Re}[Y]=|Y|\cos\varphi_y$称为"电导"，记为"$G$"，导纳的虚部$\text{Im}[Y]=|Y|\sin\varphi_y$称为"电纳"，记为"$B$"。式(5.4-9)可写成：

$$Y = G + jB \tag{5.4-10}$$

导纳模、导纳角、电导、电纳、阻抗模和阻抗角之间的对应关系为

$$\begin{cases} G = |Y|\cos\varphi_y \\ B = |Y|\sin\varphi_y \\ |Y| = \sqrt{G^2 + B^2} = \dfrac{I}{U} = \dfrac{1}{|Z|} \\ \varphi_y = \arctan\dfrac{B}{G} = \varphi_i - \varphi_u = -\varphi_z \end{cases} \quad (5.4-11)$$

式(5.4-11)表明,无源单口电路的导纳模等于电流与电压的有效值之比,也等于阻抗模的倒数;导纳角等于电流与电压的相位差,也等于负的阻抗角。若 $\varphi_y > 0$,表示 $\dot{U}$ 滞后 $\dot{I}$,电路呈电容性;若 $\varphi_y < 0$,则 $\dot{U}$ 超前 $\dot{I}$,电路呈电感性;若 $\varphi_y = 0$,$\dot{U}$ 与 $\dot{I}$ 同相,电路呈电阻性。

将式(5.4-7)改写为

$$\dot{I}_m = Y\dot{U}_m \quad \text{或} \quad \dot{I} = Y\dot{U} \quad (5.4-12)$$

式(5.4-12)也常称为"欧姆定律的相量形式"。它的相量模型如图 5.4-1(c)所示。如果无源单口电路内部仅含单个元件 R, L 和 C,则对应的导纳分别为

$$\begin{cases} Y_R = \dfrac{1}{R} = G \\ Y_L = \dfrac{1}{j\omega L} = -j\dfrac{1}{\omega L} = -jB_L \\ Y_C = j\omega C = jB_C \end{cases} \quad (5.4-13)$$

其中,B_L 称为"感纳",B_C 称为"容纳"。

5.4.2 阻抗(导纳)的串并联

无源元件或无源单口电路的阻抗在串联或并联时,其总阻抗或导纳可以用类似电阻串并联等效的方法求出。

对于由 n 个阻抗串联而成的电路,其等效阻抗 Z 为:

$$Z = Z_1 + Z_2 + \cdots + Z_n \quad (5.4-14)$$

各个阻抗的分压公式为:

$$\dot{U}_k = \dfrac{Z_k}{Z}\dot{U} \quad k = 1, 2, \cdots, n \quad (5.4-15)$$

式(5.4-15)中,$\dot{U}$ 为 n 个串联阻抗的总电压相量,$\dot{U}_k$ 为第 k 个阻抗 Z_k 的电压相量。

同理,对于由 n 个导纳并联而成的电路,其等效导纳为

$$Y = Y_1 + Y_2 + \cdots + Y_n \quad (5.4-16)$$

各个导纳的分流公式为

$$\dot{I}_k = \dfrac{Y_k}{Y}\dot{I} \quad k = 1, 2, \cdots, n \quad (5.4-17)$$

式(5.4-17)中,$\dot{I}$ 为 n 个并联导纳的总电流相量,$\dot{I}_k$ 为第 k 个导纳 Y_k 的电流相量。

对于同一无源电路 N,如图 5.4-2(a)所示,我们既可以把它等效成由电阻 R 和电抗 X 串联组成的阻抗 Z,如图 5.4-2(b)所示,也可以将它等效成由电导 G 和电纳 B 并联组成的导纳 Y,如图 5.4-2(c)所示。

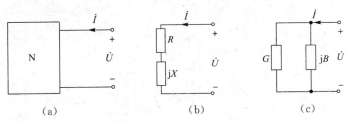

图 5.4-2 阻抗与导纳的等效转换

显然,阻抗 Z 与导纳 Y 也是互为等效的,R、X 与 G、B 之间满足一定的转换关系。若将阻抗等效转换为导纳,由式(5.4-8)可得

$$Y = \frac{1}{Z} = \frac{1}{R+jX} = \frac{R}{R^2+X^2} - j\frac{X}{R^2+X^2} = G + jB$$

式中
$$G = \frac{R}{R^2+X^2} \qquad B = \frac{-X}{R^2+X^2} \qquad (5.4-18)$$

同理,将导纳等效转换为阻抗时,有

$$Z = \frac{1}{Y} = \frac{1}{G+jB} = \frac{G}{G^2+B^2} - j\frac{B}{G^2+B^2} = R + jX$$

可得
$$R = \frac{G}{G^2+B^2} \qquad X = \frac{-B}{G^2+B^2} \qquad (5.4-19)$$

由式(5.4-18)和(5.4-19)可见,一般情况下,阻抗中的电阻与导纳中的电导,还有阻抗中的电抗与导纳中的电纳都不是互为倒数关系。

【例 5.4-1】 求图 5.4-3(a)电路的等效阻抗;求图 5.4-3(b)电路的等效导纳。

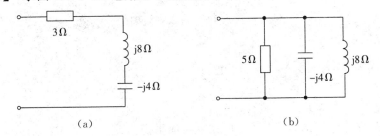

图 5.4-3 例 5.4-1 图

解: (a) $Z = Z_R + Z_L + Z_C = 3 + j8 - j4 = 3 + j4 = 5\angle 53.13°\ \Omega$

(b) $Y = Y_R + Y_L + Y_C = \frac{1}{5} + \frac{1}{j8} + \frac{1}{-j4}$

$= 0.2 + j(0.25 - 0.125) = 0.236\angle 32°\ S$

5.4.3 正弦稳态电路相量模型

在前几章的电路模型中,电流和电压都是随时间变化的量,称为"时域模型"。在正弦稳态电路中,把时域模型中的电源元件用相量模型代替,无源元件用阻抗或导纳代替,电流、电压也用相量表示(其参考方向与原电路相同),这样得到的电路模型称为"相量模型"。例如,对于图 5.4-4(a) 所示的正弦稳态电路(时域模型),设正弦电流源角频率为 ω,其相量模型如图 5.4-4(b)所示。从图中可以看出,相量模型与时域模型具有相同的电路结构。

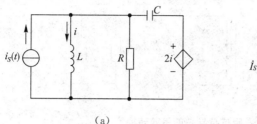
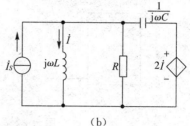

(a)   (b)

图 5.4-4 时域模型和相量模型

对于正弦稳态电路,在引入相量、阻抗、导纳和相量模型概念的前提下,电路 KCL、KVL 和元件端口 VCR 的相量形式与直流电路的相应关系完全相同。因此,分析直流电路的所有方法也都适用于分析正弦稳态电路的相量模型。

【例 5.4-3】 电路如图 5.4-5(a)所示。已知 $R_1=30\,\Omega, R_2=100\Omega, C=0.1\mu F, L=1mH, i_2(t)=0.2\sqrt{2}\cos(10^5 t+60°)$A。求电压 $u(t)$ 和 ab 两端的等效阻抗 Z_{ab}。

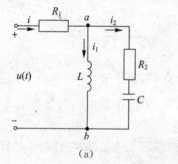
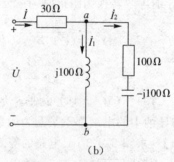

(a)   (b)

图 5.4-5 例 5.4-3 用图

解:

$X_L = \omega L = 10^5 \times 1 \times 10^{-3} = 100\Omega$

$X_C = \dfrac{1}{\omega C} = \dfrac{1}{10^5 \times 0.1 \times 10^{-6}} = 100\Omega$

设电感 L 支路的阻抗为 Z_1,$R_2 C$ 串联支路的阻抗为 Z_2,即:

$$Z_1 = jX_L = j100\Omega = 100\angle 90°\Omega$$
$$Z_2 = R_2 - jX_C = 100 - j100 = 141\angle -45°A$$

电流 i_2 的相量为 $\dot{I}_2 = 0.2\angle 60°$A

ab 两端的电压相量为

$$\dot{U}_{ab} = Z_2 \dot{I}_2 = 141\angle -45° \times 0.2\angle 60° = 28.2\angle 15°V$$

$$\dot{I}_1 = \dfrac{\dot{U}_{ab}}{jX_L} = \dfrac{28.2\angle 15°}{j100} = 0.282\angle -75°A$$

由 KCL 有 $\dot{I} = \dot{I}_1 + \dot{I}_2 = 0.282\angle -75° + 0.2\angle 60° = 0.2\angle -30°$A

电阻 R_1 上的电压相量为 $\dot{U}_R = R_1 \dot{I} = 30 \times 0.2\angle -30° = 6\angle -30°$V

由 KVL 有 $\dot{U} = \dot{U}_R + \dot{U}_{ab} = 6\angle -30° + 28.2\angle 15° = 32.8\angle 7.6°$V

则 ab 两端的等效阻抗为 $Z_{ab} = \dfrac{\dot{U}_{ab}}{\dot{I}} = \dfrac{28.2\angle 15°}{0.2\angle -30°} = 141\angle 45° = (100+\mathrm{j}100)\ \Omega$

Z_{ab} 呈电感性。

$u(t)$ 的表达式为 $\quad u(t) = 32.8\sqrt{2}\cos(10^5 t + 7.6°)\ \mathrm{V}$

5.5 正弦稳态电路的相量分析法

运用相量和相量模型分析正弦稳态电路的方法称为"相量分析法"。采用相量分析法求解正弦稳态电路响应要比时域方法简便得多。本节所示电路的基本变量是电流相量和电压相量,分析的对象是相量模型电路。正弦稳态电路的分析方法与电阻电路的分析方法相同,其常用方法有方程法和等效法两类。一般步骤如下:

(1) 计算 L、C 元件的阻抗或导纳,写出已知正弦电源的相量,将电路时域模型变为相量模型。

(2) 选择适当的求解方法,即用方程法(如节点法、网孔法、回路法)、等效法(如戴维南定理、诺顿定理、阻抗串并联、导纳串并联等)或叠加定理求得所需的电流、电压相量。

(3) 根据题目要求将求得的电流、电压相量表示为时域表达式,或进一步求得所需要的功率。

5.5.1 方程法分析

对有三个独立节点、三个网孔的正弦稳态相量模型电路,可以分别列出相量模型电路的节点方程与网孔方程,列写如下:

$$\begin{cases} Y_{11}\dot{U}_1 - Y_{12}\dot{U}_2 - Y_{13}\dot{U}_3 = \dot{I}_{S11} \\ -Y_{21}\dot{U}_1 + Y_{22}\dot{U}_2 - Y_{23}\dot{U}_3 = \dot{I}_{S22} \\ -Y_{31}\dot{U}_1 - Y_{32}\dot{U}_2 + Y_{33}\dot{U}_3 = \dot{I}_{S33} \end{cases} \quad (5.5-1)$$

$$\begin{cases} Z_{11}\dot{I}_1 + Z_{12}\dot{I}_2 + Z_{13}\dot{I}_3 = \dot{U}_{S11} \\ Z_{21}\dot{I}_1 + Z_{22}\dot{I}_2 + Z_{23}\dot{I}_3 = \dot{U}_{S22} \\ Z_{31}\dot{I}_1 + Z_{32}\dot{I}_2 + Z_{33}\dot{I}_3 = \dot{U}_{S33} \end{cases} \quad (5.5-2)$$

式(5.5-1)中,$\dot{U}_i (i=1,2,3)$ 为第 i 节点的电位相量;$Y_{ii} (i=1,2,3)$ 称为"第 i 个节点的自导纳",它等于与 i 节点相连各支路的导纳之和;$Y_{ij}(i,j=1,2,3,i\neq j)$ 称为"第 i、j 节点间的互导纳",它等于 i、j 节点之间所有相连支路的导纳之和;$\dot{I}_{Sii}(i=1,2,3)$ 称为"流入 i 节点的等效电流源",它等于流入该节点的各电流源的代数和,即流入 i 节点的电流源取正号,反之取负号。

式(5.5-2)中,$\dot{I}_i (i=1,2,3)$ 为第 i 网孔的网孔电流相量;$Z_{ii}(i=1,2,3)$ 称为"第 i 网孔的自阻抗",它等于第 i 网孔内各支路阻抗之和;$Z_{ij}(i,j=1,2,3,i\neq j)$ 称为"第 i、j 网孔

间的互阻抗",它等于第 i、j 网孔间各公共支路上的阻抗之和,且当两网孔电流流经公共支路方向一致时取正号,否则取负号;$\dot{U}_{Sii}(i=1,2,3)$ 称为"第 i 网孔等效电压源",它等于第 i 网孔内各电压源的代数和,当网孔电流由电压源正极性端流出时取正号,否则取负号。

【例 5.5-1】 已知图 5.5-1(a)所示的正弦稳态电路中,$i_S(t)=0.2\sqrt{2}\cos(10^3 t)$ A,$u_S(t)=2\sqrt{2}\cos(10^3 t)$ V,$R_1=5\Omega$,$R_2=10\Omega$,$R_3=1\Omega$,$L=5\text{mH}$,$C=1000\mu\text{F}$。试求节点电压。

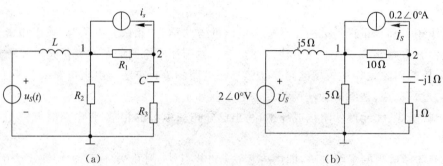

图 5.5-1 例 5.5-1 用图

解:
$$Z_L = j\omega L = j\,10^3 \times 5 \times 10^{-3} = j5\Omega$$
$$Z_C = \frac{1}{j\omega C} = -j\frac{1}{10^3 \times 1000 \times 10^{-6}} = -j1\Omega$$
$$\dot{U}_S = 2\angle 0°\text{V}, \quad \dot{I}_S = 0.2\angle 0°\text{A}$$

画出相量模型电路,如图 5.5-1(b)所示。列出节点方程为:

节点 1 $\qquad (\frac{1}{10}+\frac{1}{5}-j\frac{1}{5})\dot{U}_1 - \frac{1}{10}\dot{U}_2 = \frac{\dot{U}_S}{j5}+\dot{I}_S$

节点 2 $\qquad -\frac{1}{10}\dot{U}_1 + (\frac{1}{10}+\frac{1}{1-j})\dot{U}_2 = -\dot{I}_S$

将 $\dot{U}_S = 2\angle 0°\text{V}$,$\dot{I}_S = 0.2\angle 0°\text{A}$ 代入,得

$$\begin{cases}(3-j2)\dot{U}_1 - \dot{U}_2 = -j4+2 \\ -\dot{U}_1 + (6+j5)\dot{U}_2 = -2\end{cases}$$

计算方程组的系数行列式

$$\Delta = \begin{vmatrix} 3-j2 & -1 \\ -1 & (6+j5) \end{vmatrix} = 27+j3 = 27.2\angle 6.3°$$

解得: $\dot{U}_1 = \frac{1}{\Delta}\begin{vmatrix} -j4+2 & -1 \\ -2 & 6+j5 \end{vmatrix} = \frac{33.1\angle -25.0°}{\Delta} = 1.3\angle -31.3°\text{V}$

$\dot{U}_2 = \frac{1}{\Delta}\begin{vmatrix} 3-j2 & -j4+2 \\ -1 & -2 \end{vmatrix} = \frac{4\angle 180°}{\Delta} = 0.15\angle 173.7°\text{V}$

故得节点 1,2 的电压分别为:

$$u_1(t) = 1.3\sqrt{2}\cos(10^3 t - 31.3°) \text{ V}$$

$$u_2(t) = 0.15\sqrt{2}\cos(10^3 t + 173.7°) \text{ V}$$

【例 5.5-2】 如图 5.5-2(a)所示的正弦稳态电路,已知 $u_S(t) = 10\sqrt{2}\cos(10^3 t)$ V, $R_1 = 200\Omega, R_2 = 400\Omega, R_3 = 50\Omega, L = 250\text{mH}, C = 2\mu\text{F}$,求电流 i_1, i_2。

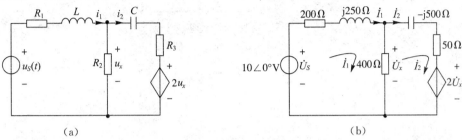

图 5.5-2 例 5.5-2 用图

解: 画出相量模型电路,如图 5.5-2(b)所示。图中

$$Z_L = j\omega L = j\,10^3 \times 250 \times 10^{-3} = j250\Omega$$

$$Z_C = \frac{1}{j\omega C} = -j\,\frac{1}{10^3 \times 2 \times 10^{-6}} = -j500\Omega$$

设网孔电流 $\dot{I}_1, \dot{I}_2$ 参考方向如图(b)所示。将电路中受控电压源看成电压为 $2\dot{U}_x$ 的独立电压源,列出网孔方程为

网孔 1 $(200 + 400 + j250)\dot{I}_1 - 400\dot{I}_2 = 10\angle 0°$

网孔 2 $-400\dot{I}_1 + (400 + 50 - j500)\dot{I}_2 = -2\dot{U}_x$

由于受控电压源控制变量 $\dot{U}_x$ 未知,因此需要增加一个辅助方程 $\dot{U}_x = 400(\dot{I}_1 - \dot{I}_2)$,将辅助方程代入网孔 2 方程,整理后得

$$\dot{I}_1 = 10.8 - j11.1 = 15.49\angle -45.8° \text{ mA}$$

$$\dot{I}_2 = -1.93 - j9.95 = 10.14\angle -101.0° \text{ mA}$$

则

$$i_1(t) = 15.49\sqrt{2}\cos(10^3 t - 45.8°) \text{ mA}$$

$$i_2(t) = 10.14\sqrt{2}\cos(10^3 t - 101°) \text{ mA}$$

5.5.2 等效法分析

保留原电路中与待求变量有关的局部电路,先对电路的剩余部分进行等效化简,然后将化简后的部分电路与保留的局部电路重新组合,并分析得到待求变量的解的方法称为"等效分析法"。等效分析法适用于求解电路中的部分变量。

【例 5.5-3】 正弦稳态相量模型电路如图 5.5-3(a)所示,已知 $\dot{I}_S = 4\angle 90° \text{A}, Z_1 = Z_2 = -j30\Omega, Z_3 = 30\Omega, Z = 45\Omega$,求 $\dot{I}$。

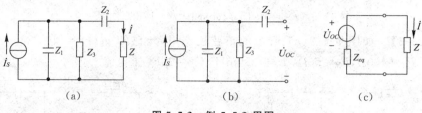

图 5.5-3 例 5.5-3 用图

解： 设开路电压 $\dot{U}_{OC}$ 参考方向如图 5.5-3(b)所示。

$$\dot{U}_{OC} = \dot{I}_S(Z_1 // Z_3) = 4\angle 90° \times \frac{(-j30) \times 30}{(-j30)+30} = 84.86\angle 45° \text{V}$$

等效阻抗 $Z_{eq} = Z_1 // Z_3 + Z_2 = \frac{(-j30) \times 30}{(-j30)+30} + (-j30) = (15-j45)\Omega$

画戴维南等效电路如图 5.5-3(c)所示，则可求得

$$\dot{I} = \frac{\dot{U}_{OC}}{Z_{eq}+Z} = \frac{84.86\angle 45°}{15-j45+45} = 1.13\angle 81.9° \text{A}$$

5.6 正弦稳态电路的功率

由于在正弦交流电路中，除去有消耗电能的电阻元件以外，还有储能元件电感和电容，因此正弦稳态电路功率的计算要比电阻电路复杂。本节主要讨论无源线性单口电路的瞬时功率、平均功率(有功功率)、无功功率、复功率、视在功率和功率因数的分析计算。

5.6.1 单口电路的功率

如图 5.6-1 所示单口电路，其端口电流 i、电压 u 采用关联参考方向。在正弦稳态情况下，设端口电流、电压分别为

$$i(t) = \sqrt{2}I\cos(\omega t + \varphi_i)$$
$$u(t) = \sqrt{2}U\cos(\omega t + \varphi_u) = \sqrt{2}U\cos(\omega t + \varphi_i + \varphi)$$

式中 $\varphi = \varphi_u - \varphi_i$ 是端口电压超前于电流的相位。

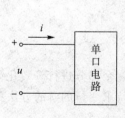
图 5.6-1 单口电路

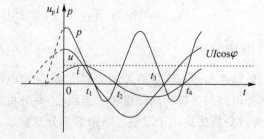
图 5.6-2 单口电路的 u、i、p 波形图

在任一时刻 t，单口电路的瞬时吸收功率(简称"瞬时功率")

$$p(t) = u(t)i(t) = 2UI\cos(\omega t + \varphi_i)\cos(\omega t + \varphi_i + \varphi) \tag{5.6-1}$$
$$= UI\cos\varphi + UI\cos(2\omega t + 2\varphi_i + \varphi)$$

$$= UI\cos\varphi + UI[\cos\varphi\cos 2(\omega t + \varphi_i) - \sin\varphi\sin 2(\omega t + \varphi_i)]$$

画出 i、u 和 p 的波形，如图 5.6-2 所示。由图可见，随电流 i 和电压 u 的变化，瞬时功率 $p(t)$ 有时为正，有时为负，其中，t_1、t_2、t_3、t_4 处因 $u=0$ 或 $i=0$，所以 $p(t)=0$。表明此时单口电路从外电路吸收的瞬时功率为零。当 $u>0$，$i>0$ 或 $u<0$，$i<0$ 时，$p(t)>0$，说明此时单口电路从外电路吸收功率；当 $u>0$，$i<0$ 或 $u<0$，$i>0$ 时，$p(t)<0$，此时单口电路将储存的电磁场能量送回外电路。

式(5.6-1)还表明，单口电路的瞬时功率由两部分组成：一部分是恒定量，且始终大于或等于零，表示在任一时刻，单口电路均存在大小为 $UI\cos\varphi$ 的吸收功率；另一部分随时间 t 的增长按正弦规律变化，其值正负交替，角频率为 2ω。显然，在电流或电压的一个周期内，这部分吸收功率的平均值为零。

瞬时功率的实用意义一般不大，且不便于测量。因此在工程上常用下面几种功率。

1. 平均功率 P

单口电路的平均功率又称"有功功率"，它是瞬时功率在一周期内的平均值，即

$$P = \frac{1}{T}\int_0^T p(t)\mathrm{d}t = \frac{1}{T}\int_0^T ui\,\mathrm{d}t \tag{5.6-2}$$

将式(5.6-1)代入上式，有：

$$P = \frac{1}{T}\int_0^T [UI\cos\varphi + UI\cos(2\omega t + 2\varphi_i + \varphi)]\mathrm{d}t = UI\cos\varphi \tag{5.6-3}$$

式(5.6-3)中 T 为正弦电流(或电压)的周期。有功功率代表电路实际消耗的平均功率，在正弦稳态情况下，有功功率除与电压、电流的有效值有关外，还与电压、电流的相位差有关。有功功率单位是瓦(W)。

如果单口电路为无源线性单口电路，在正弦稳态情况下，可将它等效成阻抗 Z，此时电压、电流相位差 φ 等于阻抗角 φ_z，式(5.6-3)可写为：

$$P = UI\cos\varphi_z = S\lambda \tag{5.6-4}$$

式中

$$\lambda = \cos\varphi_z \tag{5.6-5}$$

$$S = UI \tag{5.6-6}$$

λ 为无源线性单口电路的电压与电流相位差角的余弦，称为"功率因数"；S 为端口电压有效值和电流有效值的乘积，称为"视在功率"，其单位为伏安(V·A)。

如果单口电路是纯电阻电路，则 $\varphi_z = 0$，$P = UI$；如果单口电路是纯电抗电路，由于 $\varphi_z = \pm\dfrac{\pi}{2}$，因此 $P = 0$。

对于电阻性电气产品或设备，由于 $\varphi_z = 0$，$\lambda = 1$，其额定功率常以平均功率形式给出，例如 40W 灯泡，600W 电水壶等。但对于发电机、变压器这类设备，其功率因数大小取决于负载情况，因此额定功率以视在功率形式给出，表示设备允许输出的最大功率容量。例如，某发电机标称的额定功率为 100kV·A，就是指该设备的视在功率 $S=100$kV·A。如果负载为纯电阻，发电机正常运行时可以输出 100kW 有功功率；如果外接电感性负载，设 $\lambda = 0.65$，那么发电机只能输出 65kW 有功功率。因此，在实际应用中，为了充分利用发电机等供电设备的容量，应尽可能地提高功率因数。

2. 无功功率 Q

为了描述单口电路内部与外部电路能量交换的规模，在工程中引用无功功率的概念，定

义式(5.6-1)中正弦项 $UI\sin\varphi\sin 2(\omega t + \varphi_i)$ 的最大值为无功功率,用大写字母 Q 表示,即

$$Q = UI\sin\varphi \tag{5.6-7}$$

为了与平均功率相区别,无功功率的单位是乏(var)。

如果单口电路为无源电路,$\varphi = \varphi_z$,则式(5.6-7)可写成:

$$Q = UI\sin\varphi_z$$

显然,对于电阻性电路,$\varphi_z = 0$,$Q = 0$,表示单口电路与外电路没有发生能量交换现象,流入单口电路的能量全部被电阻消耗;单口电路为电感性电路时,$\varphi_z > 0$,$Q > 0$;单口电路为电容性电路时,$\varphi_z < 0$,$Q < 0$。后两种情况中,$Q \neq 0$,表示单口电路与外电路之间存在能量交换现象。

【例 5.6-1】 有一感性负载电路接在 $220\text{V},50\text{Hz}$ 的正弦电源上,该负载吸收的功率 $P = 20\text{kW}$,功率因数 $\cos\varphi = 0.6$。若要使功率因数提高到 0.9,试求在负载端并接的电容器的电容值和并接电容后电源输出的电流。

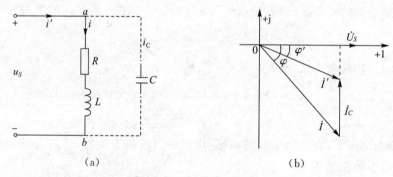

图 5.6-3 例 5.6-1 用图

解:(1)设电源 $\dot{U}_S = 220\angle 0°\text{V}$,电容器并接前(见图 5.6-3(a)实线部分),电路中的电流有效值为 I。

由 $P = U_S I\cos\varphi$ 可得

$$I = \frac{P}{U_S\cos\varphi} = \frac{20 \times 10^3}{220 \times 0.6} = 151.51\text{A}$$

$$\cos\varphi = 0.6,\ \varphi = \cos^{-1}(0.6) = 53.13°$$

(2)设感性负载并接电容后的功率因数角为 φ',总电流为 $\dot{I}'$,则

$$\cos\varphi' = 0.9,\ \varphi' = 25.84°$$

由 $P = U_S I'\cos\varphi'$ 可得

$$I' = \frac{P}{U_S\cos\varphi'} = \frac{20 \times 10^3}{220 \times 0.9} = 101.01\text{A}$$

根据相量图 5.6-3(b),求得电容电流 I_C

$$I_C = I\sin\varphi - I'\sin\varphi' = 151.51\sin 53.13° - 101.01\sin 25.84° = 77.18\text{A}$$

由于

$$I_C = \omega C U_S$$

所以

$$C = \frac{I_C}{\omega U_S} = \frac{77.18}{220 \times 2\pi \times 50} = 1117.26 \times 10^{-6}\text{F} = 1117.26\mu\text{F}$$

计算结果表明,并接电容元件前,功率因数为 0.6,电源提供电流为 151.51A。并接电容元件后,功率因数提高至 0.9,电源提供电流降低为 101.01A。在电力系统中,电源提供电流变小,意味着输电线损耗的减少。根据平均功率 $P = UI\cos\varphi$,为保证负载获得一定功率且减小线路电流,就应提高电压 U 和功率因数 $\cos\varphi$。因此,高压输电和提高功率因数是电力系统降低损耗、提高输电效率的重要措施。

3. 复功率 $\tilde{S}$

工程上为了计算方便,将有功功率 P 与无功功率 Q 组成复功率,用 $\tilde{S}$ 表示,其定义为端口电压相量 $\dot{U}$ 与电流相量 $\dot{I}$ 的共轭值 $\dot{I}^*$ 的乘积。

$$\tilde{S} = \dot{U}\dot{I}^* \tag{5.6-8}$$

将 $\dot{U} = U\angle\varphi_u$ 和 $\dot{I}^* = I\angle(-\varphi_i)$ 代入上式,有

$$\tilde{S} = \dot{U}\dot{I}^* = U\angle\varphi_u \times I\angle(-\varphi_i) = UI\angle(\varphi_u - \varphi_i) = UI\angle\varphi \tag{5.6-9}$$

上式中 φ 为电压相量与电流相量之间的相位差角。

式(5.6-9)可改写为

$$\tilde{S} = \dot{U}\dot{I}^* = UI\angle\varphi = UI\cos\varphi + jUI\sin\varphi = P + jQ \tag{5.6-10}$$

由式(5.6-10)可知,复功率 $\tilde{S}$ 的实部是有功功率,虚部是无功功率,而它的模就是视在功率。复功率的单位是伏安(VA)。

引入复功率后,可以直接利用电流、电压相量计算功率;复功率使平均功率、无功功率、视在功率和功率因数的表示和计算更为简便。但应注意,复功率只是一个计算量,它不代表任何物理意义。

【例 5.6-2】 电路如图 5.6-4 所示,试求各支路的复功率。

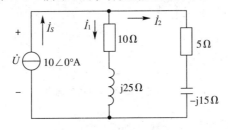

图 5.6-4 例 5.6-2 用图

解:设电路的等效阻抗为 Z,可得

$$Z = (10+j25)//(5-j15) = \frac{(10+j25) \times (5-j15)}{(10+j25) + (5-j15)} = 23.6\angle(-37.1°)\,\Omega$$

电流源两端的电压相量为:

$$\dot{U} = 10\angle0° \times Z = 10\angle0° \times 23.6\angle(-37.1°) = 236\angle(-37.1°)\text{ V}$$

RL 串联支路的电流相量为:

$$\dot{I}_1 = 10\angle0° \times \frac{5-j15}{10+j25+5-j15} = 8.77\angle(-105.3°)\text{ A}$$

RC 串联支路的电流相量为:

$$\dot{I}_2 = \dot{I}_S - \dot{I}_1 = 10\angle 0° - 8.77\angle(-105.3°) = 14.94\angle 34.5° \text{ A}$$

RL 串联支路的复功率为：

$$\tilde{S}_1 = \dot{U}\dot{I}_1^* = 236\angle(-37.1°) \times 8.77\angle 105.3° = 2069.72\angle 68.2° = 769 + \text{j}1922 \text{ VA}$$

RC 串联支路的复功率为：

$$\tilde{S}_2 = \dot{U}\dot{I}_2^* = 236\angle(-37.1°) \times 14.94\angle(-34.5°) = 3525.84\angle(-71.6°) = 1113 - \text{j}3346 \text{ VA}$$

电流源支路的复功率为：

$$\tilde{S} = \dot{U}\dot{I}_S^* = 236\angle(-37.1°) \times 10\angle 0° = 2360\angle(-37.1°) = 1882 - \text{j}1424 \text{ VA}$$

计算结果表明，RL 串联支路的有功功率为 769W，无功功率为 1922var；RC 串联支路的有功功率为 1113W，无功功率为 -3346var；电流源支路的有功功率为 1882W，无功功率为 -1424var。

RL 和 RC 支路的有功功率为 769+1113=1882W，与电流源提供的有功功率 1882W 相一致；RL 和 RC 支路的无功功率为 1922+(-3346)=-1424var，与电流源提供的无功功率 -1424kvar 相一致。可见，整个电路的有功功率和无功功率均满足能量守恒原理。

5.6.2 最大传输功率

在信号处理等实际应用中，经常需要从有源单口电路中提取出最大功率。如图 5.6-5(a)所示电路为一有源单口电路 N 向负载 Z_L 传输功率，下面讨论负载获得最大功率的条件。根据戴维南定理，图 5.6-5(a)可简化为图(b)所示的等效电路。

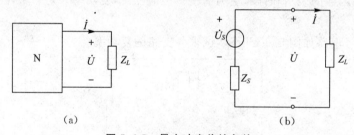

图 5.6-5 最大功率传输条件

设等效电源的电压相量为 $\dot{U}_S$，等效电源的内阻抗为 $Z_S = R_S + \text{j}X_S$，负载阻抗 $Z_L = R_L + \text{j}X_L$。由图 5.6-5(b)可知，电路中的电流

$$\dot{I} = \frac{\dot{U}_S}{Z_S + Z_L} = \frac{\dot{U}_S}{(R_S + R_L) + \text{j}(X_S + X_L)} \tag{5.6-11}$$

其有效值为

$$I = \frac{U_S}{\sqrt{(R_S + R_L)^2 + (X_S + X_L)^2}}$$

所以负载获得的功率

$$P_L = I^2 R_L = \frac{U_S^2 R_L}{(R_S + R_L)^2 + (X_S + X_L)^2} \tag{5.6-12}$$

下面分两种情况讨论负载可变时，它从给定电源获得最大功率的条件及获得的最大功率。

1. 共轭匹配条件

设负载阻抗中的 R_L，X_L 均可独立改变，即模与辐角均可变。由式(5.6-12)可见，若先固定 R_L，只改变 X_L，因 $(X_S+X_L)^2$ 是分母中非负值的相加项，故 $X_S+X_L=0$ 时 P_L 达最大值，把此条件下 P_L 的最大值记为 P_{Lm}，则有

$$P_{Lm} = \frac{U_S^2 R_L}{(R_S+R_L)^2}$$

在固定 $X_L=-X_S$ 值条件下，再改变 R_L，使 P_{Lm} 达最大。为此，可求出 P_{Lm} 对 R_L 的导数并令其为零，即

$$\frac{dP_{Lm}}{dR_L} = U_S^2 \frac{(R_S+R_L)^2 - 2R_L(R_S+R_L)}{(R_S+R_L)^4} = 0$$

上式中 U_S 及分母项均非零，所以有：$(R_S+R_L)^2 - 2R_L(R_S+R_L)=0$

解得 $R_L = R_S$

当 R_L 和 X_L 均可独立改变时，负载获得最大功率的条件为

$$\begin{cases} R_L = R_S \\ X_L = -X_S \end{cases} \quad \text{或者} \quad Z_L = Z_S^* \tag{5.6-13}$$

式(5.6-13)为负载从给定等效电源获得最大功率的共轭匹配条件。将该条件代入式(5.6-12)，求得负载吸收的最大功率为

$$P_{Lm1} = \frac{U_S^2}{4R_S} \tag{5.6-14}$$

2. 模值匹配条件

设等效电源内阻抗和负载阻抗分别为

$$\begin{cases} Z_S = R_S + jX_S = |Z_S|\cos\varphi_S + j|Z_S|\sin\varphi_S \\ Z_L = R_L + jX_L = |Z_L|\cos\varphi_L + j|Z_L|\sin\varphi_L \end{cases}$$

式中 $|Z_S|$、φ_S 为电源内阻抗的模和辐角；$|Z_L|$、φ_L 为负载阻抗的模和辐角。将 Z_S 和 Z_L 代入式(5.6-12)，得负载吸收功率

$$\begin{aligned}
P_L &= \frac{U_S^2 |Z_L|\cos\varphi_L}{(R_S+|Z_L|\cos\varphi_L)^2 + (X_S+|Z_L|\sin\varphi_L)^2} \\
&= \frac{U_S^2 |Z_L|\cos\varphi_L}{(R_S^2+X_S^2)+|Z_L|^2+2|Z_L|(R_S\cos\varphi_L+X_S\sin\varphi_L)} \\
&= \frac{U_S^2\cos\varphi_L}{\frac{R_S^2+X_S^2}{|Z_L|}+|Z_L|+2(R_S\cos\varphi_L+X_S\sin\varphi_L)}
\end{aligned} \tag{5.6-15}$$

设负载阻抗角 φ_L 固定，模值 $|Z_L|$ 可以改变。因为式(5.6-15)中只有分母中前面两项与 $|Z_L|$ 有关，所以若能使该两项和值最小，负载吸收功率 P_L 将达最大。于是，通过这两项求 $|Z_L|$ 的导数并令其为零，即

$$\frac{d}{d|Z_L|}\left(\frac{R_S^2+X_S^2}{|Z_L|}+|Z_L|\right) = -\frac{R_S^2+X_S^2}{|Z_L|^2}+1=0$$

解得

$$|Z_L| = \sqrt{R_S^2+X_S^2} = |Z_S| \tag{5.6-16}$$

将式(5.6－16)代入式(5.6－15)得此时负载的吸收功率为

$$P_{Lm2} = \frac{U_S^2 \cos\varphi_L}{2|Z_S|[1+\cos(\varphi_S-\varphi_L)]} \quad (5.6-17)$$

在固定 φ_L 且允许改变 $|Z_L|$ 的情况下，当负载阻抗的模值等于电源内阻抗的模值时，负载阻抗可以获得最大功率 P_{Lm2}。式(5.6－16)称为"模值匹配条件"。

如果负载为纯电阻 R_L，则可把选 R_L 使负载获得最大功率的问题看成是模值匹配的特殊情况。按式(5.6－16)选取电阻值为

$$R_L = |Z_S| = \sqrt{R_S^2 + X_S^2} \quad (5.6-18)$$

时，就可获得最大功率。式(5.6－17)中令 $\varphi_L=0$，求得该最大功率为

$$P'_{Lm2} = \frac{U_S^2}{2|Z_S|(1+\cos\varphi_S)} \quad (5.6-19)$$

【例 5.6-3】 如图 5.6-6(a)所示电路，在下列情况下，问负载阻抗为何值时能获得最大功率？并计算该最大功率。

(1) 负载为纯电阻 R_L，其值可以任意改变。

(2) 负载阻抗 Z_L 的模值 $|Z_L|$ 和辐角 φ_L 均可独立改变。

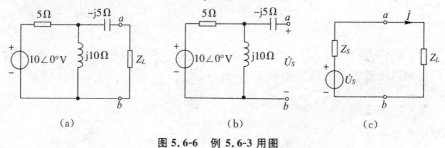

图 5.6-6 例 5.6-3 用图

解： 自 a,b 处断开 Z_L，得到单口电路如图(b)所示。利用串联电路分压公式求得等效电源开路电压(参考方向如图中所标)：

$$\dot{U}_S = \frac{j10}{5+j10} \times 10 = 8.94\angle 26.6° \text{V}$$

将图(b)中的电压源短路，应用阻抗串、并联等效，求得等效电源内阻抗

$$Z_S = \frac{j50}{5+j10} - j5 = 4 - j3 = 5\angle(-36.9°) \Omega$$

于是，画出戴维南等效电路如图(c)所示。

(1) 负载为纯电阻时，根据模值匹配条件知道，当 $R_L = |Z_S| = 5\Omega$ 时，负载获得最大功率。这时，流经负载的电流为：$\dot{I} = \dfrac{\dot{U}_S}{Z_S+Z_L}$

其有效值：$I = \dfrac{U_S}{\sqrt{(R_S+R_L)^2+X_S^2}} = \dfrac{8.94}{\sqrt{(4+5)^2+(-3)^2}} = 0.942\text{A}$

因此，负载吸收的功率：$P'_{Lm2} = I^2 R_L = 4.44 \text{ W}$

或由式(5.6－19)得：

$$P_{Lm2} = \frac{U_S^2}{2|Z_S|(1+\cos\varphi_S)} = \frac{8.94^2}{2\times 5[1+\cos(-36.9°)]} = 4.44\text{W}$$

(2) 负载阻抗的模值和辐角均可独立改变,由共轭匹配条件可知,当 $Z_L = Z_S^*$ = $5\angle 36.9°\Omega$ 时,负载吸收功率最大。由式（5.6-14）得

$$P_{Lm1} = \frac{U_S^2}{4R_S} = \frac{8.94^2}{4\times 4} = 5\text{W}$$

求解结果表明,第一种情况下的负载满足模值匹配条件,第二种情况下的负载满足共轭匹配条件。一般说来,模值匹配条件下的最大功率要小于共轭匹配时的最大功率。

习题 5

5-1 求出下列正弦电流或电压信号的振幅、角频率和初相角。

(1) $u(t) = 50\sqrt{2}\cos 100t \text{ V}$

(2) $u(t) = 8\sin(10t - 120°) \text{ V}$

(3) $i(t) = 20\cos(2t + 45°) \text{ A}$

(4) $i(t) = -2\sin(8\pi t + 120°) \text{ A}$

5-2 已知:

$u_1(t) = 220\sqrt{2}\cos(314t - 120°) \text{ V}$

$u_2(t) = 220\sqrt{2}\cos(314t + 30°) \text{ V}$

(1) 画出它们的波形图,求出它们的有效值、频率和周期;

(2) 写出它们的相量和画出相量图,求出它们的相位差。

5-3 试写出下列各电流的相量,并绘出相量图。

(1) $i_1(t) = 4\sqrt{2}\cos(314t - 60°) \text{ A}$;

(2) $i_2(t) = 5\sqrt{2}\sin(314t + 30°) \text{ A}$;

(3) $i_3(t) = -10\sqrt{2}\cos(314t + 45°) \text{ A}$。

5-4 写出下列有效值相量代表的正弦信号,设 $\omega = 200 \text{rad/s}$。

(1) $\dot{I} = (10 + j10) \text{A}$

(2) $\dot{U} = (3 - j4) \text{V}$

5-5 题 5-5 图所示 RC 并联正弦稳态电路,设图中各电流表内阻为零。已知电流表 A_1 和 A_2 的读数分别为 6A 和 8A,试问电流表 A 的读数应为多少?

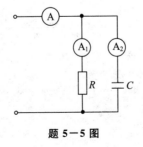

题 5-5 图

5-6 已知电容器两端的电压有效值为 220V, $f = 50\text{Hz}$,通过的电流的有效值为 0.33A,忽略电容器的损耗,计算电容器的电容量 C。

5-7 已知线圈的电感 $L=10\mathrm{mH}$,线圈电阻忽略不计,接到 $u(t)=2\cos\omega t\ \mathrm{V}$ 信号源上。求在下列频率时通过该电感的正弦稳态电流。

(1) $f=464\mathrm{kHz}$ (2) $f=2\mathrm{kHz}$

5-8 求题 5-8 图所示电路中 ab 的等效阻抗。

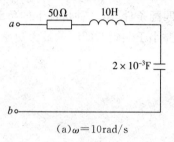
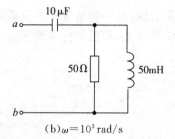

题 5-8 图

5-9 正弦稳态电路如题 5-9 图所示,已知 $u_S(t)=31.6\sqrt{2}\cos(2t)\mathrm{V}$, $R_1=R_2=2\Omega$, $L=1\mathrm{H}$, $C=0.25\mathrm{F}$,试画出电路的相量模型,并计算 $u_L(t)$ 和 $i_C(t)$。

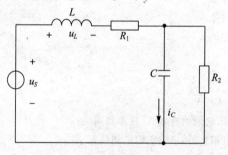

题 5-9 图

5-10 已知 $u_S(t)=\sqrt{2}\cos(2t)\mathrm{V}$,试用网孔法计算题 5-10 图所示电路中的电压 $u_C(t)$。

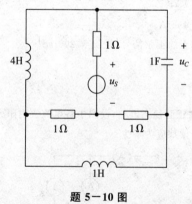

题 5-10 图

5-11 电路如题 5-11 图所示,已知 $\dot{U}_S=6\angle 0°\mathrm{V}$, $\dot{I}_S=3\angle 0°\mathrm{A}$。试用节点法求电位 $\dot{V}_1$ 和 $\dot{V}_2$。

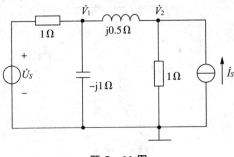

题 5-11 图

5-12 已知电压源 $u_S = 10.39\sqrt{2}\sin(2t+60°)$ V，电流源 $i_S = 3\sqrt{2}\cos(2t-30°)$ A，试用戴维南等效相量模型计算题 5-12 图所示电路中的电流 i_L。

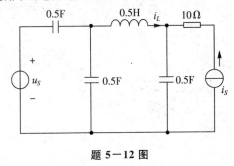

题 5-12 图

5-13 如题 5-13 图所示正弦稳态电路，已知 $i_S(t) = 5+5\cos(10t)$ A，$u_S(t) = 5\cos(5t)$ V，求电容上电压 $u_C(t)$。

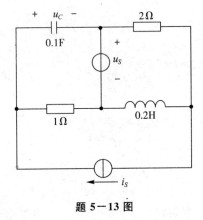

题 5-13 图

5-14 已知某无源单口电路的等效阻抗 $Z = 20+j25$，端口电流 $i(t) = 4\sqrt{2}\cos(\omega t + \pi/3)$ A，求该电路的复功率、有功功率和无功功率。

5-15 有一感性负载电路接在 220V，50Hz 的正弦电源上，该负载吸收的功率 $P = 1.1$kW，功率因数 $\cos\varphi = 0.5$。若要使功率因数提高到 0.8，试求在负载端并接的电容器的电容值和并联电容后电源输出的电流。

5-16 如题 5-16 图所示电路，已知 $\dot{I}_S = 2\sqrt{2}\angle(-45°)$ A。
(1) Z_L 为何值时能获得最大功率？并计算该最大功率。
(2) 若 Z_L 为纯电阻 R_L，问 R_L 为何值时能获得最大功率？并计算该最大功率。

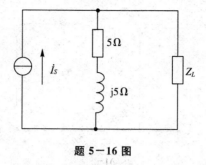

题 5-16 图

第6章 电路的频率响应

研究电路的频率特性就是研究电路在不同频率信号作用下响应的变化规律和特点,因为在通信中,传输的信号是不同频率正弦信号的合成,具有一定的频带宽度。本章主要讨论频率响应的概念、RC电路的频率特性、RLC串联和并联电路的谐振现象及应用。

6.1 频率响应的基本概念

当电路中包含储能元件时,由于容抗和感抗都是频率的函数,因此不同频率的正弦信号作用于电路时,即使其振幅和初相相同,响应的振幅和初相都将随频率的变化而变化。电路响应随激励频率而变化的特性称为电路的"频率特性"或"频率响应"。

6.1.1 网络函数

网络函数定义为电路的响应相量与电路的激励相量之比,以符号 $H(j\omega)$ 表示。即

$$H(j\omega) = \frac{响应相量}{激励相量} \tag{6.1-1}$$

式(6.1-1)中响应相量可以是电压相量,也可以是电流相量;激励相量可以是电压相量,也可以是电流相量。响应相量与激励相量既可以是同一对端钮上的相量,又可以是非同一对端钮上的相量。网络函数可以分为两大类:若响应相量与激励相量为同一对端钮上的相量,所定义的网络函数称为"策动网络(点)函数";否则,所定义的网络函数称为"传输网络(点)函数"(又称"转移函数")。

策动点函数可以用策动点阻抗或策动点导纳描述:

$$Z(j\omega) = \frac{\dot{U}_1}{\dot{I}_1} \tag{6.1-2}$$

$$Y(j\omega) = \frac{\dot{I}_1}{\dot{U}_1} \tag{6.1-3}$$

电路表示分别如图 6.1-1、6.1-2。

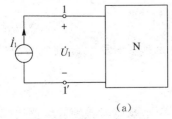

图 6.1-1 策动点阻抗

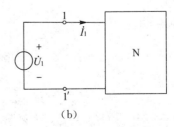

图 6.1-2 策动点导纳

当响应与激励不在同一端钮时,电路表示分别如图 6.1-3、6.1-4、6.1-5、6.1-6,对应的网络函数表示有如下四种形式:

(1)根据网络函数定义,对于图 6.1-3 情况,若以 $\dot{U}_2$ 为响应相量,则 N 的网络函数为:

$$H_1(j\omega) = \frac{\dot{U}_2}{\dot{U}_S} \tag{6.1-4}$$

(2)图 6.1-4,若以 $\dot{I}_2$ 为响应相量,则 N 的网络函数为:

$$H_2(j\omega) = \frac{\dot{I}_2}{\dot{U}_S} \tag{6.1-5}$$

(3)图 6.1-5,若以 $\dot{U}_2$ 为响应相量,则 N 的网络函数为:

$$H_3(j\omega) = \frac{\dot{U}_2}{\dot{I}_S} \tag{6.1-6}$$

(4)图 6.1-6,若以 $\dot{I}_2$ 为响应相量,则 N 的网络函数为:

$$H_4(j\omega) = \frac{\dot{I}_2}{\dot{I}_S} \tag{6.1-7}$$

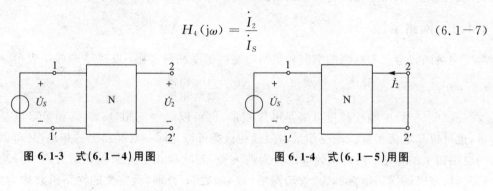

图 6.1-3　式(6.1-4)用图　　　　　图 6.1-4　式(6.1-5)用图

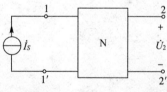

图 6.1-5　式(6.1-6)用图

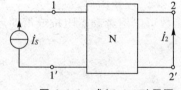

图 6.1-6　式(6.1-7)用图

以上定义类似于受控源,也可以将式(6.1-4)、(6.1-5)、(6.1-6)、(6.1-7)分别称为:转移电压比、转移导纳、转移阻抗、转移电流比。

6.1.2　频率响应

一般情况下,含动态元件电路的网络函数 $H(j\omega)$ 是频率的复函数,将它写为指数表示形式,有

$$H(j\omega) = |H(j\omega)| e^{j\varphi(\omega)} \tag{6.1-8}$$

式(6.1-8)中,$|H(j\omega)|$ 称为"网络函数的模",表示响应与激励的幅值比随 ω 变化的特性,即幅频特性;$\varphi(\omega)$ 称为"网络函数的辐角",表示响应与激励的相位差随 ω 变化的特

性,即相频特性。它们都是频率的函数,一般用曲线来描述幅频特性和相频特性,这就是幅频特性曲线和相频特性曲线,如图 6.2-2 (a)、(b)所示。在后续课程中,如自动控制原理中也用伯德图来描述。

若为特殊情况,网络函数 $H(j\omega)$ 是 ω 的实函数,亦可将幅频特性与相频特性合二为一的画在一个实平面上:$H(j\omega)$ 为纵坐标轴,ω 为横坐标轴。在横轴上面的曲线部分对应各频率的相位均为 $0°$;在横轴下面的曲线部分对应各频率的相位均为 $180°$ 或 $-180°$。

6.2 RC 电路的频率特性

由 RC 元件按各种方式组成的电路能起到选频或滤波的作用。在通信与无线电技术中得到广泛的应用。下面讨论简单的 RC 低通、高通网络的频率特性。

6.2.1 RC 一阶低通电路

RC 低通网络被广泛应用于电子设备的整流电路中,用以滤除整流后电源电压中的交流分量;或用于检波电路中以滤除检波后的高频分量,所以该电路又称为"RC 低通滤波网络"。电路如图 6.2-1 所示。

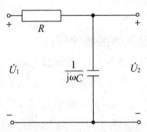

图 6.2-1 一阶 RC 低通电路图

对于图 6.2-1,若选 $\dot{U}_1$ 为激励相量,$\dot{U}_2$ 为响应相量,则网络函数可以描述为:

$$H(j\omega) = \frac{\dot{U}_2}{\dot{U}_1} = \frac{\frac{1}{j\omega C}}{R + \frac{1}{j\omega C}} = \frac{1}{1 + j\omega RC} = \frac{1}{\sqrt{1 + \omega^2 R^2 C^2}} e^{-j\arctan(\omega RC)} \quad (6.2-1)$$

即 $H(j\omega)$ 的模、辐角分别为:

$$|H(j\omega)| = \frac{1}{\sqrt{1 + \omega^2 R^2 C^2}} \quad (6.2-2)$$

$$\varphi(\omega) = -\arctan(\omega RC) \quad (6.2-3)$$

根据式(6.2-2)和(6.2-3),考虑 ω 在 $[0,\infty)$ 时有:

当 $\omega = 0$ 时,$|H(j\omega)| = 1$,$\varphi(\omega) = -\arctan(\omega RC) = 0$;

当 $\omega = \frac{1}{RC}$ 时,$|H(j\omega)| = \frac{1}{\sqrt{2}}$,$\varphi(\omega) = -\arctan(\omega RC) = -\frac{1}{4}\pi$;

当 $\omega \to \infty$ 时,$|H(j\omega)| \to 0$,$\varphi(\omega) = -\arctan(\omega RC) = -\frac{1}{2}\pi$。

可分别画得图 6.2-1 网络的幅频特性和相频特性,如图 6.2-2 (a)、(b)所示。

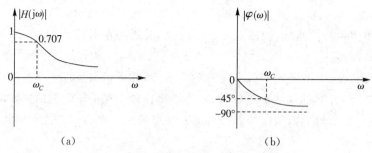

图 6.2-2　一阶 RC 低通网络的频率特性

从图 6.2-2 可以看出，对于图 6.2-1 网络，直流（$\omega=0$）或低频信号可通过，而高频信号衰减幅度大，所以图 6.2-1 网络称为"一阶 RC 低通电路（网络）"。

特别当 $\omega=\dfrac{1}{RC}$ 时，有 $|H(j\omega)|=\dfrac{1}{\sqrt{2}}=0.707$，此时的 ω 称为"截止角频率"，记为 ω_C，即网络函数的幅值 $|H(j\omega)|$ 下降到 $|H(j0)|$ 值的 $1/\sqrt{2}$ 时所对应的角频率。对于该网络，工程中一般认为角频率高于 ω_C 即对应幅值小于 $|H(j0)|$ 的 70.7% 的输入信号不能通过网络，被滤除了。通常把 $0\sim\omega_C$ 的角频率范围作为这类实际低通滤波器的通频带宽度。

由于电路的输出功率与电压的平方成正比，当 $\omega=\omega_C$ 时，电路的输出功率是最大输出功率的一半，ω_C 也称为"半功率点频率"。

工程中也常用分贝为单位表示网络的幅频特性：

$$|H(j\omega)|=20\lg|H(j\omega)|\ \mathrm{dB} \qquad (6.2-4)$$

当 $\omega=\omega_C$ 时有：$20\lg|H(j\omega_C)|=20\lg 0.707=-3\mathrm{dB}$

所以 ω_C 又称为"3 分贝角频率"。在这一角频率上，输出电压与它的最大值相比较正好下降了 3dB。在电子电路中约定，当输出电压下降到它的最大值的 3dB 以下时，就认为该频率成分对输出的贡献很小。

6.2.2　RC 一阶高通电路

图 6.2-3 所示网络若选 $\dot{U}_1$ 为输入相量，$\dot{U}_2$ 为输出相量，则网络函数为：

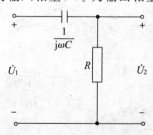

图 6.2-3　RC 一阶高通网络

$$H(j\omega)=\dfrac{\dot{U}_2}{\dot{U}_1}=\dfrac{R}{R-j\dfrac{1}{\omega C}}=\dfrac{1}{1-j\dfrac{1}{\omega RC}}=|H(j\omega)|e^{j\varphi(\omega)} \qquad (6.2-5)$$

即 $H(j\omega)$ 的模、辐角分别为：

$$|H(j\omega)| = \frac{1}{\sqrt{1 + \frac{1}{\omega^2 R^2 C^2}}} \qquad (6.2-6)$$

$$\varphi(\omega) = \arctan \frac{1}{\omega RC} \qquad (6.2-7)$$

根据式(6.2-6)和(6.2-7)，考虑 ω 在 $[0, \infty)$ 可分别画得图 6.2-3 网络的幅频特性和相频特性，如图 6.2-4(a)、(b)所示。

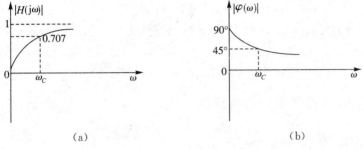

图 6.2-4 一阶 RC 高通网络的频率特性

显然，图 6.2-4 为一阶 RC 高通网络，ω_C 为其截止角频率，该电路一般是电子线路中常用的 RC 耦合电路。实际 RC 电路中还存在 RC 带通、带阻、全通网络。

6.3 RLC 串联谐振电路

谐振电路是指在含有电阻 R、电感 L 和电容 C 元件的交流电路中，在一定条件下出现的电路两端电压与该电路中的电流相位相同，整个电路呈现纯电阻性质的一种特殊现象。谐振电路在无线电和电工技术中有广泛的应用，如收音机调谐、信号选择，日光灯中电子镇流器也基于此原理。但在电力系统中发生谐振有可能破坏系统的正常工作。

6.3.1 串联谐振的条件

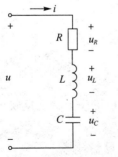
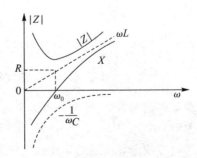

图 6.3-1 RLC 串联谐振电路　　　图 6.3-2 阻抗变化曲线

由图 6.3-1 所示 RLC 串联电路可得阻抗：

$$Z = R + j\left(\omega L - \frac{1}{\omega C}\right) = R + j(X_L - X_C) = R + jX \qquad (6.3-1)$$

当 $X = 0$，即 $\omega_0 L = \dfrac{1}{\omega_0 C}$ 时，电路发生谐振，进一步可得谐振角频率：

$$\omega_0 = \frac{1}{\sqrt{LC}} \qquad (6.3-2)$$

谐振频率：

$$f_0 = \frac{1}{2\pi \sqrt{LC}} \qquad (6.3-3)$$

由此可见串联电路实现谐振的方式：

(1) LC 不变，改变 ω。

ω_0 由电路本身的参数决定，一个 RLC 串联电路只能有一个对应的 ω_0，当外加频率等于谐振频率时，电路发生谐振。

(2) 电源频率不变，改变 L 或 C（常改变 C）。

6.3.2 RLC 串联电路谐振时的特点

(1) $\dot{U}$ 与 $\dot{I}$ 同相，有

$$Z = R + j(\omega L - \frac{1}{\omega C}) = R + j(X_L - X_C) = R + jX = |Z|\angle 0° = R \qquad (6.3-4)$$

此时电流 I 达到最大值。电路 $X_L + X_C$ 与 ω 的关系如图 6.3-2 所示。

(2) LC 上的电压大小相等，相位相反，串联总电压为零，也称"电压谐振"，即 $\dot{U}_L + \dot{U}_C = 0$，LC 相当于短路，电源电压全部加在电阻上，$\dot{U}_R = \dot{U}$。

RLC 串联电路在谐振时的感抗和容抗在量值上相等，感抗或容抗的大小称为"谐振电路的特性阻抗"，即

$$\rho = \omega_0 L = \frac{1}{\omega_0 C} = \sqrt{\frac{L}{C}} \qquad (6.3-5)$$

此时电阻、电感和电容上的电压分别为：

$$\dot{U}_{R0} = R\dot{I}_0 = \dot{U}$$

$$\dot{U}_{L0} = j\omega_0 L \dot{I}_0 = j\frac{\omega_0 L}{R}\dot{U}_S = jQ\dot{U}_S$$

$$\dot{U}_{C0} = \frac{1}{j\omega_0 C}\dot{I}_0 = -j\frac{1}{\omega_0 RC}\dot{U}_S = -jQ\dot{U}_S$$

其中 $Q = \dfrac{\omega_0 L}{R} = \dfrac{1}{\omega_0 RC} = \dfrac{\rho}{R}$ 称为"串联谐振电路的品质因数"。特性阻抗、品质因数也只取决于电路元件的参数值，而与外界因数无关，所以它们也可作为客观反映谐振电路基本属性的重要参数。

此时电感电压或电容电压的幅度为电压源电压幅度的 Q 倍，即：

$$U_{L0} = U_{C0} = QU_S = QU_{R0}$$

若 $Q \gg 1$，则 $U_{L0} = U_{C0} \gg U_S = U_{R0}$，故这种串联电路的谐振也称为"电压谐振"。

电子和通信工程中，常利用高品质因数的串联谐振电路来放大电压信号。而电力工程中则需避免发生高品质因数的谐振，以免因过高电压损坏电气设备。

【例 6.3-1】 某收音机 $L = 0.3\text{mH}$，$R = 10\Omega$，为收到中央电台 560kHz 信号，求(1)调谐电容 C 值；(2)如输入电压为 $1.5\,\mu\text{V}$，求谐振电流和此时的电容电压。

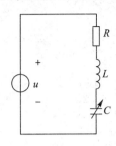

图 6.3-3 例 6.3-1 用图

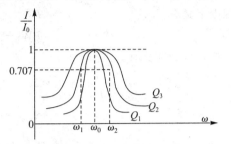

图 6.3-4 谐振曲线与 Q 值关系

解： 由式(6.3-3)及电路发生谐振时特点得：

(1)
$$C = \frac{1}{(2\pi f)^2 L} = 269\text{pF}$$

(2) 谐振时电路电流为：
$$I_0 = \frac{U}{R} = \frac{1.5}{10} = 0.15\,\mu\text{A}$$

因此，电容电压为：
$$U_{C0} = I_0 X_C = 158.5\,\mu\text{V} \gg 1.5\,\mu\text{V}$$

从上例可以看出，实际电路使用时需要对频率有一定的选择性。其实，谐振电路 Q 值愈高，谐振曲线愈尖锐，选择能力就愈强，如图 6.3-4，其中 $Q_1 > Q_2 > Q_3$。即选用 Q 值较高的电路，有利于从众多的各种单一频率信号中选择出所需要的信号，而抑制其他的干扰。但是，实际信号都占有一定的频带宽度，是由若干频率分量所组成的多频率信号，设计电路时不能只为选择出需要实际信号中的某一频率分量而把实际信号中其余有用的频率分量抑制掉，这样会引起严重的失真。通常以通频带衡量谐振回路传输有一定带宽的实际信号的能力。

6.3.2 通频带

在电路的电流谐振曲线上，I/I_0 不小于 $\dfrac{1}{\sqrt{2}}$（即 0.707）的频率范围为电路的通频带，用 BW 表示。

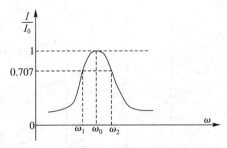

图 6.3-5 电流谐振曲线图

如图 6.3-5 中 $\omega_2 \sim \omega_1$ 之间的频率即为电路的通频带，其中，与 ω_1、ω_2 对应的 f_1 和 f_2 分别

为通频带的上边界频率和下边界频率。只要选择电路的通频带大于或等于信号的频带，即信号的频带落在电路的上下边界频率之间，那么电路的选频作用引起的信号失真是允许的。

根据定义有：
$$BW = f_2 - f_1 \qquad (6.3-6)$$
或
$$BW = \omega_2 - \omega_1 \qquad (6.3-7)$$

由通频带的定义有，
$$\left| \frac{I}{I_0}(\omega) \right| = \frac{1}{\sqrt{1 + Q^2 \left(\frac{f}{f_0} - \frac{f_0}{f} \right)^2}} = \frac{1}{\sqrt{2}} \qquad (6.3-8)$$

$$f^2 \pm \frac{1}{Q} f_0 f - f_0^2 = 0 \qquad (6.3-9)$$

解得：
$$f_2 = f_0 \left[\sqrt{1 + \left(\frac{1}{2Q}\right)^2} + \frac{1}{2Q} \right], \quad f_1 = f_0 \left[\sqrt{1 + \left(\frac{1}{2Q}\right)^2} - \frac{1}{2Q} \right]$$

从而有
$$BW = f_2 - f_1 = \frac{f_0}{Q} \text{Hz} \qquad (6.3-10)$$

上式表明，串联谐振电路的通频带 BW 与电路的品质因数 Q 成反比，Q 值越大，谐振曲线越尖锐，通频带越窄，谐振电路的选择性越好；相反，Q 值越小，通频带越宽，谐振电路的选择性就越差。所以在实际应用中，应根据需要适当选择 BW 和 Q 的取值。

6.4 RLC 并联谐振电路

串联谐振电路仅适用于信号源内阻小的情况，如果信号源内阻较大，将使谐振电路 Q 值降低，以致使电路的选择性变差。当信号源内阻较大时，为了获得较好的选频特性，常采用并联谐振电路。

6.4.1 并联谐振的条件

实际的并联谐振电路由具有电阻 R 和电感 L 的线圈与电容器并联组成。当电源频率达到某一频率 f_0 时，电路中总电流 $\dot{I}$ 与电压 $\dot{U}$ 同相，即电路呈现纯电阻性，此时称为"并联谐振"。电路如图 6.4-1 所示。

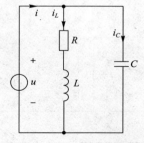

图 6.4-1　RLC 并联谐振电路

由图 6.4-1 得：

$$\dot{I}_L = \frac{\dot{U}}{R + j\omega L} \tag{6.4-1}$$

$$\dot{I} = \dot{I}_L + \dot{I}_C = \frac{\dot{U}}{R + j\omega L} + j\omega C\dot{U} \tag{6.4-2}$$

$$\dot{I} = \dot{I}_L + \dot{I}_C = \frac{\dot{U}}{R + j\omega L} + j\omega C\dot{U} = \dot{U}\left[\frac{R}{R^2 + \omega^2 L^2} + j\left(\omega C - \frac{\omega L}{R^2 + \omega^2 L^2}\right)\right] \tag{6.4-3}$$

当电路发生谐振时,上式中虚部为零,则

$$\omega C = \frac{\omega L}{R^2 + \omega^2 L^2}, \text{有} \omega_0 = \frac{1}{\sqrt{LC}}\sqrt{1 - \frac{CR^2}{L}}, \text{实际电路中线圈电阻} R \text{很小,即} R \ll \omega L \text{所}$$

以有 $\omega_0 \approx \dfrac{1}{\sqrt{LC}}$ 或 $f_0 \approx \dfrac{1}{2\pi\sqrt{LC}}$。

6.4.2 并联谐振的特点

(1) 电路发生并联谐振时阻抗最大

$$Z_0 = \frac{L}{RC}$$

(2) 电流一定时,总电压达最大值

$$U_0 = I_0 |Z_0| = I_0 \frac{L}{RC}$$

(3) 支路电流是总电流的 Q 倍,设 $R \ll \omega_0 L$

$$I_{L0} \approx I_{C0} \approx \frac{U}{\omega_0 L} = U\omega_0 C$$

$$\frac{I_{L0}}{I_0} = \frac{I_{C0}}{I_0} = \frac{U/\omega_0 L}{U/(RC/L)} = \frac{1}{\omega_0 RC} = \frac{\omega_0 L}{R} = Q$$

即

$$I_{L0} \approx I_{C0} = QI_0 \gg I_0$$

上式表明并联谐振时总阻抗 Z_0 是各支路阻抗 Z_L 或 Z_C 的 Q 倍,各支路电流 I_L 或 I_C 是总电流 I_0 的 Q 倍,所以并联谐振也称"电流谐振"。

习题 6

6-1 求题 6-1 图所示电路发生谐振时的角频率。

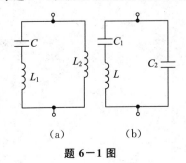

(a)　　(b)

题 6-1 图

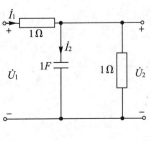

题 6-2 图

6－2 求题 6－2 图所示电路的转移电压比 $\dfrac{\dot{U}_2}{\dot{U}_1}$。

6－3 分析一阶 RC 低通无源滤波器与高通无源滤波器的区别。

6－4 若某收音机的输入调谐回路为 RLC 串联谐振电路，电容值 $C=160\text{pF}$，电感值 $L=250\mu\text{H}$，电阻值 $R=20\Omega$ 时，求谐振频率和品质因数。

6－5 RLC 并联谐振电路中，已知电阻为 50Ω，电感为 0.25mH，电容为 10pF，求电路的谐振频率、谐振时的阻抗和品质因数。

6－6 RLC 串联电路中 $R=1\Omega, L=0.01\text{H}, C=1\mu\text{F}$。求
(1)输入阻抗与角频率 ω 的关系；(2)画出阻抗的频率响应；(3)谐振角频率 ω_0；(4)谐振的品质因数 Q；(5)通频带 BW。

6－7 图 6.3-1 所示的串联谐振电路中，若已知该电路的谐振频率 $f=5000/\pi\text{Hz}$，通频带 $BW=100\text{rad/s}, R=10\Omega$，求 L 和 C 的值。

6－8 题 6－8 图所示的并联谐振电路中，若已知电阻 $R=10\Omega$，电感 $L=1\text{mH}$，电容 $C=100\times10^{-6}\text{F}$，电源内阻 $R_S=0.15\times10^6\Omega$，求电路的通频带 BW。

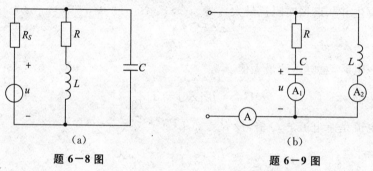

题 6－8 图   题 6－9 图

6－9 题 6－9 图所示 RLC 并联电路发生谐振时，已知理想电流表 A_1 读数为 10A，A_2 读数为 6A，求电流表 A 的读数。

三相电路

【内容提要】三相电路由三相电源、三相传输线路和三相负载组成。本章主要介绍三相电路的基本概念,三相电源、三相负载和三相电路的连接方式;对称三相电路归结为一相电路的计算方法,对称三相电路的相量与线量之间的关系;三相电路的功率计算,并简要介绍了不对称三相电路的计算方法。

7.1 三相电源

三相电源是由三个同频、等幅、初相依次相差120°的正弦电源按一定方式互连组成,其波形如图7.1-1(a)所示。

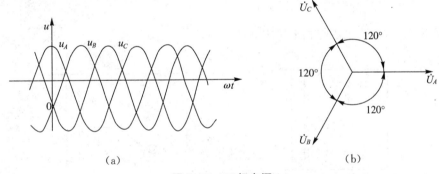

图 7.1-1 三相电源

三相电源依次称为 A 相、B 相和 C 相,以 u_A 为参考电压(令其初相为零),则各电压可表示为:

$$\begin{cases} u_A = \sqrt{2}U_p\cos\omega t \\ u_B = \sqrt{2}U_p\cos(\omega t - 120°) \\ u_C = \sqrt{2}U_p\cos(\omega t + 120°) \end{cases} \tag{7.1-1}$$

式中 U_p 为各相电压的有效值。式(7.1-1)的相量表示为:

$$\begin{cases} \dot{U}_A = U_p\angle 0° \\ \dot{U}_B = U_p\angle -120° \\ \dot{U}_C = U_p\angle 120° \end{cases} \tag{7.1-2}$$

三相电源三个电压的相量图如图 7.1-1(b)所示。

由于

$$\dot{U}_A + \dot{U}_B + \dot{U}_C = U_p\angle 0° + U_p\angle -120° + U_p\angle 120°$$
$$= U_p\left[1 - \left(\frac{1}{2} + j\frac{\sqrt{3}}{2}\right) + \left(-\frac{1}{2} + j\frac{\sqrt{3}}{2}\right)\right] = 0 \tag{7.1-3}$$

用电压瞬时值表示为：

$$u_A(t) + u_B(t) + u_C(t) = 0 \tag{7.1-4}$$

可见，对称三相电源的电压相量之和或任意时刻的电压瞬时值之和均等于零。

三相电源中三个电压到达最大值的先后次序称为"相序"。由式(7.1-1)表示的三个电压的相序是 $A-B-C$，通常称为"正序"。与此相反，如果 B 相超前 A 相 $120°$，C 相超前 B 相 $120°$，这种相序称为"反序"。电力系统一般采用正序。

三相电源的三相电压按星形(Y形)或三角形(△形)方式连接成一个整体向外供电。

图 7.1-2(a)所示为三相电源的星形连接方式，简称"星形"或"Y 形"电源。将三个电压源负极性端子连成一个公共节点 N，称为"中(性)点"。由中点 N 引出的导线称为"中性线"，如果中性线接地，则又称为"地线"。由三个电压源正极性端子引出的导线称为端线，俗称"火线"。电源每一相的电压 $\dot{U}_A$，$\dot{U}_B$，$\dot{U}_C$ 称为"相电压"。端线之间的电压 $\dot{U}_{AB}$，$\dot{U}_{BC}$ 和 $\dot{U}_{CA}$ 称为"线电压"。

根据 KVL 求得线电压与相电压之间的关系。

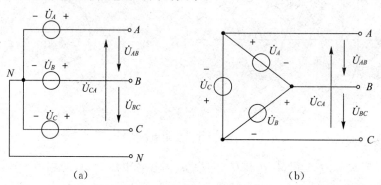

图 7.1-2 三相电源的连接方式

$$\begin{cases} \dot{U}_{AB} = \dot{U}_A - \dot{U}_B = U_p\angle 0° - U_p\angle -120° = \sqrt{3}\dot{U}_A\angle 30° \\ \dot{U}_{BC} = \dot{U}_B - \dot{U}_C = \sqrt{3}U_p\angle -90° = \sqrt{3}\dot{U}_B\angle 30° \\ \dot{U}_{CA} = \dot{U}_C - \dot{U}_A = \sqrt{3}U_p\angle 150° = \sqrt{3}\dot{U}_C\angle 30° \end{cases} \tag{7.1-5}$$

式(7.1-5)表明：在 Y 形连接的三相电源中，相电压对称时，线电压也依序对称，线电压的幅度是相电压幅度的 $\sqrt{3}$ 倍，线电压的相位要超前相应的相电压 $30°$，实际计算时，只要算出 $\dot{U}_{AB}$，就可以依序写出 $\dot{U}_{BC}$ 和 $\dot{U}_{CA}$。各电压之间的相量关系如图 7.1-3 所示。

将三个电压源正、负极性端子依次连接形成一个回路，由三个连接点引出导线向负载供电，如图 7.1-2(b)所示，就成为三相电源的三角形连接，简称"三角形"或"△形"电源。

对于图 7.1-2(b)所示的三角形电源，有

$$\dot{U}_{AB} = \dot{U}_A, \quad \dot{U}_{BC} = \dot{U}_B, \quad \dot{U}_{CA} = \dot{U}_C \tag{7.1-6}$$

线电压等于相电压,相电压对称时,线电压也一定对称。

在△形连接的绕组回路中,如果电源连接正确,由于三相电压的对称性,回路总电压 $\dot{U}_A + \dot{U}_B + \dot{U}_C = 0$,因此,回路中不会产生环形电流。

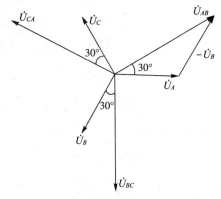

图 7.1-3　星型连接各电压相量图

7.2　三相负载

三相电路中的负载也有 Y 形和△形两种连接,见图 7.2-1。如果每相负载的阻抗相等,就称为对称三相负载。三相负载的相电压是指每相阻抗的电压,三相电路中通过每相负载的电流称为"相电流",通过端线的电流称为"线电流"。

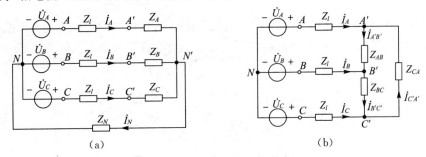

图 7.2-1　三相负载的连接方式

由三相电源、三相负载以及把它们连接起来的一组传输线所组成的总体,称为"三相电路"。有三根传输线的三相电路称为"三相三线制",有四根传输线的三相电路称为"三相四线制"。由于三相电源和三相负载都有 Y 形和△形两种连接方式,所以三相电路有 Y—Y、Y—△、△—△、△—Y 等多种连接方式。对称三相电源与对称三相负载通过相同的传输线连接组成的三相电路,称为"对称三相电路"。

7.3 对称三相电路的分析

7.3.1 负载作 Y 形连接

图 7.3-1 为对称三相四线制电路,图中 Z_l 为端线阻抗,NN' 为中线,Z_N 为中线阻抗,Z_A、Z_B、Z_C 为负载阻抗,令 $Z_A = Z_B = Z_C = Z$。选 N 为参考节点并由节点法可得:

$$\left(\frac{1}{Z_N} + \frac{3}{Z+Z_l}\right)\dot{U}_{N'N} = \frac{1}{Z_l+Z}(\dot{U}_A + \dot{U}_B + \dot{U}_C) \tag{7.3-1}$$

由于对称电源的相电压满足 $\dot{U}_A + \dot{U}_B + \dot{U}_C = 0$,故有

$$\dot{U}_{N'N} = 0$$

可见节点 N' 和 N 为等电位点,中线电流 $\dot{I}_N$ 等于零。

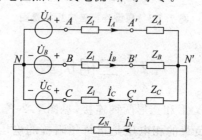

图 7.3-1 负载作 Y 型连接

三相电路中通过端线的电流称为"线电流",通过每相负载的电流称为"相电流"。由图 7.3-1 可以看出,Y—Y 三相电路的负载相电流等于线电流。求得负载的相电流

$$\begin{cases} \dot{I}_A = \dfrac{\dot{U}_A - \dot{U}_{N'N}}{Z+Z_l} = \dfrac{\dot{U}_A}{Z+Z_l} \\ \dot{I}_B = \dfrac{\dot{U}_B - \dot{U}_{N'N}}{Z+Z_l} = \dfrac{\dot{U}_B}{Z+Z_l} \\ \dot{I}_C = \dfrac{\dot{U}_C - \dot{U}_{N'N}}{Z+Z_l} = \dfrac{\dot{U}_C}{Z+Z_l} \end{cases} \tag{7.3-2}$$

在对称 Y—Y 三相电路中,由于中线电流等于零,故取消中线不会对电路产生任何影响,此时,电源通过三条端线向负载供电,称为"三相三线制供电"。若保留中线,则称为"三相四线制供电"。

由于 $\dot{U}_{N'N} = 0$,各相电流独立;又由于三相电源、三相负载对称,所以负载相电流对称。显然,可利用各相电路之间的独立性,取出其中一相电路进行分析,并由对称性求得其余两相的电流、电压,这就是对称三相电路的单相法分析。图 7.3-2 为一相计算电路(A 相)。

对于其他连接方式的对称三相电路,可以进行 △ 形和 Y 形的等效互换,化成 Y—Y 连线的对称三相电路,然后用归结为一相电路的计算方法进行分析,最后,返回到原电路求出其他待求量。

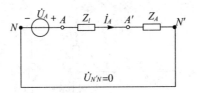

图 7.3-2 一相计算电路

【例 7.3-1】 对称三相电路如图 7.3-1 所示。已知：$Z=(6+\text{j}5)\Omega$，$Z_l=(2+\text{j}1)\Omega$，$Z_N=(1+\text{j}1)\Omega$，线电压为 380V。试求负载端的线电流和线电压。

解： 线电压为 380V，则相电压应为 $380/\sqrt{3}=220$V。设 A 相电压初相为零，则

$$\dot{U}_A = 220\angle 0° \text{V}$$

根据图 7.3-2 一相计算电路，有

$$\dot{I}_A = \frac{\dot{U}_A}{Z+Z_l} = \frac{220\angle 0°}{8+\text{j}6} = \frac{220\angle 0°}{10\angle 36.9°} = 22\angle -36.9° \text{A}$$

由对称性可写出其他两相电流为：

$$\dot{I}_B = 22\angle(-36.9°-120°) = 22\angle -156.9° \text{A}$$

$$\dot{I}_C = 22\angle(-36.9°+120°) = 22\angle 83.1° \text{A}$$

以上所求电流即为负载端的线电流。

A 相负载的相电压 $\dot{U}_{A'N'}$ 为：

$$\dot{U}_{A'N'} = \dot{I}_A Z = 22\angle -36.9° \times 7.8\angle 39.8° = 171.6\angle 2.9° \text{V}$$

负载端的线电压 $\dot{U}_{A'B'}$ 为：

$$\dot{U}_{A'B'} = \sqrt{3}\dot{U}_{A'N'}\angle 30° = 291.7\angle 32.9° \text{V}$$

由对称性可写出：

$$\dot{U}_{B'C'} = 291.7\angle(32.9°-120°) = 291.7\angle -87.1° \text{V}$$

$$\dot{U}_{C'A'} = 291.7\angle(32.9°+120°) = 291.7\angle 152.9° \text{V}$$

7.3.2 负载作△形连接

当三相负载的额定电压等于电源的线电压时，负载应作△形连接。

对称△形连接负载与对称三相电源组成的电路中，三相电源可能是 Y 形连接，也可能是△形连接。若只要求分析负载的电流和电压，则只需知道电源的线电压就可以了，不必追究电源的具体接法。设△形连接对称负载如图 7.3-3 所示，$Z_{AB}=Z_{BC}=Z_{CA}=Z$。

无论三相电源是 Y 形连接还是△形连接，设其输出线电压为：

$$\begin{cases} \dot{U}_{A'B'} = U_l \angle 0° \\ \dot{U}_{B'C'} = U_l \angle -120° \\ \dot{U}_{C'A'} = U_l \angle 120° \end{cases} \quad (7.3-3)$$

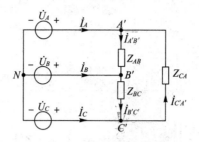

图 7.3-3　负载作△型连接

由于△形连接时负载上的相电压等于线电压，于是负载相电流为：

$$\dot{I}_{A'B'} = \frac{\dot{U}_{A'B'}}{Z} \quad \dot{I}_{B'C'} = \frac{\dot{U}_{B'C'}}{Z} \quad \dot{I}_{C'A'} = \frac{\dot{U}_{C'A'}}{Z} \quad (7.3-4)$$

可见三个相电流 $\dot{I}_{A'B'}$，$\dot{I}_{B'C'}$，$\dot{I}_{C'A'}$ 对称，在相位上彼此相差 120°。相电流与三个线电流 $\dot{I}_A$，$\dot{I}_B$，$\dot{I}_C$ 之间的关系是：

$$\begin{cases} \dot{I}_A = \dot{I}_{A'B'} - \dot{I}_{C'A'} = \sqrt{3}\dot{I}_{A'B'} \angle -30° \\ \dot{I}_B = \dot{I}_{B'C'} - \dot{I}_{A'B'} = \sqrt{3}\dot{I}_{B'C'} \angle -30° \\ \dot{I}_C = \dot{I}_{C'A'} - \dot{I}_{B'C'} = \sqrt{3}\dot{I}_{C'A'} \angle -30° \end{cases} \quad (7.3-5)$$

式(7.3-4)~(7.3-5)表明，当电源线电压对称时，对称△形连接负载的相电流和线电流对称，线电流的幅度是相电流的 $\sqrt{3}$ 倍，线电流的相位滞后相应的相电流 30°。

7.4　不对称三相电路的概念

在三相电路中，只要有一部分不对称就称为"不对称三相电路"。对于不对称三相电路，不能单独取出一相来计算。

图 7.4-1 的 Y—Y 连接电路中，若三相电源对称，负载不对称，则为不对称 Y—Y 三相电路。对于此类电路，常采用节点电压法分析计算。

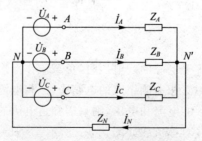

图 7.4-1　不对称三相电路

图 7.4-1 中，若 Y_A、Y_B、Y_C 为各相负载的复导纳，即 $Y_A = \frac{1}{Z_A}$、$Y_B = \frac{1}{Z_B}$、$Y_C = \frac{1}{Z_C}$、$Y_N = \frac{1}{Z_N}$，Y_N 为中线的复导纳，Y 形连接电压源的各相电压为 $\dot{U}_A$、$\dot{U}_B$、$\dot{U}_C$，中线电压 $\dot{U}'_{N'N}$ 为

$$\dot{U}_{N'N} = \frac{Y_A \dot{U}_A + Y_B \dot{U}_B + Y_C \dot{U}_C}{Y_A + Y_B + Y_C + Y_N} \tag{7.4-1}$$

各相负载端电压为：

$$\begin{cases} \dot{U}_{AN'} = \dot{U}_A - \dot{U}_{N'N} \\ \dot{U}_{BN'} = \dot{U}_B - \dot{U}_{N'N} \\ \dot{U}_{CN'} = \dot{U}_C - \dot{U}_{N'N} \end{cases} \tag{7.4-2}$$

各相负载电流为：

$$\begin{cases} \dot{I}_A = Y_A \dot{U}_{AN'} \\ \dot{I}_B = Y_B \dot{U}_{BN'} \\ \dot{I}_C = Y_C \dot{U}_{CN'} \end{cases} \tag{7.4-3}$$

中线电流为：

$$\dot{I}_N = Y_N \dot{U}_{N'N} \tag{7.4-4}$$

由于负载不对称，中线电压 $\dot{U}_{N'N}$ 一般不为零，中线电流 $\dot{I}_N$ 也不为零。

图 7.4-2 为不对称 Y—Y 三相电路的电压相量图，先作出 Y 连接电压源的对称相电压 $\dot{U}_A, \dot{U}_B, \dot{U}_C$，再作出中线电压 $\dot{U}_{N'N}$，最后作出负载各相电压 $\dot{U}_{AN'}, \dot{U}_{BN'}, \dot{U}_{CN'}$。由于负载不对称，中线电压 $\dot{U}_{N'N}$ 一般不为零，从图 7.4-2 的相量关系可以看出，N' 点和 N 点不重合，这一现象叫作"中性点位移"。若三相电源对称，可根据中性点位移的情况，判断三相负载不对称的程度。中性点位移较大时，将造成负载端的电压严重不对称，影响负载的正常工作。负载变化，中线电压 $\dot{U}_{N'N}$ 也要变化，负载各相电压也都跟着变化。

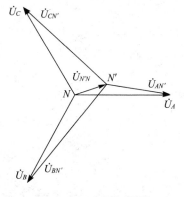

图 7.4-2 电压相量图

对于实际的三相电路，若为对称电路，因 $\dot{U}_{N'N}$ 为零，中线不起作用，一般不装设中线；若为不对称 Y 形连接负载，一定要装设中线，且中线的阻抗应尽可能小，迫使中线电压 $\dot{U}_{N'N}$ 很小（$\dot{U}_{N'N} \approx 0$），从而使负载端的电压接近于对称，各相保持相对独立性，各相的工作互不影响。

7.5 三相电路的功率

7.5.1 三相电路功率的计算

在三相电路中,三相负载吸收的复功率等于各相复功率之和,即

$$\tilde{S} = \tilde{S}_A + \tilde{S}_B + \tilde{S}_C \tag{7.5-1}$$

在对称的三相电路中,每相的复功率、有功功率、无功功率都相等,每一相功率的 3 倍就是三相电路的功率。

每相的复功率 $\tilde{S}_A = \tilde{S}_B = \tilde{S}_C = \tilde{S}_p$,故三相总的复功率为:

$$\tilde{S} = 3\tilde{S}_p \tag{7.5-2}$$

每相的有功功率 $P_p = U_p I_p \cos\varphi_Z$,三相总的有功功率 $P = 3P_p = 3U_p I_p \cos\varphi_Z$,其中 I_p 和 U_p 为三相负载相电流、相电压的有效值。

若对称负载为星形连接,则有 $I_l = I_p$ 和 $U_l = \sqrt{3}U_p$,其中 I_l 和 U_l 为三相负载线电流、线电压的有效值,每相负载的有功功率为 $P_p = U_p I_p \cos\varphi_Z = \dfrac{U_l I_l \cos\varphi_Z}{\sqrt{3}}$。

三相总的有功功率为:

$$P = 3P_p = 3U_p I_p \cos\varphi_Z = \sqrt{3} U_l I_l \cos\varphi_Z \tag{7.5-3}$$

若对称负载为三角形连接,则有 $I_l = \sqrt{3} I_p$ 和 $U_l = U_p$,每相负载的有功功率为:

$$P_p = U_p I_p \cos\varphi_Z = U_l \left(\dfrac{I_l}{\sqrt{3}}\right) \cos\varphi_Z$$

三相总的有功功率为:

$$P = 3P_p = 3U_p I_p \cos\varphi_Z = \sqrt{3} U_l I_l \cos\varphi_Z \tag{7.5-4}$$

比较式(7.5-3)与式(7.5-4)可知,对称负载无论作 Y 形还是△形连接,三相总的有功功率的计算公式是相同的。

三相总的无功功率为:

$$Q = 3Q_p = 3U_p I_p \sin\varphi_Z = \sqrt{3} U_l I_l \sin\varphi_Z \tag{7.5-5}$$

三相总的视在功率为:

$$S = \sqrt{P^2 + Q^2} \tag{7.5-6}$$

其中,$P = P_A + P_B + P_C$,为三相总的有功功率;$Q = Q_A + Q_B + Q_C$,为三相总的无功功率。

在对称的三相电路中,三相总的视在功率为:

$$S = \sqrt{3} UI \tag{7.5-7}$$

7.5.2 三相电路功率的测量

对于三相三线制电路,不论对称与否,都可以使用两个功率表的方法测量三相功率。两个功率表的一种连接方式如图 7.5-1 所示。两个功率表的电流线圈分别串入两端线(图示为 A、B 两端线)中,它们的电压线圈的非电源端(即无 * 端)共同接到非电流线圈所在的第三条端线(图示为 C 端线)上。可以看出,这种测量方法中功率表的接线只触及端线,而与负载和电源的连接方式无关。这种方法习惯上称为"二瓦计法"。

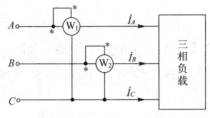

图 7.5-1 二瓦计法

可以证明,图 7.5-1 中两个功率表读数的代数和为三相三线制中右侧电路吸收的平均功率。

设两个功率表的读数分别为 P_1 和 P_2,根据功率表的工作原理,有

$$P_1 = \mathrm{Re}[\dot{U}_{AC}\dot{I}_A^*], P_2 = \mathrm{Re}[\dot{U}_{BC}\dot{I}_B^*]$$

$$P_1 + P_2 = \mathrm{Re}[\dot{U}_{AC}\dot{I}_A^* + \dot{U}_{BC}\dot{I}_B^*] \tag{7.5-8}$$

将 $\dot{U}_{AC} = \dot{U}_A - \dot{U}_C, \dot{U}_{BC} = \dot{U}_B - \dot{U}_C, \dot{I}_A^* + \dot{I}_B^* = -\dot{I}_C^*$ 代入式(7.5-8)可得

$$P_1 + P_2 = \mathrm{Re}[\dot{U}_A\dot{I}_A^* + \dot{U}_B\dot{I}_B^* + \dot{U}_C\dot{I}_C^*] = \mathrm{Re}[\tilde{S}_A + \tilde{S}_B + \tilde{S}_C] = \mathrm{Re}[\tilde{S}] \tag{7.5-9}$$

而 $\mathrm{Re}[\tilde{S}]$ 则表示图 7.5-1 所示的三相负载的有功功率。

三相四线制不用二瓦计法测量三相功率,这是因为在一般情况下,$\dot{I}_A + \dot{I}_B + \dot{I}_C \neq 0$。

【例 7.5-1】 若图 7.5-1 所示电路为对称三相电路,已知对称三相负载吸收的功率为 1.5kW,功率因数 $\cos\varphi = 0.866$(感性),线电压为 380V。求图中两个功率表的读数。

解: 对称三相负载吸收的是一相负载吸收功率的 3 倍,即

$$P = 3P_A = 3U_A I_A \cos\varphi = \sqrt{3}U_{AB} I_A \cos\varphi$$

求得电流 I_A 为

$$I_A = \frac{P}{\sqrt{3}U_{AB}\cos\varphi} = \frac{1.5 \times 10^3}{\sqrt{3} \times 380 \times 0.866} = 2.63\mathrm{A}$$

由 $\cos\varphi = 0.866$,得 $\varphi = 30°$

令 $\dot{U}_A = 220\angle 0°\mathrm{V}$,则电压、电流相量为:

$$\dot{I}_A = 2.63\angle -30°\mathrm{A}, \dot{U}_{AC} = 380\angle -30°\mathrm{V}$$

$$\dot{I}_B = 2.63\angle -150°\mathrm{A}, \dot{U}_{BC} = 380\angle -90°\mathrm{V}$$

功率表的读数如下:

$$P_1 = \text{Re}[\dot{U}_{AC}\dot{I}_A^*] = \text{Re}[380\angle(-30°)\times 2.63\angle 30°] = 999.4\text{W}$$

$$P_2 = \text{Re}[\dot{U}_{BC}\dot{I}_B^*] = \text{Re}[380\angle(-90°)\times 2.63\angle 150°] = 499.7\text{W}$$

【例 7.5-2】 线电压为 380V 的对称三相电源向两组并联负载供电,如图 7.5-2(a)所示。其中一组对称负载接成 Y 形,负载阻抗 $Z_1 = (10+\text{j}5)\Omega$;另一组对称负载接成 △ 形,负载阻抗 $Z_2 = (12+\text{j}9)\Omega$。试求电源的线电流、负载的相电压和每组负载吸收的功率及电路的总吸收功率。

解: 解法一:采用单相法求解。

(1) 将 △ 形负载等效为 Y 形负载,画出单相计算电路,如图 7.5-2(b)所示。

$$Z' = \frac{Z_2}{3} = \frac{12+\text{j}9}{3} = 4+\text{j}3 = 5\angle 36.9°\Omega$$

(2) 电源的线电流。 设 $\dot{U}_A = 220\angle 0°\text{V}$,则有

$$\dot{I}_{A1} = \frac{\dot{U}_{A'N'}}{Z_1} = \frac{\dot{U}_A}{Z_1} = \frac{220\angle 0°}{10+\text{j}5} = \frac{220\angle 0°}{11.2\angle 26.6°} = 19.6\angle -(26.6°)\text{A}$$

$$\dot{I}_{A2} = \frac{\dot{U}_{A'N'}}{Z'} = \frac{\dot{U}_A}{Z'} = \frac{220\angle 0°}{5\angle 36.9°} = 44\angle -36.9°\text{A}$$

由 KCL 求得 A 相电源的线电流为:

$$\dot{I}_A = \dot{I}_{A1} + \dot{I}_{A2} = 19.6\angle(-26.6°) + 44\angle(-36.9°) = 52.64 - \text{j}35.22 = 63.34\angle(-33.8°)\text{A}$$

根据对称性,写出其余两相电源的线电流

$$\dot{I}_B = 63.34\angle(-33.8°-120°)\text{A} = 63.34\angle(-153.8°)\text{A}$$

$$\dot{I}_C = 63.34\angle(-33.8°+120°)\text{A} = 63.34\angle(86.2°)\text{A}$$

(3) 负载相电压。Y 形连接负载相电压 $\dot{U}_{A'N'} = \dot{U}_A = 220\angle 0°\text{V}$。

根据对称性,写出其余两相负载相电压

$$\dot{U}_{B'N'} = 220\angle(0°-120°) = 220\angle(-120°)\text{V}$$

$$\dot{U}_{C'N'} = 220\angle(0°+120°) = 220\angle 120°\text{V}$$

△ 形连接负载相电压:

$$\dot{U}_{AB} = \sqrt{3}\dot{U}_A\angle 30° = 220\sqrt{3}\angle 30° = 380\angle 30°\text{V}$$

根据对称性,写出其余两相负载相电压:

$$\dot{U}_{BC} = 380\angle(30°-120°) = 380\angle(-90°)\text{V}$$

$$\dot{U}_{CA} = 380\angle(30°+120°) = 380\angle 150°\text{V}$$

(4) 电路吸收的功率。

Y 形负载吸收的功率:$P_1 = 3U_A I_{A1}\cos\varphi_1 = 3\times 220\times 19.6\cos 26.6° = 11.57\text{kW}$

△ 形负载吸收的功率:$P_2 = 3U_A I_{A2}\cos\varphi_2 = 3\times 220\times 44\cos 36.9° = 23.2\text{kW}$

电路吸收总功率: $P = P_1 + P_2 = 11.57 + 23.2 = 34.77\text{kW}$

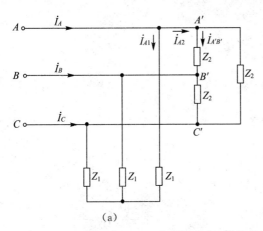
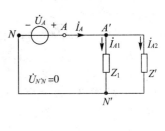

图 7.5-2 例 7.5-2 图

解法二：

(1) Y 形连接负载。

相电流：$\dot{I}_{A1} = \dfrac{\dot{U}_A}{Z_1} = \dfrac{220\angle 0°}{10+\text{j}5} = \dfrac{220\angle 0°}{11.2\angle 26.6°} = 19.6\angle(-26.6°)\text{A}$

由于线电流与相电流相等，因此以上电流即为 Y 形负载端的线电流。

Y 形负载吸收的功率：$P_1 = 3U_A I_{A1}\cos\varphi_1 = 3\times 220\times 19.6\cos 26.6° = 11.57\text{kW}$

(2) △形连接负载。

相电流：$\dot{I}_{A'B'} = \dfrac{\dot{U}_{A'B'}}{Z_2} = \dfrac{380\angle 30°}{12+\text{j}9} = \dfrac{380\angle 30°}{15\angle 36.9°} = 25.33\angle(-6.9°)\text{A}$

负载端的线电流：$\dot{I}_{A2} = \sqrt{3}\dot{I}_{A'B'}\angle(-30°) = 25.33\sqrt{3}\angle(-36.9°)\text{A} = 44\angle(-36.9°)\text{A}$

△形负载吸收的功率：$P_2 = \sqrt{3}U_{A'B'}I_{A2}\cos\varphi_2 = \sqrt{3}\times 380\times 44\cos 36.9° = 23.2\text{kW}$

(3) 电源的线电流。由 KCL 求得 A 相电源的线电流：

$\dot{I}_A = \dot{I}_{A1} + \dot{I}_{A2} = 19.6\angle(-26.6°) + 44\angle(-36.9°) = 52.64 - \text{j}35.22 = 63.34\angle(-33.8°)\text{A}$

根据对称性，写出其余两相电源的线电流：

$\dot{I}_B = 63.34\angle(-33.8°-120°)\text{A} = 63.34\angle(-153.8°)\text{A}$

$\dot{I}_C = 63.34\angle(-33.8°+120°)\text{A} = 63.34\angle 86.2°\text{A}$

(4) 电路吸收总功率：

$P = P_1 + P_2 = 11.57 + 23.2 = 34.77\text{kW}$

习题 7

7-1 Y—Y 连接的对称三相电路,电源相电压为 220V(有效值),每相负载 $Z=(4+j3)\Omega$,求三相负载吸收的总功率 P。

7-2 已知对称三相电路的星形负载阻抗 $Z=(6+j5)\Omega$,端线阻抗 $Z_l=(2+j1)\Omega$,中线阻抗 $Z_N=(1+j1)\Omega$,电源侧线电压为 380V。试求负载端的线电流和线电压,并作相量图。

7-3 电路如题 7-3 图所示,三相负载不对称,$Z_A=(10+j10)\Omega$,$Z_B=48.4\Omega$,$Z_C=242\Omega$,对称三相电源相电压有效值为 220V,中线阻抗可忽略不计,试求 $\dot{I}_A$、$\dot{I}_B$ 和 $\dot{I}_C$。

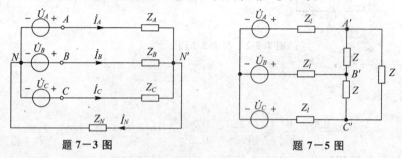

题 7-3 图　　　　　　　　题 7-5 图

7-4 对称三相电路的线电压为 380(有效值),每相负载 $Z=(8+j6)\Omega$,求负载为 △ 形连接时吸收的总功率。如果负载改为 Y 形连接,其吸收的总功率又是多少?

7-5 如题 7-5 图所示对称三相电路,负载阻抗 $Z=(8+j6)\Omega$,传输线等效阻抗 $Z_l=(8+j6)\Omega$,负载线电压为 380V(有效值),求电源输出线电压。

7-6 非对称三相电路如题 7-3 图所示。三相对称电源的相电压 220V。已知 $Z_A=22\Omega$,$Z_B=j22\Omega$,$Z_C=-j22\Omega$,$Z_N=1\Omega$,求 $\dot{U}_{N'N}$ 及各负载相电压。如中线断开,重求上述各量,并比较中线断开前后,各负载相电压与电源相电压间幅度的改变情况。

7-7 阻抗 $Z=(40+j30)\Omega$ 的三角形负载,经阻抗 $Z_l=(1+j1.2)\Omega$ 的输电线接到相电压为 220V 的对称三相电源上。如题 7-5 图所示:当负载端 A' 和 B' 之间发生线间短路时,问线电流将为正常工作电流的多少倍。

7-8 如题 7-8 图所示电路中,对称三相电源供给不对称三相负载,用三只电流表测得电流为 10A。试求中性线中电流表的读数。

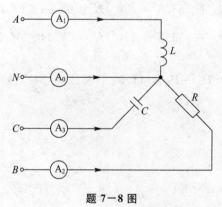

题 7-8 图

7-9 已知对称三相电路的星形负载阻抗 $Z=(150+j60)\Omega$，端线阻抗 $Z_l=(1.5+j2)\Omega$，中线阻抗 $Z_N=(1+j1)\Omega$，电源侧线电压为 380V。求负载端的相电流和线电压，并作出电路的相量图。

7-10 已知对称三相电路的线电压为 380V(电源端)，三角形负载阻抗 $Z=(4+j15)\Omega$，端线阻抗 $Z_l=(2+j1)\Omega$。求线电流和负载的相电流，并作出相量图。

7-11 对称三相电路的线电压为 380V，负载阻抗 $Z=(10+j14)\Omega$。试求：
(1) 星形连接负载时的线电流及吸收的总功率；
(2) 三角形连接负载时的线电流、相电流及吸收的总功率；
(3) 比较 1、2 的结果能得到什么结论？

7-12 如题 7-12 图所示对称 Y/Y 三相电路中，电压表的读数为 380V，负载阻抗 $Z=(60+j80)\Omega$，端线阻抗 $Z_l=(2+j1)\Omega$。求图中电流表的读数和线电压 U_{AB}。

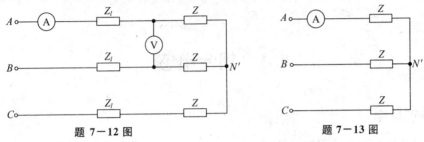

题 7-12 图   题 7-13 图

7-13 如题 7-13 图所示的对称 Y/Y 三相电路中，电源相电压为 220V，负载阻抗 $Z=(30+j40)\Omega$。求：
(1) 图中电流表的读数；
(2) 三相负载吸收的功率；
(3) 如果 A 相的负载阻抗等于零(其他不变)，再求(1)、(2)；
(4) 如果 A 相负载开路，再求(1)、(2)。

7-14 如题 7-14 图所示的对称三相电路中，$U_{A'B'}=380\text{ V}$，三相电动机吸收的功率为 2.5kW，其功率因数 $\cos\varphi=0.6$，$Z_l=(10-j40)\Omega$。求 U_{AB} 和电源端的功率因数。

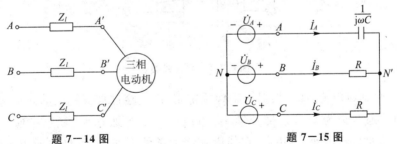

题 7-14 图   题 7-15 图

7-15 如题 7-15 图所示电路是一种测定相序的仪器，图中电阻 R 是用两个相同的灯泡代替。如果使 $\dfrac{1}{\omega C}=R$，试说明在相电压对称的情况下，如何根据两个灯泡的亮度确定电源的相序。

第8章 耦合电感与变压器电路分析

【内容提要】 本章将介绍多端元件:耦合电感、理想变压器及实际变压器,它们都是基于线圈间的电磁感应现象而工作的。耦合电感是记忆、储能元件;理想变压器是非记忆元件,它既不储能也不耗能,而是通过磁耦合传输能量和传递信号。本章主要讨论耦合电感的伏安关系和去耦等效;含耦合电感电路的正弦稳态分析;以及理想变压器的特性和实际变压器的模型。

8.1 耦合电感

8.1.1 耦合线圈

如图 8.1-1 所示两个线圈的磁场存在相互作用,具有磁耦合现象,称为"耦合线圈"。线圈 Ⅰ 的匝数为 N_1,线圈 Ⅱ 的匝数为 N_2。若不考虑线圈的损耗和电磁场作用,每个线圈产生的磁通不仅与本线圈交链,还有部分磁通与另一线圈交链,因而每个线圈中的磁通是本线圈产生的磁通与另一线圈产生的交链磁通之和。

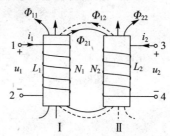

图 8.1-1 耦合线圈

当线圈 Ⅰ 中通以电流 i_1 时,根据右手螺旋定则,产生穿过自身线圈的磁通称为"自感磁通",简称"自磁通",记为 Φ_{11}[①]。部分 Φ_{11} 穿过线圈 Ⅱ 的磁通称为"互感磁通",简称"互磁通",记为 Φ_{21}。可以看出 $\Phi_{21} \leqslant \Phi_{11}$。在线圈密绕的条件下,穿过各自线圈中每匝的磁通相同,则线圈 Ⅰ 产生的磁链有

$$\Psi_{11} = N_1 \Phi_{11} = L_1 i_1 \tag{8.1-1}$$

$$\Psi_{21} = N_2 \Phi_{21} = M_{21} i_1 \tag{8.1-2}$$

上式中,Ψ_{11},L_1 称为"线圈 Ⅰ 的自磁链"和"自感"。Ψ_{21},M_{21} 称为线圈 Ⅰ 中电流对线圈 Ⅱ 的"互感磁链"和"互感系数",简称为线圈 Ⅰ 对线圈 Ⅱ 的"互磁链"和"互感"。互感的国际单

---

① 磁通(或磁链)符号中第一个下标表示该磁通(磁链)穿过的线圈的编号,第二个下标表示产生该磁通(磁链)的电流所在线圈的编号。

位与自感相同,都是亨利——简称"亨"用(H)表示。

同理,当线圈Ⅱ中通以电流 i_2 时,产生穿过自身线圈的自磁通为 Φ_{22},部分 Φ_{22} 穿过线圈Ⅰ的互磁通为 Φ_{12},即 $\Phi_{12} \leqslant \Phi_{22}$。在线圈密绕的条件下,线圈Ⅱ产生的磁链有

$$\Psi_{22} = N_2 \Phi_{22} = L_2 i_2 \tag{8.1-3}$$
$$\Psi_{12} = N_1 \Phi_{12} = M_{12} i_2 \tag{8.1-4}$$

上式中,Ψ_{22},L_2 称为线圈Ⅱ的"自磁链"和"自感"。Ψ_{12},M_{12} 称为线圈Ⅱ中电流对线圈Ⅰ的"互感磁链"和"互感系数"。对于线性电路,可以证明 $M_{21} = M_{12}$,当只有两个线圈耦合时,可以省略下标,即为:$M_{21} = M_{12} = M$。

工程上为了定量地描述两个耦合线圈的耦合紧密程度,常用耦合系数 k 来体现。耦合系数 k 定义为两线圈互磁链与自磁链之比的几何均值,即

$$k = \sqrt{\frac{\Psi_{21}}{\Psi_{11}} \cdot \frac{\Psi_{12}}{\Psi_{22}}} \tag{8.1-5}$$

将式(8.1-1)~(8.1-4)代入式(8.1-5),同时引入 $M_{21} = M_{12} = M$,则式(8.1-5)可变为

$$k = \sqrt{\frac{\Phi_{21}}{\Phi_{11}} \cdot \frac{\Phi_{12}}{\Phi_{22}}} = \frac{M}{\sqrt{L_1 L_2}} \tag{8.1-6}$$

由上式可知,k 的取值范围是 $[0,1]$。k 值愈大,则表明两线圈耦合愈紧;k 值愈小,则耦合愈松。当 $M^2 = L_1 L_2$ 时,则 $k = 1$,表明两线圈耦合最紧,称为"全耦合"。当 $M = 0$ 时,则 $k = 0$,表明两线圈之间为零耦合。

8.1.2 耦合电感的电压、电流关系

由前述内容可知,当两耦合线圈中都通有电流时,穿越每一个线圈的磁通可以看成是自磁通与互磁通的代数和。

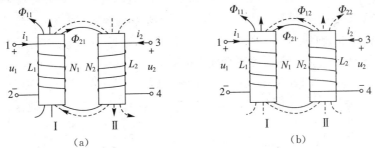

图 8.1-2 耦合线圈的磁通相助与相消

如图 8.1-2(a)所示,当自磁通与互磁通方向一致时,称为"磁通相助"。此时,穿越线圈Ⅰ、Ⅱ的磁链分别为:

$$\Psi_1 = \Psi_{11} + \Psi_{12} = N_1 \Phi_{11} + N_1 \Phi_{12} = L_1 i_1 + M i_2 \tag{8.1-7}$$
$$\Psi_2 = \Psi_{22} + \Psi_{21} = N_2 \Phi_{22} + N_2 \Phi_{21} = L_2 i_2 + M i_1 \tag{8.1-8}$$

假设两线圈上电压、电流参考方向为关联参考方向,且电流方向与各自磁通的方向符合右手螺旋定则,则根据电磁感应定律,可得出两耦合线圈的电压为:

$$u_1 = \frac{d\Psi_1}{dt} = L_1 \frac{di_1}{dt} + M \frac{di_2}{dt} \tag{8.1-9}$$

$$u_2 = \frac{d\Psi_2}{dt} = L_2 \frac{di_2}{dt} + M \frac{di_1}{dt} \tag{8.1-10}$$

如图 8.1-2(b)所示，当自磁通与互磁通方向相反时，称为"磁通相消"。此时，穿越线圈 I、II 的磁链分别为：

$$\Psi_1 = \Psi_{11} - \Psi_{12} = N_1\Phi_{11} - N_1\Phi_{12} = L_1 i_1 - M i_2 \tag{8.1-11}$$

$$\Psi_2 = \Psi_{22} - \Psi_{21} = N_2\Phi_{22} - N_2\Phi_{21} = L_2 i_2 - M i_1 \tag{8.1-12}$$

假设两线圈上电压、电流参考方向为关联参考方向，且电流方向与各自磁通的方向符合右手螺旋定则，同理，则两耦合线圈的电压为：

$$u_1 = \frac{d\Psi_1}{dt} = L_1 \frac{di_1}{dt} - M \frac{di_2}{dt} \tag{8.1-13}$$

$$u_2 = \frac{d\Psi_2}{dt} = L_2 \frac{di_2}{dt} - M \frac{di_1}{dt} \tag{8.1-14}$$

通过以上分析可知：在线圈上的电压、电流取关联参考方向时，各线圈上的电压等于该线圈自感电压与互感电压的代数和。其中，自感电压恒取"+"，对互感电压，磁通相助时取"+"，磁通相消时取"-"。

$$\left. \begin{array}{l} u_1 = L_1 \dfrac{di_1}{dt} \pm M \dfrac{di_2}{dt} \\[6pt] u_2 = L_2 \dfrac{di_2}{dt} \pm M \dfrac{di_1}{dt} \end{array} \right\} \tag{8.1-15}$$

可见，列写耦合线圈伏安关系的关键是判断磁通相助还是相消。通常来说，判断耦合线圈的磁通相助还是相消，除了需明确线圈上的电流参考方向外，还要知道两线圈的相对位置和导线绕向。而在实际中，耦合线圈往往是密封的，无法从外观上看出线圈相对位置和绕向，况且在电路图中真实地画出线圈绕向也不方便。为此，人们引入一种"同名端"标志，根据同名端与电流的参考方向，即可方便地判断磁通相助或相消。

同名端的定义为：当电流从两线圈各自的某一端子同时流入（或流出）时，若两线圈产生的磁通相助，则称这两个对应端子为耦合线圈的同名端，标记为"＊"或"·"；反之，若两线圈产生的磁通相消，则称这两个对应端子为耦合线圈的异名端。如图 8.1-3(a)所示，1 端与 3 端是同名端（或 2 端与 4 端也是同名端）；1 端与 4 端（或 2 端与 3 端）是异名端。如图 8.1-3(b)所示，1 端与 4 端（或 2 端与 3 端）是同名端；1 端与 3 端是异名端（2 端与 4 端也是异名端）。

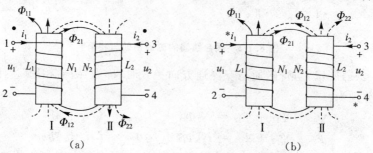

图 8.1-3 耦合线圈的同名端

同名端确定之后，可得出如下结论：在两耦合线圈上电压、电流取关联参考方向的前提下，自感电压恒取"+"号，互感电压有正、负号之分。当电流均从同名端流入时，互感电压取

"+"号;否则取"-"号。

理想耦合线圈的电路模型如图 8.1-4 所示,称为"耦合电感元件",简称"耦合电感"。式(8.1-15)也是耦合电感的伏安方程。根据上面结论:图 8.1-4(a)的伏安方程中互感电压取"+";图 8.1-4(b)的伏安方程中互感电压取"-"。由伏安关系可知,耦合电感是记忆、储能的动态元件。

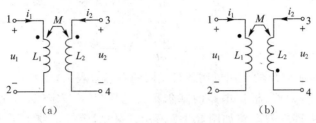

图 8.1-4 耦合电感电路模型

【例 8.1-1】 如图 8.1-5 所示电路,试列写耦合电感的伏安方程。

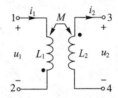

图 8.1-5 例 8.1-1 图

解： 图中 L_1 的电流 i_1 与电压 u_1 参考方向是关联方向,L_2 的电流 i_2 与电压 u_2 参考方向为非关联方向,而 $-u_2$ 与 i_2 关联,两电流 i_1、i_2 从同名端流出,故

$$u_1 = L_1 \frac{di_1}{dt} + M \frac{di_2}{dt}$$

$$-u_2 = L_2 \frac{di_2}{dt} + M \frac{di_1}{dt}$$

8.1.3 耦合电感的去耦等效及应用

耦合电感的线圈端电压包含自感电压和互感电压两部分,其伏安方程因同名端位置不同,各线圈上电压、电流参考方向是否关联等因素往往具有不同的表达形式,这给分析含耦合电感的电路带来了不便。本节介绍去耦等效方法,将含有耦合电感电路等效为常规的无耦合电路,以便简化电路的分析过程。

1. 耦合电感的 CCVS 去耦等效

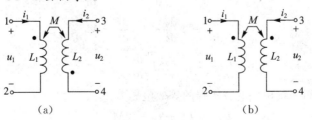

图 8.1-6 耦合电感元件

如图 8.1-6(a)和(b)所示的耦合电感，可分别写出它们的伏安方程为：

$$\left. \begin{array}{l} u_1 = L_1 \dfrac{di_1}{dt} - M \dfrac{di_2}{dt} \\ u_2 = L_2 \dfrac{di_2}{dt} - M \dfrac{di_1}{dt} \end{array} \right\} \tag{8.1-16}$$

$$\left. \begin{array}{l} u_1 = L_1 \dfrac{di_1}{dt} + M \dfrac{di_2}{dt} \\ u_2 = L_2 \dfrac{di_2}{dt} + M \dfrac{di_1}{dt} \end{array} \right\} \tag{8.1-17}$$

上式方程中，自感电压的作用可用各自线圈的自感来表示，而互感电压可用电流控制电压源(CCVS)元件来等效。根据电路的基尔霍夫电压(KVL)定律，可画出式(8.1-16)和(8.1-17)对应的去耦等效电路如图 8.1-7 所示。可见，等效电路中不含耦合电感元件，分析电路方程时不必再考虑互感电压。

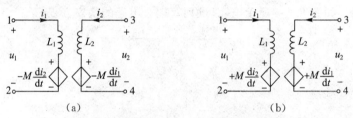

图 8.1-7 耦合电感的 CCVS 去耦等效电路

【例 8.1-2】 如图 8.1-8(a)所示电路，已知 $L_1=5\mathrm{H}$，$L_2=4\mathrm{H}$，现将耦合线圈的 b、c 端相连，求 ad 端的等效电感 L_{ad}。

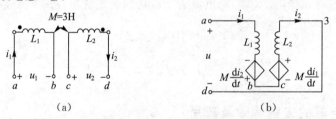

图 8.1-8 例 8.1-2 电路

解：图 8.1-8 所示电路中将耦合线圈的 b、c 端相连构成两个串联的耦合线圈，电流从异名端流入。根据图中两耦合线圈电压、电流的参考方向，画出 CCVS 等效电路如图 8.1-8(b)所示，列写 KVL 方程，令 $i_1 = i_2 = i$，得：

$$u = u_1 + u_2 = \left(L_1 \frac{di_1}{dt} - M \frac{di_2}{dt}\right) + \left(L_2 \frac{di_2}{dt} - M \frac{di_1}{dt}\right)$$

$$= L_1 \frac{di}{dt} - M \frac{di}{dt} + L_2 \frac{di}{dt} - M \frac{di}{dt}$$

$$= (L_1 + L_2 - 2M) \frac{di}{dt}$$

因此，耦合线圈顺接串联时，ad 端的等效电感 L_{ad} 为：

$$L_{ab} = L_1 + L_2 - 2M = 3\mathrm{H}$$

2. 耦合电感的 T 形去耦等效

在分析耦合电感的并联问题上,会用到耦合电感的 T 形去耦等效。如图 8.1-9(a)所示耦合电感两线圈的电压、电流参考方向为关联方向,电流均从同名端流入,其伏安方程为:

$$\left. \begin{aligned} u_1 &= L_1 \frac{di_1}{dt} + M \frac{di_2}{dt} \\ u_2 &= L_2 \frac{di_2}{dt} + M \frac{di_1}{dt} \end{aligned} \right\} \quad (8.1-18)$$

将上式进行数学变换,可得到:

$$\left. \begin{aligned} u_1 &= L_1 \frac{di_1}{dt} - M \frac{di_1}{dt} + M \frac{di_1}{dt} + M \frac{di_2}{dt} = (L_1 - M) \frac{di_1}{dt} + M \frac{d(i_1 + i_2)}{dt} \\ u_2 &= L_2 \frac{di_2}{dt} - M \frac{di_2}{dt} + M \frac{di_2}{dt} + M \frac{di_1}{dt} = (L_2 - M) \frac{di_2}{dt} + M \frac{d(i_1 + i_2)}{dt} \end{aligned} \right\} \quad (8.1-19)$$

由式(8.1-19)画得等效电路如图 8.1-9(b)所示,该电路中 3 个电感相互之间无耦合,它们的自感量分别是(L_1-M)、(L_2-M)、M,且连接成 T 形结构,因此称为"耦合电感的 T 形去耦等效电路"。图 8.1-9(b)中的 2、4 端互连为公共端,而耦合电感中的 2、4 端为同名端,因而将这种情况的 T 形去耦等效,称为"同名端为公共端的 T 形去耦等效"。若把图 8.1-9(a)中的 1、3 端作为公共端,则可等效为 8.1-9(c)的电路形式。

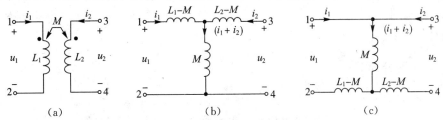

图 8.1-9 同名端为公共端耦合电感的 T 形去耦等效

图 8.1-10(a)是耦合电感中两线圈电流从异名端流入的情况,用同样的方法可得出其 T 形等效电路,如图 8.1-10(b)和(c)所示。其中图(b)是以异名端 2、4 端作为公共端,图(c)是以异名端 1、3 端作为公共端。而等效电路中的 $-M$ 电感是等效的负电感。

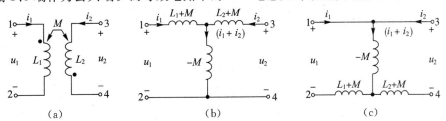

图 8.1-10 异名端为公共端耦合电感的 T 形去耦等效

【例 8.1-3】 如图 8.1-11(a)所示为耦合电感的并联电路,求 ab 端的等效电感 L_{ab}。

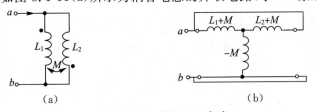

图 8.1-11 例 8.1-3 电路

解： 应用耦合电感的 T 形去耦等效方法,将图 8.1-11(a)等效为图(b),应用电感串、并联关系,得：

$$L_{ab} = [(L_1+M)//(L_2+M)] - M$$
$$= \frac{(L_1+M)(L_2+M)}{L_1+L_2+2M} - M$$
$$= \frac{L_1L_2 - M^2}{L_1+L_2+2M}$$

上述结论是在两耦合线圈并联且在异名端相连情况下求得的等效电感。对于同名端相连情况下的耦合线圈并联,可采用与上述类似的分析方法得出等效电感值为：

$$L_{ab} = \frac{L_1L_2 - M^2}{L_1+L_2-2M}$$

8.2 含耦合电感电路的相量法分析

含耦合电感电路(简称"互感电路")的分析可采用相量法。但应注意耦合电感上的电压包含自感电压和互感电压两部分,在列 KVL 方程时,要正确使用同名端计入互感电压;也可引用 CCVS 表示互感电压的作用。本节着重讨论正弦稳态下含耦合电感电路的方程分析法和等效分析法。

8.2.1 方程分析法

在电子电路中,经常使用耦合电感把激励源信号耦合传输给负载或其他电路,其基本电路构成如图 8.2-1 所示。与激励源相连的电感称为"初级线圈",与负载相连的电感称为"次级线圈"。初、次级线圈所在的回路分别称为"初、次级回路"。

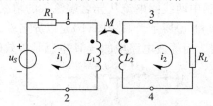

图 8.2-1 含耦合电感的电路

对图 8.2-1 电路,设定各回路电流的参考方向,并认为各元件的电压、电流参考方向关联,分别对两个回路列写 KVL 方程：

$$\left. \begin{array}{l} R_1 i_1 + L_1 \dfrac{di_1}{dt} - M \dfrac{di_2}{dt} = u_S \\ R_L i_2 + L_2 \dfrac{di_2}{dt} - M \dfrac{di_1}{dt} = 0 \end{array} \right\} \quad (8.2-1)$$

在正弦稳态情况下,由上式可得出以下相量方程：

$$\left. \begin{array}{l} (R_1 + j\omega L_1)\dot{I}_1 - j\omega M \dot{I}_2 = \dot{U}_S \\ -j\omega M \dot{I}_1 + (R_L + j\omega L_2)\dot{I}_2 = 0 \end{array} \right\} \quad (8.2-2)$$

将式(8.2-2)写成一般形式,有

$$\left.\begin{array}{l}Z_{11}\dot{I}_1 + Z_{12}\dot{I}_2 = \dot{U}_S \\ Z_{21}\dot{I}_1 + Z_{22}\dot{I}_2 = 0\end{array}\right\} \quad (8.2-3)$$

上式中

$$Z_{11} = R_1 + j\omega L_1$$
$$Z_{22} = R_L + j\omega L_2$$
$$Z_{12} = Z_{21} = \pm j\omega M$$

其中,Z_{11}是初级回路的自阻抗;Z_{22}是次级回路的自阻抗;Z_{12}是反映耦合电感次级回路对初级回路影响的互阻抗,而Z_{21}则是反映耦合电感初级回路对次级回路影响的互阻抗。注意互阻抗取值有两种情况:当初、次级回路电流均从同名端流入或流出(磁通相助)时取$j\omega M$;当两个回路电流均从异名端流入或流出(磁通相消)时取$-j\omega M$。显然,对图 8.2-1 所示电路 $Z_{12}=Z_{21}= -j\omega M$。

综上所述,用方程分析法分析含耦合电感的正弦稳态电路,只需通过观察电路,确定Z_{11}、Z_{22}、Z_{12}和Z_{21},就可以直接列出回路方程,然后解方程组得到初、次级电流。如果需要,再通过$\dot{I}_1$,$\dot{I}_2$求得电路中的电压或功率。

【例 8.2-1】 含耦合电感电路如图 8.2-2 所示,已知$\dot{I}_S = 4\angle 0°$ mA,试用方程分析法计算电路中的$\dot{I}_1$和电压$\dot{U}_2$。

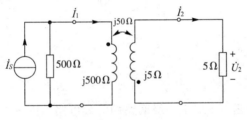

图 8.2-2 例 8.2-1 电路

解: 先将恒流源$\dot{I}_S$和并联的 500Ω 电阻变换成恒压源$\dot{U}_S$和 500Ω 电阻串联。即

$$\dot{U}_S = \dot{I}_S \times 500 = 0.004\angle 0° \times 500 = 2\angle 0° \text{V}$$

根据初、次级回路电流的参考方向,结合电路列出回路方程:

$$\left.\begin{array}{l}(500+j500)\dot{I}_1 + j50\dot{I}_2 = 2\angle 0° \\ j50\dot{I}_1 + (5+j5)\dot{I}_2 = 0\end{array}\right\}$$

解上述方程,可得:

$$\dot{I}_1 = 2.53\angle -18.4° \text{mA}$$
$$\dot{I}_2 = -17.9\angle -26.6° \text{mA}$$
$$\dot{U}_2 = \dot{I}_2 \times 5 = -89.5\angle 26.6° \text{mV}$$

8.2.2 等效分析法

结合方程分析法的思路,归纳出含耦合电感的正弦稳态电路的等效分析法。包括初级等效电路,次级等效电路和戴维南等效电路。初级等效电路主要用于求解初级回路问题,后两种等效电路适用于解决次级回路问题。

1. 初级等效电路

解式(8.2-3),得:

$$\dot{I}_1 = \frac{\begin{vmatrix} \dot{U}_S & Z_{12} \\ 0 & Z_{22} \end{vmatrix}}{\begin{vmatrix} Z_{11} & Z_{12} \\ Z_{21} & Z_{22} \end{vmatrix}} = \frac{Z_{22}\dot{U}_S}{Z_{11}Z_{22} - Z_{12}Z_{21}} = \frac{\dot{U}_S}{Z_{11} - \frac{Z_{12}Z_{21}}{Z_{22}}} \quad (8.2-4)$$

$$\dot{I}_2 = -\frac{Z_{21}}{Z_{22}}\dot{I}_1 \quad (8.2-5)$$

无论 Z_{12}, Z_{21} 等于 $j\omega M$ 或是 $-j\omega M$,$-Z_{12} \cdot Z_{21}$ 都等于 $\omega^2 M^2$,将它代入式(8.2-4)得:

$$\dot{I}_1 = \frac{\dot{U}_S}{Z_{11} + \frac{\omega^2 M^2}{Z_{22}}} \quad (8.2-6)$$

令

$$Z_{r1} = \frac{\omega^2 M^2}{Z_{22}} \quad (8.2-7)$$

将(8.2-7)代入式(8.2-6),得:

$$\dot{I}_1 = \frac{\dot{U}_S}{Z_{11} + Z_{r1}} \quad (8.2-8)$$

根据式(8.2-8)可画出图 8.2-1 初级回路的等效电路如图 8.2-3 所示。只要设电流 $\dot{I}_1$ 的参考方向从电源正极流出,无需关注耦合线圈的同名端,可以直接由式(8.2-8)计算出初级电流 $\dot{I}_1$。

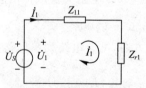

图 8.2-3 初级等效电路

式(8.2-8)中的 Z_{r1} 反映了次级回路对初级电流 $\dot{I}_1$ 的影响,称为次级回路对初级回路的"反映阻抗"(reflected impedance)。设次级回路自阻抗:

$$Z_{22} = R_{22} + jX_{22}$$

将 Z_{22} 代入到式(8.2-7),得:

$$Z_{r1} = \frac{\omega^2 M^2}{Z_{22}} = \frac{\omega^2 M^2}{R_{22} + jX_{22}} = \frac{\omega^2 M^2}{R_{22}^2 + X_{22}^2}R_{22} + j\frac{-\omega^2 M^2}{R_{22}^2 + X_{22}^2}X_{22}$$

$$= R_{r1} + jX_{r1}$$

式中

$$R_{r1} = \frac{\omega^2 M^2}{R_{22}^2 + X_{22}^2} R_{22} \tag{8.2-9}$$

$$X_{r1} = -\frac{\omega^2 M^2}{R_{22}^2 + X_{22}^2} X_{22} \tag{8.2-10}$$

R_{r1} 是反映阻抗中的电阻部分，称为"反映电阻"，其消耗的功率就是次级回路消耗的功率。X_{r1} 是反映阻抗的电抗部分，称为"反映电抗"，其性质与次级回路的电抗 X_{22} 的性质相反。

根据图 8.2-3 所示的初级等效电路不难得出，从电源端看进去的输入阻抗为：

$$Z_{in} = \frac{\dot{U}_1}{\dot{I}_1} = Z_{11} + Z_{r1} = Z_{11} + \frac{\omega^2 M^2}{Z_{22}} \tag{8.2-11}$$

初级回路的消耗功率

$$P_1 = I_1^2 R_{11} \tag{8.2-12}$$

上式中 R_{11} 是初级回路自阻抗 Z_{11} 的电阻部分，对于图 8.2-1 而言 $R_{11}=R_1$。

2. 次级等效电路

对于图 8.2-1 所示耦合电感电路 $Z_{21}=-j\omega M$，代入式(8.2-5)，可得：

$$\dot{I}_2 = \frac{j\omega M \dot{I}_1}{Z_{22}} \tag{8.2-13}$$

由上式得到电路次级等效电路如图 8.2-4 所示。次级等效电路中，等效电压源是初级回路电流 $\dot{I}_1$ 通过互感在次级线圈上产生的互感电压，次级回路电流 $\dot{I}_2$ 正是此电压作用的结果。一般的耦合电感电路，等效电压源取值为 $-j\omega M\dot{I}_1$ 或者 $j\omega M\dot{I}_1$，具体由所给耦合电感的同名端及所设初、次级电流的参考方向决定。若磁通相助，取 $-j\omega M\dot{I}_1$；磁通相消，取 $j\omega M\dot{I}_1$。

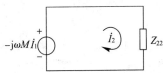

图 8.2-4 次级等效电路

由电流 $\dot{I}_2$ 求得次级回路消耗功率为：

$$P_2 = I_2^2 R_{22} \tag{8.2-14}$$

将有效值 I_2 代入上式，并结合式(8.2-9)，消耗功率 P_2 还可表示为：

$$P_2 = \left(\frac{\omega M I_1}{|Z_{22}|}\right)^2 R_{22} = I_1^2 \frac{\omega^2 M^2}{R_{22}^2 + X_{22}^2} \cdot R_{22} = I_1^2 R_{r1} \tag{8.2-15}$$

由上式可以看出，次级回路消耗的功率与反映电阻 R_{r1} 在初级等效电路中消耗的功率是相同的。

3. 戴维南等效电路

对于图 8.2-1 电路可分析出其戴维南等效电路。根据戴维南定理，首先计算开路电压 $\dot{U}_{OC}$。从 3、4 端断开次级回路，设定 $\dot{U}_{OC}$ 的参考方向如图 8.2-5 所示。由图可得：

$$\dot{U}_{OC} = -j\omega M \dot{I}_{10} \tag{8.2-16}$$

上式中

$$\dot{I}_{10} = \frac{\dot{U}_S}{Z_{11}} = \frac{\dot{U}_S}{R_1 + j\omega L_1} \tag{8.2-17}$$

其中，$\dot{I}_{10}$ 是次级开路时的初级回路电流。

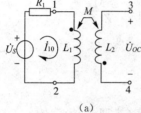
(a)

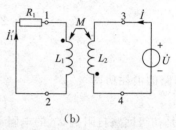
(b)

图 8.2-5 开路电压求解电路　　图 8.2-6 等效内阻抗求解电路

然后利用外加电源法求等效阻抗 Z_{eq}，由如图 8.2-6 所示电路可得：

$$\left. \begin{array}{l} \dot{U} = \dot{I} \cdot j\omega L_2 - \dot{I}'_1 \cdot j\omega M \\ 0 = \dot{I}'_1 (R_1 + j\omega L_1) - \dot{I} \cdot j\omega M \end{array} \right\}$$

分析上式，得：

$$Z_{eq} = \frac{\dot{U}}{\dot{I}} = j\omega L_2 + \frac{\omega^2 M^2}{R_1 + j\omega L_1} = j\omega L_2 + Z_{r2} \tag{8.2-18}$$

其中，

$$Z_{r2} = \frac{\omega^2 M^2}{Z_{11}} \tag{8.2-19}$$

Z_{r2} 为初级回路对次级回路的反映阻抗，它与 Z_{r1} 具有类似的特性。

最后，画出戴维南等效电路如图 8.2-7 所示。分析该等效电路，可求得次级回路中的电流、电压和功率。

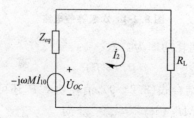

图 8.2-7 戴维南等效电路

【例 8.2-2】 含耦合电感电路如图 8.2-8(a) 所示，图中 $\dot{U}_S = 100\angle 0°$ V，$R_1 = 10\Omega$，$R_2 = 2\Omega$，$R_L = 2\Omega$，$j\omega L_1 = j30\Omega$，$j\omega L_2 = j8\Omega$，$j\omega M = j10\Omega$。求初、次级电路电流 $\dot{I}_1$，$\dot{I}_2$ 和

次级回路吸收的功率 P_2。

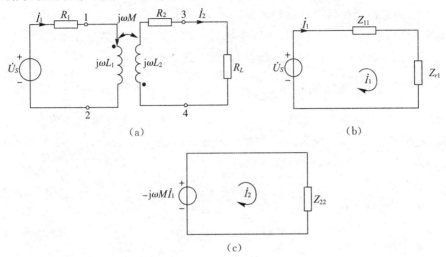

图 8.2-8 例 8.2-2 图

解： 画出初级等效电路如图 8.2-8(b)所示，图中

$$Z_{11} = R_1 + j\omega L_1 = (10 + j30)\Omega$$

$$Z_{r1} = \frac{\omega^2 M^2}{Z_{22}} = \frac{100}{4 + j8} = (5 - j10)\Omega$$

$$\dot{I}_1 = \frac{\dot{U}_S}{Z_{11} + Z_{r1}} = \frac{100\angle 0°}{(10 + j30) + (5 - j10)} = 4\angle -53.1° \text{ A}$$

画出次级等效电路如图 8.2-8(c)所示，因磁通相助，则图中等效电压源为

$$-j\omega M \dot{I}_1 = -j10 \times 4\angle -53.1° = 40\angle -143.1° \text{V}$$

$$Z_{22} = R_2 + R_L + j\omega L_2 = (4 + j8)\Omega$$

$$\dot{I}_2 = \frac{-j\omega M \dot{I}_1}{Z_{22}} = \frac{40\angle -143.1°}{4 + j8} = 4.49\angle -206.5° \text{A} = 4.49\angle 153.5° \text{A}$$

因此，次级回路吸收的功率

$$P_2 = I_2^2 \cdot (R_2 + R_L) = 4.49^2 \times 4 = 80\text{W}$$

8.3 理想变压器

理想变压器是实际变压器的理想化模型，它是对互感元件的一种理想化抽象，可看成是极限情况的耦合电感。

8.3.1 理想变压器的条件

理想变压器可以看作是耦合电感元件在满足下述 3 个条件下产生的多端电路元件。

条件 1：耦合系数 $k = 1$，即全耦合。

条件 2：自感系数 L_1, L_2 无穷大，且 L_1/L_2 等于常数。根据耦合系数定义并考虑条件 1，可知 $M = \sqrt{L_1 L_2}$ 也为无穷大。此条件可简称为"参数无穷大"。

条件 3：无损耗。认为绕制线圈的金属漆包线无任何电阻，或者说，绕线圈的金属导线的导电率 $\sigma \to \infty$，制造铁心的铁磁性材料的导磁率 $\mu \to \infty$。

在工程实际中，永远不可能满足以上 3 个条件。但是在实际制造变压器时，可以通过合理选材和改进制造工艺，尽可能地接近或近似满足上述条件。

8.3.2 理想变压器的基本特性

变压器原理示意图如图 8.3-1 所示，图中 L_1、L_2 表示初、次级线圈的自感系数，线圈 L_1 有 N_1 匝，L_2 有 N_2 匝，1、3 端是同名端。在忽略漏磁通（线圈上电流 i_1, i_2 产生的磁通通过空气形成磁路）的情况下，由图 8.3-1 可以得到：

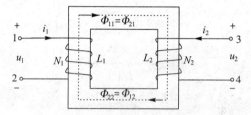

图 8.3-1 变压器原理示意图

$$\left. \begin{array}{l} \Psi_1 = N_1 \Phi_{11} + N_1 \Phi_{12} = N_1 (\Phi_{11} + \Phi_{12}) \\ \Psi_2 = N_2 \Phi_{22} + N_2 \Phi_{21} = N_2 (\Phi_{22} + \Phi_{21}) \end{array} \right\} \quad (8.3-1)$$

考虑全耦合（$k=1$）的理想条件，则有 $\Phi_{12} = \Phi_{22}$, $\Phi_{21} = \Phi_{11}$，因而式(8.3-1)可写为

$$\left. \begin{array}{l} \Psi_1 = N_1 (\Phi_{11} + \Phi_{22}) = N_1 \Phi \\ \Psi_2 = N_2 (\Phi_{11} + \Phi_{22}) = N_2 \Phi \end{array} \right\} \quad (8.3-2)$$

式(8.3-2)中 $\Phi = \Phi_{11} + \Phi_{22}$ 称为"主磁通"，它既穿越初级线圈，也穿越次级线圈。显然，若初、次级电流从异名端流入，则主磁通将变为 $\Phi = \Phi_{11} - \Phi_{22}$ 或 $\Phi = \Phi_{22} - \Phi_{11}$。

1. 变压特性

主磁通依次通过初、次级线圈分别产生感应电压

$$\left. \begin{array}{l} u_1 = \dfrac{\mathrm{d}\Psi_1}{\mathrm{d}t} = N_1 \dfrac{\mathrm{d}\Phi}{\mathrm{d}t} \\ u_2 = \dfrac{\mathrm{d}\Psi_2}{\mathrm{d}t} = N_2 \dfrac{\mathrm{d}\Phi}{\mathrm{d}t} \end{array} \right\} \quad (8.3-3)$$

将上式两行相比，得出：

$$\dfrac{u_1}{u_2} = \dfrac{N_1}{N_2} = n \quad (8.3-4)$$

其中 n 称为"变压器的变比"（即初、次级线圈的匝数之比）。

由于在初、次级线圈中，由主磁通产生的感应电压在同名端处的极性总是相同，因此，当 u_1、u_2 参考方向的"$+$"极性端设在同名端，则 u_1、u_2 同号，其 u_1 与 u_2 之比等于 N_1 与 N_2 之比。

如果 u_1、u_2 参考方向的"$+$"端设在异名端，则 u_1、u_2 异号，其 u_1 与 u_2 之比等于负的 N_1 与 N_2 之比，即

$$\dfrac{u_1}{u_2} = -\dfrac{N_1}{N_2} = -n \quad (8.3-5)$$

式(8.3－4)和(8.3－5)称为"理想变压器的变压关系式"。若 U_1，U_2 为 u_1、u_2 的有效值，则

$$\frac{U_1}{U_2} = \frac{N_1}{N_2} = n \tag{8.3－6}$$

2. 变流特性

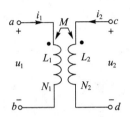

图 8.3-2 耦合电感模型

从耦合电感的电压、电流关系出发，代入理想条件，推出理想变压器的变流关系式。由图 8.3-2 耦合电感模型，写得初级电压

$$u_1 = L_1 \frac{\mathrm{d}i_1}{\mathrm{d}t} + M \frac{\mathrm{d}i_2}{\mathrm{d}t} \tag{8.3－7}$$

对上式两端作 $0 \sim t$ 的积分，并设 $i_1(0) = 0$，$i_2(0) = 0$，得：

$$i_1(t) = \frac{1}{L_1} \int_0^t u_1(\xi) \mathrm{d}\xi - \frac{M}{L_1} i_2(t) \tag{8.3－8}$$

参照图 8.3-1 示意图，结合 M，L_1 的定义，并考虑 $k = 1$ 条件，有

$$\frac{M}{L_1} = \frac{M_{21}}{L_1} = \frac{\frac{N_2 \Phi_{21}}{i_1}}{\frac{N_1 \Phi_{11}}{i_1}} = \frac{\frac{N_2 \Phi_{11}}{i_1}}{\frac{N_1 \Phi_{11}}{i_1}} = \frac{N_2}{N_1} \tag{8.3－9}$$

将上式代入式(8.3－8)，并考虑到理想条件 $L_1 = \infty$，于是得：

$$i_1(t) = -\frac{N_2}{N_1} i_2(t) \tag{8.3－10}$$

即

$$\frac{i_1}{i_2} = -\frac{N_2}{N_1} = -\frac{1}{n} \tag{8.3－11}$$

上式表明：当初、次级电流 i_1、i_2 分别从同名端同时流入(或同时流出)时，则 i_1 与 i_2 之比等于负的 N_2 与 N_1 之比。

如果 i_1、i_2 的参考方向从变压器的异名端流入，则其 i_1 与 i_2 之比为

$$\frac{i_1}{i_2} = \frac{N_2}{N_1} = \frac{1}{n} \tag{8.3－12}$$

式(8.3－11)和(8.3－12)称为"理想变压器的变流关系式"。

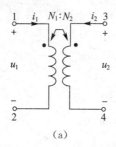 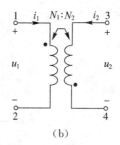

图 8.3-3 理想变压器的电路模型

如图 8.3-3(a)所示的理想变压器,有

$$\left.\begin{array}{l}u_1(t) = nu_2(t) \\ i_1(t) = -\dfrac{1}{n}i_2(t)\end{array}\right\} \quad (8.3-13)$$

如图 8.3-3(b)所示的理想变压器,有

$$\left.\begin{array}{l}u_1(t) = -nu_2(t) \\ i_1(t) = \dfrac{1}{n}i_2(t)\end{array}\right\} \quad (8.3-14)$$

式(8.3-13)和(8.3-14)为理想变压器的伏安关系或伏安方程。此方程表明,理想变压器是瞬时元件。

对于图 8.3-3(a)所示的理想变压器模型,它的瞬时吸收功率为:

$$\begin{aligned}p(t) &= u_1(t)i_1(t) + u_2(t)i_2(t) \\ &= u_1(t)i_1(t) + \dfrac{1}{n}u_1(t)[-ni_1(t)] \\ &= u_1(t)i_1(t) - u_1(t)i_1(t) = 0\end{aligned} \quad (8.3-15)$$

上式表明:理想变压器既不消耗能量,也不储存能量,它是一个无记忆的能量传输元件。这一点,与耦合电感有着本质的不同。参数 L_1、L_2 和 M 为有限值的耦合电感是具有记忆功能的储能元件。

3. 变阻抗特性

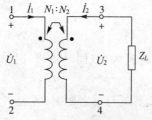 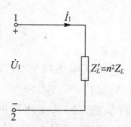

图 8.3-4 接有负载的理想变压器　　图 8.3-5 接有负载的理想变压器等效电路

如图 8.3-4 所示的理想变压器电路,次级接负载阻抗 Z_L。理想变压器在正弦稳态条件下,其伏安关系的相量形式同样符合式(8.3-13)和(8.3-14),则:

$$\left.\begin{array}{l}\dot{U}_1 = \dfrac{N_1}{N_2}\dot{U}_2 = n\dot{U}_2 \\ \dot{I}_1 = -\dfrac{N_2}{N_1}\dot{I}_2 = -\dfrac{1}{n}\dot{I}_2\end{array}\right\} \quad (8.3-16)$$

将上式中两行相比,可得初级端口的等效阻抗为

$$Z'_L = \frac{\dot{U}_1}{\dot{I}_1} = \frac{\frac{N_1}{N_2}\dot{U}_2}{-\frac{N_2}{N_1}\dot{I}_2} = \left(\frac{N_1}{N_2}\right)^2 \frac{\dot{U}_2}{-\dot{I}_2}$$

由图 8.3-4 可以看出负载 Z_L 上的电压、电流参考方向为非关联，则有 $Z_L = -\frac{\dot{U}_2}{\dot{I}_2}$，代入上式可得：

$$Z'_L = \left(\frac{N_1}{N_2}\right)^2 Z_L = n^2 Z_L \tag{8.3-17}$$

式(8.3-17)称为"理想变压器的阻抗变换关系"。其含义是对于输入回路电源 $\dot{U}_1$ 而言，将理想变压器和负载等效为一个新的负载 $Z'_L = n^2 Z_L$，图 8.3-4 可等效为图 8.3-5 所示。

【例 8.3-1】 含理想变压器的电路如图 8.3-6 所示，已知正弦稳态电路中 $\dot{U}_S = 100\angle 0°$V，理想变压器的变比 $n = 10$，$R_1 = R_2 = 10\Omega$，$R_L = 10\Omega$，试求电流 $\dot{I}_1$、$\dot{I}_2$ 和负载 R_L 消耗的有功功率 P_L。

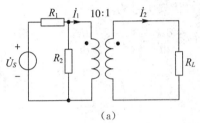
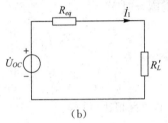

图 8.3-6 例 8.3-1 图

解： 应用戴维南定理与理想变压器的特性求解。

$$\dot{U}_{OC} = \frac{R_2}{R_1 + R_2}\dot{U}_S = 50\angle 0°\text{V}$$

$$R_{eq} = \frac{R_1 \times R_2}{R_1 + R_2} = 5\Omega$$

$$R'_L = n^2 R_L = 10^2 \times 10 = 1000\Omega$$

画出初级等效电路，如图(b)所示，列出回路方程为：

$$(R_{eq} + R'_L)\dot{I}_1 = \dot{U}_{OC}$$

即

$$(5 + 1000)\dot{I}_1 = 50\angle 0°$$

得

$$\dot{I}_1 = 0.05\angle 0°\text{A}$$

根据理想变压器的变流特性，得：

$$\dot{I}_2 = \frac{N_1}{N_2}\dot{I}_1 = n\dot{I}_1 = 0.5\angle 0°\text{A}$$

因次级回路 R_L 消耗的有功功率等于初级等效回路中 R'_L 消耗的有功功率，所以

$$P_L = I_1^2 R'_L = 2.5\text{W}$$

8.4 实际变压器

实际变压器是非理想变压器,或者说实际变压器性能与理想变压器相比是有差异的。本节着重讨论利用理想变压器元件建立在不同条件下使用的实际变压器的模型,进而为分析实际变压器的性能提供依据。

8.4.1 全耦合变压器

如果把两个线圈绕在高导磁率铁磁性材料制成的心子上,则可使两线圈的耦合系数 $k \approx 1$,同时在工作频率不很高时,两线圈的损耗可忽略。在理想情况下,这种全耦合、无损耗的耦合线圈称为"全耦合变压器"。与理想变压器的 3 个理想条件比对,全耦合变压器只满足 2 个理想条件,而参数无穷大的条件不满足。这是在理想变压器的基础上降低了一个条件,很明显全耦合变压器比理想变压器更接近变压器的实际情况。

全耦合互感线圈如图 8.4-1 所示,根据图中设定的同名端位置及所设电压、电流参考方向,并考虑全耦合时 $M = \sqrt{L_1 L_2}$ 的条件,写出端口伏安关系为:

$$\left. \begin{array}{l} u_1 = L_1 \dfrac{di_1}{dt} + \sqrt{L_1 L_2} \dfrac{di_2}{dt} = \sqrt{\dfrac{L_1}{L_2}} \left(L_2 \dfrac{di_2}{dt} + \sqrt{L_1 L_2} \dfrac{di_1}{dt} \right) \\ u_2 = L_2 \dfrac{di_2}{dt} + \sqrt{L_1 L_2} \dfrac{di_1}{dt} \end{array} \right\} \quad (8.4-1)$$

将上式中两行相比,可得

$$\frac{u_1}{u_2} = \sqrt{\frac{L_1}{L_2}} \quad (8.4-2)$$

因耦合系数 $k = 1$,所以有 $\dot{\Phi}_{12} = \Phi_{22}$,而 $M = \dfrac{N_1 \Phi_{12}}{i_2} = \dfrac{N_1 \Phi_{22}}{i_2}$,$L_2 = \dfrac{N_2 \Phi_{22}}{i_2}$,可得出

$$\sqrt{\frac{L_1}{L_2}} = \frac{\sqrt{L_1 L_2}}{\sqrt{L_2 L_2}} = \frac{M}{L_2} = \frac{\dfrac{N_1 \Phi_{22}}{i_2}}{\dfrac{N_2 \Phi_{22}}{i_2}} = \frac{N_1}{N_2} \quad (8.4-3)$$

将上式代入式(8.4-2),可得

$$\frac{u_1}{u_2} = \frac{N_1}{N_2} \quad (8.4-4)$$

上式表明:全耦合变压器与理想变压器具有相同的变压关系。

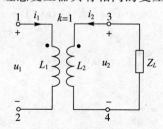

图 8.4-1 全耦合的互感线圈

对式(8.4-1)中的 u_1 方程两端作 $0\sim t$ 的积分，并令 $i_1(0)=0$，$i_2(0)=0$，得：

$$i_1(t) = \frac{1}{L_1}\int_0^t u_1(\xi)\mathrm{d}\xi - \sqrt{\frac{L_2}{L_1}}i_2(t)$$

将式(8.4-3)代入上式，得：

$$\begin{aligned} i_1(t) &= \frac{1}{L_1}\int_0^t u_1(\xi)\mathrm{d}\xi - \frac{N_2}{N_1}i_2(t) \\ &= i_{1m}(t) + \left(-\frac{N_2}{N_1}\right)i_2(t) \\ &= i_{1m}(t) + i_{1f}(t) \end{aligned} \quad (8.4-5)$$

其中，

$$i_{1m}(t) = \frac{1}{L_1}\int_0^t u_1(\xi)\mathrm{d}\xi \quad (8.4-6)$$

$$i_{1f}(t) = -\frac{N_2}{N_1}i_2(t) \quad (8.4-7)$$

式(8.4-5)表明，全耦合变压器初级电流 $i_1(t)$ 由两部分组成，其中一部分 $i_{1m}(t)$ 称为"励磁电流"，它是次级开路时，电感 L_1 上的电流；另一部分 $i_{1f}(t)$ 是次级电流与 $i_2(t)$ 在初级的反映，它与 $i_2(t)$ 之间满足理想变压器的变流关系。由于 $i_{1m}(t)$ 的存在，使全耦合变压器具有记忆性。

式(8.4-4)~(8.4-7)描述了全耦合变压器的端口伏安关系，据此可得到全耦合变压器的电路模型，如图 8.4-2 所示，图中虚线框部分为理想变压器模型。全耦合变压器模型由理想变压器元件和在其初级并联电感 L_1 构成，通常 L_1 称为"励磁电感"。

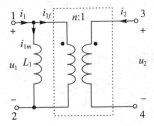

图 8.4-2 全耦合变压器的电路模型

8.4.2 空心变压器

在高频、超高频电路中经常使用另一类变压器，其耦合线圈绕在非铁磁性材料制成的心上，有的就以空气为心，故称为"空心变压器"。这类变压器设定为没有损耗，但两线圈间的耦合不再紧密，不能认为是 k 接近于 1，还有参数也为有限值。因此，对空心变压器而言，理想变压器中全耦合、参数无穷大这两个条件都不满足。

图 8.4-3 是空心变压器的原理示意图。设电流 i_1 在初级线圈产生的磁通为 Φ_{11}，其中主要部分与次级线圈相交链，称为"主磁通"，用 Φ_{21} 表示，而 Φ_{11} 中不与次级线圈相交链的部分，记作 $\Phi_{\sigma1}$，称为"漏磁通"，这样 $\Phi_{11} = \Phi_{21} + \Phi_{\sigma1}$。由自感系数定义，可知

$$L_1 = \frac{\Psi_{11}}{i_1} = \frac{N_1\Phi_{11}}{i_1} = \frac{N_1}{N_2} \cdot \frac{N_2\Phi_{21}}{i_1} + \frac{N_1\Phi_{\sigma1}}{i_1}$$

由于 $M = M_{21} = \dfrac{N_2 \Phi_{21}}{i_1}$，故有

$$L_1 = \dfrac{N_1}{N_2}M + \dfrac{N_1 \Phi_{\sigma 1}}{i_1} = L_{M1} + L_{\sigma 1} \qquad (8.4-8)$$

上式中，$L_{\sigma 1}$ 是自感中与漏磁通相对应的一部分，称为"初级线圈的漏电感"。

同理，对于次级线圈也有

$$L_2 = \dfrac{N_2}{N_1}M + \dfrac{N_2 \Phi_{\sigma 2}}{i_2} = L_{M2} + L_{\sigma 2} \qquad (8.4-9)$$

其中，$L_{\sigma 2}$ 是次级线圈的漏电感。

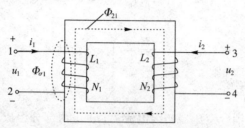

图 8.4-3 空心变压器的原理示意图

本来空心变压器两线圈之间不是全耦合的，但就两线圈的主磁通而言则是全耦合的，式(8.4-8)中的 L_{M1} 和式(8.4-9)中的 L_{M2} 反映了这部分磁通的作用，故称为"等效全耦合电感"。因此，一个如图 8.4-4(a)所示的空心变压器($k<1$)，可以等效为由 L_{M1}、L_{M2} 组成的全耦合变压器($k=1$)与初、次级回路各串联漏电感的电路，如图 8.4-4(b)所示。进一步将全耦合变压器等效为由励磁电感和变比为 n 的理想变压器组成的电路。最后得到如图 8.4-4(c)所示的空心变压器的电路模型。

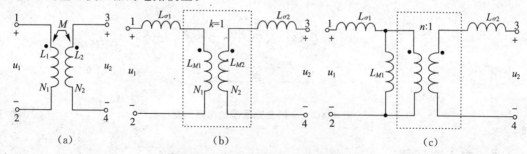

图 8.4-4 空心变压器的等效电路模型

8.4.3 铁心变压器

在电力电气系统、各种电气设备电源部分以及在其他一些较低频率的电子电路中使用的变压器大多是铁心变压器。这类变压器中的铁心提供了良好的磁通通路，减少了漏磁通，从而使漏电感小、耦合系数 k 值大，并且在足够匝数的条件下，使 L_1、L_2、M 值非常大。应该说许多实际的铁心变压器从耦合度、参数值、损耗等 3 个方面综合考虑，接近理想条件的程度还是较好的。所以在许多低频电子电路工程概算中，把铁心变压器近似看作为理想变压器。但在较高频率的电子电路中，有时需要研究实际铁心变压器的频率特性及功率损耗，需要用更为精确的铁心变压器模型。具体说，就是建立 3 个理想条件(全耦合、参数无穷大、无

损耗)均不满足的实际铁心变压器的模型。

前面讨论的空心变压器模型,已经考虑了全耦合和参数无穷大这两个理想条件不满足的情况。在此基础上,再考虑变压器初、次级线圈的绕线电阻铜损耗以及铁心损耗(包括涡流损耗和磁滞损耗),应在空心变压器模型的初、次级分别串联电阻 R_1 和 R_2,在励磁线圈上串联铁心损耗电阻 R_m。最后得到 3 个理想条件均不满足的实际铁心变压器模型如图 8.4-5 所示。

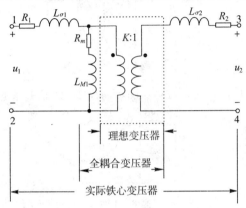

图 8.4-5 实际铁心变压器的电路模型

习题 8

8−1 耦合电感电路如题 8−1 图所示,试分别列出 u_1,u_2 的表达式。

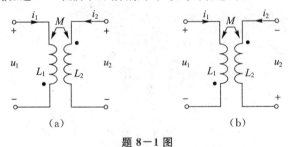

题 8−1 图

8−2 含耦合电感电路如题 8−2 图所示,试求下列情况下的 u_2:

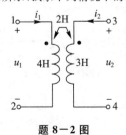

题 8−2 图

(1) $i_1 = 5\cos 10t \text{A}, i_2 = 0$;

(2) $i_1 = 3\cos 10t\text{A}$, $i_2 = 2\cos 10t\text{A}$;

8-3 电路如题 8-3 图所示,求:

(1)若 b,c 端互连,则 a,d 端的等效电感 $L_{ab}=?$

(2)若 a,c 端互连,则 b,d 端的等效电感 $L_{bd}=?$

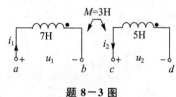

题 8-3 图

8-4 电路如题 8-4 图所示,已知 $u_S(t) = 200\sqrt{2}\cos(100t)\text{V}$。试求电流 $i(t)$ 及耦合系数 k。

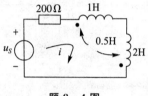

题 8-4 图

8-5 如题 8-5 图所示电路,试求电路中的 $\dot{U}_2$。

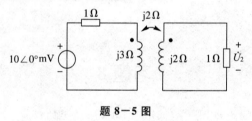

题 8-5 图

8-6 如题 8-6 图所示电路中,试求输入阻抗 Z_{12}。

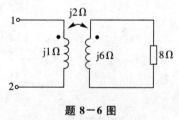

题 8-6 图

8-7 如题 8-7 图所示电路中,$\dot{U}_S = 100\angle 0°\text{V}$,负载阻抗 Z_L 可任意改变。试求 Z_L 为何值时可获得最大功率,求出该最大功率 P_m。

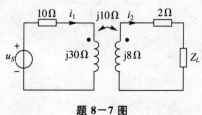

题 8-7 图

8-8 如题 8-8 图所示的耦合电路,已知 5Ω 电阻上的平均功率为 45.24W,试求互感阻抗 X_M。

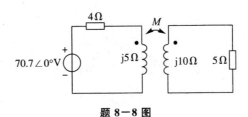

题 8-8 图

8-9 如题 8-9 图所示理想变压器,给定 $\dot{I}_2 = 50\angle -36.87°\text{A}$ 及 $\dot{I}_3 = 16\angle 0°\text{A}$,试求 $\dot{I}_1$。

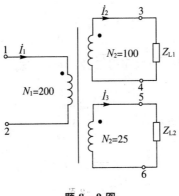

题 8-9 图

8-10 含理想变压器电路如题 8-10 图所示,试求 $\dot{I}_1$ 和 $\dot{U}$。

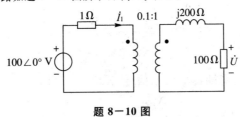

题 8-10 图

8-11 如题 8-11 图所示电路中 $R_L = 4000\ \Omega$,为了使负载电阻 R_L 获得最大功率,试求理想变压器的变比为多少?负载 R_L 获得的最大功率为多少?

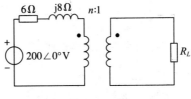

题 8-11 图

8-12 变压器电路如题 8-12 图所示,已知 $\dot{U}_S = 4\angle 0°\ \text{V}$,试求 $\dot{I}_2$。

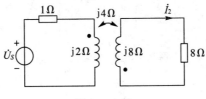

题 8-12 图

第9章 非正弦周期电流电路

【内容提要】 本章主要讨论非正弦周期电流电路的周期信号及谐波分析；介绍非正弦周期信号的有效值、平均值和功率；最后介绍非正弦周期电流电路的分析。

9.1 非正弦周期信号

前面讨论过正弦交流电路，其中电压和电流都是正弦量。但在实际的应用中，我们还常常会遇到非正弦周期的电压或电流。在电子技术、自动控制、计算机和无线电技术等方面，电压和电流往往都是周期性的非正弦波形。

(1) 发电机发出的电压波形，不可能是完全正弦的。如图 9.1-1 所示。

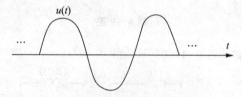

图 9.1-1 发电机的电压波形

(2) 大量脉冲信号均为周期性非正弦信号。如图 9.1-2 所示。

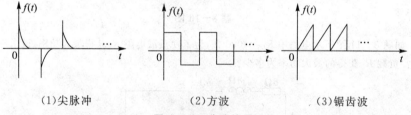

(1) 尖脉冲　　　　　(2) 方波　　　　　(3) 锯齿波

图 9.1-2 脉冲信号

(3) 当电路中存在非线性元件时，也会产生非正弦电压、电流。如图 9.1-3、9.1-4 所示。

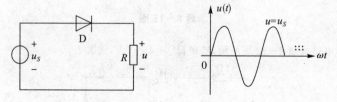

图 9.1-3 二极管整流电路

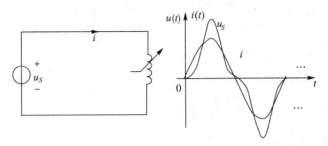

图 9.1-4 非线性电感电路

非正弦周期交流信号的特点：
(1)不是正弦波；
(2)按周期规律变化，满足：$f(t) = f(t+kT)$ $(k=0,1,2,3,\cdots)$。其中，T 为周期。

本章主要讨论非正弦周期电流、电压信号的作用下，线性电路的稳态分析和计算方法。采用谐波分析法，实质上就是通过应用数学中傅里叶级数展开方法，将非正弦周期信号分解为一系列不同频率的正弦量之和，再根据线性电路的叠加定理，分别计算在各个正弦量单独作用下电路中产生的同频率正弦电流分量和电压分量，最后，把所得分量按时域形式叠加，最终得到电路在非正弦周期激励下的稳态电流和电压。

9.2 非正弦周期信号的谐波分析

在电路分析中，对非正弦周期波的分解，应用傅里叶级数展开的方法，分解为直流分量（或不含有）和频率为整数倍的一系列正弦波之和，称为"傅里叶分析"，又称为"谐波分析"。

一、周期函数分解为傅里叶级数

(1)任何满足狄里赫利条件的周期函数 $f(t)$ 均可展开成傅里叶级数

$$f(t) = f(t+kT) \tag{9.2-1}$$

式中 T 为周期，$k=0,1,2,3,\cdots$（k 为正整数）

$$\omega = \frac{2\pi}{T} \tag{9.2-2}$$

狄里赫利条件：
①函数在一周期内极大值与极小值为有限个。
②函数在一周期内间断点为有限个。
③在一周期内函数绝对值积分为有限值。
即

$$\int_0^T |f(t)| \, dt < \infty \tag{9.2-3}$$

(2)周期函数傅里叶级数展开式为：

$$\begin{aligned} f(t) &= \frac{a_0}{2} + (a_1\cos\omega t + b_1\sin\omega t) + (a_2\cos 2\omega t + b_2\sin 2\omega t) + \cdots \\ &= \frac{a_0}{2} + \sum_{k=1}^{\infty}[a_k\cos k\omega t + b_k\sin k\omega t] \end{aligned} \tag{9.2-4}$$

$$f(t) = \frac{A_0}{2} + A_{1m}\cos(\omega t + \varphi_1) + A_{2m}\cos(2\omega t + \varphi_2)$$
$$+ \cdots + A_{km}\cos(k\omega t + \varphi_k) + \cdots \tag{9.2-5}$$

二、求傅里叶系数的公式

$$a_0 = \frac{1}{T}\int_0^T f(t)\mathrm{d}t = \frac{1}{T}\int_{-\frac{T}{2}}^{\frac{T}{2}} f(t)\mathrm{d}t \tag{9.2-6}$$

即 $f(t)$ 在一周期内平均值

$$a_k = \frac{2}{T}\int_0^T f(t)\cos k\omega t \mathrm{d}t = \frac{1}{\pi}\int_{-\pi}^{\pi} f(t)\cos k\omega t \mathrm{d}(\omega t) \tag{9.2-7}$$

$$b_k = \frac{2}{T}\int_0^T f(t)\sin k\omega t \mathrm{d}t = \frac{1}{\pi}\int_{-\pi}^{\pi} f(t)\sin k\omega t \mathrm{d}(\omega t) \tag{9.2-8}$$

$$f(t) = \frac{A_0}{2} + A_{1m}\cos(\omega t + \varphi_1) + A_{2m}\cos(2\omega t + \varphi_2)$$
$$+ \cdots + A_{km}\cos(k\omega t + \varphi_k) + \cdots \tag{9.2-9}$$
$$= \frac{A_0}{2} + \sum_{K=1}^{\infty} A_{km}\cos(k\omega t + \varphi_k)$$

$A_0 = a_0$，$A_{km} = \sqrt{a_k^2 + b_k^2}$，$a_k = A_{km}\cos\varphi_k$，$b_k = -A_{km}\sin\varphi_k$，$\varphi_k = \arctan\left(\dfrac{-b_k}{a_k}\right)$。

$\dfrac{A_0}{2}$ 为常数，称为"零次谐波"（该分量是一个直流分量）；$A_{1m}\cos(\omega t + \varphi_1)$ 称为"一次谐波"或"基波"。意思是该谐波的周期与函数 $f(t)$ 相同，式中 A_{1m}、ω、φ_1 分别称为"基波振幅"、"角频率"和"初相"；

$A_{2m}\cos(2\omega t + \varphi_2)$ 称为"二次谐波"；

$A_{km}\cos(k\omega t + \varphi_k)$ 称为"k 次谐波"。

高次谐波为 $k \geq 2$ 次的谐波；奇次谐波为 k 为奇次的谐波；偶次谐波为 k 为偶次的谐波。

【例 9.2-1】 求周期函数 $f(t)$ 的傅里叶级数展开式。

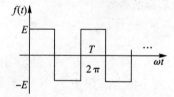

图 9.2-1　例 9.2-1 图

$$f(t) = \begin{cases} E & (0 < t < \dfrac{T}{2}) \\ -E & (\dfrac{T}{2} < t < T) \end{cases} \tag{9.2-10}$$

一个周期内的表达式：

$$a_0 = \frac{1}{T}\int_0^T f(t)\mathrm{d}t = \frac{1}{T}\left[\int_0^{\frac{T}{2}} E\mathrm{d}t + \int_{\frac{T}{2}}^{T} -E\mathrm{d}t\right]$$

$$= \frac{1}{T}\left[E\left(\frac{T}{2}-0\right)+(-E)\left(T-\frac{T}{2}\right)\right]=0 \quad (9.2-11)$$

$$\begin{aligned}
a_k &= \frac{1}{\pi}\int_0^{2\pi} f(t)\cos k\omega t\, \mathrm{d}(\omega t) \\
&= \frac{1}{\pi}\left[\int_0^{\pi} E\cos k\omega t\, \mathrm{d}(\omega t)+\int_{\pi}^{2\pi}(-E)\cos k\omega t\, \mathrm{d}(\omega t)\right] \\
&= \frac{1}{\pi}\left[\frac{E}{k}\sin k\omega t\bigg|_0^{\pi}+\frac{-E}{k}\sin k\omega t\bigg|_{\pi}^{2\pi}\right] \\
&= \frac{E}{k\pi}[\sin k\pi-\sin 0-(\sin 2k\pi-\sin k\pi)] \\
&= 0
\end{aligned} \quad (9.2-12)$$

$$\begin{aligned}
b_k &= \frac{1}{\pi}\int_0^{2\pi} f(t)\times\sin k\omega t\, \mathrm{d}(\omega t) \\
&= \frac{1}{\pi}\left[\int_0^{\pi} E\sin k\omega t\, \mathrm{d}(\omega t)+\int_{\pi}^{2\pi}(-E)\sin k\omega t\, \mathrm{d}(\omega t)\right] \\
&= \frac{E}{k\pi}\left[-\cos k\omega t\bigg|_0^{\pi}+\cos k\omega t\bigg|_{\pi}^{2\pi}\right] \\
&= \frac{E}{k\pi}[-(\cos k\pi-\cos 0°)+\cos 2k\pi-\cos k\pi] \\
&= \frac{2E}{k\pi}(1-\cos k\pi)=\begin{cases}\dfrac{4E}{k\pi} & k\text{ 为奇数}\\ 0 & k\text{ 为偶数}\end{cases}
\end{aligned} \quad (9.2-13)$$

则

$$\begin{aligned}
f(t) &= \frac{4E}{\pi}\sin\omega t+\frac{4E}{3\pi}\sin 3\omega t+\frac{4E}{5\pi}\sin 5\omega t+\cdots \\
&= \frac{4E}{\pi}\left(\sin\omega t+\frac{1}{3}\sin 3\omega t+\frac{1}{5}\sin 5\omega t+\cdots\right)
\end{aligned} \quad (9.2-14)$$

三、非正弦周期量的频谱

傅里叶级数中各次谐波的振幅与初相可以用图形直观地显示,这个图形称为"频谱图"。

幅值频谱——表示振幅的图形。

初相频谱——表示初相的图形。

1. 幅值频谱/幅度频谱

在直角坐标系中,横轴表示角频率,纵轴表示谐波振幅,按比例将各次谐波振幅,以适当长度的直线段分别垂直地画在相应的频率处,并在每一线段的顶端标明相应的谐波振幅,这就构成了幅值频谱。幅值频谱图如图 9.2-2 所示。

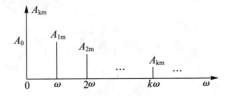

图 9.2-2 幅值频谱

无特别说明时,频谱即指幅值/幅度频谱,有时也称"线频谱"。

2. 初相频谱/相位频谱

用直线段分别表示各次谐波的初相,如图 9.2-3 所示。

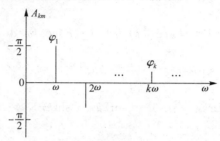

图 9.2-3 初相频谱

周期性非正弦量的频谱是离散的。

一般,傅里叶级数有无穷非零项,但 A_{km} 随 k 增大而迅速减小,所以可取前面几项近似表达原函数,而可将高次谐波忽略不计。对于平滑的波形,由于收敛快,可少取几项。

在电路分析中,$f(t)$ 的展开式具有一定的物理含义:

若 $f(t)$ 表示电源电压,其展开式则可表示为不同频率的多个电压源的串联,如图 9.2-4 所示。

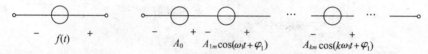

图 9.2-4 多个电压源的串联

若 $f(t)$ 表示电流源,则展开式可表示不同频率电流源的并联。

四、波形对称性与傅里叶级数的关系

根据波形对称性可知傅里叶级数的某些分量为 0,可简化计算。

1. 偶函数 $f(-t) = f(t)$

波形关于纵轴对称。

显然,$f(t)$ 的展开式中,不含有正弦分量,即

$$b_k = 0$$

$$a_k = \frac{2}{T}\int_0^T f(t)\cos k\omega_1 t \mathrm{d}t$$

$$= \frac{4}{T}\int_0^{\frac{T}{2}} f(t)\cos k\omega_1 t \mathrm{d}t \tag{9.2-15}$$

2. 奇函数 $f(-t) = -f(t)$

波形以原点对称。

显然,$f(t)$ 的展开式中,不含有余弦分量,即

$$a_0 = 0$$

$$a_k = 0$$

$$b_k = \frac{2}{T}\int_0^T f(t)\sin k\omega_1 t \mathrm{d}t$$

$$= \frac{4}{T}\int_0^{\frac{T}{2}} f(t)\sin k\omega_1 t \mathrm{d}t \qquad (9.2-16)$$

3. 奇谐波函数 $f(t) = -f(t \pm \frac{T}{2})$

波形特点：前半周平移半个周期与后半周成镜像对称，如图 9.2-5 所示。

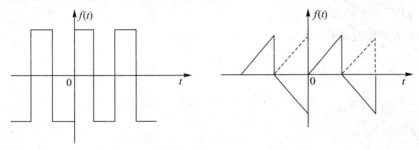

图 9.2-5 奇谐波图

特点：不含有偶次谐波分量，$a_0 = 0$，$a_{2k} = b_{2k} = 0$。
傅里叶级数仅由奇次谐波组成。

4. 偶谐波函数 $f(t) = f(t \pm \frac{T}{2})$

波形特点：前后半周重合，如图 9.2-6 所示。

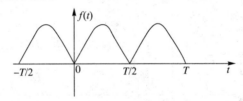

图 9.2-6 偶谐波图

特点：奇次谐波分量为零，$a_{2k-1} = b_{2k-1} = 0$。

一个周期性函数是偶函数还是奇函数，除与波形本身有关外，还与计时零点（即坐标原点）的选取有关，但一个周期性函数是否是奇谐波函数只与波形本身有关，与时间起点无关。

【例 9.2-2】 求图 9.2-7 所示周期函数 $f(t)$ 的傅里叶级数展开式。

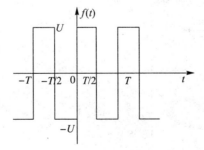

图 9.2-7 例 9.2-2 图

$$f(t) = \begin{cases} U & 2n \cdot \dfrac{T}{2} \leqslant t < (2n+1)\dfrac{T}{2} \\ & n = 0, 1, 2, \cdots \\ -U & (2n+1)\dfrac{T}{2} \leqslant t < 2(n+1)\dfrac{T}{2} \end{cases}$$

解： $f(t)$ 为奇函数，故 $a_k = 0$

又 $f(t)$ 为奇谐波函数，故 $b_{2k} = 0, k = 1, 2, 3, \cdots$

$$\begin{aligned} b_{2k-1} &= \frac{2}{T} \int_0^T f(t) \sin[(2k-1)\omega_1 t] \mathrm{d}t \\ &= \frac{4}{T} \int_0^{\frac{T}{2}} f(t) \sin(2k-1)\omega_1 t \mathrm{d}t \\ &= \frac{2}{\pi} \int_0^\pi U \sin(2k-1)\omega_1 t \mathrm{d}(\omega_1 t) \\ &= \frac{4U}{(2k-1)\pi} \end{aligned}$$

所以 $f(t) = \dfrac{4U}{\pi}\sin\omega_1 t + \dfrac{4U}{3\pi}\sin 3\omega_1 t + \dfrac{4U}{5\pi}\sin 5\omega_1 t + \cdots$

表 9.2-1 一些典型非正弦周期信号的波形及其傅里叶级数

序号	$f(t)$ 的波形图	$f(t)$ 的傅里叶级数表达式
1	方波	$f(t) = \dfrac{4A}{\pi}(\sin\omega t + \dfrac{1}{3}\sin 3\omega t + \dfrac{1}{5}\sin 5\omega t + \cdots)$
2	三角波	$f(t) = \dfrac{8A}{\pi^2}(\sin\omega t - \dfrac{1}{9}\sin 3\omega t + \dfrac{1}{25}\sin 5\omega t - \cdots)$
3	锯齿波	$f(t) = \dfrac{A}{2} - \dfrac{A}{\pi}(\sin 2\omega t + \dfrac{1}{2}\sin 4\omega t + \dfrac{1}{3}\sin 6\omega t + \cdots)$
4	全波整流	$f(t) = \dfrac{4A}{\pi}(\dfrac{1}{2} - \dfrac{1}{3}\cos 2\omega t - \dfrac{1}{15}\cos 4\omega t - \dfrac{1}{35}\cos 6\omega t - \cdots)$

续表

序号	$f(t)$ 的波形图	$f(t)$ 的傅里叶级数表达式
5	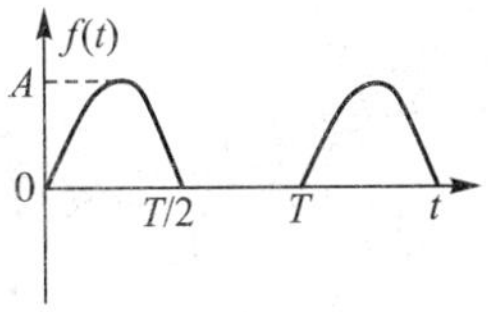	$f(t) = \dfrac{2A}{\pi}(\dfrac{1}{2} + \dfrac{\pi}{4}\sin\omega t - \dfrac{1}{3}\cos 2\omega t - \dfrac{1}{15}\cos 4\omega t - \cdots)$
6	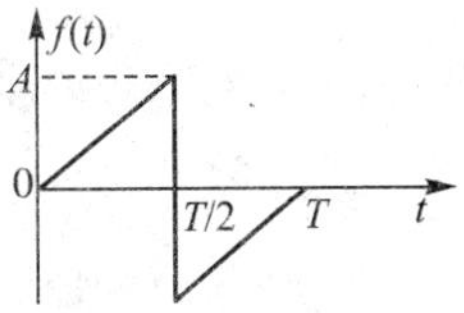	$f(t) = \dfrac{2A}{\pi}(\sin\omega t - \dfrac{1}{2}\sin 2\omega t + \dfrac{1}{3}\sin 3\omega t - \cdots)$
7	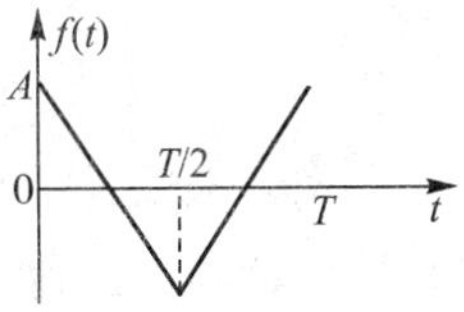	$f(t) = \dfrac{8A}{\pi^2}(\cos\omega t + \dfrac{1}{9}\cos 3\omega t + \dfrac{1}{25}\cos 5\omega t + \cdots)$
8	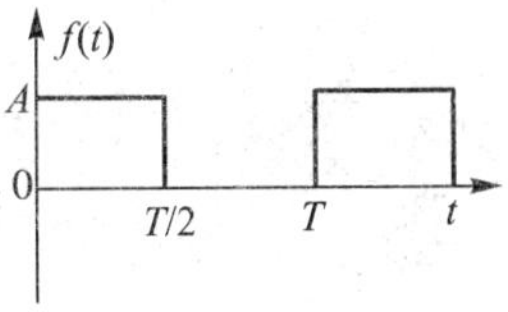	$f(t) = A[\dfrac{1}{2} + \dfrac{2}{\pi}(\sin\omega t + \dfrac{1}{3}\sin 3\omega t + \dfrac{1}{5}\sin 5\omega t + \cdots)]$

9.3 非正弦周期信号的有效值和平均值

在电工技术中,我们不仅关心电路中的电流电压的波形特征,而且关心电流、电压"做功"的能力,即有效值、平均功率等,对非正弦周期性电路亦然。

9.3.1 有效值

对任一周期性电流,其有效值为:

$$I = \sqrt{\dfrac{1}{T}\int_0^T i^2 \mathrm{d}t} \tag{9.3-1}$$

设一非正弦周期电流 $i(t)$,其周期为 T,$\omega = \dfrac{2\pi}{T}$,其展开式为:

$$i(t) = I_o + \sum_{k=1}^{\infty} I_{km}\cos(k\omega t + \varphi_k) \tag{9.3-2}$$

其中 I_o——I 的直流分量;

I_{km}——k 次谐波电流振幅。

由定义,有:

$$I = \sqrt{\frac{1}{T}\int_0^T i^2 \, \mathrm{d}t}$$

$$= \sqrt{\frac{1}{T}\int_0^T [I_o + \sum_{k=1}^{\infty} I_{km}\cos(k\omega t + \varphi_k)]^2 \, \mathrm{d}t} \tag{9.3-3}$$

展开式中 $[I_o + \sum_{k=1}^{\infty} I_{km}\cos(k\omega t + \varphi_k)]^2$ 项，含有 I_o^2、$\sum_{k=1}^{\infty} I_{km}^2 \cos^2(k\omega t + \varphi_k)$、$2I_o \sum_{k=1}^{\infty} I_{km}\cos(k\omega t + \varphi_k)$、$I_{km}\cos(k\omega t + \varphi_k)I_{nk}\cos(n\omega t + \varphi_n)$ $(k \neq n)$ 各项。

在对各项在一个周期 T 内积分时，直流量乘正弦量以及不同频率正弦量乘积的积分结果都为零。

所以

$$I = \sqrt{I_0^2 + \sum_{k=1}^{\infty} I_k^2} = \sqrt{I_0^2 + I_1^2 + I_2^2 + \cdots} \tag{9.3-4}$$

其中 $I_k = \frac{I_{km}}{\sqrt{2}}$ —— k 次谐波电流（正弦电流）有效值。

即：周期性非正弦量的有效值等于直流分量及各次谐波有效值的均方根值。

同理：非正弦周期电压

$$u(t) = U_o + \sum_{k=1}^{\infty} U_{km}\cos(k\omega t + \varphi_k) \tag{9.3-5}$$

其有效值为：

$$U = \sqrt{U_0^2 + \sum_{k=1}^{\infty} U_k^2} = \sqrt{U_0^2 + U_1^2 + U_2^2 + \cdots} \tag{9.3-6}$$

注意：
(1)周期性非正弦电流（或电压）有效值与最大值一般无 $\sqrt{2}$ 倍关系；
(2)有效值相同的周期性非正弦电压（或电流）其波形不一定相同。

【例 9.3-1】 已知：$i = 10 + 5\sin(\omega t + 30°) + 2\sin(3\omega t + 25°)$ A，$u = 7 + 9\cos 2\omega t + 6\cos 3\omega t + 5\cos 4\omega t$ V。求：U、I

解：$U = \sqrt{7^2 + \left(\frac{9}{\sqrt{2}}\right)^2 + \left(\frac{6}{\sqrt{2}}\right)^2 + \left(\frac{5}{\sqrt{2}}\right)^2} = \sqrt{120} = 10.95\text{V}$

$I = \sqrt{10^2 + \left(\frac{5}{\sqrt{2}}\right)^2 + \left(\frac{2}{\sqrt{2}}\right)^2} = \sqrt{114.5} = 10.7\text{A}$

9.3.2 平均值

周期性非正弦电流（电压）的平均值是该电流（电压）的绝对值在一个周期内的平均。

$$I_{av} = \frac{1}{T}\int_0^T |i| \, \mathrm{d}t \tag{9.3-7}$$

$$U_{av} = \frac{1}{T}\int_0^T |u| \, \mathrm{d}t \tag{9.3-8}$$

【例 9.3-1】 电压、电流波形图如图 9.3-1 所示。

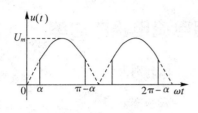
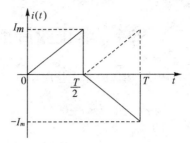

图 9.3-1　例 9.3-1 图

求各自的平均值。

解：
$$U_{av} = \frac{1}{2\pi}\int_0^{2\pi}|u|\,d\omega t$$
$$= \frac{1}{\pi}\int_\alpha^{\pi-\alpha} U_m\sin\omega t\,d\omega t$$
$$= \frac{U_m}{\pi}[\cos\alpha - \cos(\pi-\alpha)] = \frac{2U_m}{\pi}\cos\alpha$$

$$I_{av} = \frac{1}{T}\int_0^T|i|\,dt$$
$$= \frac{2}{T}\int_0^{\frac{T}{2}} \frac{2I_m}{T}t\,dt$$
$$= \frac{2}{T}\left[\frac{I_m}{T}t^2\right]\Big|_0^{\frac{T}{2}}$$
$$= I_m\frac{2}{T^2}\left[\frac{T^2}{4}-0\right]$$
$$= \frac{I_m}{2}$$

在测量仪表中，磁电式（直流表）仪表读数反映的是电流的恒定分量，即

$$\alpha \propto \frac{1}{T}\int_0^T i\,dt \tag{9.3-9}$$

电磁式或电动式仪表反映的是电流的有效值，其偏转角与有效值平方成正比。

$$\alpha \propto \frac{1}{T}\int_0^T i^2\,dt \tag{9.3-10}$$

全波整流磁电式仪表所反映的是电流的平均值（如万用表的电流档）。

所以，在测电流（电压）时，要注意各种不同类型仪表读数的含义，以正确选用仪表。

注意：

(1) 测量非正弦周期电流或电压的有效值要用电磁系或电动系仪表，测量非正弦周期量的平均值要用磁电系仪表；

(2) 非正弦周期量的有效值和平均值没有固定的比例关系，它们随着波形不同而不同。

9.4 非正弦周期电流电路的功率

若一个二端网络,端口的非正弦周期电压和电流分别为:

$$u = U_0 + \sum_{k=1}^{\infty} U_{km}\cos(k\omega_1 t + \varphi_{uk}) \tag{9.4-1}$$

$$i = I_0 + \sum_{k=1}^{\infty} I_{km}\cos(k\omega_1 t + \varphi_{ik}) \tag{9.4-2}$$

瞬时功率

$$p = ui \tag{9.4-3}$$

平均功率等于瞬时功率在一个周期内的平均值。

$$P = \frac{1}{T}\int_0^T p\,\mathrm{d}t \tag{9.4-4}$$

代入电压、电流表示式并利用三角函数的性质,得:

$$\begin{aligned}P &= U_0 I_0 + U_1 I_1 \cos\varphi_1 + U_2 I_2 \cos\varphi_2 + \cdots \\ &= P_0 + P_1 + P_2 + \cdots\end{aligned} \tag{9.4-5}$$

式中:$U_k = \dfrac{U_{km}}{\sqrt{2}}$ $I_k = \dfrac{I_{km}}{\sqrt{2}}$ $\varphi_k = \varphi_{uk} - \varphi_{ik}$ $k = 1,2,3,\cdots$

由分析可知:周期性非正弦电流电路平均功率等于直流分量产生的功率和各次谐波产生的平均功率之和。(同频率电压电流相乘才形成平均功率)。

【例 9.4-1】 已知某一端口,u、i 关联:

$$u = 2 + 10\cos\omega t + 5\cos 2\omega t + 2\cos 3\omega t \text{ V}$$
$$i = 1 + 2\cos(\omega t - 30°) + \cos(2\omega t - 60°) \text{ A}$$

求:电路电压、电流的有效值和电路的平均功率。

解: 有效值

$$U = \sqrt{2^2 + \frac{10^2}{2} + \frac{5^2}{2} + \frac{2^2}{2}} = \sqrt{4 + 50 + 12.5 + 2} = \sqrt{68.5} = 8.28\text{V}$$

$$I = \sqrt{1^2 + \frac{2^2}{2} + \frac{1^2}{2}} = \sqrt{1 + 2 + 0.5} = 1.87\text{A}$$

平均功率

$$\begin{aligned}P &= P_0 + P_1 + P_2 + P_3 \\ &= 2 \times 1 + \frac{10 \times 2}{2}\cos 30° + \frac{1 \times 5}{2}\cos 60° + 0 \\ &= 2 + 8.66 + 1.25 \\ &= 11.9\text{W}\end{aligned}$$

【例 9.4-2】 已知某一端口

$$u = 10 + 20\sin\omega t + 25\sin(2\omega t + 10°) + 15\sin 3\omega t \text{ V}$$
$$i = 7 + 10\sin(\omega t + 30°) + 5\sin(2\omega t - 35°) \text{ A}$$

u、i 关联。求:电路平均功率。

解: $P = U_0 I_0 + U_1 I_1 \cos\varphi_1 + U_2 I_2 \cos\varphi_2 + U_3 I_3 \cos\varphi_3$

$$= 10 \times 7 + \frac{1}{2} \times 20 \times 10\cos(-30°) + \frac{1}{2} \times 25 \times 5\cos 45° + 0$$
$$= 200.8 \text{ W}$$

9.5 非正弦周期电流电路的分析

本章研究的非正弦周期电流电路,是指在非正弦周期信号源作用下的稳态线性电路。对这类电路的分析计算,主要应用的是谐波分析法。然后充分利用相量分析法这个数学工具,分别对各个谐波构成的正弦交流电路进行分析和计算。由于电路是线性的,最后可应用叠加定理,将计算结果的解析式进行叠加,就得到了非正弦周期电流电路的待求响应。在具体分析计算非正弦周期信号作用下线性电路的过程中,应掌握以下几点。

(1)分析时,首先要把已知非正弦电压或电流展开成傅里叶级数形式的谐波分量表达式(理论上一个非正弦周期函数的傅里叶级数具有无限多项才能逼近原来的函数,但实际上我们一般取有限项近似代替)。

(2)对在各次谐波分量下动态元件对各次谐波频率所呈现的电抗进行计算,注意电阻元件的电阻值 R 不随频率变化;电感元件的感抗 ωL 与各次谐波频率成正比;电容元件的容抗 $\frac{1}{\omega C}$ 与各次谐波频率成反比。

(3)利用相量分析法分别对各次谐波分量单独作用下的电路响应进行求解,并将求解结果根据相量与正弦量的对应关系,写出其解析式。

(4)应用叠加定理把各次谐波响应的解析式进行叠加,即得到待求的非正弦周期信号电路的响应。必须注意,只能对响应的解析式叠加。因为,不同频率的相量之间不具有叠加性。

【例 9.5-1】 图 9.5-1(a)所示电路为全波整流滤波电路。其中 $U_m = 157\text{V}, L = 5\text{H}, C = 10\mu\text{F}, R = 2000\ \Omega, \omega = 314\text{rad/s}$。加在滤波器上的全波整流电压 u 如图 9.5-1(b)所示。

求:(1)电阻 R 上电压 u_R 及其有效值 U_R。

(2)电阻 R 消耗的平均功率。

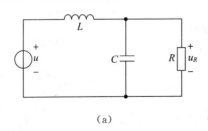
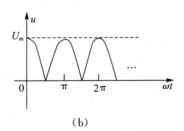

图 9.5-1 例 9.5-1 图

解: (1)上述周期性非正弦电压分解成傅里叶级数为(取到四次谐波):
$$u = \frac{4}{\pi}U_m\left(\frac{1}{2} + \frac{1}{3}\cos 2\omega t - \frac{1}{15}\cos 4\omega t + \cdots\right)$$
$$\approx 100 + 66.7\cos 2\omega t - 13.33\cos 4\omega t \text{ V}$$

(2)计算各次谐波分量。

①100V 直流电源单独作用（L 短路、C 开路），等效电路如图 9.5-1(c) 所示。

$$U_R = 100\text{V}$$

$$P_0 = \frac{U_R^2}{R} = \frac{100^2}{2000} = 5\text{W}$$

②二次谐波 $u_2 = 66.7\cos 2\omega t$ V 单独作用（用相量法），等效电路如图 9.5-1(d) 所示。

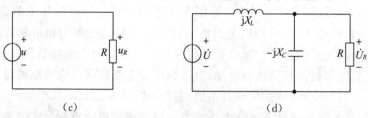

(c)   (d)

图 9.5-1   例 9.5-1 图

$$X_L = 2\omega L = 2 \times 314 \times 5 = 3140\Omega$$

$$X_C = \frac{1}{2\omega C} = -\frac{1}{2 \times 314 \times 10 \times 10^{-6}}$$

$$= 159\Omega$$

$$Z = jX_L + \frac{R(-jX_C)}{R - jX_C} = j3140 + \frac{2000 \times (-j159)}{2000 - j159}$$

$$= j3140 + 12.55 - j158 = 12.55 + j2982 = 2982\angle 89.76°\,\Omega$$

$$\dot{U}_{R2m} = \frac{\dot{U}_{2m}}{Z} \cdot \frac{R(-jX_C)}{R - jX_C} = \frac{66.7\angle 0°}{2982\angle 89.76°} \times 158.5\angle -85.46°$$

$$= 3.55\angle -175°\text{V}$$

$$u_{R2} = 3.55\cos(2\omega t - 175°)\text{V}$$

$$P_2 = \frac{U_{R2}^2}{R} = \frac{3.55^2/2}{2000} = 3.15 \times 10^{-3}\text{W}$$

③四次谐波单独作用 $u_4 = 13.33\cos 4\omega t$ V（用相量法），等效电路如图 9.5-1(d) 所示。

$$Z = j6280 + \frac{2000(-j79.5)}{2000 - j79.5}$$

$$= j6280 + 3.16 - j79.3$$

$$= 3.16 + j6201$$

$$= 6201\angle 90°\,\Omega$$

$$L = 4\omega L = 4 \times 314 \times 5 = 6280\Omega$$

$$X_C = \frac{1}{4\omega C} = -\frac{1}{4 \times 314 \times 10 \times 10^{-6}} = 79.5\Omega$$

$$\dot{U}_{R4m} = \frac{13.33\angle 0°}{6201\angle 90°} \times 79.4\angle -87.72° \approx 0.171\angle -178°\text{V}$$

$$u_{R4} = 0.171\cos(4\omega t - 178°)\text{V}$$

$$P_4 = \frac{0.171^2/2}{2000} = 7.31 \times 10^{-6}\text{W}$$

则

$$u_R = u_{R0} + u_{R2} + u_{R4}$$
$$= 100 + 3.55\cos(2\omega t - 175°) - 0.171\cos(4\omega t - 178°)\text{V}$$
$$U_R = \sqrt{100^2 + \frac{3.55^2}{2} + \frac{0.171^2}{2}}$$
$$= \sqrt{10000 + 6.3 + 0.0146} = 100\text{V}$$
$$P = P_0 + P_2 + P_4$$
$$= 5 + 3.15 \times 10^{-3} + 7.31 \times 10^{-6} = 5.003\text{W}$$

【例 9.5-2】 图示 9.5-2(a)电路,已知周期信号电压 $u_S(t) = 10 + 10\sin t + 10\sin 2t + \sin 3t$,试求 $u_0(t)$。

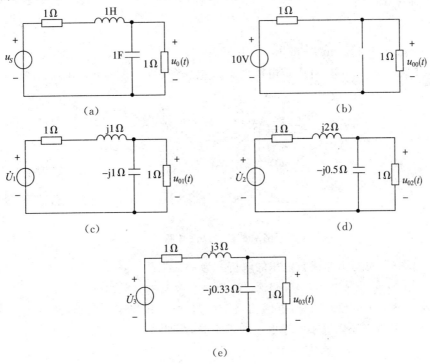

图 9.5-2 例 9.5-2 图

解: 1.直流分量 10V 单独作用时,等效电路如图 9.5-2(b) 所示。

求得: $u_{00} = 5$V

2.基波分量 $100\sin t$ 单独作用时,等效电路如图 9.5-2(c) 所示。

求得 $\dot{U}_{01} = \dfrac{\dfrac{-j1}{1-j1}}{1+j1+\dfrac{-j1}{1-j1}} \cdot \dot{U}_1 = 31.6\angle -63.4°\text{V}$

所以 $u_{01} = 31.6\sqrt{2}\sin(t - 63.4°)\text{V}$

3.二次谐波分量 $100\sin 2t$ 单独作用时,等效电路如图 9.5-2(d) 所示。

求得 $\dot{U}_{02} = \dfrac{\dfrac{-j0.5}{1-j0.5}}{1+j2+\dfrac{-j0.5}{1-j0.5}} \cdot \dot{U}_2 = 1.6\angle -116.6°\text{V}$

所以 $u_{02} = 1.6\sqrt{2}\sin(2t-116.6°)\text{V}$

4. 三次谐波分量 $\sin 3t$ 单独作用时，等效电路如图 9.5-2(e) 所示。

求得 $\dot{U}_{03} = \dfrac{\dfrac{-j0.33}{1-j0.33}}{1+j3+\dfrac{-j0.33}{1-j0.33}} \cdot \dot{U}_3 = 0.08\angle -139.4°\text{V}$

所以 $u_{03} = 0.08\sqrt{2}\sin(2t-139.4°)\text{V}$

根据叠加定理得：

$u_0(t) = u_{00} + u_{01} + u_{02} + u_{03}$
$\quad = 5 + 31.6\sqrt{2}\sin(t-63.4°) + 1.6\sqrt{2}\sin(2t-116.6°) + 0.08\sqrt{2}\sin(3t-139.4°)\text{V}$

【例 9.5-3】 图 9.5-3(a)所示电路的输入电压如图(b)所示，求电路中的响应 $i(t)$ 和 $u_C(t)$。

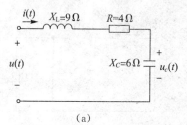
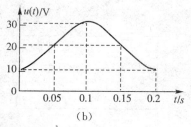

(a)　　　　　　　　　　　　(b)

图 9.5-3　例 9.5-3 图

解： 由图(b)可写出非正弦电压的解析式为：

$$u(t) = 10 + 20\sin(31.4t - 90°)\text{V}$$

当零次谐波电压单独作用时，电感相当于短路，电容相当于开路，因此电流的零次谐波等于 0；而电容的端电压则等于电源电压的零次谐波，即

$$U_{C0} = U_0 = 10\text{V}$$

当 1 次谐波电压单独作用时，电感和电容的电抗值如图(a)中所标示，电路对 1 次谐波电压呈现的阻抗为：

$$Z = 4 + j(9-6) = 5\angle 36.9°\Omega$$

串联电路中电流的一次谐波相量的最大值为：

$$\dot{I}_{1m} = \dfrac{\dot{U}_{1m}}{Z} = \dfrac{20\angle -90°}{5\angle 36.9°} = 4\angle -126.9°\text{A}$$

电容电压最大值相量为：

$$\dot{U}_{C1m} = \dot{I}_{1m} \times (-jX_C)$$
$$\quad = 4\angle -126.9° \times 6\angle -90°$$
$$\quad = 24\angle 143.1°\text{V}$$

根据相量与正弦量之间的对应关系可得电流、电压 1 次谐波解析式分别为：

$$i_1 = 4\sin(31.4t - 126.9°)\text{A}$$
$$u_{C1} = 24\sin(31.4t + 143.1°)\text{V}$$

即电路中电流及电容电压的谐波表达式分别为：
$$i = 4\sin(31.4t - 126.9°)\text{A}$$
$$u_C = 10 + 24\sin(31.4t + 143.1°)\text{V}$$

习题 9

9—1 根据下列解析式,画出下列电压的波形图,加以比较后说明它们有何不同?

(1) $u = 2\sin\omega t + \cos\omega t$ V

(2) $u = 2\sin\omega t + \sin 2\omega t$ V

(3) $u = 2\sin\omega t + \sin(2\omega t + 90°)$ V

9—2 已知正弦全波整流的幅值 $I_m = 1$A,求直流分量 I_0 和基波、二次、三次、四次谐波的最大值。

9—3 求题 9—3 图所示各非正弦周期信号的直流分量 A_0。

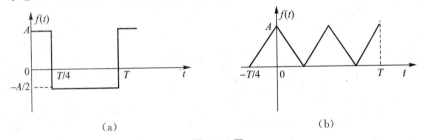

题 9—3 图

9—4 题 9—4 图所示为一滤波器电路,已知负载 $R=1000\Omega$,$C=30\mu$F,$L=10$H,外加非正弦周期信号电压 $u = 160 + 250\sin 314t$V,试求通过电阻 R 中的电流。

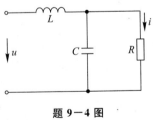

题 9—4 图

9—5 设等腰三角波电压对横轴对称,其最大值为 1V。试选择计时起点：①使波形对原点对称；②使波形对纵轴对称。画出其波形,并写出相应的傅里叶级数展开式。

9—6 求下列非正弦周期电压的有效值。

① 振幅为 10V 的锯齿波；

② $u(t) = [10 - 5\sqrt{2}\sin(\omega t + 20°) - 2\sqrt{2}\sin(3\omega t - 30°)]$V。

9—7 若把上题中的两非正弦周期信号分别加在两个 5Ω 的电阻上,试求各电阻吸收的平均功率。

9—8 已知某非正弦周期信号在四分之一周期内的波形为一锯齿波,且在横轴上方,幅值等于 1V。试根据下列情况分别绘出一个周期的波形。

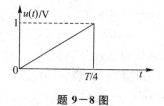

题 9-8 图

(1) $u(t)$ 为偶函数,且具有偶半波对称性;
(2) $u(t)$ 为奇函数,且具有奇半波对称性;
(3) $u(t)$ 为偶函数,无半波对称性;
(4) $u(t)$ 为奇函数,无半波对称性;
(5) $u(t)$ 为偶函数,只含有偶次谐波;
(6) $u(t)$ 为奇函数,只含有奇次谐波。

第10章 线性动态电路的运算法分析

【内容提要】 本章主要讨论拉普拉斯变换在电路分析中的应用,分析电路元件、电路定律的运算模型;介绍运算法分析电路的过程;引入复频域网络函数的定义,并分析了网络函数的基础应用。

10.1 拉普拉斯变换

10.1.1 拉普拉斯变换的定义

时域函数 $f(t) = 0$ 的拉氏变换可定义为:

$$F(s) = \int_0^{+\infty} f(t) e^{-st} dt \tag{10.1-1}$$

在式(10.1-1)中:$f(t)$ 是以 t 为自变量的时域函数,称为"原函数";s 是一个复数变量,$s = \sigma + j\omega$,称为"复频率"(单位:秒$^{-1}$);e^{st} 称为"收敛因子";$F(s)$ 是以 s 为自变量的复变函数,称为"象函数"。式(10.1-1)积分收敛的条件为:

$$\lim_{t \to \infty} | f(t)e^{-st} | = \lim_{t \to \infty} | f(t)e^{-\sigma t} e^{-j\omega t} | = \lim_{t \to \infty} | f(t)e^{-\sigma t} | = 0 \tag{10.1-2}$$

式(10.1-2)表明,即使 $f(t) = 0$ 积分不收敛,只要它乘上某指数函数 $e^{-\sigma t}$ 后积分收敛,其拉氏变换就存在,大多数的时域函数均满足这一条件。积分下限通常设定为 0_-,可以充分考虑到 $f(t)$ 在 0 时刻的作用效果,当 $f(0_+) = f(0_-)$ 时,积分下限设定为 0_+ 和 0_- 没有区别,当 $f(0_+) \neq f(0_-)$ 时要根据具体情况进行选定。

式(10.1-1)定义的拉氏变换称为"单边拉氏变换",当积分下限设为 $-\infty$ 时称为"双边拉氏变换",详细内容请参考相关书籍,本书提到的拉氏变换均指单边拉氏变换。

拉氏变换可简写为:

$$F(s) = L\{f(t)\} \tag{10.1-3}$$

对某象函数 $F(s)$ 取拉氏反(逆)变换可得原函数 $f(t)$,拉氏反变换的定义式为:

$$f(t) = L^{-1}\{F(s)\} = \frac{1}{2\pi j} \int_{c-j\infty}^{c+j\infty} F(s) e^{st} ds \tag{10.1-4}$$

式(10.1-4)中,c 为正的有限常数,运用该公式求拉氏反变换需要具备与复变函数有关的知识基础,要求较高。所以从 $F(s)$ 求 $f(t) = 0$ 时,一般不用反变换的定义式,而用部分分式展开法或留数法去求。

拉氏反变换可简写为:$f(t) = L^{-1}\{F(s)\}$。

10.1.2 常见函数的拉氏变换

1. 阶跃函数

阶跃函数是一种奇异函数,可定义为:

$$f(t) = \begin{cases} 0, T < 0, \\ K, T > 0。 \end{cases}$$

当 $K = 1$ 时,称为"单位阶跃函数",表示为 $\varepsilon(t)$,即有

$$\varepsilon(t) = \begin{cases} 0, t < 0, \\ 1, t > 0。 \end{cases}$$

单位阶跃函数曲线如图 10.1-1 所示:

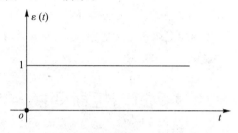

图 10.1-1 单位阶跃函数曲线

阶跃函数是电路分析中常用的时域函数,其拉氏变换可以通过定义式求出:

$$F(s) = L\{\varepsilon(t)\} = \int_0^{+\infty} \varepsilon(t) e^{-st} dt = \int_0^{+\infty} e^{-st} dt = \left.\frac{e^{st}}{-s}\right|_0^{+\infty} = \frac{1}{s}$$

同时有拉氏反变换: $L^{-1}\{F(s)\} = L^{-1}\left\{\dfrac{1}{s}\right\} = \varepsilon(t)$

2. 冲激函数

单位冲激函数 $\delta(t)$ 也是一种奇异函数,又称为"狄拉克(Dirac)函数",可定义为:

$$\begin{cases} \delta(t) = 0, t \neq 0 \\ \int_{-\infty}^{+\infty} \delta(t) dt = 1 \end{cases}$$

冲激函数的象函数可通过拉氏变换的定义式求出:

$$F(s) = L\{\delta(t)\} = \int_{0_-}^{+\infty} \delta(t) e^{-st} dt = \int_{0_-}^{+\infty} \delta(t) e^{-s \cdot 0} dt = \int_{0_-}^{+\infty} \delta(t) \cdot 1 \cdot 1 dt = 1$$

同样有拉氏反变换: $L^{-1}\{F(s)\} = L^{-1}\{1\} = \delta(t)$

3. 指数函数

指数函数是另一类较为常见的时域函数,本书提到的时域函数均默认为有始函数,即函数 $f(t)$ 的起始时刻为 0,因此有 $f(t) = f(t)\varepsilon(t)$。

指数函数 $f(t) = e^{-at}$(a 为常数)的象函数可以通过拉氏变换的定义式求出:

$$F(s) = L\{e^{-at}\} = \int_0^{+\infty} e^{-at} e^{-st} dt = \int_0^{+\infty} e^{-(s+a)t} dt = \left.\frac{-e^{-(s+a)t}}{s+a}\right|_0^{-\infty} = \frac{1}{s+a}$$

同理有: $L\{e^{at}\} = \dfrac{1}{s-a}; L^{-1}\left\{\dfrac{1}{s+a}\right\} = e^{-at}; L^{-1}\left\{\dfrac{1}{s-a}\right\} = e^{at}$

10.1.3 拉氏变换的基本性质

1. 线性性质

已知: $L\{f_1(t)\} = F_1(s); L\{f_2(t)\} = F_2(s)$

则有: $L\{k_1 f_1(t) + k_2 f_2(t)\} = k_1 F_1(s) + k_2 F_2(s)$ (10.1−5)

式(10.1−5)中的 k_1、k_2 为常数，该式表明两个时域函数先线性组合再取拉氏变换与先分别取拉氏变换再线性组合的结果相等。

【例 10.1-1】 试用拉氏变换的线性性质求 $f(t)=\sin\omega t$ 的象函数。

解： 由欧拉公式可得：$f(t)=\sin\omega t=\dfrac{1}{2j}(e^{j\omega t}-e^{-j\omega t})$

且已知：$L\{e^{j\omega t}\}=\dfrac{1}{s-j\omega}$；$L\{e^{-j\omega t}\}=\dfrac{1}{s+j\omega}$

则由线性性质可得：

$$L\{\sin\omega t\}=L\left\{\dfrac{1}{2j}(e^{j\omega t}-e^{-j\omega t})\right\}=\dfrac{1}{2j}\left(\dfrac{1}{s-j\omega}-\dfrac{1}{s+j\omega}\right)=\dfrac{\omega}{s^2+\omega^2}$$

同理可得：$L\{\cos\omega t\}=L\left\{\dfrac{1}{2}(e^{j\omega t}+e^{-j\omega t})\right\}=\dfrac{1}{2}\left(\dfrac{1}{s-j\omega}+\dfrac{1}{s+j\omega}\right)=\dfrac{s}{s^2+\omega^2}$

2. 微分性质

已知：$\{f(t)\}=F(s)$

则当 $\dfrac{df(t)}{dt}$ 的拉氏变换存在时有：$L\left\{\dfrac{df(t)}{dt}\right\}=sF(s)-f(0)$ \hfill (10.1−6)

式(10.1−6)中，$f(0)$ 表示 $f(t)$ 在 0 时刻的初始值，0_- 系统取 $f(0_-)$，0_+ 系统取 $f(0_+)$，$f(0_+)=f(0_-)$ 时没有区别。

零初始条件下，即当 $f(0)=0$ 时，有：$L\left\{\dfrac{df(t)}{dt}\right\}=sF(s)$ \hfill (10.1−7)

式(10.1−7)表明时域中的一阶微分运算可通过拉氏变换转换为在复频域中乘以 S 的代数运算。而当 $\dfrac{d^2f(t)}{dt^2}$ 的拉氏变换存在时有：

$$L\left\{\dfrac{d^2f(t)}{dt^2}\right\}=s^2F(s)-sf(0)-f'(0) \qquad (10.1-8)$$

式(10.1−8)中，$f(0)$ 和 $f'(0)$ 表示 $f(t)$ 在 0 时刻的初始值。

零初始条件下，即当 $f(0)=f'(0)=0$ 时有：$L\left\{\dfrac{d^2f(t)}{dt^2}\right\}=s^2F(s)$ \hfill (10.1−9)

式(10.1−9)表明在时域中的二阶微分运算可通过拉氏变换转换为复频域中乘以 s^2 的代数运算。

拉氏变换的微分性质可推广为：零初始条件下，时域中的 n 阶微分运算可通过拉氏变换转换为复频域中乘以 S^n 的代数运算，即有：

$$L\left\{\dfrac{d^nf(t)}{dt^n}\right\}=s^nF(s)$$

【例 10.1-2】 试用拉氏变换的微分性质求 $f(t)=\delta(t)$ 的象函数。

解： $\because f(t)=\delta(t)=\dfrac{d\varepsilon(t)}{dt}$

且已知：$L\{\varepsilon(t)\}=\dfrac{1}{s}$；$\varepsilon(0_-)=0$

则由微分性质可得：

$$L\{\delta(t)\}=L\left\{\dfrac{d\varepsilon(t)}{dt}\right\}=sL\{\varepsilon(t)\}-\varepsilon(0_-)=1$$

显然,以上计算所得与用定义式求出的结果相等。

3. 积分性质

已知:$L\{f(t)\} = F(s)$

则有:$L\left\{\int_0^t f(x)\mathrm{d}x\right\} = \dfrac{F(s)}{s}$ （10.1-10）

式(10.1-10)表明时域中的积分运算可通过拉氏变换转换为复频域中乘以 $\dfrac{1}{s}$ 的代数运算。

【例 10.1-3】 试用拉氏变换的积分性质求 $f(t) = t$ 的象函数。

解: $\because f(t) = t = \int_0^t \varepsilon(x)\mathrm{d}x$

且已知:$L\{\varepsilon(t)\} = \dfrac{1}{s}$

则由积分性质可得:

$$L\{t\} = L\left\{\int_0^t \varepsilon(x)\mathrm{d}x\right\} = \dfrac{L\{\varepsilon(t)\}}{s} = \dfrac{1}{s^2}$$

同理可得:

$$L\{t^2\} = L\left\{\int_0^t 2x\mathrm{d}x\right\} = \dfrac{L\{2t\}}{s} = \dfrac{2}{s^3}$$

$$L\{t^n\} = \dfrac{n!}{s^{n+1}}$$

4. 延迟性质

已知:$L\{f(t)\} = F(s)$

则有:$L\{f(t-\tau)\varepsilon(t-\tau)\} = \mathrm{e}^{-\tau s}F(s)$ （10.1-11）

式(10.1-11)表明时域函数 $f(t)$ 延迟时间 τ 对应于复频域函数 $F(s)$ 乘以 $\mathrm{e}^{-\tau s}$,$\mathrm{e}^{-\tau s}$ 称为"延迟因子"。

【例 10.1-4】 试用拉氏变换的延迟性质求 $f(t) = \varepsilon(t-\tau)$ 的象函数。

解: $\because f(t) = \varepsilon(t-\tau)$ 是 $f(t) = \varepsilon(t)$ 的延迟函数,延迟时间为 τ。

且已知:$L\{\varepsilon(t)\} = \dfrac{1}{s}$

则由延迟性质可得:$L\{\varepsilon(t-\tau)\} = \dfrac{\mathrm{e}^{-\tau s}}{s}$

5. 位移性质

已知:$L\{f(t)\} = F(s)$

则有:$L\{\mathrm{e}^{-at}f(t)\} = F(s+a)$ （10.1-12）

式(10.1-12)表明函数在时域中乘以 e^{-at},对应于在复频域中复频率 s 平移 a。

【例 10.1-5】 试用拉氏变换的位移性质求 $f(t) = \mathrm{e}^{-at}\sin\omega t$ 的象函数。

解: 已知:$L\{\sin\omega t\} = \dfrac{\omega}{s^2+\omega^2} = F_2(s)$

则由频域延迟性质可得:

$$L\{\mathrm{e}^{-at}\sin\omega t\} = F_2(s+a) = \dfrac{\omega}{(s+a)^2+\omega^2}$$

同理：

已知：$L\{\cos\omega t\} = \dfrac{s}{s^2+\omega^2} = F_3(s)$

则：$L\{e^{-at}\cos\omega t\} = F_3(s+a) = \dfrac{s+a}{(s+a)^2+\omega^2}$

10.1.4　拉普拉斯反变换

常用函数的拉氏变换对，如表 10.1-1 所示：

表 10.1-1　常用函数的拉氏变换对

$f(t)$	$F(s)$	$f(t)$	$F(s)$
$\delta(t)$	1	$\sin\omega t$	$\dfrac{\omega}{s^2+\omega^2}$
$\varepsilon(t)$	$\dfrac{1}{s}$	$\cos\omega t$	$\dfrac{s}{s^2+\omega^2}$
t^n	$\dfrac{n!}{s^{n+1}}$	$e^{-at}\sin\omega t$	$\dfrac{\omega}{(s+a)^2+\omega^2}$
e^{-at}	$\dfrac{1}{s+a}$	$e^{-at}\cos\omega t$	$\dfrac{s+a}{(s+a)^2+\omega^2}$

从象函数求原函数常用部分分式法，部分分式法的思路是把 $F(s)$ 分解为若干常见象函数的叠加，通过查表得出对应的时域原函数。

通常，象函数 $F(s)$ 为以 s 为自变量的有理分式，可表示为

$$F(s) = \frac{N(s)}{D(s)} = \frac{b_0 s^m + b_1 s^{m-1} + \cdots + b_m}{a_0 s^n + a_1 s^{n-1} + \cdots + a_n} \quad (n \geqslant m) \tag{10.1-13}$$

式(10.1-13)中 a_0 可简化为 1，当 $n=m$ 时，$F(s)$ 中将含有常数项，假设 $F(s) = \dfrac{s+2}{s+1}$，可整理为

$$F(s) = 1 + \frac{1}{s+1} \tag{10.1-14}$$

因为

$$L^{-1}\{1\} = \delta(t), L^{-1}\left\{\frac{1}{s+1}\right\} = e^{-t}$$

由拉氏变换的线性性质可得

$$f(t) = L^{-1}\{F(s)\} = \delta(t) + e^{-t} \tag{10.1-15}$$

式(10.1-15)表明：当 $n=m$ 时，原函数中将含有理想冲激分量，对应的函数 $f(t)$ 只能近似实现。

当 $F(s)$ 为有理真分式时，部分分式法有三种不同情形，具体讨论如下。

情形一：特征方程 $D(s)=0$ 的 n 个特征根 $p_i(i=1,2,\cdots,n)$ 为互不相等的实根。此时 $F(s)$ 可部分分式展开为：

$$F(s) = \frac{N(s)}{D(s)} = \frac{N(s)}{\prod\limits_{i=1}^{n}(s-p_i)} = \sum_{i=1}^{n}\frac{k_i}{s-p_i} \tag{10.1-16}$$

其中：$k_i = (s-p_i)F(s)\big|_{s=p_i}$

则原函数
$$f(t) = \sum_{i=1}^{n} e^{-p_i t} \qquad (10.1-17)$$

情形二:特征方程 $D(s)=0$ 的 n 个特征根中存在重根,设 p_1 为 r 重根,其余 $n-r$ 个根为互不相等的实根,$F(s)$ 可部分分式展开为:

$$F(s) = \frac{N(s)}{D(s)} = \frac{N(s)}{(s-p_1)^r \prod_{i=r+1}^{n}(s-p_i)}$$

$$= \frac{k_{11}}{s-p_1} + \frac{k_{12}}{(s-p_1)^2} + \cdots + \frac{k_{1r-1}}{(s-p_1)^{r-1}} + \frac{k_{1r}}{(s-p_1)^r} + \sum_{i=r+1}^{n} \frac{k_i}{s-p_i} \qquad (10.1-18)$$

其中:

$$\begin{cases} k_{1r} = (s-p_i)^r F(s)\bigr|_{s=p_i} \\ k_{1r-1} = \dfrac{d}{ds}(s-p_i)^r F(s)\bigr|_{s=p_i} \\ k_{1r-2} = \dfrac{1}{2!}\dfrac{d^2}{ds^2}(s-p_i)^r F(s)\bigr|_{s=p_i} \\ k_i = (s-p_i)F(s)\bigr|_{s=p_i}, (i=r+1,r+2,\cdots,n) \end{cases} \qquad (10.1-19)$$

则原函数 $f(t) = k_{11}e^{-p_1 t} + k_{12}te^{-p_1 t} + k_{13}\dfrac{t^2}{2!}e^{-p_1 t} + \cdots + k_{1r}\dfrac{t^{r-1}}{(r-1)!}e^{-p_1 t} + \sum_{i=r+1}^{n} k_i e^{-p_i t}$

$(10.1-20)$

情形三:特征方程 $D(s)=0$ 的 n 个特征根中存在共轭复根,设 $p_1、p_2$ 为一对共轭复根,令 $p_{1,2} = -\sigma \pm j\omega$,其余 $n-r$ 个根为互不相等的实根,$f(s)$ 可部分分式展开为:

$$F(s) = \frac{N(s)}{D(s)} = \frac{N(s)}{((s+\sigma)^2 + \omega^2)\prod_{i=3}^{n}(s-p_i)}$$

$$= \frac{k_1 s + k_2}{(s+\sigma)^2 + \omega^2} + \sum_{i=3}^{n} \frac{k_i}{s-p_i} \qquad (10.1-21)$$

其中: $k_i = (s-p_i)F(s)\bigr|_{s=p_i}, i=3,4,\cdots,n$;

而 $k_1、k_2$ 可通过配项法求出:

$$F(s) = \frac{N(s)}{D(s)} = \frac{N(s)}{((s+\sigma)^2 + \omega^2)\prod_{i=3}^{n}(s-p_i)}$$

$$= \frac{A(s+\sigma)}{(s+\sigma)^2 + \omega^2} + \frac{B\omega}{(s+\sigma)^2 + \omega^2} + \sum_{i=3}^{n} \frac{k_i}{s-p_i} \qquad (10.1-22)$$

把式(10.1-22)通分后,对比分子各项系数可确定 $A、B$。

则原函数 $f(t) = Ae^{-\sigma t}\cos\omega t + Be^{-\sigma t}\sin\omega t + \sum_{i=3}^{n} k_i e^{-p_i t} \qquad (10.1-23)$

【例 10.1-6】 试用部分分式法求 $F(s) = \dfrac{N(s)}{D(s)} = \dfrac{s^2+12}{s(s+2)(s+3)}$ 的原函数。

解: $F(s)$ 的三个特征根为:$p_1 = 0, p_2 = -2, p_3 = -3$

则 $F(s)$ 可部分分式展开为:$F(s) = \dfrac{s^2+12}{s(s+2)(s+3)} = \dfrac{k_1}{s} + \dfrac{k_2}{s+2} + \dfrac{k_3}{s+3}$

其中：
$$k_1 = sF(s)|_{s=0} = \frac{s^2+12}{(s+2)(s+3)}\bigg|_{s=0} = 2$$
$$k_2 = (s+2)F(s)|_{s=-2} = \frac{s^2+12}{s(s+3)}\bigg|_{s=-2} = -8$$
$$k_3 = (s+3)F(s)|_{s=-3} = \frac{s^2+12}{s(s+2)}\bigg|_{s=-3} = 7$$

即：$F(s) = \dfrac{2}{s} - \dfrac{8}{s+2} + \dfrac{7}{s+3}$

$\therefore f(t) = 2 - 8\mathrm{e}^{-2t} + 7\mathrm{e}^{-3t}, t > 0$

或 $f(t) = (2 - 8\mathrm{e}^{-2t} + 7\mathrm{e}^{-3t})\varepsilon(t)$

【例 10.1-7】 试用部分分式法求 $F(s) = \dfrac{s}{(s+1)^2(s+2)}$ 的原函数。

解： $F(s)$ 的三个特征根为：$p_1 = p_2 = -1, p_3 = -2$

则 $F(s)$ 可部分分式展开为：$F(s) = \dfrac{s}{(s+1)^2(s+2)} = \dfrac{k_1}{(s+1)^2} + \dfrac{k_2}{s+1} + \dfrac{k_3}{s+2}$

其中：
$$k_1 = (s+1)^2 F(s)|_{s=-1} = \frac{s}{(s+2)}\bigg|_{s=-1} = -1$$
$$k_2 = \frac{\mathrm{d}}{\mathrm{d}s}(s+1)^2 F(s)\bigg|_{s=-1} = \frac{\mathrm{d}}{\mathrm{d}s}\frac{s}{(s+2)}\bigg|_{s=-1} = 2$$
$$k_3 = (s+2)F(s)|_{s=-2} = \frac{s}{(s+1)^2}\bigg|_{s=-2} = -2$$

即：$F(s) = \dfrac{-1}{(s+1)^2} + \dfrac{2}{s+1} + \dfrac{-2}{s+2}$

$\therefore f(t) = -t\mathrm{e}^{-t} + 2\mathrm{e}^{-t} - 2\mathrm{e}^{-2t} = (2-t)\mathrm{e}^{-t} - 2\mathrm{e}^{-2t}$

【例 10.1-8】 试用部分分式法求 $F(s) = \dfrac{20}{(s+3)(s^2+8s+25)}$ 的原函数。

解： $F(s)$ 的三个特征根为：$p_1 = -3, p_{2,3} = -4 \pm \mathrm{j}3$

则 $F(s)$ 可部分分式展开为：

$$F(s) = \frac{20}{(s+3)(s^2+8s+25)} = \frac{k_1}{s+3} + \frac{k_2 s + k_3}{s^2+8s+25} \tag{10.1-24}$$

其中：$k_1 = (s+3)F(s)|_{s=-3} = \dfrac{20}{s^2+8s+25}\bigg|_{s=-3} = 2$ (10.1-25)

把式(10.1-25)代入式(10.1-24)后，可得：

$$\frac{20}{(s+3)(s^2+8s+25)} = \frac{2(s^2+8s+25) + (k_2 s + k_3)(s+3)}{(s+3)(s^2+8s+25)} \tag{10.1-26}$$

对比式(10.1-26)的分子项可得：$k_2 = -2, k_3 = -10$ (10.1-27)

把式(10.1-27)和(10.1-25)代入式(10.1-24)，经进一步配项后可得：

$$F(s) = \frac{2}{s+3} - \frac{2s+10}{s^2+8s+25} = \frac{2}{s+3} - \frac{2(s+4)}{(s+4)^2+3^2} - \frac{2}{3}\frac{3}{(s+4)^2+3^2}$$

$\therefore$ 原函数 $f(t) = 2\mathrm{e}^{-3t} - 2\mathrm{e}^{-4t}\cos 3t - \dfrac{2}{3}\mathrm{e}^{-4t}\sin 3t$

10.2 线性电路的运算模型

10.2.1 基尔霍夫定律的复频域形式

基尔霍夫电流定律的时域形式为：

$$\sum_{k=1}^{n} i_k(t) = 0 \tag{10.2-1}$$

对方程(10.2-1)取拉氏变换后可得 KCL 的复频域形式：

$$\sum_{k=1}^{n} I_k(s) = 0 \tag{10.2-2}$$

同理，基尔霍夫电压定律的时域形式为：

$$\sum_{k=1}^{n} u_k(t) = 0 \tag{10.2-3}$$

对方程(10.2-3)取拉氏变换后可得 KVL 的复频域形式：

$$\sum_{k=1}^{n} U_k(s) = 0 \tag{10.2-4}$$

方程(10.2-2)和(10.2-4)表明：在复频域内，对于集总电路中的任一节点，在任一时刻，流出(或流进)该节点的所有支路电流象函数的代数和为零；对于集总电路中的任一回路，在任一时刻，沿着该回路的所有支路电压象函数的代数和为零。

10.2.2 元件伏安关系的复频域形式和元件的运算模型

一、电阻元件的伏安关系和电阻元件的运算模型

在电阻元件的电压电流取关联参考方向时，其时域伏安关系为：

$$u(t) = Ri(t) \tag{10.2-5}$$

对式(10.2-5)取拉氏变换后可得电阻元件的复频域伏安关系为：

$$U(s) = RI(s) \tag{10.2-6}$$

电阻元件的时域模型和运算模型如图 10.2-1 所示：

图 10.2-1 电阻元件的时域模型和运算模型

当取关联参考方向时，在零初始条件下，元件端口电压象函数与端口电流象函数的比值，称为"二端元件的运算阻抗"，即

$$Z(s) = \frac{U(s)}{I(s)} \tag{10.2-7}$$

根据式(10.2-7)对运算阻抗的定义可得，电阻元件的运算阻抗和时域中的电阻值相等，即：

$$Z(s) = \frac{U(s)}{I(s)} = R \tag{10.2-8}$$

二端元件的运算导纳为其运算阻抗的倒数,是在关联参考方向并且在零初始条件下,元件端口电流象函数与端口电压象函数的比值,即

$$Y(s) = \frac{I(s)}{U(s)} = \frac{1}{Z(s)} \qquad (10.2-9)$$

根据式(10.2-9)对运算导纳的定义可得,电阻元件的运算导纳与时域中的电导值相等,即:

$$Y(s) = \frac{I(s)}{U(s)} = G = \frac{1}{R} \qquad (10.2-10)$$

二、电感元件的伏安关系和电感元件的运算模型

电感元件的时域模型如图10.2-2所示。

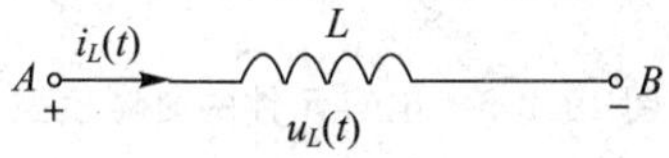

图10.2-2　电感元件的时域模型

当电感元件的电压电流取关联参考方向时,电感元件的时域伏安关系可表示为

$$u_L(t) = L\frac{\mathrm{d}i_L(t)}{\mathrm{d}t} \qquad (10.2-11)$$

对式(10.2-11)取拉氏变换,可得电感元件的复频域伏安关系为:

$$U_L(s) = sLI_L(s) - Li_L(0) \qquad (10.2-12)$$

式(10.2-12)中的 $i_L(0)$ 表示电感元件的电流初始值,$-Li_L(0)$ 表示由电感初始储能所引起的等效电压源的电压,$Z(s) = sL$ 称为"电感元件的运算阻抗"。

则根据式(10.2-12)可进一步建立电感元件的运算模型,如图10.2-3所示:

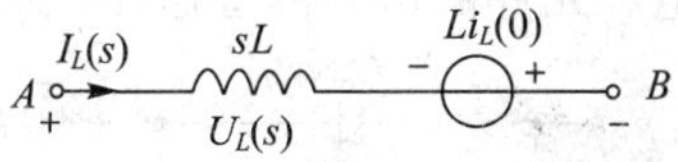

图10.2-3　电感元件的运算模型一

即电感元件的运算模型可由运算阻抗为 sL 电感元件和电压为 $Li_L(0)$ 的等效附加电压源反向串联组成。

式(10.2-12)所示的复频域伏安关系也可整理为

$$I_L(s) = \frac{1}{sL}U_L(s) + \frac{i_L(0)}{s} \qquad (10.2-13)$$

式(10.2-13)中的 $i_L(0)$ 表示电感元件的电流初始值,$\frac{i_L(0)}{s}$ 则表示由电感初始储能引起的等效电流源的电流,$Y(s) = \frac{1}{sL}$ 称为"电感元件的运算导纳"。

根据式(10.2-13)可建立电感元件的运算模型,如图10.2-4所示:
即电感元件的运算模型可由运算导纳为 $\frac{1}{sL}$ 的电感元件和电流为 $\frac{i_L(0)}{s}$ 的等效附加电流源顺向并联组成。

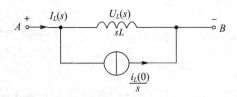

图 10.2-4　电感元件的运算模型二

三、电容元件的伏安关系和电容元件的运算模型

电容元件的时域模型如图 10.2-5 所示。

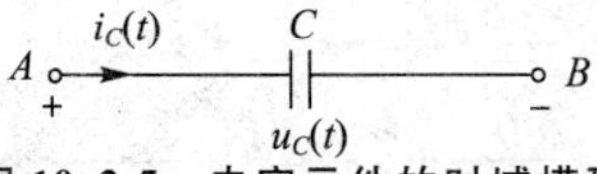

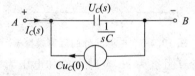

图 10.2-5　电容元件的时域模型

当电压电流取关联参考方向时,电容元件的时域伏安关系可表示为

$$i_C(t) = C\frac{\mathrm{d}u_C(t)}{\mathrm{d}t} \tag{10.2-14}$$

对式(10.2-14)取拉氏变换后可得电容元件的复频域伏安关系：

$$I_C(s) = sCU_C(s) - Cu_C(0) \tag{10.2-15}$$

式(10.2-15)中的 $u_C(0)$ 表示电容元件的电压初始值,$-Cu_C(0)$ 表示由电容初始储能引起的等效电流源的电流,$Z_C = \dfrac{1}{sC}$ 称为"电容元件的运算阻抗",$Y_C = sC$ 称为"电容元件的运算导纳"。

根据式(10.2-15)可建立电容元件的运算模型,如图 10.2-6 所示：

图 10.2-6　电容元件的运算模型一

即电容元件的运算模型可由运算阻抗为 $\dfrac{1}{sC}$ 的电容元件和电流为 $Cu_C(0)$ 的等效附加电流源反向并联组成。

式(10.2-15)所示的复频域伏安关系还可整理为：

$$U_C(s) = \frac{1}{sC}I_C(s) + \frac{u_C(0)}{s} \tag{10.2-16}$$

根据式(10.2-16)可进一步建立电容元件的另一种运算模型,如图 10.2-7 所示：

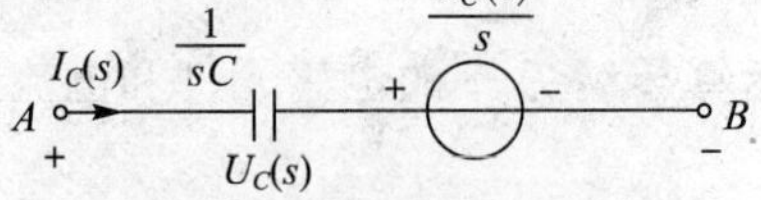

图 10.2-7　电容元件的运算模型二

即电容元件的运算模型又可由运算阻抗为 $\dfrac{1}{sC}$ 的电容元件和电压为 $\dfrac{u_C(0)}{s}$ 的电压源正向串联组成。

四、耦合电感元件的运算模型

耦合电感元件的时域模型如图 10.2-8 所示，其中 L_1 和 L_2 表示自感系数，M 表示互感系数。

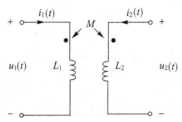

图 10.2-8 耦合电感的时域模型

图 10.2-8 所示耦合电感元件的时域伏安关系为：

$$\begin{cases} u_1(t) = L_1 \dfrac{\mathrm{d}i_1(t)}{\mathrm{d}t} + M \dfrac{\mathrm{d}i_2(t)}{\mathrm{d}t} \\ u_2(t) = M \dfrac{\mathrm{d}i_1(t)}{\mathrm{d}t} + L_2 \dfrac{\mathrm{d}i_2(t)}{\mathrm{d}t} \end{cases} \quad (10.2-17)$$

根据式(10.2-17)所示的伏安关系，可得耦合电感元件的时域等效模型，如图 10.2-9 所示。

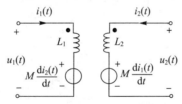

图 10.2-9 耦合电感的时域等效模型

在图 10.2-9 中，互感电压源的极性取决于施感电流的参考方向，与同名端的相对方向有关，互感电压源电压降方向与施感电流方向对电感同名端的相对方向一致。如互感电压源 $M \dfrac{\mathrm{d}i_2(t)}{\mathrm{d}t}$ 的参考方向从电感 L_1 的同名端指向异名端，施感电流 $i_2(t)$ 在电感 L_2 处也是从同名端指向异名端，两者与同名端相对方向保持一致。

对式(10.2-17)取拉氏变换后，可得耦合电感的复频域伏安关系：

$$\begin{cases} U_1(s) = sL_1 I_1(s) - L_1 i_1(0_-) + sM I_2(s) - M i_2(0_-) \\ U_2(s) = sL_2 I_2(s) - L_2 i_2(0_-) + sM I_1(s) - M i_1(0_-) \end{cases} \quad (10.2-18)$$

式(10.2-18)中：sM 为耦合电感元件的互感运算阻抗；sL_1 和 sL_2 分别为电感 L_1、L_2 的自感运算阻抗；$L_1 i_1(0_-)$、$M i_2(0_-)$、$L_2 i_2(0_-)$ 和 $M i_1(0_-)$ 分别表示由电感初始储能所引起的等效电压源的电压，等效自感电压源 $L_1 i_1(0_-)$、$L_2 i_2(0_-)$ 的极性分别与 $i_1(t)$、$i_2(t)$ 的方向相反，复频域等效互感电压源 $M i_2(0_-)$ 和 $M i_1(0_-)$ 的极性分别与时域互感电压源 $M \dfrac{\mathrm{d}i_2(t)}{\mathrm{d}t}$、$M \dfrac{\mathrm{d}i_1(t)}{\mathrm{d}t}$ 的极性相反，取决于施感电流参考方向与同名端的相对有关，复频域互

感电压(降)方向与施感电流方向对电感同名端的相对方向相反。

耦合电感元件的运算模型如图 10.2-10 所示：

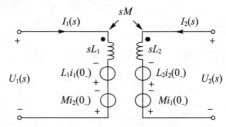

图 10.2-10　耦合电感的运算模型

五、理想电压源的运算模型

理想电压源是典型的有源器件。理想电压源的端电压是一定值 U_S 或是一定的时间函数 $u_S(t)$，与电流无关。理想电压源的时域伏安关系为：

$$u(t) = U_S \text{ 或 } u(t) = u_S(t) \tag{10.2-19}$$

电流可为任意值。

对式(10.2-19)取拉氏变换后可得：

$$U(s) = \frac{U_S}{s} \text{ 或 } U(s) = U_S(s) \tag{10.2-20}$$

电流可为任意值。

常见的理想电压源有恒压源和正弦波电压源，其运算模型如图 10.2-11 所示：

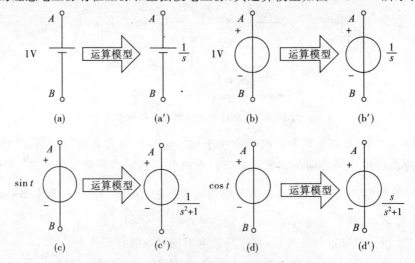

图 10.2-11　理想电压源的时域模型和运算模型

六、理想电流源的运算模型

理想电流源的输出电流是一定值 I_S 或是一定的时间函数 $i_S(t)$，与端电压无关。电流源的电流决定于电流源所接的负载，可以是任意值。

理想电流源的时域伏安关系为：
$$i(t) = I_S \text{ 或 } i(t) = i_S(t) \tag{10.2-21}$$
端电压可为任意值。

对式(10.2-22)取拉氏变换后可得：
$$I(s) = \frac{I_S}{s} \text{ 或 } I(s) = I_S(s) \tag{10.2-22}$$
端电压可为任意值。

常见的理想电流源有恒流源和正弦电流源，其运算模型如图10.2-12所示：

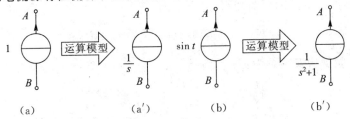

图 10.2-12　理想电流源的时域模型和运算模型

10.3　线性电路的运算法分析

10.3.1　运算法分析线性电路的思路和步骤

用运算法分析线性电路的思路是在拉普拉斯变换的基础上，把原时域电路模型中的所有元件用其运算模型替代，所有时域变量用其象函数替代，从而建立电路的运算模型，在运算模型中可以像分析直流电阻电路那样列写以 s 为自变量的代数方程组，则直流电阻电路中所讨论的叠加原理、节点分析法、网孔分析法等定理和方法在复频域中均可以很好的运用。在求出对应变量的象函数之后，经拉氏反变换可得出所求变量的时域表达式。

10.3.2　运算法分析线性电路举例

某RLC串联电路如图10.3-1(a)所示，换路前（$t < 0$）开关 S_1 断开，在引入阶跃函数之后，图10.3-1(a)所示电路可等效为(b)图。

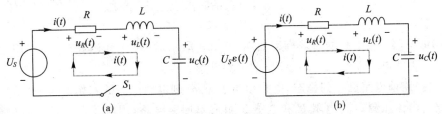

图 10.3-1　RLC 串联电路的时域模型

在用运算法分析线性电路时，要先建立电路的运算模型，此时电路中的所有时域变量转换成对应的象函数，所有元件的时域模型用其运算模型替代，从而建立与原电路对应的运算电路模型。经变换后，图10.3-1所示电路的运算模型可表示为图10.3-2。

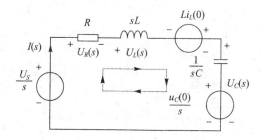

图 10.3-2 RLC 串联电路的运算模型

对图 10.3-2 所示电路的回路列写 KVL 方程可得：

$$U_R(s) + U_L(s) + U_C(s) = \frac{U_S}{s} \tag{10.3-1}$$

各元件的复频域伏安关系为：

$$\begin{cases} U_R(s) = RI(s) \\ U_L(s) = sLI_L(s) - Li_L(0) \\ U_C(s) = I_C(s)/sC + u_C(0)/s \end{cases} \tag{10.3-2}$$

把式(10.3-2)代入方程(10.3-1)后，经整理可得：

$$RI(s) + sLI(s) - Li_L(0) + \frac{1}{sC}I(s) + \frac{u_C(0)}{s} = \frac{U_S}{s} \tag{10.3-3}$$

即：

$$\left(R + sL + \frac{1}{sC}\right)I(s) = \frac{U_S}{s} + Li_L(0) - \frac{u_C(0)}{s} \tag{10.3-4}$$

当电路具有零初始条件时，即

$$\begin{cases} i_L(0) = 0 \\ u_C(0) = 0 \end{cases} \tag{10.3-5}$$

把式(10.3-5)代入方程(10.3-4)后可得：

$$\left(R + sL + \frac{1}{sC}\right)I(s) = \frac{U_S}{s}$$

$$\therefore \quad I(s) = \frac{U_S}{s\left(R + sL + \frac{1}{sC}\right)} = \frac{CU_S}{LCs^2 + RCs + 1} \tag{10.3-6}$$

对式(10.3-6)取拉氏反变换后可得电流的时域表达式，再通过元件的伏安关系可得其他元件的端电压。

【例 10.3-1】 某电路的时域模型如图 10.3-3 所示，试建立其运算模型，并用运算分析法求出电路中的电流变量 $i(t)$，设换路前电路已达到稳态。

解： 换路前电路已达到稳态，电感相当于短路，则电感电流的初始值为：$i(0) = I_S$。

换路后由恒压源 U_S、电阻 R 和电感 L 组成单回路电路，用电压源、电阻和电感元件的运算模型替换对应的元件，所有变量用对应的象函数替换，之后可得换路后的运算模型，如图 10.3-4 所示：

第 10 章 线性动态电路的运算法分析

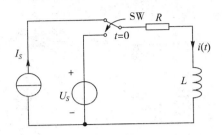

图 10.3-3 例 10.3-1 图

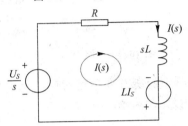

图 10.3-4 例 10.3-1 图对应的运算模型

对图 10.3-4 所示的运算模型列写 KVL 方程可得：

$$RI(s) + sLI(s) - LI_S - \frac{U_S}{s} = 0$$

$$\therefore I(s) = \frac{LI_S}{R+sL} + \frac{U_S}{s(R+sL)} = \frac{I_S}{s+R/L} + \frac{U_S/L}{s(s+R/L)} \tag{10.3-7}$$

对式(10.3-7)部分分式展开后可得：

$$I(s) = \frac{I_S}{s+R/L} + \frac{U_S/R}{s} - \frac{U_S/R}{s+R/L} \tag{10.3-8}$$

对式(10.3-8)取拉普拉斯反变换后可得电流变量的时域表达式：

$$i(t) = (I_S - \frac{U_S}{R})e^{-t/\tau} + \frac{U_S}{R} \tag{10.3-9}$$

式(10.3-9)中：第一项为电路响应的暂态分量，第二项为稳态分量，即有 $i(\infty) = \frac{U_S}{R}$，$\tau = \frac{L}{R}$，称为"一阶 RL 电路的时间常数"。

式(10.3-9)所示的 $i(t)$ 函数也可以整理成：

$$i(t) = I_S e^{-t/\tau} + \frac{U_S}{R}(1 - e^{-t/\tau}) \tag{10.3-10}$$

式(10.3-10)中第一项为零输入响应分量，第二项为零状态响应分量。

本例若采用一阶电路的三要素法，可直接得出时域分析结果：

$$i(t) = i(\infty) + (i(0) - i(\infty))e^{-t/\tau} = \frac{U_S}{R} + (I_S - \frac{U_S}{R})e^{-t/\tau} \tag{10.3-11}$$

对比式(10.3-11)和(10.3-9)可知，用运算法分析的结果与直接在时域中分析的结果完全一致，今后当对分析方法无特别要求时，可任意选用时域法或运算法对电路进行分析。

【例 10.3-2】 某电路的时域模型如图 10.3-5 所示，试建立该电路的运算模型，并用运算域的网孔分析法分析电路变量 $i_C(t)$，已知电路的初始条件为：$u_C(0) = 0$ V，$i_L(0) = 1$ A。

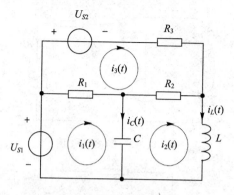

图 10.3-5 例 10.3-2 图

解： 把图 10.3-3 所示电路中的所有变量用对应的象函数表示，所有元件用其运算模型替换，之后可得电路的运算模型，如图 10.3-6 所示：

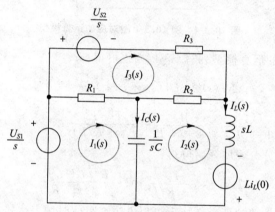

图 10.3-6 例 10.3-2 图电路的运算模型

在图 10.3-6 所示的运算模型中，各网孔电流方向均设定为顺时针方向。按网孔方程的列写方法，可得各网孔方程为：

$$\begin{cases} (R_1 + \dfrac{1}{sC})I_1(s) - \dfrac{1}{sC}I_2(s) - R_1 I_3(s) = \dfrac{U_{S1}}{s} \\ -\dfrac{1}{sC}I_1(s) + (R_2 + sL + \dfrac{1}{sC})I_2(s) - R_2 I_3(s) = L \\ -R_1 I_1(s) - R_2 I_2(s) + (R_1 + R_2 + R_3)I_3(s) = -\dfrac{U_{S2}}{s} \end{cases} \quad (10.3-12)$$

假设 $R_1 = R_2 = R_3 = 1\Omega$，$C = 1\text{F}$，$L = 1\text{H}$，$U_{S1} = U_{S2} = 1\text{V}$，则方程组(10.3-12)变换为：

$$\begin{cases} (1 + \dfrac{1}{s})I_1(s) - \dfrac{1}{s}I_2(s) - I_3(s) = \dfrac{1}{s} \\ -\dfrac{1}{s}I_1(s) + (1 + s + \dfrac{1}{s})I_2(s) - I_3(s) = 1 \\ -I_1(s) - I_2(s) + 3I_3(s) = -\dfrac{1}{s} \end{cases} \quad (10.3-13)$$

整理后可得：

$$\begin{cases} (s+1)I_1(s) - I_2(s) - sI_3(s) = 1 \\ -I_1(s) + (s^2+s+1)I_2(s) - sI_3(s) = s \\ sI_1(s) + sI_2(s) - 3sI_3(s) = 1 \end{cases} \quad (10.3-14)$$

联立方程组(10.3-14)，可求得：

$$\begin{cases} I_1(s) = \dfrac{3s^2+4s+1}{s(4s^2+6s+3)} \\ I_2(s) = \dfrac{2s^2+3s+1}{s(4s^2+6s+3)} \\ I_3(s) = \dfrac{s}{4s^2+6s+3} \end{cases} \quad (10.3-15)$$

对式(10.3-15)中的三个象函数取拉氏反变换后可得各网孔电流的时域表达式为：

$$\begin{cases} i_1(t) = e^{-t} + \dfrac{1}{2} \\ i_2(t) = \dfrac{e^{-t}}{2} + \dfrac{1}{2} \qquad t > 0 \\ i_3(t) = \dfrac{1}{2}e^{-t} \end{cases} \quad (10.3-16)$$

电容电流由两个网孔电流叠加组成，由此可得：

$$i_C(t) = i_1(t) - i_2(t) = \dfrac{1}{2}e^{-t}, \; t > 0 \quad (10.3-17)$$

注：(1)式(10.3-16)和(10.3-17)所得结果可通过分析电路的初始状态和直流稳态加以验证，读者可自行验证。

(2)本例中电路的求解可通过计算机软件 Matlab 辅助求出，此处重点是掌握网孔分析方法在运算模型中的扩展使用。

【例 10.3-3】 试建立如图 10.3-7 所示电路的运算模型，并用运算模型的节点分析法求解电路变量 $i(t)$ 和节点 n_1 处的电位 $u(t)$，已知初始条件 $u_C(0) = 1\text{V}$，$i_L(0) = 0\text{A}$，图中各电路参数分别为：$U_S = 1\text{ V}$，$R_1 = 1\Omega$，$R_2 = 1\Omega$，$C = 1\text{F}$，$L = 1\text{H}$。

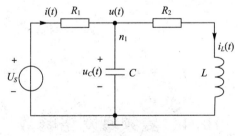

图 10.3-7　例 10.3-3 图

解： 把图 10.3-7 所示电路中的所有变量用对应的象函数表示，所有元件用其运算模型替换，之后可得电路的运算模型，如图 10.3-8 所示：

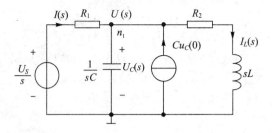

图 10.3-8 例 10.3-3 图对应的运算模型

对图 10.3-8 所示电路中的节点 n_1 列写节点方程可得：

$$-\frac{1}{R_1}\frac{U_S}{s} + \left(\frac{1}{R_1} + sC + \frac{1}{R_2 + sL}\right)U(s) = Cu_C(0) \quad (10.3-18)$$

把各已知的电路参数代入方程(10.3-18)后可得：

$$-\frac{1}{s} + \left(1 + s + \frac{1}{1+s}\right)U(s) = 1 \quad (10.3-19)$$

$$\therefore \quad U(s) = \frac{(s+1)^2}{s(s^2 + 2s + 2)} \quad (10.3-20)$$

式(10.3-20)可部分分式展开为

$$U(s) = \frac{k_1}{s} + \frac{k_2 s + k_3}{s^2 + 2s + 2} \quad (10.3-21)$$

其中：$k_1 = sU(s)\big|_{s=0} = \frac{(s+1)^2}{s^2 + 2s + 2}\bigg|_{s=0} = \frac{1}{2}$，代入式(10.3-21)，经整理可得：

$$\frac{1}{2}(s^2 + 2s + 2) + s(k_2 s + k_3) = (s+1)^2 \quad (10.3-22)$$

对比方程(10.3-22)的左右两式中的系数后可求出：$k_2 = \frac{1}{2}$，$k_3 = 1$。

$$\therefore \quad U(s) = \frac{\frac{1}{2}}{s} + \frac{\frac{1}{2}s + 1}{s^2 + 2s + 2} = \frac{\frac{1}{2}}{s} + \frac{1}{2}\left(\frac{s+1}{(s+1)^2 + 1} + \frac{1}{(s+1)^2 + 1}\right) \quad (10.3-23)$$

对式(10.3-23)取拉氏反变换后可得：

$$u(t) = \frac{1}{2} + \frac{1}{2}e^{-t}(\cos t + \sin t) = \frac{1}{2} + \frac{\sqrt{2}}{2}e^{-t}\cos\left(t + \frac{\pi}{4}\right) \text{ V}, \quad (t > 0)$$

所以电源的电流：$i(t) = \frac{U_S - u(t)}{R_1} = \frac{1}{2} - \frac{\sqrt{2}}{2}e^{-t}\cos\left(t + \frac{\pi}{4}\right)$ A，$(t > 0)$

10.4 复频域网络函数

10.4.1 复频域网络函数的定义

复频域的网络函数较为全面地反映了电路对信号的处理作用，是电路理论的重要概念之一。在复频域中网络函数 $H(s)$ 可定义为：在零初始条件下，电路响应象函数 $Y(s)$ 与电路激励象函数 $X(s)$ 的比值。

$$H(s) = \frac{Y(s)}{X(s)} \qquad (10.4-1)$$

式(10.4-1)中 $Y(s)$ 表示输出电压 $U_o(s)$ 或输出电流 $I_o(s)$，实际运用时 $Y(s)$ 可具体表现为电路中的某一支路电压或支路电流；$X(s)$ 表示输入电压 $U_i(s)$ 或输入电流 $I_i(s)$，同样可具体表现为电路中的某一支路电压或支路电流。因此，根据输入、输出变量的类型及其在电路中的位置，可把网络函数具体表示为以下八种形式：

$$H(s) = \frac{U_o(s)}{U_i(s)} \text{（电压转移函数）}; \quad H(s) = \frac{I_o(s)}{I_i(s)} \text{（电流转移函数）} \qquad (10.4-2)$$

$$H(s) = \frac{I_i(s)}{U_i(s)} \text{（输入导纳函数）}; \quad H(s) = \frac{I_o(s)}{U_o(s)} \text{（输出导纳函数）} \qquad (10.4-3)$$

$$H(s) = \frac{U_i(s)}{I_i(s)} \text{（输入阻抗函数）}; \quad H(s) = \frac{U_o(s)}{I_o(s)} \text{（输出阻抗函数）} \qquad (10.4-4)$$

$$H(s) = \frac{I_o(s)}{U_i(s)} \text{（转移导纳函数）}; \quad H(s) = \frac{U_o(s)}{I_i(s)} \text{（转移阻抗函数）} \qquad (10.4-5)$$

线性电路的网络函数与电路的输入无关，仅取决于电路的内部结构和参数。根据式(10.4-1)对网络函数的定义可得：

$$\begin{cases} Y(s) = H(s)X(s) \\ y(t) = L^{-1}\{Y(s)\} = L^{-1}\{H(s)X(s)\} \end{cases} \qquad (10.4-6)$$

当激励 $x(t)$ 为单位冲激信号 $\delta(t)$ 时，输入象函数 $X(s) = 1$，此时电路的单位冲激响应为

$$y(t) = L^{-1}\{Y(s)\} = L^{-1}\{H(s)\} = h(t) \qquad (10.4-7)$$

式(10.4-7)表明电路的单位冲激响应 $h(t)$ 与网络函数 $H(s)$ 成一对拉氏变换，该结论是实验法测定电路网络函数的重要依据之一。

10.4.2 网络函数的基础应用举例

【例 10.4-1】 某电路的激励为 $x(t) = e^{-t} \cdot \varepsilon(t)$，零初始条件下电路的响应为 $y(t) = 3e^{-t}\sin 2t \cdot \varepsilon(t)$，试求该电路的网络函数及单位冲激响应。

解： 由题意得，电路输入量的象函数为 $X(s) = L\{x(t)\} = L\{e^{-t} \cdot \varepsilon(t)\} = \dfrac{1}{s+1}$；

电路输出量的象函数为：$Y(s) = L\{y(t)\} = L\{3e^{-t}\sin 2t \cdot \varepsilon(t)\} = \dfrac{6}{(s+1)^2 + 4}$；

根据网络函数的定义可得：$H(s) = \dfrac{Y(s)}{X(s)} = \dfrac{\dfrac{6}{(s+1)^2+4}}{\dfrac{1}{s+1}} = \dfrac{6(s+1)}{(s+1)^2+4}$

单位冲激响应 $h(t)$ 与网络函数 $H(s)$ 成拉普拉斯变换对，所以有

$$h(t) = L^{-1}\{H(s)\} = L^{-1}\left\{\frac{6(s+1)}{(s+1)^2+4}\right\} = 6e^{-t}\cos 2t, \quad (t > 0)$$

单位冲激响应曲线如图 10.4-1 所示，响应曲线呈振荡性收敛趋势，其中 $h(0) = 6$，$h(\infty) = 0$。

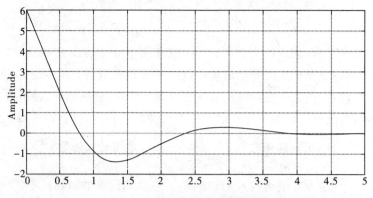

图 10.4-1　单位冲激响应曲线

【例 10.4-2】　某电路如图 10.4-2 所示，假设该电路的电压传输函数为 $H(s) = \dfrac{U_o(s)}{U_S(s)}$ $= \dfrac{1}{s+2}$，试求：(1)当 $u_S(t) = \mathrm{e}^{-3t} \cdot \varepsilon(t)$ V 时的输出电压 $u_O(t)$；(2)当 $u_S(t) = \sin t$ V 时的输出电压 $u_O(t)$。

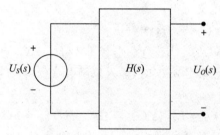

图 10.4-2　例 10.4-2 图

解： (1)当 $u_S(t) = \mathrm{e}^{-3t} \cdot \varepsilon(t)$ V 时，输入量的象函数为 $U_S(s) = \dfrac{1}{s+3}$

此时输出量的象函数为：$U_O(s) = H(s)U_S(s) = \dfrac{1}{s+2} \cdot \dfrac{1}{s+3}$ 　　　　(10.4－8)

式(10.4－8)可部分分式展开为：$U_O(s) = \dfrac{1}{s+2} - \dfrac{1}{s+3}$ 　　　　(10.4－9)

对式(10.4－9)取拉氏反变换可得输出量的时域函数为：
$$u_O(t) = \mathrm{e}^{-2t} - \mathrm{e}^{-3t}, \ (t > 0)$$

电路的输入和输出函数曲线如图 10.4-3 所示。

(2)当 $u_S(t) = \sin t$ 时，输入量的象函数为：$U_S(s) = \dfrac{1}{s^2+1}$

此时输出量的象函数为：$U_o(s) = H(s)U_S(s) = \dfrac{1}{s+2} \cdot \dfrac{1}{s^2+1}$ 　　　　(10.4－10)

式(10.4－10)可部分分式展开为：
$$U_O(s) = \dfrac{1}{5} \cdot \left(\dfrac{1}{s+2} - \dfrac{s-2}{s^2+1} \right) = \dfrac{1}{5} \cdot \left(\dfrac{1}{s+2} - \dfrac{s}{s^2+1} + \dfrac{2}{s^2+1} \right) \quad (10.4-11)$$

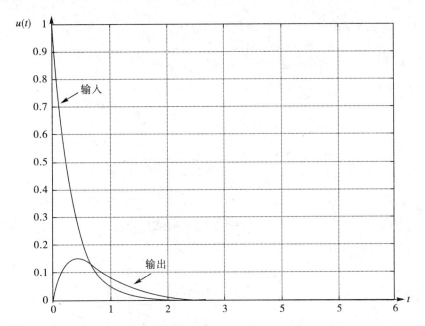

图 10.4-3 电路的输入和输出函数曲线一

对式(10.4−11)取拉氏反变换后可得输出函数为：

$$u_o(t) = \frac{1}{5} \cdot (e^{-2t} - \cos t + 2\sin t) = \frac{1}{5}e^{-2t} - \frac{\sqrt{5}}{5}\cos(t + 63.4°), \ (t > 0)$$

电路的输入和输出函数曲线如图 10.4-4 所示：

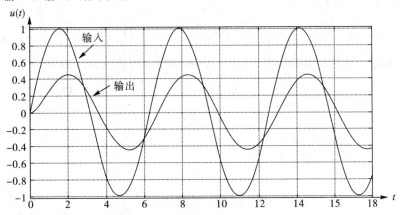

图 10.4-4 电路的输入和输出函数曲线二

【例 10.4-3】 某电路如图 10.4-5 所示，试求该电路的电压传输函数 $H(s) = \dfrac{U_o(s)}{U_i(s)}$。

解： 在零初始条件下，可建立图 10.4-5 所示电路的运算模型，如图 10.4-6 所示，第一级运放组成反相放大电路，反馈运算阻抗为：$Z_{f1}(s) = \dfrac{R_2 \cdot \dfrac{1}{sC}}{R_2 + \dfrac{1}{sC}} = \dfrac{R_2}{R_2 Cs + 1}$

所以第一级运放电路的电压传输函数为：$H_1(s) = \dfrac{U_{o1}(s)}{U_i(s)} = -\dfrac{Z_{f1}(s)}{R_1} = -\dfrac{R_2/R_1}{R_2Cs+1}$

第二级运放组成反相器，其电压传输函数为：$H_2(s) = \dfrac{U_o(s)}{U_{o1}(s)} = -\dfrac{R_0}{R_0} = -1$

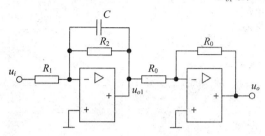

图 10.4-5　例 10.4-3 图

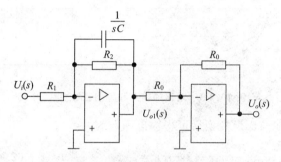

图 10.4-6　两级运放电路的运算模型

所以两级运放级联后的电压传输函数为：

$$H(s) = \dfrac{U_o(s)}{U_i(s)} = \dfrac{U_{o1}(s)}{U_i(s)} \dfrac{U_o(s)}{U_{o1}(s)} = H_1(s)H_2(s) = \dfrac{R_2/R_1}{R_2Cs+1}$$

【例 10.4-4】　某单口网络如图 10.4-7 所示，试求该网络的输入阻抗 $Z(s)$。

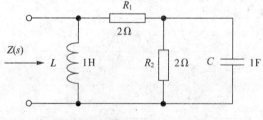

图 10.4-7　例 10.4-4 图

解： 在零初始条件下，可建立图 10.4-7 所示电路的运算模型，如图 10.4-8 所示：

与求解直流电阻网络的输入电阻方法类似，根据各元件的串并联关系可逐步求出整个单口网络的输入运算阻抗函数，即

$$Z(s) = s \cdot (2 + 2 \cdot \dfrac{1}{s}) = \dfrac{4s(s+1)}{2s^2 + 2s + 1}$$

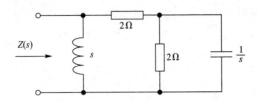

图 10.4-8　例 10.4-3 图对应的运算模型

习题 10

10-1 试用部分分式法，求出以下象函数的原函数。

(1) $F(s) = \dfrac{1}{s} + \dfrac{1}{s+2}$

(2) $G(s) = \dfrac{1}{s(s+3)}$

(3) $U(s) = \dfrac{s+2}{(s+1)(s+3)}$

(4) $I(s) = \dfrac{10}{s(s+1)^2}$

10-2 试求以下时域函数的象函数。

(1) $f(t) = 1 + e^{-t} \ (t>0)$

(2) $f(t) = e^{-t}\sin t \ (t>0)$

(3) $f(t) = e^{-t}\sin(t+\dfrac{\pi}{3}) \ (t>0)$

(4) $f(t) = (1+t)e^{-t} \ (t>0)$

10-3 试求题 10-3 图所示电路中的电压变量 $u_C(t)$，设电路具有零初始状态。

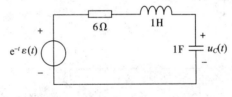

题 10-3 图

10-4 试求题 10-4 图所示电路中的输入运算阻抗函数 $Z_{in}(s)$。

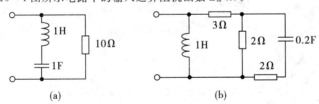

题 10-4 图

10-5 试用运算法求出题 10-5 图所示电路中的网孔电流 $i_1(t)$ 和 $i_2(t)$，设电路具有零初始状态。

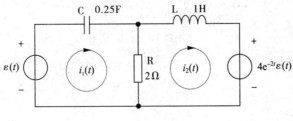

题 10-5 图

10-6 试用运算法求出题 10-6 图所示电路中的支路电流 $i_O(t)$，设 $u_C(0) = 0$ V，$i_L(0) = 0$ A。

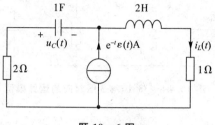

题 10-6 图

10-7 试用运算法求出题 10-7 图所示电路的支路电流 $i_L(t)$，设 $u_C(0) = 0$ V，$i_L(0) = 0$ A。

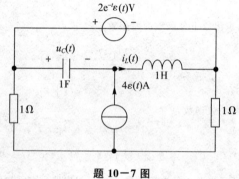

题 10-7 图

10-8 试用运算法求出题 10-8 图所示电路在 $t > 0$ 时的支路电压 $u_o(t)$，已知 $i_L(0) = 1$ A，$u_o(0) = 0$ V，$u_S(t) = 4e^{-10t}\varepsilon(t)$ V。

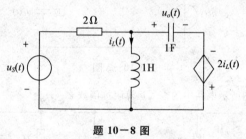

题 10-8 图

10-9 试用运算法求出题 10-9 图所示电路在 $t > 0$ 时的支路电压 $u_o(t)$，已知 $i_L(0) = 0$ A，$u_C(0) = 2$ V。

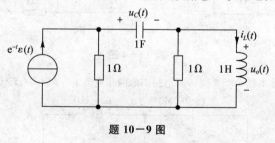

题 10-9 图

10-10 试用运算法求出题 10-10 图所示 RLC 串联电路在 $t > 0$ 时的支路电压 $u_C(t)$，已知 $u_C(0) = 2$V。

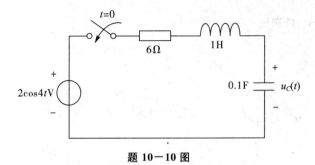

题 10-10 图

10-11 试用运算法求出题 10-11 图所示电路中的支路电流 $i_1(t)$ 和 $i_2(t)$，设电路具有零初始状态。

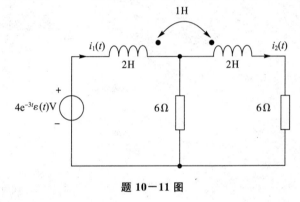

题 10-11 图

10-12 试用运算法求出题 10-12 图所示电路中的输出电流 $i_2(t)$，设电路具有零初始状态。

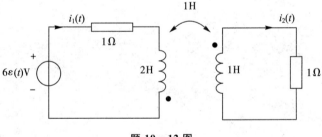

题 10-12 图

10-13 设某电路的网络函数 $H(s) = \dfrac{Y(s)}{X(s)} = \dfrac{s+1}{s^2+2s+2}$，试求当电路输入 $x(t) = 4e^{-t/2}\varepsilon(t)$ 时电路的输出响应 $y(t)$。

10-14 试求题 10-14 图所示电路中的网络函数 $H(s) = \dfrac{U_o(s)}{U_i(s)}$。

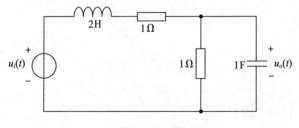

题 10-14 图

10-15 试求题 10-15 图所示电路中的网络函数 $H(s) = \dfrac{I_o(s)}{U_S(s)}$。

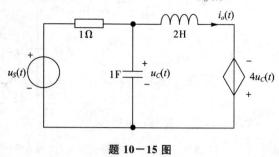

题 10-15 图

双口网络

【内容提要】本章主要讨论描述双口网络外部特性的方程与参数矩阵,介绍双口网络的网络函数,分析网络函数与参数的关系,最后介绍双口网络的等效电路和多个双口网络的连接方式。

11.1 双口网络的参数与方程

一个电路若有多个端子与外部电路连接,则称其为"多端电路"。在这些端子中,若在任一时刻,从某一端子流入的电流等于从另一端子流出的电流,则称"这一对端子构成一个端口"。若电路有四个端子,两两构成端口,则称其为"双口网络"。对于双口网络,通常只关心两端口的电压、电流关系,而不必考虑电路内部的工作情况。如图 11.1-1 所示的双口网络,一个端口施加激励信号(称"输入口"),另一个端口接负载(称"输出口")。输入口变量及参数用下标"1"表示,输出口变量及参数用下标"2"表示,两端口之间的网络用方框表示。双口网络采用正弦稳态相量模型,其端口相量电压、相量电流参考方向关联。双口网络有两个端口电压 $\dot{U}_1$、$\dot{U}_2$ 和两个端口电流 $\dot{I}_1$、$\dot{I}_2$,其端口特性可用 $\dot{U}_1$、$\dot{U}_2$ 和 $\dot{I}_1$、$\dot{I}_2$ 的关系方程来描述。若其中任意两个作自变量,另外两个作因变量,可组成不同形式的方程,与此相应有不同的网络参数。下面讨论比较常用的 Z 方程、z 参数;Y 方程、y 参数;A 方程、a 参数;H 方程、h 参数。

图 11.1-1 双口网络

11.1.1 Z 方程与 z 参数

图 11.1-2 所示为一线性双口网络,假设端口电流 $\dot{I}_1$ 和 $\dot{I}_2$ 已知,端口电流 $\dot{I}_1$ 和 $\dot{I}_2$ 可用相应的电流源替代,根据叠加定理可得端口电压 $\dot{U}_1$、$\dot{U}_2$:

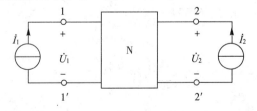

图 11.1-2 z 参数双口网络

$$\begin{cases} \dot{U}_1 = z_{11}\dot{I}_1 + z_{12}\dot{I}_2 \\ \dot{U}_2 = z_{21}\dot{I}_1 + z_{22}\dot{I}_2 \end{cases} \tag{11.1—1}$$

式(11.1-1)称为"双口网络的 Z 方程",其中 z_{11}、z_{12}、z_{21} 和 z_{22} 称为"z 参数"。

由式(11.1-1)可得：

$$z_{11} = \left.\frac{\dot{U}_1}{\dot{I}_1}\right|_{\dot{I}_2=0} \qquad z_{21} = \left.\frac{\dot{U}_2}{\dot{I}_1}\right|_{\dot{I}_2=0}$$

$$z_{12} = \left.\frac{\dot{U}_1}{\dot{I}_2}\right|_{\dot{I}_1=0} \qquad z_{22} = \left.\frac{\dot{U}_2}{\dot{I}_2}\right|_{\dot{I}_1=0}$$

z_{11} 和 z_{21} 分别为输出端口开路时的输入阻抗和正向转移阻抗。z_{12} 和 z_{22} 分别为输入端口开路时的反向转移阻抗和输出阻抗。

由于 z 参数具有阻抗的量纲,且是在网络有一端口开路的情况下得到的参数,因此又称为"开路阻抗参数",式(11.1-1)可写成矩阵形式为

$$\begin{bmatrix} \dot{U}_1 \\ \dot{U}_2 \end{bmatrix} = \begin{bmatrix} z_{11} & z_{12} \\ z_{21} & z_{22} \end{bmatrix} \begin{bmatrix} \dot{I}_1 \\ \dot{I}_2 \end{bmatrix} = \mathbf{Z} \begin{bmatrix} \dot{I}_1 \\ \dot{I}_2 \end{bmatrix}$$

上式中：

$$\mathbf{Z} = \begin{bmatrix} z_{11} & z_{12} \\ z_{21} & z_{22} \end{bmatrix}$$

称为"双口网络的 z 参数矩阵"或"开路阻抗矩阵"。

【例 11.1-1】 求图 11.1-3 所示双口网络的 z 参数。

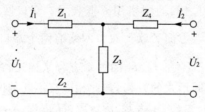

图 11.1-3　例 11.1-1 图

解： 解法一：按定义可求得该网络的 z 参数

$$z_{11} = \left.\frac{\dot{U}_1}{\dot{I}_1}\right|_{\dot{I}_2=0} = \left.\frac{Z_1\dot{I}_1 + Z_3(\dot{I}_1+\dot{I}_2) + Z_2\dot{I}_1}{\dot{I}_1}\right|_{\dot{I}_2=0} = Z_1 + Z_3 + Z_2$$

$$z_{21} = \left.\frac{\dot{U}_2}{\dot{I}_1}\right|_{\dot{I}_2=0} = \left.\frac{Z_4\dot{I}_2 + Z_3(\dot{I}_1+\dot{I}_2)}{\dot{I}_1}\right|_{\dot{I}_2=0} = Z_3$$

$$z_{12} = \left.\frac{\dot{U}_1}{\dot{I}_2}\right|_{\dot{I}_1=0} = \left.\frac{Z_1\dot{I}_1 + Z_3(\dot{I}_1+\dot{I}_2) + Z_2\dot{I}_1}{\dot{I}_2}\right|_{\dot{I}_1=0} = Z_3$$

$$z_{22} = \left.\frac{\dot{U}_2}{\dot{I}_2}\right|_{\dot{I}_1=0} = \left.\frac{Z_4\dot{I}_2 + Z_3(\dot{I}_1+\dot{I}_2)}{\dot{I}_2}\right|_{\dot{I}_1=0} = Z_4 + Z_3$$

z 参数矩阵：
$$\mathbf{Z} = \begin{bmatrix} Z_1+Z_3+Z_2 & Z_3 \\ Z_3 & Z_4+Z_3 \end{bmatrix}$$

解法二：写出图示双口网络的伏安关系为

$$\dot{U}_1 = Z_1\dot{I}_1 + Z_3(\dot{I}_1 + \dot{I}_2) + Z_2\dot{I}_1 = (Z_1 + Z_3 + Z_2)\dot{I}_1 + Z_3\dot{I}_2$$

$$\dot{U}_2 = Z_4\dot{I}_2 + Z_3(\dot{I}_1 + \dot{I}_2) = Z_3\dot{I}_1 + (Z_4 + Z_3)\dot{I}_2$$

将上式与式(11.1-1)比较，得 z 参数矩阵：

$$Z = \begin{bmatrix} Z_1 + Z_3 + Z_2 & Z_3 \\ Z_3 & Z_4 + Z_3 \end{bmatrix}$$

凡是满足 $z_{12} = z_{21}$ 这个条件的双口网络称为"互易双口网络"。由互易定理不难证明，对于由线性 R、$L(M)$、C 元件组成的任何无源双口网络都满足互易性，$z_{12} = z_{21}$ 总是成立的。当电路中含有受控源时，$z_{12} \neq z_{21}$，则为非互易双口网络。由此可见，互易双口网络 z 参数仅有三个是独立的；而非互易双口网络 z 参数的四个参数都是独立的。

如果双口网络除了 $z_{12} = z_{21}$ 外，还有 $z_{11} = z_{22}$，则称此双口网络为"对称双口网络"。在对称双口网络中，z 参数仅有两个是独立的。

11.1.2 Y 方程与 y 参数

如图 11.1-4 所示的双口网络，若在端口处分别施加电压源 $\dot{U}_1$、$\dot{U}_2$，根据叠加定理可得

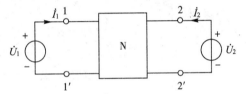

图 11.1-4 y 参数双口网络

$$\begin{cases} \dot{I}_1 = y_{11}\dot{U}_1 + y_{12}\dot{U}_2 \\ \dot{I}_2 = y_{21}\dot{U}_1 + y_{22}\dot{U}_2 \end{cases} \quad (11.1-2)$$

由式(11.1-2)可得：

$$y_{11} = \left.\frac{\dot{I}_1}{\dot{U}_1}\right|_{\dot{U}_2=0} \qquad y_{21} = \left.\frac{\dot{I}_2}{\dot{U}_1}\right|_{\dot{U}_2=0}$$

$$y_{12} = \left.\frac{\dot{I}_1}{\dot{U}_2}\right|_{\dot{U}_1=0} \qquad y_{22} = \left.\frac{\dot{I}_2}{\dot{U}_2}\right|_{\dot{U}_1=0}$$

y_{11} 和 y_{21} 分别称为"输出端口短路时的输入导纳和正向转移导纳"；y_{12} 和 y_{22} 分别称为"输入端口短路时的反向转移导纳和输出导纳"。

式(11.1-2)称为"双口网络的 Y 方程"。y_{11}、y_{12}、y_{21}、y_{22} 称为"双口网络的 y 参数"。由于 y 参数具有导纳的量纲，且是在网络有一端口短路的情况下得到的参数，因此又称为"短路导纳参数"。式(11.1-2)可写成矩阵形式为

$$\begin{bmatrix} \dot{I}_1 \\ \dot{I}_2 \end{bmatrix} = \begin{bmatrix} y_{11} & y_{12} \\ y_{21} & y_{22} \end{bmatrix} \begin{bmatrix} \dot{U}_1 \\ \dot{U}_2 \end{bmatrix} = Y \begin{bmatrix} \dot{U}_1 \\ \dot{U}_2 \end{bmatrix}$$

上式中：
$$Y = \begin{bmatrix} y_{11} & y_{12} \\ y_{21} & y_{22} \end{bmatrix}$$

称为"双口网络的 y 参数矩阵"或"短路导纳矩阵"。

【例 11.1-2】 求图 11.1-5 所示双口网络的 y 参数。

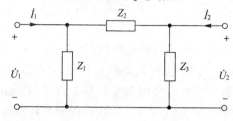

图 11.1-5 例 11.1-2 图

解： 解法一：根据 y 参数的定义，有

$$y_{11} = \left.\frac{\dot{I}_1}{\dot{U}_1}\right|_{\dot{U}_2=0} = \left.\frac{\frac{\dot{U}_1}{Z_1} + \frac{\dot{U}_1 - \dot{U}_2}{Z_2}}{\dot{U}_1}\right|_{\dot{U}_2=0} = \frac{1}{Z_1} + \frac{1}{Z_2}$$

$$y_{21} = \left.\frac{\dot{I}_2}{\dot{U}_1}\right|_{\dot{U}_2=0} = \left.\frac{\frac{\dot{U}_2}{Z_3} + \frac{\dot{U}_2 - \dot{U}_1}{Z_2}}{\dot{U}_1}\right|_{\dot{U}_2=0} = -\frac{1}{Z_2}$$

$$y_{12} = \left.\frac{\dot{I}_1}{\dot{U}_2}\right|_{\dot{U}_1=0} = \left.\frac{\frac{\dot{U}_1}{Z_1} + \frac{\dot{U}_1 - \dot{U}_2}{Z_2}}{\dot{U}_2}\right|_{\dot{U}_1=0} = -\frac{1}{Z_2}$$

$$y_{22} = \left.\frac{\dot{I}_2}{\dot{U}_2}\right|_{\dot{U}_1=0} = \left.\frac{\frac{\dot{U}_2}{Z_3} + \frac{\dot{U}_2 - \dot{U}_1}{Z_2}}{\dot{U}_2}\right|_{\dot{U}_1=0} = \frac{1}{Z_3} + \frac{1}{Z_2}$$

写成矩阵形式：

$$Y = \begin{bmatrix} \frac{1}{Z_1} + \frac{1}{Z_2} & -\frac{1}{Z_2} \\ -\frac{1}{Z_2} & \frac{1}{Z_3} + \frac{1}{Z_2} \end{bmatrix}$$

解法二：写出图示双口网络的伏安关系为

$$\dot{I}_1 = \frac{\dot{U}_1}{Z_1} + \frac{\dot{U}_1 - \dot{U}_2}{Z_2} = \left(\frac{1}{Z_1} + \frac{1}{Z_2}\right)\dot{U}_1 - \frac{1}{Z_2}\dot{U}_2$$

$$\dot{I}_2 = \frac{\dot{U}_2}{Z_3} + \frac{\dot{U}_2 - \dot{U}_1}{Z_2} = -\frac{1}{Z_2}\dot{U}_1 + \left(\frac{1}{Z_3} + \frac{1}{Z_2}\right)\dot{U}_2$$

将上式与式(11.1-2)比较，得 y 参数矩阵：

$$Y = \begin{bmatrix} \dfrac{1}{Z_1} + \dfrac{1}{Z_2} & -\dfrac{1}{Z_2} \\ -\dfrac{1}{Z_2} & \dfrac{1}{Z_3} + \dfrac{1}{Z_2} \end{bmatrix}$$

从例 11.1-2 中可以看到,不含受控源的线性 R、$L(M)$、C 双口网络满足互易性,即 $y_{12} = y_{21}$,因此互易双口网络 y 参数中只有三个是独立的。对于对称双口网络,还有 $y_{11} = y_{22}$,y 参数中只有两个是独立的。

11.1.3 A 方程与 a 参数

在信号传输中,经常要考虑输出口变量对输入口变量的影响,这时以 $\dot{U}_2$、$\dot{I}_2$ 为自变量,以 $\dot{U}_1$、$\dot{I}_1$ 为因变量列方程较为方便。其方程为

$$\begin{cases} \dot{U}_1 = a_{11}\dot{U}_2 + a_{12}(-\dot{I}_2) \\ \dot{I}_1 = a_{21}\dot{U}_2 + a_{22}(-\dot{I}_2) \end{cases} \tag{11.1-3}$$

上式中:

$$a_{11} = \left.\frac{\dot{U}_1}{\dot{U}_2}\right|_{\dot{I}_2=0} \qquad\qquad a_{21} = \left.\frac{\dot{I}_1}{\dot{U}_2}\right|_{\dot{I}_2=0}$$

$$a_{12} = \left.\frac{\dot{U}_1}{-\dot{I}_2}\right|_{\dot{U}_2=0} \qquad\qquad a_{22} = \left.\frac{\dot{I}_1}{-\dot{I}_2}\right|_{\dot{U}_2=0}$$

a_{11} 和 a_{21} 分别称为"输出端口开路时的两端口电压之比和转移导纳";a_{12} 和 a_{22} 分别称为"输出端口短路时的转移阻抗和两端口电流之比"。

式(11.1-3)称为"双口网络的 A 方程"。a_{11}、a_{12}、a_{21}、a_{22} 称为"双口网络的 a 参数"。在实际工程中,A 方程主要用于研究信号的传输,故又称为"传输参数方程"。由于信号通常由输出端口输出,常取输出端口的电流 $\dot{I}_2$ 的流出方向来列 A 方程,因此式(11.1-3)中电流 $\dot{I}_2$ 前取负号。式(11.1-3)可写成矩阵形式为

$$\begin{bmatrix} \dot{U}_1 \\ \dot{I}_1 \end{bmatrix} = \begin{bmatrix} a_{11} & a_{12} \\ a_{21} & a_{22} \end{bmatrix} \begin{bmatrix} \dot{U}_2 \\ -\dot{I}_2 \end{bmatrix} = A \begin{bmatrix} \dot{U}_2 \\ -\dot{I}_2 \end{bmatrix}$$

上式中

$$A = \begin{bmatrix} a_{11} & a_{12} \\ a_{21} & a_{22} \end{bmatrix}$$

称为"双口网络的 a 参数矩阵"或"传输参数矩阵"。对于互易双口网络,可以证明 $|A| = a_{11}a_{22} - a_{12}a_{21} = 1$;对于对称双口网络,则有 $\begin{cases} a_{11}a_{22} - a_{12}a_{21} = 1, \\ a_{11} = a_{22}\end{cases}$。

【例 11.1-3】 求图 11.1-6 所示双口网络的 a 参数。

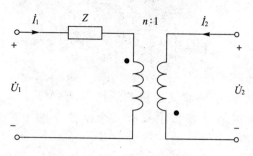

图 11.1-6 例 11.1-3 图

解：根据理想变压器的变压、变流关系，写出图示双口网络的伏安关系为

$$\begin{cases} \dot{U}_1 = Z\dot{I}_1 - n\dot{U}_2 \\ \dot{I}_1 = \dfrac{1}{n}\dot{I}_2 \end{cases}$$

整理，得

$$\begin{cases} \dot{U}_1 = -n\dot{U}_2 - \dfrac{Z}{n}(-\dot{I}_2) \\ \dot{I}_1 = -\dfrac{1}{n}(-\dot{I}_2) \end{cases}$$

对照式(11.1-3)，得 a 参数矩阵：

$$\mathbf{A} = \begin{bmatrix} -n & -\dfrac{Z}{n} \\ 0 & -\dfrac{1}{n} \end{bmatrix}$$

11.1.4　H 方程与 h 参数

图 11.1-7 所示为 h 参数双口网络。在分析晶体管放大电路时，常以 $\dot{I}_1$、$\dot{U}_2$ 为自变量，以 $\dot{U}_1$、$\dot{I}_2$ 为因变量列方程。其方程为

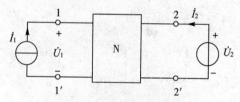

图 11.1-7　h 参数双口网络

$$\begin{cases} \dot{U}_1 = h_{11}\dot{I}_1 + h_{12}\dot{U}_2 \\ \dot{I}_2 = h_{21}\dot{I}_1 + h_{22}\dot{U}_2 \end{cases} \qquad (11.1-4)$$

上式中：

$$h_{11} = \left.\dfrac{\dot{U}_1}{\dot{I}_1}\right|_{\dot{U}_2=0} \qquad\qquad h_{21} = \left.\dfrac{\dot{I}_2}{\dot{I}_1}\right|_{\dot{U}_2=0}$$

$$h_{12} = \dfrac{\dot{U}_1}{\dot{U}_2}\bigg|_{\dot{I}_1=0} \qquad\qquad h_{22} = \dfrac{\dot{I}_2}{\dot{U}_2}\bigg|_{\dot{I}_1=0}$$

h_{11} 和 h_{21} 分别称为"输出端口短路时的输入阻抗和正向传输电流比";h_{12} 和 h_{22} 分别称为"输入端口开路时的反向传输电压比和输出导纳"。

式(11.1-4)称为"双口网络的 H 方程"。h_{11}、h_{12}、h_{21}、h_{22} 称为"双口网络的 h 参数"。由于 h 参数既有阻抗、导纳,又有电流比、电压比,因此又称为"混合参数"。式(11.1-4)可写成矩阵形式为

$$\begin{bmatrix} \dot{U}_1 \\ \dot{I}_2 \end{bmatrix} = \begin{bmatrix} h_{11} & h_{12} \\ h_{21} & h_{22} \end{bmatrix} \begin{bmatrix} \dot{I}_1 \\ \dot{U}_2 \end{bmatrix} = \boldsymbol{H} \begin{bmatrix} \dot{I}_1 \\ \dot{U}_2 \end{bmatrix}$$

上式中:

$$\boldsymbol{H} = \begin{bmatrix} h_{11} & h_{12} \\ h_{21} & h_{22} \end{bmatrix}$$

称为"双口网络的 h 参数矩阵"或"混合参数矩阵"。对于互易双口网络,可以证明 $h_{12} = -h_{21}$;对于对称双口网络,则有 $\begin{cases} h_{12} = -h_{21}, \\ h_{11}h_{22} - h_{12}h_{21} = 1. \end{cases}$

【例 11.1-4】 图 11.1-8 所示电路为晶体管在小信号工作条件下的简化等效电路,求其 h 参数。

解: 解法一:根据 h 参数定义,可得

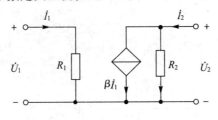

图 11.1-8 例 11.1-4 图

$$h_{11} = \dfrac{\dot{U}_1}{\dot{I}_1}\bigg|_{\dot{U}_2=0} = \dfrac{R_1 \dot{I}_1}{\dot{I}_1} = R_1$$

$$h_{21} = \dfrac{\dot{I}_2}{\dot{I}_1}\bigg|_{\dot{U}_2=0} = \dfrac{\dfrac{\dot{U}_2}{R_2} + \beta \dot{I}_1}{\dot{I}_1}\bigg|_{\dot{U}_2=0} = \beta$$

$$h_{12} = \dfrac{\dot{U}_1}{\dot{U}_2}\bigg|_{\dot{I}_1=0} = \dfrac{R_1 \dot{I}_1}{\dot{U}_2}\bigg|_{\dot{I}_1=0} = 0$$

$$h_{22} = \dfrac{\dot{I}_2}{\dot{U}_2}\bigg|_{\dot{I}_1=0} = \dfrac{\beta \dot{I}_1 + \dfrac{\dot{U}_2}{R_2}}{\dot{U}_2}\bigg|_{\dot{I}_1=0} = \dfrac{1}{R_2}$$

进而得 h 参数矩阵：$\boldsymbol{H} = \begin{bmatrix} R_1 & 0 \\ \beta & \dfrac{1}{R_2} \end{bmatrix}$

解法二：写出图 11.1-8 所示双口网络的伏安关系为

$$\begin{cases} \dot{U}_1 = R_1 \dot{I}_1 \\ \dot{I}_2 = \beta \dot{I}_1 + \dfrac{\dot{U}_2}{R_2} \end{cases}$$

将上式与式(11.1-4)比较，得 h 参数矩阵：

$$\boldsymbol{H} = \begin{bmatrix} R_1 & 0 \\ \beta & \dfrac{1}{R_2} \end{bmatrix}$$

z 参数、y 参数、h 参数、a 参数之间的相互转换关系可以根据以上基本方程推导出来，现将这些关系总结于表 11.1-1 中。

表中

$$|\boldsymbol{Z}| = \begin{vmatrix} z_{11} & z_{12} \\ z_{21} & z_{22} \end{vmatrix}, \quad |\boldsymbol{Y}| = \begin{vmatrix} y_{11} & y_{12} \\ y_{21} & y_{22} \end{vmatrix}$$

$$|\boldsymbol{A}| = \begin{vmatrix} a_{11} & a_{12} \\ a_{21} & a_{22} \end{vmatrix}, \quad |\boldsymbol{H}| = \begin{vmatrix} h_{11} & h_{12} \\ h_{21} & h_{22} \end{vmatrix}$$

表 11.1-1 常用双口网络参数间的关系

	z 参数	y 参数	a 参数	h 参数
z 参数	$z_{11}\ \ z_{12}$ $z_{21}\ \ z_{22}$	$\dfrac{y_{22}}{\|\boldsymbol{Y}\|}\ \ \dfrac{-y_{12}}{\|\boldsymbol{Y}\|}$ $-\dfrac{y_{21}}{\|\boldsymbol{Y}\|}\ \ \dfrac{y_{11}}{\|\boldsymbol{Y}\|}$	$\dfrac{a_{11}}{a_{21}}\ \ \dfrac{\|\boldsymbol{A}\|}{a_{21}}$ $\dfrac{1}{a_{21}}\ \ \dfrac{a_{22}}{a_{21}}$	$\dfrac{\|\boldsymbol{H}\|}{h_{22}}\ \ \dfrac{h_{12}}{h_{22}}$ $-\dfrac{h_{21}}{h_{22}}\ \ \dfrac{1}{h_{22}}$
y 参数	$\dfrac{z_{22}}{\|\boldsymbol{Z}\|}\ \ -\dfrac{z_{12}}{\|\boldsymbol{Z}\|}$ $-\dfrac{z_{21}}{\|\boldsymbol{Z}\|}\ \ \dfrac{z_{11}}{\|\boldsymbol{Z}\|}$	$y_{11}\ \ y_{12}$ $y_{21}\ \ y_{22}$	$\dfrac{a_{22}}{a_{12}}\ \ -\dfrac{\|\boldsymbol{A}\|}{a_{12}}$ $-\dfrac{1}{a_{12}}\ \ \dfrac{a_{11}}{a_{12}}$	$\dfrac{1}{h_{11}}\ \ -\dfrac{h_{12}}{h_{11}}$ $\dfrac{h_{21}}{h_{11}}\ \ \dfrac{\|\boldsymbol{H}\|}{h_{11}}$
a 参数	$\dfrac{z_{11}}{z_{21}}\ \ \dfrac{\|\boldsymbol{Z}\|}{z_{21}}$ $\dfrac{1}{z_{21}}\ \ \dfrac{z_{22}}{z_{21}}$	$-\dfrac{y_{22}}{y_{21}}\ \ -\dfrac{1}{y_{21}}$ $-\dfrac{\|\boldsymbol{Y}\|}{y_{21}}\ \ -\dfrac{y_{11}}{y_{21}}$	$a_{11}\ \ a_{12}$ $a_{21}\ \ a_{22}$	$-\dfrac{\|\boldsymbol{H}\|}{h_{21}}\ \ -\dfrac{h_{11}}{h_{21}}$ $-\dfrac{h_{22}}{h_{21}}\ \ -\dfrac{1}{h_{21}}$
h 参数	$\dfrac{\|\boldsymbol{Z}\|}{z_{22}}\ \ \dfrac{z_{12}}{z_{22}}$ $-\dfrac{z_{21}}{z_{22}}\ \ \dfrac{1}{z_{22}}$	$\dfrac{1}{y_{11}}\ \ -\dfrac{y_{12}}{y_{11}}$ $\dfrac{y_{21}}{y_{11}}\ \ \dfrac{\|\boldsymbol{Y}\|}{y_{11}}$	$\dfrac{a_{12}}{a_{22}}\ \ \dfrac{\|\boldsymbol{A}\|}{a_{22}}$ $-\dfrac{1}{a_{22}}\ \ \dfrac{a_{21}}{a_{22}}$	$h_{11}\ \ h_{12}$ $h_{21}\ \ h_{22}$

11.2 双口网络的网络函数

在双口网络的典型应用中,一般输入口接电源,而输出口接负载。图 11.2-1 所示为典型的双口网络连接电路。其中,Z_S 表示电源内阻抗,Z_L 为负载阻抗。

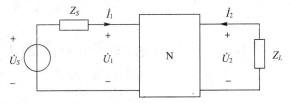

图 11.2-1 双口网络的典型连接

将响应相量与激励相量的比值定义为电路的网络函数。

$$H(j\omega) = \frac{响应相量}{激励相量} \tag{11.2-1}$$

网络函数不但与网络本身的特性有关,还与激励源内阻抗及负载有关。本节主要讨论网络函数与 a 参数、电源内阻抗、负载阻抗之间的关系。

11.2.1 输入阻抗与输出阻抗

1. 输入阻抗

网络的输入阻抗是从输入端口向网络看的等效阻抗,即输入端口电压相量与电流相量之比,表示为

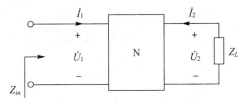

图 11.2-2 双口网络输入阻抗

$$Z_{in} = \frac{\dot{U}_1}{\dot{I}_1} \tag{11.2-2}$$

对图 11.2-2 所示的电路,列方程:

$$\dot{U}_1 = a_{11}\dot{U}_2 + a_{12}(-\dot{I}_2) \tag{11.2-3}$$

$$\dot{I}_1 = a_{21}\dot{U}_2 + a_{22}(-\dot{I}_2) \tag{11.2-4}$$

$$\dot{U}_2 = -Z_L\dot{I}_2 \tag{11.2-5}$$

将它们代入式(11.2-2),得

$$Z_{in} = \frac{\dot{U}_1}{\dot{I}_1} = \frac{a_{11}\dot{U}_2 + a_{12}(-\dot{I}_2)}{a_{21}\dot{U}_2 + a_{22}(-\dot{I}_2)} = \frac{a_{11}\dfrac{\dot{U}_2}{-\dot{I}_2} + a_{12}}{a_{21}\dfrac{\dot{U}_2}{-\dot{I}_2} + a_{22}} = \frac{a_{11}Z_L + a_{12}}{a_{21}Z_L + a_{22}} \quad (11.2-6)$$

式(11.2-6)表明双口网络的输入阻抗与网络参数、负载及电源频率有关,而与电源大小及电源的内阻抗无关。

2. 输出阻抗

双口网络的输出阻抗是在输入端口接具有内阻抗 Z_S 的激励源时,从输出端口向网络看的戴维南等效源的内阻抗,即输出端口电压相量与电流相量之比,表示为

$$Z_{out} = \frac{\dot{U}_2}{\dot{I}_2} \quad (11.2-7)$$

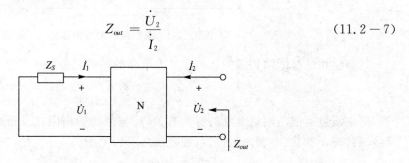

图 11.2-3 双口网络输出阻抗

对图 11.2-3 所示的电路,列方程:

$$\begin{cases} \dot{U}_1 = a_{11}\dot{U}_2 + a_{12}(-\dot{I}_2) \\ \dot{I}_1 = a_{21}\dot{U}_2 + a_{22}(-\dot{I}_2) \end{cases} \quad (11.2-8)$$

由式(11.2-8)解得

$$\begin{cases} \dot{U}_2 = \dfrac{a_{22}}{|\mathbf{A}|}\dot{U}_1 + \dfrac{a_{12}}{|\mathbf{A}|}(-\dot{I}_1) \\ \dot{I}_2 = \dfrac{a_{21}}{|\mathbf{A}|}\dot{U}_1 + \dfrac{a_{11}}{|\mathbf{A}|}(-\dot{I}_1) \end{cases} \quad (11.2-9)$$

式中:

$$|\mathbf{A}| = a_{11}a_{22} - a_{12}a_{21}$$

根据式(11.2-7),并考虑 $\dfrac{\dot{U}_1}{\dot{I}_1} = -Z_S$,得

$$Z_{out} = \frac{\dot{U}_2}{\dot{I}_2} = \frac{\dfrac{a_{22}}{|\mathbf{A}|}\dot{U}_1 + \dfrac{a_{12}}{|\mathbf{A}|}(-\dot{I}_1)}{\dfrac{a_{21}}{|\mathbf{A}|}\dot{U}_1 + \dfrac{a_{11}}{|\mathbf{A}|}(-\dot{I}_1)} = \frac{a_{22}Z_S + a_{12}}{a_{21}Z_S + a_{11}} \quad (11.2-10)$$

式(11.2-10)表明双口网络的输出阻抗只与网络参数、电源的内阻抗及电源频率有关,而与负载阻抗无关。

11.2.2 电压放大倍数与电流放大倍数

1. 电压放大倍数

双口网络的输出端口电压相量与输入端口电压相量之比,称为"网络的电压放大倍数",即

$$K_u = \frac{\dot{U}_2}{\dot{U}_1} \tag{11.2-11}$$

将 $\dot{U}_1 = a_{11}\dot{U}_2 + a_{12}(-\dot{I}_2)$ 代入式(11.2-11)得

$$K_u = \frac{\dot{U}_2}{\dot{U}_1} = \frac{\dot{U}_2}{a_{11}\dot{U}_2 + a_{12}(-\dot{I}_2)} \tag{11.2-12}$$

再将 $\dot{U}_2 = -Z_L \dot{I}_2$ 代入式(11.2-12),得

$$K_u = \frac{\dot{U}_2}{\dot{U}_1} = \frac{-Z_L \dot{I}_2}{a_{11}(-Z_L\dot{I}_2) + a_{12}(-\dot{I}_2)} = \frac{Z_L}{a_{11}Z_L + a_{12}} \tag{11.2-13}$$

2. 电流放大倍数

双口网络的输出端口电流相量与输入端口电流相量之比,称为"网络的电流放大倍数",即

$$K_i = \frac{\dot{I}_2}{\dot{I}_1} \tag{11.2-14}$$

将 $\dot{I}_1 = a_{21}\dot{U}_2 + a_{22}(-\dot{I}_2)$ 代入式(11.2-14)得

$$K_i = \frac{\dot{I}_2}{\dot{I}_1} = \frac{\dot{I}_2}{a_{21}\dot{U}_2 + a_{22}(-\dot{I}_2)} \tag{11.2-15}$$

再将 $\dot{U}_2 = -Z_L\dot{I}_2$ 代入式(11.2-15),得

$$K_i = \frac{\dot{I}_2}{\dot{I}_1} = \frac{\dot{I}_2}{a_{21}(-Z_L\dot{I}_2) + a_{22}(-\dot{I}_2)} = -\frac{1}{a_{21}Z_L + a_{22}} \tag{11.2-16}$$

因此,知道双口网络的任何一组参数,都可列出相应的方程,求出所需的网络函数。表11.2-2 列出了用 z、y、a、h 参数表示的几种常用的网络函数表示式。

表 11.2-2 网络函数的定义和常见参数的关系

网络函数		z 参数	y 参数	a 参数	h 参数
名称	定义				
输入阻抗	$Z_{in} = \dfrac{\dot{U}_1}{\dot{I}_1}$	$\dfrac{z_{11}Z_L + |\mathbf{Z}|}{z_{22} + Z_L}$	$\dfrac{y_{22} + Y_L}{y_{11}Y_L + |\mathbf{Y}|}$	$\dfrac{a_{11}Z_L + a_{12}}{a_{21}Z_L + a_{22}}$	$\dfrac{h_{11}Y_L + |\mathbf{H}|}{h_{22} + Y_L}$
输出阻抗	$Z_{out} = \dfrac{\dot{U}_2}{\dot{I}_2}$	$\dfrac{z_{22}Z_S + |\mathbf{Z}|}{z_{11} + Z_S}$	$\dfrac{y_{11} + Y_S}{y_{22}Y_S + |\mathbf{Y}|}$	$\dfrac{a_{22}Z_S + a_{12}}{a_{21}Z_S + a_{11}}$	$\dfrac{h_{11} + Z_S}{h_{22}Z_S + |\mathbf{H}|}$

续表

网络函数		z参数	y参数	a参数	h参数
名称	定义				
电压放大倍数	$K_u = \dfrac{\dot{U}_2}{\dot{U}_1}$	$\dfrac{z_{21}Z_L}{z_{11}Z_L + |\boldsymbol{Z}|}$	$\dfrac{-y_{21}}{y_{22} + Y_L}$	$\dfrac{Z_L}{a_{21}Z_L + a_{12}}$	$\dfrac{-h_{21}}{h_{11}Y_L + |\boldsymbol{H}|}$
电流放大倍数	$K_i = \dfrac{\dot{I}_2}{\dot{I}_1}$	$\dfrac{-z_{21}}{z_{22} + Z_L}$	$\dfrac{y_{21}Y_L}{y_{11}Y_L + |\boldsymbol{Y}|}$	$\dfrac{-1}{a_{21}Z_L + a_{22}}$	$\dfrac{h_{21}Y_L}{h_{22} + Y_L}$

【例 11.2-1】 双口网络如图 11.2-4(a)所示。已知 $\dot{U}_S = 24\angle 0°\text{V}$,电阻 $R_S = 12\Omega$,双口网络的 a 参数矩阵 $A = \begin{bmatrix} 1.6 & -\text{j}3.6 \\ -\text{j}0.1 & 0.4 \end{bmatrix}$,为使负载 Z_L 获得最大功率,求所需 Z_L 的值及获得的最大功率。

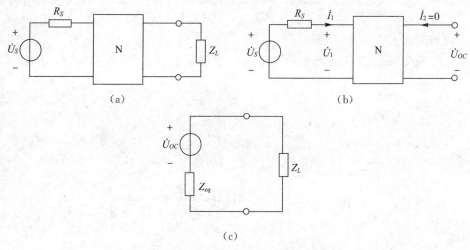

图 11.2-4 例 11.2-1 用图

解: 求开路电压相量 $\dot{U}_{OC}$。

如图 11.2-4(b)所示,列方程: $\dot{U}_1 = \dot{U}_S - \dot{I}_1 R_S$

$$\begin{cases} \dot{U}_1 = a_{11}\dot{U}_2 + a_{12}(-\dot{I}_2) \\ \dot{I}_1 = a_{21}\dot{U}_2 + a_{22}(-\dot{I}_2) \end{cases}$$

将 $\dot{I}_2 = 0$ 代入上式,有: $\begin{cases} \dot{U}_1 = a_{11}\dot{U}_{OC} \\ \dot{I}_1 = a_{21}\dot{U}_{OC} \end{cases}$

联立求解方程: $a_{11}\dot{U}_{OC} = \dot{U}_S - a_{21}\dot{U}_{OC}R_S$

$1.6\dot{U}_{OC} = 24\angle 0° + \text{j}0.1\dot{U}_{OC} \times 12$

求得：
$$\dot{U}_{OC} = \frac{24\angle 0°}{1.6 - j1.2} = 12\angle 36.9°\text{V}$$

戴维南等效阻抗 Z_{eq} 即为输出阻抗 Z_{out}：
$$Z_{out} = \frac{a_{22}Z_S + a_{12}}{a_{21}Z_S + a_{11}} = \frac{0.4 \times 12 - j3.6}{-j0.1 \times 12 + 1.6} = 3\Omega$$

画出戴维南等效电源并接上负载，如图 11.2-4(c)所示，该图即为等效电路。根据最大功率传输定理可知，当 $Z_L = Z_{eq}^* = 3\Omega$ 时，负载获得最大功率，获得的最大功率为
$$P_{L\max} = \frac{U_{OC}^2}{4Z_{eq}^*} = \frac{12^2}{4 \times 3} = 12\text{W}$$

11.2.3 特性阻抗

图 11.2-1 所示为接有电源和负载的双口网络，当输出口接负载 $Z_L = Z_{c2}$ 时，输入阻抗 $Z_{in} = Z_{c1}$，而当输入口接阻抗 $Z_S = Z_{c1}$ 时，恰有 $Z_{out} = Z_{c2}$，则称 Z_{c1}、Z_{c2} 分别为双口网络输入口和输出口的特性阻抗，如图 11.2-5 所示。

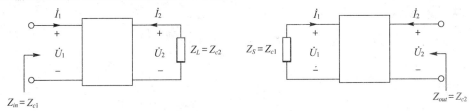

图 11.2-5 双口网络的特性阻抗

根据输入阻抗、输出阻抗和 a 参数的关系，得：

$$Z_{in} = \frac{\dot{U}_1}{\dot{I}_1} = \frac{a_{11}Z_L + a_{12}}{a_{21}Z_L + a_{22}} = \frac{a_{11}Z_{c2} + a_{12}}{a_{21}Z_{c2} + a_{22}} = Z_{c1} \quad (11.2-17)$$

$$Z_{out} = \frac{\dot{U}_2}{\dot{I}_2} = \frac{a_{22}Z_S + a_{12}}{a_{21}Z_S + a_{11}} = \frac{a_{22}Z_{c1} + a_{12}}{a_{21}Z_{c1} + a_{11}} = Z_{c2} \quad (11.2-18)$$

联立求解，得：

$$\begin{cases} Z_{c1} = \sqrt{\dfrac{a_{11}a_{12}}{a_{21}a_{22}}} \\ Z_{c2} = \sqrt{\dfrac{a_{22}a_{12}}{a_{21}a_{11}}} \end{cases} \quad (11.2-19)$$

Z_{c1}、Z_{c2} 是特定条件下的输入阻抗和输出阻抗。由式(11.2-19)可知，Z_{c1}、Z_{c2} 只与电路的参数有关，与负载、信号源的内阻抗都无关，因此用 Z_{c1}、Z_{c2} 可表征电路本身的特性。

若满足 $Z_S = Z_{c1}$，则称"输入口匹配"；若满足 $Z_L = Z_{c2}$，则称为"输出口匹配"；若既满足 $Z_S = Z_{c1}$，又满足 $Z_L = Z_{c2}$，则称为"双口网络全匹配"。

11.3 双口网络的等效

所谓两个双口网络的等效,是指两个双口网络的端口描述方程完全一样,也就是两个双口网络的参数完全相等。如果双口网络的具体结构不清楚,但知道它的参数,则可以画出元件用参数表示的等效电路。

11.3.1 双口网络的 z 参数等效电路

图 11.1-2 所示的无源线性双口网络的 z 参数方程为

$$\begin{cases} \dot{U}_1 = z_{11}\dot{I}_1 + z_{12}\dot{I}_2 \\ \dot{U}_2 = z_{21}\dot{I}_1 + z_{22}\dot{I}_2 \end{cases} \tag{11.3-1}$$

双口网络可以简单地等效为图 11.3-1 所示的含有双受控源的 z 参数等效电路。如果对 z 参数方程加以适当的数学变换,即写成:

$$\begin{cases} \dot{U}_1 = (z_{11} - z_{12})\dot{I}_1 + z_{12}(\dot{I}_1 + \dot{I}_2) \\ \dot{U}_2 = (z_{21} - z_{12})\dot{I}_1 + (z_{22} - z_{12})\dot{I}_2 + z_{12}(\dot{I}_1 + \dot{I}_2) \end{cases} \tag{11.3-2}$$

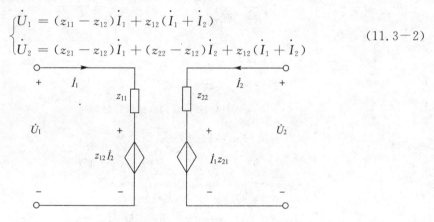

图 11.3-1 双受控源 z 参数等效电路

则根据式(11.3-2)可画出含单受控源的 T 形等效电路,如图 11.3-2(a)所示。若电路满足互易特性,有 $z_{12} = z_{21}$,则图 11.3-2(a)所示的电路中,受控电压源短路,等效电路变为图 11.3-2(b)所示的更为简单的形式。

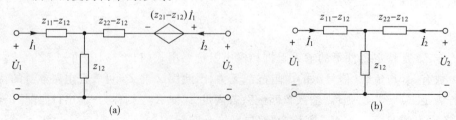

图 11.3-2 z 参数 T 形等效电路

11.3.2 双口网络的 y 参数等效电路

图 11.1-1 所示的无源线性双口网络的 y 参数方程为

$$\begin{cases} \dot{I}_1 = y_{11}\dot{U}_1 + y_{12}\dot{U}_2 \\ \dot{I}_2 = y_{21}\dot{U}_1 + y_{22}\dot{U}_2 \end{cases} \tag{11.3-3}$$

可以简单地将之等效为如图 11.3-3 所示的含有双受控源的 y 参数等效电路。如果对 y 参数方程加以适当的数学变换，即写成：

$$\begin{cases} \dot{I}_1 = (y_{11}+y_{12})\dot{U}_1 - y_{12}(\dot{U}_1 - \dot{U}_2) \\ \dot{I}_2 = (y_{21}-y_{12})\dot{U}_1 + (y_{22}+y_{12})\dot{U}_2 - y_{12}(\dot{U}_2 - \dot{U}_1) \end{cases} \tag{11.3-4}$$

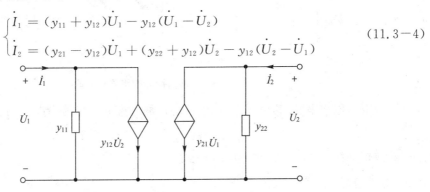

图 11.3-3 双受控源 y 参数等效电路

则根据式(11.3-4)可画出含单受控源的等效电路，如图 11.3-4(a)所示。

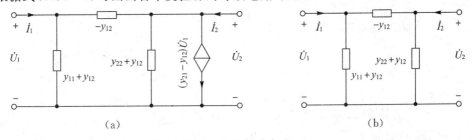

(a)　　　　　　　　　　　　　(b)

图 11.3-4 y 参数等效电路

若电路满足互易特性，有 $y_{12}=y_{21}$，则图 11.3-4(a)所示的电路中受控电流源开路，等效为图 11.3-4(b)所示的更为简单的 π 形电路。

11.4 双口网络的连接

一个复杂的双口网络可以看做由若干个简单的双口网络以某种方式连接而成。设计复杂的双口网络，通常是先设计简单的双口网络，再将其互相连接，合成所需的复杂的双口网络。

双口网络可按多种不同方式相互连接，本节主要讨论串联、并联和级联三种方式。

11.4.1 串联

串联是将两个双口网络的输入、输出端口分别串联构成一个新的双口网络，如图 11.4-1(a)所示。

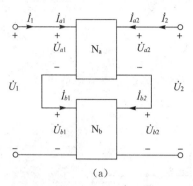
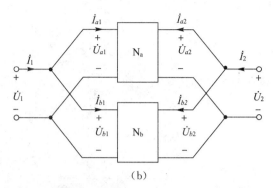

(a)   (b)

图 11.4-1 双口网络的串联和并联

两个双口网络串联,其输入端口、输出端口的电流分别相等,有

$$\dot{I}_{a1}=\dot{I}_{b1}=\dot{I}_1,\ \dot{I}_{a2}=\dot{I}_{b2}=\dot{I}_2$$

设双口网络 A 和 B 的 z 参数分别为

$$\mathbf{Z}_A=\begin{bmatrix} z_{a11} & z_{a12} \\ z_{a21} & z_{a22} \end{bmatrix},\ \mathbf{Z}_B=\begin{bmatrix} z_{b11} & z_{b12} \\ z_{b21} & z_{b22} \end{bmatrix}$$

则应有:

$$\begin{bmatrix} \dot{U}_{a1} \\ \dot{U}_{a2} \end{bmatrix}=\mathbf{Z}_A\begin{bmatrix} \dot{I}_{a1} \\ \dot{I}_{a2} \end{bmatrix},\ \begin{bmatrix} \dot{U}_{b1} \\ \dot{U}_{b2} \end{bmatrix}=\mathbf{Z}_B\begin{bmatrix} \dot{I}_{b1} \\ \dot{I}_{b2} \end{bmatrix}$$

又由于 $\dot{U}_1=\dot{U}_{a1}+\dot{U}_{b1},\dot{U}_2=\dot{U}_{a2}+\dot{U}_{b2}$,所以有:

$$\begin{bmatrix} \dot{U}_1 \\ \dot{U}_2 \end{bmatrix}=\begin{bmatrix} \dot{U}_{a1} \\ \dot{U}_{a2} \end{bmatrix}+\begin{bmatrix} \dot{U}_{b1} \\ \dot{U}_{b2} \end{bmatrix}=\mathbf{Z}_A\begin{bmatrix} \dot{I}_{a1} \\ \dot{I}_{a2} \end{bmatrix}+\mathbf{Z}_B\begin{bmatrix} \dot{I}_{b1} \\ \dot{I}_{b2} \end{bmatrix}=\mathbf{Z}_A\begin{bmatrix} \dot{I}_1 \\ \dot{I}_2 \end{bmatrix}+\mathbf{Z}_B\begin{bmatrix} \dot{I}_1 \\ \dot{I}_2 \end{bmatrix}=(\mathbf{Z}_A+\mathbf{Z}_B)\begin{bmatrix} \dot{I}_1 \\ \dot{I}_2 \end{bmatrix}=\mathbf{Z}\begin{bmatrix} \dot{I}_1 \\ \dot{I}_2 \end{bmatrix}$$

上式中:

$$\mathbf{Z}=\mathbf{Z}_A+\mathbf{Z}_B \tag{11.4-1}$$

两个子网络串联时,复合网络的 z 参数矩阵等于两个子网络 z 参数矩阵之和。

11.4.2 并联

并联是将两个双口网络的输入、输出端口分别并联构成一个新的双口网络,如图 11.4-1(b)所示。两个双口网络并联,其输入端口、输出端口的电压分别相等,有

$$\dot{U}_{a1}=\dot{U}_{b1}=\dot{U}_1,\ \dot{U}_{a2}=\dot{U}_{b2}=\dot{U}_2$$

设双口网络 A 和 B 的 y 参数分别为

$$\mathbf{Y}_A=\begin{bmatrix} y_{a11} & y_{a12} \\ y_{a21} & y_{a22} \end{bmatrix},\ \mathbf{Y}_B=\begin{bmatrix} y_{b11} & y_{b12} \\ y_{b21} & y_{b22} \end{bmatrix}$$

则应有:

$$\begin{bmatrix} \dot{I}_{a1} \\ \dot{I}_{a2} \end{bmatrix}=\mathbf{Y}_A\begin{bmatrix} \dot{U}_{a1} \\ \dot{U}_{a2} \end{bmatrix},\ \begin{bmatrix} \dot{I}_{b1} \\ \dot{I}_{b2} \end{bmatrix}=\mathbf{Y}_B\begin{bmatrix} \dot{U}_{b1} \\ \dot{U}_{b2} \end{bmatrix}$$

又由于 $\dot{I}_1 = \dot{I}_{a1} + \dot{I}_{b1}$，$\dot{I}_2 = \dot{I}_{a2} + \dot{I}_{b2}$，所以有：

$$\begin{bmatrix} \dot{I}_1 \\ \dot{I}_2 \end{bmatrix} = \begin{bmatrix} \dot{I}_{a1} \\ \dot{I}_{a2} \end{bmatrix} + \begin{bmatrix} \dot{I}_{b1} \\ \dot{I}_{b2} \end{bmatrix} = \mathbf{Y}_A \begin{bmatrix} \dot{U}_{a1} \\ \dot{U}_{a2} \end{bmatrix} + \mathbf{Y}_B \begin{bmatrix} \dot{U}_{b1} \\ \dot{U}_{b2} \end{bmatrix} = \mathbf{Y}_A \begin{bmatrix} \dot{U}_1 \\ \dot{U}_2 \end{bmatrix} + \mathbf{Y}_B \begin{bmatrix} \dot{U}_1 \\ \dot{U}_2 \end{bmatrix} = (\mathbf{Y}_A + \mathbf{Y}_B) \begin{bmatrix} \dot{U}_1 \\ \dot{U}_2 \end{bmatrix} = \mathbf{Y} \begin{bmatrix} \dot{U}_1 \\ \dot{U}_2 \end{bmatrix}$$

上式中：
$$\mathbf{Y} = \mathbf{Y}_A + \mathbf{Y}_B \tag{11.4-2}$$

两个子网络并联时，复合网络的 y 参数矩阵等于两个子网络 y 参数矩阵之和。

11.4.3 级联

级联是第一个子网络的输出端口与第二个子网络的输入端口相连构成一个新的双口网络，如图 11.4-2 所示。

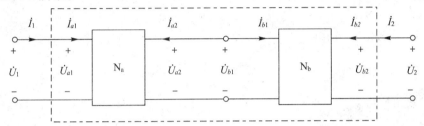

图 11.4-2 级联

设双口网络 A 和 B 的 a 参数分别为

$$\mathbf{A}' = \begin{bmatrix} a'_{11} & a'_{12} \\ a'_{21} & a'_{22} \end{bmatrix}, \quad \mathbf{A}'' = \begin{bmatrix} a''_{11} & a''_{12} \\ a''_{21} & a''_{22} \end{bmatrix}$$

则应有：

$$\begin{bmatrix} \dot{U}_{a1} \\ \dot{I}_{a1} \end{bmatrix} = \mathbf{A}' \begin{bmatrix} \dot{U}_{a2} \\ -\dot{I}_{a2} \end{bmatrix}, \quad \begin{bmatrix} \dot{U}_{b1} \\ \dot{I}_{b1} \end{bmatrix} = \mathbf{A}'' \begin{bmatrix} \dot{U}_{b2} \\ -\dot{I}_{b2} \end{bmatrix}$$

又由于 $\dot{U}_1 = \dot{U}_{a1}$，$\dot{U}_{a2} = \dot{U}_{b1}$，$\dot{U}_{b2} = \dot{U}_2$，$\dot{I}_1 = \dot{I}_{a1}$，$\dot{I}_{a2} = -\dot{I}_{b1}$，$\dot{I}_{b2} = \dot{I}_2$，所以有：

$$\begin{bmatrix} \dot{U}_1 \\ \dot{I}_1 \end{bmatrix} = \begin{bmatrix} \dot{U}_{a1} \\ \dot{I}_{a1} \end{bmatrix} = \mathbf{A}' \begin{bmatrix} \dot{U}_{a2} \\ -\dot{I}_{a2} \end{bmatrix} = \mathbf{A}' \begin{bmatrix} \dot{U}_{b1} \\ \dot{I}_{b1} \end{bmatrix} = \mathbf{A}'\mathbf{A}'' \begin{bmatrix} \dot{U}_{b2} \\ -\dot{I}_{b2} \end{bmatrix} = \mathbf{A}'\mathbf{A}'' \begin{bmatrix} \dot{U}_2 \\ -\dot{I}_2 \end{bmatrix} = \mathbf{A} \begin{bmatrix} \dot{U}_2 \\ -\dot{I}_2 \end{bmatrix}$$

上式中：
$$\mathbf{A} = \mathbf{A}'\mathbf{A}'' \tag{11.4-3}$$

两个子网络级联时，其复合双口网络的 a 参数矩阵等于两个子网络 a 参数矩阵的乘积。

【例 11.4-1】 求图 11.4-3(a)所示双口网络的 a 参数。

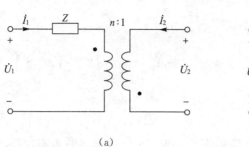
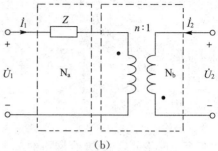

图 11.4-3 例 11.4-3 图

解： 将图中双口网络看作两个子双口网络（如图 11.4-3(b)虚线所示）的级联。

N_a 子双口网络有：
$$\begin{cases} \dot{U}_{a1} = Z\dot{I}_{a1} + \dot{U}_{a2} = \dot{U}_{a2} + Z(-\dot{I}_{a2}) \\ \dot{I}_{a1} = -\dot{I}_{a2} \end{cases}$$

求得 N_a 网络的 a 参数矩阵为

$$\mathbf{A}' = \begin{bmatrix} 1 & Z \\ 0 & 1 \end{bmatrix}$$

N_b 子双口网络有：
$$\begin{cases} \dot{U}_{b1} = -n\dot{U}_{b2} \\ \dot{I}_{b1} = \frac{1}{n}\dot{I}_{b2} = -\frac{1}{n}(-\dot{I}_{b2}) \end{cases}$$

求得 N_b 网络的 a 参数矩阵为

$$\mathbf{A}'' = \begin{bmatrix} -n & 0 \\ 0 & -\dfrac{1}{n} \end{bmatrix}$$

因此复合网络的 a 参数矩阵为

$$\mathbf{A} = \mathbf{A}'\mathbf{A}'' = \begin{bmatrix} 1 & Z \\ 0 & 1 \end{bmatrix}\begin{bmatrix} -n & 0 \\ 0 & -\dfrac{1}{n} \end{bmatrix} = \begin{bmatrix} -n & -\dfrac{Z}{n} \\ 0 & -\dfrac{1}{n} \end{bmatrix}$$

两个双口网络进行串联或并联时，应保证原网络每一个端口的特性都不受到破坏，串联时两端口电流必须相等，并联时两端口电压必须相等。在三种连接方式中，级联是非常重要且应用十分广泛的一种连接方式。不同于其他两种连接方式，级联在用子网络参数来获得复合网络的参数时，没有任何限制条件。

第11章 双口网络

习题 11

11-1 求题 11-1 图所示双口网络的 z 参数和 y 参数。

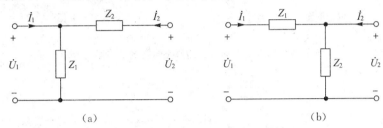

题 11-1 图

11-2 求题 11-2 图所示双口网络的 a 参数,并说明它们是否为互易网络。

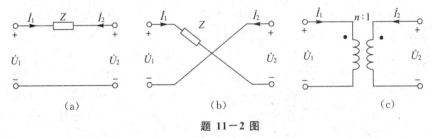

题 11-2 图

11-3 求题 11-3 图所示双口网络的 h 参数。

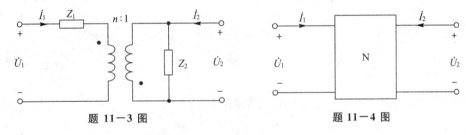

题 11-3 图   题 11-4 图

11-4 对如题 11-4 图所示双口电阻电路进行测量,当输出端口开路时测得:

$\dot{U}_1 = 10\text{V}$, $\dot{I}_1 = 100\text{mA}$, $\dot{U}_2 = -40\text{V}$;

当输出端口短路时测得:

$\dot{U}_1 = 24\text{V}$, $\dot{I}_1 = 20\text{mA}$, $\dot{I}_2 = 1\text{mA}$;

求电路的 a 参数。

11-5 对某电阻互易双口网络进行测量,其中,电压、电流参考方向如题 11-4 图所示。测量结果为当输出端口开路时,$U_1=50$ V,$I_1=5$ A;输出端口短路时,测得 $U_1=10$ V,$I_2=2$ A,$I_1=6$ A;试计算双口网络的 a 参数。

11-6 如题 11-6 图所示双口网络中,N 的 y 参数矩阵 $\boldsymbol{Y} = \begin{bmatrix} 2 & -1 \\ -1 & 3 \end{bmatrix}$S,求复合网络导纳参数 y_{22}。

11-7 已知 11-7 图所示电路 N 的 z 参数矩阵 $\boldsymbol{Z} = \begin{bmatrix} \text{j}2 & 2 \\ -2 & \text{j}4 \end{bmatrix}\Omega$,求复合网络 Z 参数矩阵中 z_{11}。

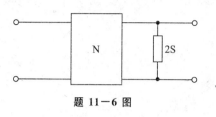
题 11-6 图

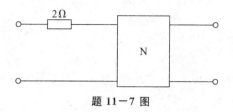
题 11-7 图

11-8 选择题 11-8 图所示网络的 R_1、R_2 和 R_3 的值,使网络的 a 参数等于 $\boldsymbol{A} = \begin{bmatrix} 1.2 & 3.4\Omega \\ 20\text{mS} & 1.4 \end{bmatrix}$

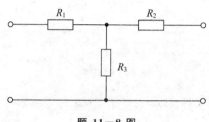
题 11-8 图

11-9 求题 11-9 图所示双口网络的 h 参数矩阵。

11-10 已知题 11-10 图所示双口网络的 a 参数矩阵 $\boldsymbol{A} = \begin{bmatrix} 2 & 10 \\ 1 & 3 \end{bmatrix}$,求由电路输入口看进去的输入阻抗 Z_{in}。

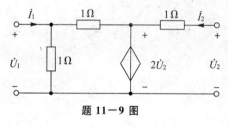
题 11-9 图

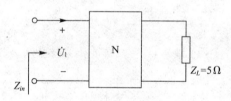
题 11-10 图

11-11 如题 11-11 图所示网络,已知 a 参数矩阵 $\boldsymbol{A} = \begin{bmatrix} 5/3 & 2\times 10^3 \\ 2\times 10^{-3} & 3 \end{bmatrix}$,$\dot{U}_S = 10\text{V}$,为使负载 R_L 获得最大功率,求所需 R_L 的值及获得的最大功率。

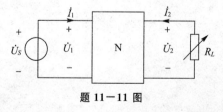
题 11-11 图

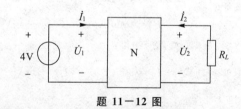
题 11-12 图

11-12 已知电路如题 11-12 图所示,N 的 y 参数矩阵 $\boldsymbol{Y} = \begin{bmatrix} 1 & -0.25 \\ -0.25 & 0.5 \end{bmatrix}$,求当 R_L 为多少时,获得最大功率,且最大功率为多少?

286

11-13 如题 11-13 图所示 N_R 为电阻性网络。对其进行直流测量,结果如下:

测量结果 1: $U_1 = 25$ V, $I_1 = 1$ A, $U_2 = 0$, $I_2 = -0.5$;

测量结果 2: $U_1 = 40$ V, $I_1 = 1$ A, $I_2 = 0$;

已知 $U_S = 60$ V, $R_S = 20$ Ω, 当负载 R_L 可变时, R_L 为多少时获得最大功率,且最大功率为多少?

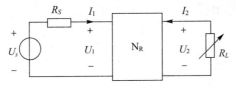

题 11-13 图

11-14 求题 11-14 图所示双口网络的特性阻抗。

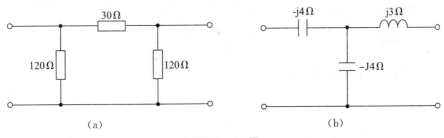

题 11-14 图

11-15 如题 11-15 图(a)所示双口网络可认为是由图(b)和图(c)所示两个子网络并联组成,求两个子网络的 y 参数矩阵及复合网络的 y 参数矩阵。

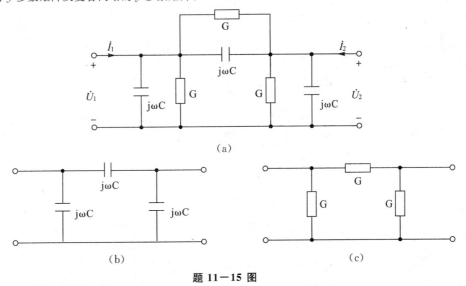

题 11-15 图

11-16 如题 11-16 图(a)所示双口网络可认为是由图(b)所示两个子网络串联组成,求两个子网络的 z 参数矩阵及复合网络的 z 参数矩阵。

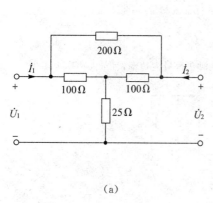 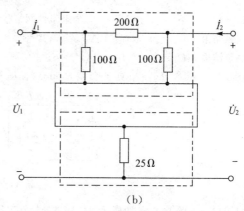

(a)　　　　　　　　(b)

题 11-16 图

第12章 非线性电路

【内容提要】 本章介绍了非线性电阻的概念与分类,静态电阻与动态电阻的概念及计算;对非线性电路常用的分析方法,如图解法、小信号分析方法、分段线性方法等逐一进行介绍,为学习电子电路及进一步研究非线性电路理论提供基础。

12.1 非线性元件

元件的参数值随其上的电流、电压(或电荷、磁链)变化的元件称为"非线性元件"。含有非线性元件的电路称为"非线性电路"。若电阻电路中含有非线性电阻,则构成了非线性电阻电路。

12.1.1 非线性电阻

线性电阻的伏安特性曲线是通过 $u-i$ 平面原点的一条直线。非线性电阻的电压与电流是非线性函数关系,非线性电阻的电阻值随着电压或电流的大小甚至方向而改变,不是常数。根据非线性电阻的电压、电流的非线性函数关系,非线性电阻可分为压控型、流控型和单调型三种。

若电阻两端的电压是其电流的单值函数,则称为"电流控制型电阻型"。其电压—电流特性表达式为

$$u = f(i) \qquad (12.1-1)$$

一种典型的流控非线性电阻的伏安特性如图 12.1-1(a)所示。由特性曲线可以看到,对于每一个电流值,有且仅有一个电压值与之相对应;对于同一电压值,可能有多个电流值与之对应,如电压 u_0 有 i_1、i_2、i_3 三个不同的电流值与之对应。某些充气二极管就具有如图 12.1-1(a)所示的伏安特性。

如果通过电阻的电流是其两端电压的单值函数,则称为"电压控制型电阻"。其电压—电流特性表达式为

$$i = f(u) \qquad (12.1-2)$$

一种典型的压控非线性电阻的伏安特性如图 12.1-1(b)所示。由特性曲线可以看到,对于每一个电压值,有且仅有一个电流值与之对应;对于同一个电流值,可能有多个电压值与之对应,如电流 i_0 有 u_1、u_2、u_3 三个不同的电压值与之对应。隧道二极管就具有如图 12.1-1(b)所示的伏安特性。

若非线性电阻的伏安特性是单调增长或单调下降的,则称为"单调型非线性电阻"。它既是电压控制型,又是电流控制型非线性电阻。普通二极管属于单调型非线性电阻元件,其伏安特性如图 12.1-1(c)所示。从特性曲线可以看到,一个电压值仅对应一个电流值,一个电流值仅对应一个电压值,电压、电流值一一对应。普通二极管的伏安特性为

$$i = I_S(e^{\frac{u}{U_T}} - 1) \tag{12.1-3}$$

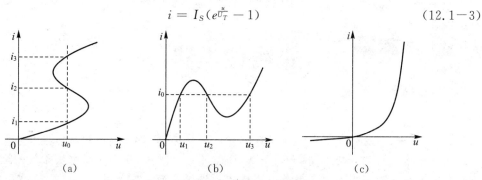

图 12.1-1　非线性电阻的伏安特性

式(12.1-3)中，I_S 称为"反向饱和电流"；U_T 是与温度有关的常数，在室温下 $U_T \approx 26\text{mV}$。由式(12.1-3)可见，电流 i 是电压 u 的单值函数。由式(12.1-3)可求得

$$u = U_T \ln(\frac{1}{I_S}i + 1) \tag{12.1-4}$$

显然，电压 u 亦是电流 i 的单值函数。

按电压—电流特性曲线是否对称于 $u-i$ 平面坐标原点，非线性电阻分为双向性电阻和单向性电阻。线性电阻及某些非线性电阻的 VCR 特性曲线对称于 $u-i$ 平面坐标原点，是双向性电阻。多数非线性电阻的 VCR 特性曲线非对称于 $u-i$ 平面坐标原点，属于单向性电阻。隧道二极管、普通二极管等都是单向的非线性电阻。

由于非线性电阻的电阻值随着电压或电流的大小甚至方向而改变，所以不能像线性电阻那样用常数来表示其电阻值，于是引入静态电阻 R 和动态电阻 R_d 的概念。

非线性电阻元件在某一工作状况下（如图 12.1-2 中 Q 点）的静态电阻 R 等于该点的电压值 u 与电流值 i 之比，即

$$R_Q = \frac{U_Q}{I_Q} \tag{12.1-5}$$

Q 点的静态电阻 R_Q 正比于 $\tan\alpha$。

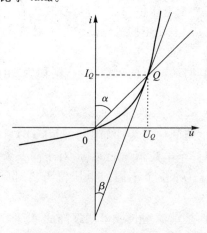

图 12.1-2　二极管的伏安特性

非线性电阻元件在某一工作状况下（如图 12.1-2 中 Q 点）的动态电阻 R_d 为该点的电压

对电流的导数,即

$$R_d = \frac{du}{di} \quad (12.1-6)$$

Q 点的动态电阻 R_d 正比于 $\tan\beta$。

从数学几何意义来看,R_d 即 VCR 曲线在静态工作点(Q 点)切线斜率的倒数。由此可见,动态电阻 R_d 与 Q 点密切相关,工作点 Q 改变,一般 R_d 也随之改变。

【例 12.1-1】 设有一非线性电阻,其伏安特性为 $u = 10i + i^2$。

试求出 $i_1 = 2\text{A}$ 时对应的电压 u_1 的值;

若 $i_2 = ki_1$,求对应的电压 u_2,试问 $u_2 = ku_1$?

若 $i_3 = i_1 + i_2$,求对应的电压 u_3,试问 $u_3 = u_1 + u_2$?

解: (1) $i_1 = 2\text{A}$ 时:

$$u_1 = 10i_1 + i_1^2 = 10 \times 2 + 2^2 = 24 \text{ V}$$

(2) $i_2 = ki_1$ 时:

$$u_2 = 10i_2 + i_2^2 = 10 \times ki_1 + (ki_1)^2$$
$$= k(10i_1 + i_1^2) + k(k-1)i_1^2 = ku_1 + k(k-1)i_1^2$$

由上式可知,当 $k \neq 1$ 时,$u_2 \neq ku_1$。

(3) $i_3 = i_1 + i_2$ 时:

$$u_3 = 10i_3 + i_3^2 = 10(i_1 + i_2) + (i_1 + i_2)2$$
$$= (10i_1 + i_1^2) + (10i_2 + i_2^2) + 2i_1 i_2 = u_1 + u_2 + 2i_1 i_2$$

由上式可得出,$u_3 \neq u_1 + u_2$。

从上述结果可知,对于非线性电阻,齐次性、叠加性均不成立,即它不具有线性性质。

12.1.2 非线性电容和非线性电感

电容是一个二端储能元件,它两端的电压与其电荷的关系是用函数或库伏特性表示的。如果一个电容元件的库伏特性是一条通过原点的直线,则此电容为线性电容,否则为非线性电容。

非线性电容的电荷—电压关系可用式(12.1-7)表示:

$$q = f(u) \quad (12.1-7)$$

为了计算上的方便,引用静态电容 C 和动态电容 C_d,分别为

$$C = \frac{q}{u}, \; C_d = \frac{dq}{du}$$

电感也是一个二端储能元件,其特征是用磁链与电流之间的函数关系或韦安特性表示的。如果电感元件的韦安特性不是一条通过原点的直线,那么这种电感元件就是非线性电感元件。

非线性电感的电流与磁链的一般关系式可表示为

$$\Psi = f(i) \quad (12.1-8)$$

同样,为了计算上的方便,引用静态电感 L 和动态电感 L_d,分别为

$$L = \frac{\Psi}{i}, \; L_d = \frac{d\Psi}{di}$$

12.2 非线性电路的分析

由于基尔霍夫定律对于线性电路和非线性电路都适用,所以分析非线性电阻电路的根本依然是 KCL,KVL 以及 VCR。线性电路方程与非线性电路方程仅由于元件的特性的差别而有所区别。非线性电阻电路的方程是一组非线性代数方程,而非线性储能元件的电路方程是一组非线性微分方程。

对于大多数非线性电阻,往往给出的是它们的 VCR 特性曲线。在已知非线性电阻的 VCR 特性曲线及相关元件参数的情况下,利用作图的方法对非线性电阻电路进行分析,即为图解法。

图 12.2-1 (a) 是包含有非线性电阻 R 的电路,图中 U_S 为直流电压源,R_S 为线性电阻,若非线性电阻 R 为电压控制型,则其 VCR 特性表示为 $i = f(u)$,如图 12.2-1 (b) 中的曲线(2)所示。

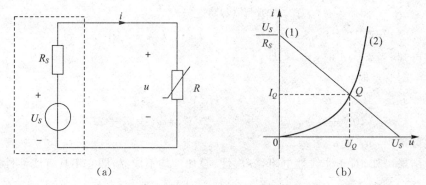

图 12.2-1 非线性电阻电路的图解分析

由图 12.2-1(a)中虚线框部分可写出 u、i 关系为

$$u = U_S - R_S i \tag{12.2-1}$$

非线性电阻 R 上的 u—i 关系如图 12.2-1 (b)中曲线(2)所示,即

$$i = f(u) \tag{12.2-2}$$

在表明 $i = f(u)$ 的同一 u—i 平面上,绘出式(12.2-1)所确定的直线,如图 12.2-1 (b)中直线(1)所示。

图 12.2-1 (a)所示非线性电路中的电压 u、电流 i 应既满足式(12.2-1),又满足式(12.2-2)。显然,直线(1)与曲线(2)的交点 $Q(U_Q, I_Q)$ 所对应的电压 U_Q、电流 I_Q 值便是所求的解答。即

$$u = U_Q, i = I_Q \tag{12.2-3}$$

交点 $Q(U_Q, I_Q)$ 通常称为"非线性电阻的工作点"。图 12.2-1 (b)中的直线习惯上称为"负载线",因为从非线性电阻的角度来看,线性部分是它的负载。

12.3 小信号分析法

小信号分析法是电子线路中常用的一种分析方法。一些实际的电子元器件,如晶体二极管、三极管等,它们的 VCR 特性大都是非线性的。若输入信号的变化幅度很小,则对于非线性电路来说,我们可以围绕任何工作点建立一个局部线性模型。这种在小信号作用下把非线性电路近似为线性电路,然后运用线性电路的分析方法来进行研究,这种方法就是非线性电路的小信号分析法。

图 12.3-1(a)是包含有非线性电阻 R 的电路。图中 U_0 为直流电压源(常称为"偏置电源");$u_S(t)$ 为小信号时变电压源(一般为正弦交流信号源),其幅度通常远小于直流电压源 U_0;R_0 为线性电阻。设非线性电阻 R 为电压控制型,其 VCR 特性表示为 $i = g(u)$,曲线如图 12.3-1(b)所示。

对图 12.3-1(a)所示的电路,设电压 u、电流 i 的参考方向如图中所示,根据 KVL 写电路方程有

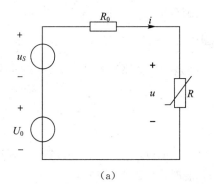 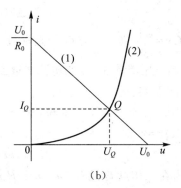

(a) (b)

图 12.3-1 小信号分析

$$R_0 i(t) + u(t) = U_0 + u_S(t) \quad (12.3-1)$$

先设输入信号为零,即 $u_S(t) = 0$,则式(12.3-1)改写为

$$R_0 i(t) + u(t) = U_0 \quad (12.3-2)$$

根据式(12.3-2)在图 12.3-1(b)中画负载线(1),与 $i = g(u)$ 曲线相交于 $Q(U_Q, I_Q)$ 点,通常称 Q 点为静态工作点。当 $u_S(t) \neq 0$ 时,对任意时刻 t,因 $u_S(t)$ 的幅度远小于直流电压源 U_0,故电路的解 $i(t)$、$u(t)$ 必在工作点 Q 附近,即

$$u(t) = U_Q + \Delta u(t) \quad (12.3-3)$$

$$i(t) = I_Q + \Delta i(t) \quad (12.3-4)$$

式(12.3-3),(12.3-4)中,U_Q、I_Q 分别是静态工作点 Q 对应的电压和电流,即分别是 $u(t)$ 和 $i(t)$ 的直流分量;$\Delta u(t)$,$\Delta i(t)$ 分别是在小信号 $u_S(t)$ 的作用下所引起的电压增量与电流增量。将式(12.3-3)和式(12.3-4)代入式 $i = g(u)$,得

$$I_Q + \Delta i(t) = g[U_Q + \Delta u(t)] \quad (12.3-5)$$

将式(12.3-5)等号右端在 Q 点附近用泰勒级数展开,由于 $\Delta u(t)$ 很小,所以可只取其前面的两项,得

$$I_Q + \Delta i(t) \approx g(U_Q) + \frac{\mathrm{d}g}{\mathrm{d}u}\bigg|_{U_Q} \Delta u(t) \qquad (12.3-6)$$

又因 $I_Q = g(U_Q)$，由式(12.3-6)可得

$$\Delta i(t) \approx \frac{\mathrm{d}g}{\mathrm{d}u}\bigg|_{U_Q} \Delta u(t) \qquad (12.3-7)$$

式(12.3-7)中，$\frac{\mathrm{d}g}{\mathrm{d}u}\bigg|_{U_Q}$ 是非线性电阻 VCR 特性曲线在静态工作点 Q 处的斜率，如图 12.3-1(b)中所示。

令

$$\frac{\mathrm{d}g}{\mathrm{d}u}\bigg|_{U_Q} = G_d = \frac{1}{R_d}$$

上式中，G_d 是非线性电阻在工作点 Q 处的动态电导（或动态电阻 R_d 之倒数），于是式(12.3-7)可写为

$$\Delta i(t) = G_d \Delta u(t) \qquad (12.3-8)$$

或

$$\Delta u(t) = R_d \Delta i(t) \qquad (12.3-9)$$

由于 $G_d = \frac{1}{R_d}$ 在工作点 Q 处是常数，所以式(12.3-8)和(12.3-9)表明：由小信号电压 $u_S(t)$ 引起的电压增量 $\Delta u(t)$ 与电流增量 $\Delta i(t)$ 之间是线性关系。将式(12.3-3)、(12.3-4)代入式(12.3-1)得

$$R_0[I_Q + \Delta i(t)] + [U_Q + \Delta u(t)] = U_0 + u_S(t) \qquad (12.3-10)$$

又 $u_S(t) = 0$ 时，有 $R_0 I_Q + U_Q = U_0$，故得

$$R_0 \Delta i(t) + \Delta u(t) = u_S(t) \qquad (12.3-11)$$

又因为在工作点 Q 处有 $\Delta u(t) = R_d \Delta i(t)$，整理式(12.3-11)有

$$R_0 \Delta i(t) + R_d \Delta i(t) = u_S(t) \qquad (12.3-12)$$

式(12.3-12)是一个线性方程，由此可以作出非线性电阻在静态工作点 Q 处的小信号等效电路，如图 12.3-2 所示。

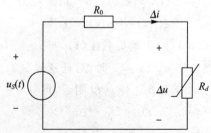

图 12.3-2 小信号等效电路

于是解得

$$\Delta i(t) = \frac{u_S(t)}{R_0 + R_d} \qquad (12.3-13)$$

$$\Delta u(t) = R_d \Delta i(t) = \frac{R_d u_S(t)}{R_0 + R_d} \qquad (12.3-14)$$

故可求得

$$u(t) = U_Q + \Delta u(t) = U_Q + \frac{R_d u_S(t)}{R_0 + R_d} \qquad (12.3-15)$$

小信号分析法实质上是将静态工作点 Q 处的非线性电阻特性局部线性化。具体来说，就是除去电路中的直流电源，只考虑小信号的作用，非线性电阻用静态工作点 Q 处的动态电阻 R_d 近似替代，构成小信号等效电路，进而求解该等效电路。

12.4 分段线性化方法

非线性电阻的 VCR 特性比较麻烦，为了分析和计算方便，我们常用分段线性化方法。分段线性化方法又称为"折线近似法"，是在特定的条件下将非线性电阻的 VCR 特性曲线进行分段线性化处理，对应各直线段可用线性电路的计算方法进行分析，这样就使得非线性电阻电路的分析求解过程得以简化。

例如，实际的二极管的 VCR 特性如图 12.4-1(a)所示。若二极管的正向压降远小于和它串联的电压源电压，则应用分段线性化法可把二极管视为理想的，其 VCR 特性可近似为图 12.4-1(b)。从图 12.4-1(b)中可以看出，对于理想二极管，电压反向时，二极管截止，电流为零，电阻值为∞；电压为正向时，完全导通，电阻值为 0。

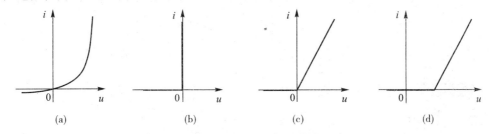

图 12.4-1 二极管 VCR 特性分段线性化

分析理想二极管电路时，关键在于确定二极管是正向偏置还是反向偏置。正向偏置时认为二极管短路，反之认为二极管开路。这样在两种情况下均可得到线性电阻电路。

如果允许存在的工程误差较小，则实际二极管可看成是由理想二极管与其他元件组成的。图 12.4-1(c)为采用理想二极管与线性电阻串联来近似表示实际二极管的伏安特性，图 12.4-1(d)为采用线性电阻、电压源和理想二极管串联来近似表示实际二极管的伏安特性。显然，图(d)比图(c)更接近于实际二极管的伏安特性曲线。

【例 12.4-1】 图 12.4-2(a)是理想二极管 D 与线性电阻 R 相串联的电路，试画出此串联电路的伏安特性。

解： 画出理想二极管的 VCR 特性如图 12.4-2(b)中曲线(1)所示，线性电阻 R 的 VCR 特性如图(b)中过原点的曲线(2)所示。因电路串联，故有

$$u = u_D + u_R$$

当 $u > 0$ 时，$i > 0$，$u_D = 0$，这时理想二极管相当于短路，$u = u_D + u_R = 0 + u_R = u_R$；当 $u < 0$ 时，二极管截止，相当于开路，i 恒等于零。

根据以上分析可画得电路的伏安特性如图 12.4-2(c)所示，当 $u > 0$ 时等效电阻为 R，当

$u < 0$ 时等效电阻为∞。

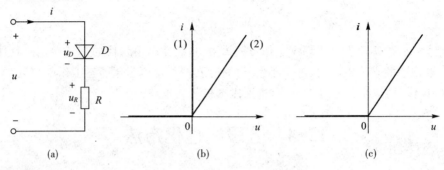

图 12.4-2　例 12.4-1 图

【例 12.4-2】　由线性电阻 R、电压源和理想二极管 D 串联的电路如图 12.4-3(a)所示，试画出此串联电路的伏安特性。

解：　理想二极管、线性电阻 R 和电压源的伏安特性如图(b)中曲线(1)、(2)和(3)所示，因电路是串联连接，故有

$$u = u_D + u_R + U_S$$

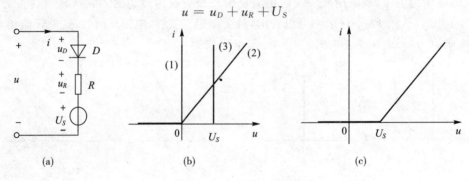

图 12.4-3　例 12.4-2 图

当 $u > U_S$ 时，$i > 0$，$u_D = 0$，理想二极管相当于短路，$u = u_D + u_R + U_S = 0 + u_R + U_S = u_R + U_S$，只需将 u_R 与 U_S 的 VCR 特性曲线上的电压相加即可；当 $u < U_S$ 时，二极管截止，相当于开路，i 恒等于零。

根据以上分析可画得电路的伏安特性如图 12.4-3(c)所示。显然，它只有两个数值的非线性电阻，即当 $u > U_S$ 时等效电阻为 R，当 $u < U_S$ 时等效电阻为∞。

习题 12

12-1　已知一非线性电阻的伏安特性为 $u = 2i + 3i^2$ V　（u, i 参考方向关联）
(1) 若 $i = i_1 = 3$A，求此时非线性电阻上电压 u_1。
(2) 若 $i_2 = 2i_1 = 6$ A 时，求此时电压 u_2，问 $u_2 = 2u_1$？
(3) 若 $i_3 = i_1 + i_2 = 3 + 6 = 9$A 时，求此时电压 u_3，问 $u_3 = u_1 + u_2$？

12-2　如题 12-2 图所示电路中的二极管认为是理想的，已知 $R = 2\Omega$，试画出对 a, b 端等效的非线

性电阻的 VCR 特性。

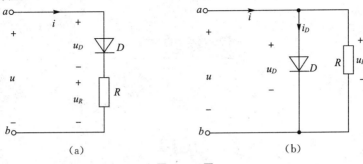

题 12－2 图

12－3 如题 12－3 图所示电路,已知非线性电阻的 VCR 特性函数 $u=8i^2$ ($i>0$),求电压 u。

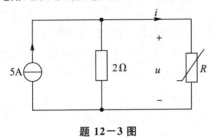

题 12－3 图

12－4 如题 12－4 图(a)所示电路中,已知直流电流源的 $I_S=2$ A,$R_0=5\Omega$,非线性电阻的 VCR 特性曲线如题 12－4 图(b)所示。试用图解法求静态工作点。

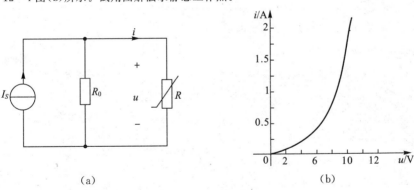

题 12－4 图

12－5 如题 12－5 图所示电路中,D 为理想二极管,求电路中的电流 I。

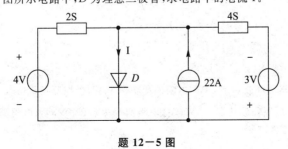

题 12－5 图

参考答案

习题 1

1-1 (1) $p(t) = 20\sin^2 t = 20(1-\cos 2t)$ (W)；$P = 20$ W；消耗的电能 $W = 0.48$ kWh，即 0.48 度；

(2) 该元件消耗功率功率 $P = 20$ W；

(3) $p(t) = 2\sin t$ W，$P = 0$ W，该元件工作一天消耗的电能 $W = Pt = 0$ J，即反复充放电。

1-2 (1) $p(t) = -20\sin^2 t = -20(1-\cos 2t)$ W，即释放功率；平均功率 $P = -20$ W；消耗电能 $W = -0.48$ kWh，即向外提供 0.48 度电能。

(2) 该元件消耗功率 $p(t) = 20$ W，吸收功率。

(3) 该元件的瞬时功率 $p(t) = -2(1+\sin t)$ W；平均功率 $P = -2$ W，即向外释放功率；消耗电能 $W = -0.048$ kWh，即向外提供 0.048 度电能。

1-3 $i_3 = -3$ A，$i_4 = 2$ A，$i_6 = 5$ A。

1-4 $i_4 = 5$ A，$i_5 = -1$ A，$i_6 = -4$ A。

1-5 $u_1 = 3$ V，$u_2 = -3$ V，$u_3 = -2$ V，$u_5 = -3$ V。

1-6 $u_1 = 5$ V，$u_2 = 6$ V，$u_3 = 2$ V。

1-7 $u_1 = 27$ V，$u_2 = 9$ V，$u_3 = 3$ V。

1-8 $i = 1$ A，$u_{AB} = 22$ V。

1-9 $i = 0.21$ A。

1-10 $i = -0.8$ A。

1-11 (a) $i_1 = 4$ mA，$i_2 = 6$ mA；(b) $i_1 = 4$ mA，$i_2 = -6$ mA。

1-12 (a) $u_1 = 4$ V，$u_2 = 8$ V；(b) $u_1 = 4$ V，$u_2 = -8$ V。

1-13 (a) $u_1 = 4$ V，$u_2 = 6$ V，$u_3 = 6$ V；(b) $u_1 = -4$ V，$u_2 = 6$ V，$u_3 = -6$ V。

1-14 $u_1 = 10$ V，$u_2 = 0$ V，$u_3 = 0$ V；$i_1 = 2.5$ A，$i_2 = 2.5$ A，$i_3 = 0$ A；电压源释放功率 25W。

1-15 $i_1 = -9.6$ A，$i_2 = -2.4$ A，$i_3 = 4.8$ A，$i_3 = 3.2$ A。

1-16 $u_x = 5$ V，$i_x = -0.3$ A；电压源释放功率 9W。

1-17 (a) $R_{AB} = 2R$；(b) $R_{AB} = 1.2R$。

1-18 $i = 2$ A；电压源释放功率 48W，电阻消耗功率 16W，受控源吸收功率 32W。

1-19 $i = 15$ A；电压源释放功率 225W，3Ω 电阻消耗功率 675W，4Ω 电阻消耗功率 900W，受控源释放功率 1350W。

1-20 $\beta = 40$。

1-21 20kΩ 电阻的电流 $i = 0.1$ A；电压 $u = 2$ kV；功率 $p = 0.2$ kW。

1-22 (a) $R_{12}=62\Omega$; $R_{23}=105\Omega$; $R_{31}=103.3\Omega$; (b) $R_1=3\Omega$; $R_2=6\Omega$; $R_3=18\Omega$。

1-23 (a) $R_{AB}=39.4\Omega$; (b) $R_{AB}=9.2\Omega$。

1-24 (a) $R_{AB}=12\Omega$; (b) $R_{AB}=16\Omega$。

1-25 (a) $u=5-\frac{2}{3}i$; (b) $u=2.5\,\text{V}$。

习题 2

2-1 (a) $n=5$; $b=8$; (b) $n=4$; $b=6$。

2-2 树支数为 $n-1=5$; 基本回路数为 $b-n+1=5$; 基本割集数为 $n-1=5$。

2-3 (a) KCL 独立方程数为 $n-1=4$; KVL 独立方程数为 $b-n+1=4$;
(b) KCL 独立方程数为 $n-1=3$; KVL 独立方程数为 $b-n+1=3$。

2-5 10A; -5A; -5A。

2-6 1.2A。

2-7 1.25V; -15.625W。

2-8 -0.5A; -1.5A; 0.5A; -2A。

2-9 80V。

2-10 -12A。

2-11 -1A; -5A; 4A。

2-12 0.75A。

2-13 12V。

2-14 20V; 400W。

2-15 20V。

2-16 1.4A。

2-17 -0.5A。

2-18 1.6A; 26V。

2-19 50W。

2-20 -15W; 80W。

习题 3

3-1 $u=6\,\text{V}$。

3-2 $i=5$A。

3-3 $u=4\text{V}$, $P=31.5\text{W}$。

3-4 $u=2\,\text{V}$。

3-5 $u=8\,\text{V}$。

3−6 $i = 3$ A, $u = 40$ V。

3−7   (1) $u_S = 54$ V, $i = 2$ A, $u_1 = 12$ V; (2) $i = 1$ A, $u_1 = 6$ V, $u_2 = 2$ V。
(3) $u_S = 40.5$ V, $u_1 = 9$ V, $u_2 = 3$ V。

3−8 $i = -0.2$ A。

3−9 $i = 0.09$ A。

3−10 $u = 11$ V。

3−11 $u = (4 + 10\cos 3t)$ V, $i = (2 - 5\cos 3t)$ A。

3−12 $P = -21$ W。

3−13 $u_{OC} = 15$ V, $R_{eq} = 14\Omega$; $u_{OC} = 0$ V, $R_{eq} = 7\Omega$。

3−14 $u_{OC} = -30$ V, $R_{eq} = 0.5\Omega$。

3−15 $i_R = 2$ A。

3−16 $i = 3$ A。

3−17 $u_{OC} = 24$ V, $R_{eq} = 2\Omega$; $i_{SC} = 12$ A, $R_{eq} = 2\Omega$。

3−18 $R_L = 20\Omega$, $P_{Lm} = 1.25$ W。

3−19 $R_{eq} = 4\Omega$, $u_{OC} = \pm 20$ V, $i_{SC} = \pm 5$ A。

3−20 $R_L = 10\Omega$, $P_{Lm} = 40$ W。

3−21 $P_{Lm} = 4$ W。

3−22 $\hat{i}_1 = 10.8$ A。

3−23 $i = -\dfrac{2}{3}$ A。

习题 4

4−1 $i_{C1}(t) = 0.62\cos 100\pi t$ A; $i_{C2}(t) = -0.62\cos 100\pi t$ A; $p(t) = 96.45\sin 200\pi t$ W; 0 W。

4−2 $u_{C1}(t) = -\dfrac{\sqrt{2}}{\pi}\cos 100\pi t$ V; $u_{C2}(t) = \dfrac{\sqrt{2}}{\pi}\cos 100\pi t$ V; $p(t) = -\dfrac{10}{\pi}\sin 200\pi t$ W; 0 W。

4−3 $u_{L1}(t) = -20e^{-2t}$ mV; $u_{L2}(t) = 20e^{-2t}$ mV; $p(t) = -200e^{-4t}$ mW。

4−4 $i_{L1}(t) = 20(1-e^{-t})$ A; $i_{L2}(t) = -20(1-e^{-t})$ A; $p(t) = 40e^{-t}(1-e^{-t})$ mW。

4−5   (a) $C_{eq} = \dfrac{400}{9}\mu$F   (b) $C_{eq} = \dfrac{200}{3}\mu$F。

4−6   略。

4−7   (a) $L_{eq} = 30$ mH   (b) $L_{eq} = 20$ mH。

4−8   略。

4−9   10 mH 电感储能：45 nJ；0.2 H 电感储能：0.4 J；0.1 F 电容储能：1.8 J；100 μF 电容储能：1.8 mJ。

4−10 $u_C(0_+) = 4$ V, $i_C(0_+) = 0.04$ A, $i_L(0_+) = 0.08$ A, $u_L(0_+) = 2$ V。

4−11   (1) $u_C(0_+) = 8$ V, $i_L(0_+) = 2$ A, $\dfrac{du_C(0_+)}{dt} = -10$ V/s, $\dfrac{di_L(0_+)}{dt} = -160$ A/s;

(2) $u_C(\infty) = 0$ V, $i_L(\infty) = 0$ A。

4—12 (1) $u(t) = -2\varepsilon(t) + 4\varepsilon(t-3) - 2\varepsilon(t-5)$

(2) $i(t) = (t-1)[\varepsilon(t) - \varepsilon(t-2)] + [\varepsilon(t-2) - \varepsilon(t-3)] + (4-t)[\varepsilon(t-3) - \varepsilon(t-4)]$

4—13 (a) $u(t) = [\varepsilon(t) - \varepsilon(t-2)] + 2[\varepsilon(t-2) - \varepsilon(t-3)]$;

(b) $i(t) = (3-t)[\varepsilon(t-1) - \varepsilon(t-3)]$。

4—14 略。

4—15 $u_C(t) = 4e^{-t}$ V, $i(t) = -40e^{-t}$ μA。

4—16 $i_L(t) = 1.2e^{-8t}$ A, $u_L(t) = -9.6e^{-8t}$ V。

4—17 $i_C(t) = 0.5e^{-5t}$ mA, $u_C(t) = 10(1-e^{-5t})$ V。

4—18 $i_C(t) = 90e^{-50t}$ A, $u_C(t) = 18(1-e^{-50t})$ V。

4—19 $i_L(t) = \frac{8}{3}(1-e^{-\frac{9}{2}t})$ A, $u_L(t) = 24e^{-\frac{9}{2}t}$ V。

4—20 (1) $i_L(t) = \frac{4}{5} + \frac{8}{15}e^{-2.5t}$ A; (2) $p(t) = 38.4 + 4.27e^{-2.5t}$ W。

4—21 $i_C(t) = 3e^{-\frac{t}{\tau}}$ mA, $\tau = 40$ ms。

4—22 $u(t) = e^{-2t} - e^{-t}$ V。

4—23 $u(t) = e^{-t} + 3te^{-t}$ V。

4—24 $i(t) = \frac{1}{2} + \frac{1}{3}e^{-t} - \frac{5}{6}e^{-4t}$ A。

4—25 $i(t) = \frac{13}{25} - \frac{13}{25}e^{-3t}(\cos 4t - \frac{11}{52}\sin 4t)$ A。

4—26 $u_C(t) = e^{-t} - te^{-t}$ V。

4—27 (1) $u_C(t) = 8e^{-8t} - 2e^{-2t}$ V, $i_L(t) = 16e^{-8t} - e^{-2t}$ A; (2) $R = 2\Omega$。

4—28 $i_L(t) = \frac{1}{2}e^{-t} - \frac{1}{2}e^{-5t}$ A, $u_C(t) = 6 + \frac{1}{2}e^{-5t} - \frac{5}{2}e^{-t}$ V。

4—29 $i_L(t) = -e^{-\frac{t}{4}}(\cos\frac{3\sqrt{7}}{4}t - \frac{31\sqrt{7}}{21}\sin\frac{3\sqrt{7}}{4}t)$ A。

4—30 $u_C(t) = -4e^{-2t}(\cos\sqrt{6}t - \frac{\sqrt{6}}{2}\sin\sqrt{6}t)$ V。

4—31 $i_L(t) = \frac{10}{3} - \frac{10}{3}e^{-\frac{2}{3}t}(\cos\frac{\sqrt{41}}{3}t + \frac{2\sqrt{41}}{41}\sin\frac{\sqrt{41}}{3}t)$ A。

4—32 (1) $i_L(t) = 1 - \frac{4}{3}e^{-t} + \frac{1}{3}e^{-4t}$ A; (2) $u_C(t) = \frac{4}{3}e^{-4t} - \frac{1}{3}e^{-t}$ V。

4—33 (1) $u_C(t) = 1 - e^{-\frac{1}{2}t}(\cos\frac{\sqrt{3}}{2}t + \frac{\sqrt{3}}{3}\sin\frac{\sqrt{3}}{2}t)$ V; (2) $u_C(t) = \frac{2\sqrt{3}}{3}e^{-\frac{1}{2}t}\sin\frac{\sqrt{3}}{2}t$ V。

习题 5

5—3 (1) $\dot{I}_1 = 4\angle -60°$ A; (2) $\dot{I}_2 = 5\angle -60°$ A; (3) $\dot{I}_3 = 10\angle -135°$ A。

5—4 (1)$i = 10\sqrt{2}\cos(200t + 45°)$ A;(2)$u = 5\sqrt{2}\cos(200t - 53.1°)$V。

5—5 10A。

5—6 4.78μF。

5—7 (1)68.64$\cos(2.91 \times 10^6 t - 90°)$μA;(2)15.92$\cos(12.56 \times 10^3 t - 90°)$mA。

5—8 $Z_{ab} = 50\sqrt{2}\angle 45°\Omega$,$Z_{ab} = 79.06\sqrt{2}\angle(-71.57°)\Omega$。

5—9 $u_L(t) = 20\sqrt{2}\cos(2t + 71.57°)$V,$i_C(t) = 7.07\sqrt{2}\cos(2t + 26.57°)$A。

5—10 $u_C(t) = 0.4\cos(2t - 79.45°)$V。

5—11 $\dot{V}_1 = 4.47\angle(-26.57°)$V,$\dot{V}_2 = 3.61\angle(-33.69°)$V。

5—12 $i_L = 10\sqrt{2}\cos(2t + 30°)$A。

5—13 $u_C(t) = 5 + 4.47\cos(5t + 153.4°) + 3.54\cos(10t - 45°)$V。

5—15 $C = 71.1\mu F$,$I = 6.25A$。

习题 6

6—1 (a)角频率 $\omega = \dfrac{1}{\sqrt{(L_1 + L_2)C}}$;

(b)角频率 $\omega = \dfrac{1}{\sqrt{L\dfrac{C_1 C_2}{C_1 + C_2}}}$。

6—2 $\dfrac{\dot{U}_1}{\dot{U}_2} = \dfrac{1}{2(1 + j2\omega)}$。

6—4 $f_0 = 796$kHz。 $Q = 62.5$。

6—5 $Z_0 = 0.5\Omega$; $f \approx \dfrac{1}{10\pi} \times 10^5$Hz; $Q = 400$

6—6 (1) $Z(j\omega) = 1 + j(0.1\omega - \dfrac{10^6}{\omega})$。

(3) $\omega_0 = 1000$rad/s。

(4) $Q = 1000$。

(5) $BW = 1$rad/s。

6—7 $L = 0.1$H,$C = 0.1\mu F$。

6—8 $BW = 16.7 \times 10^3$ rad/s。

6—9 8A。

习题 7

7—1 $P = 23.23$kW

7—2 负载端的线电流为1.05A,负载端的线电压为377.39V。

7—3 $\dot{I}_A = 15.56\angle -45°$A,$\dot{I}_B = 4.55\angle -120°$A,$\dot{I}_C = 0.91\angle 120°$A。

7-4　△形连接时吸收的总功率为 34.85kW。

　　　Y形连接时吸收的总功率为 11.62kW。

7-5　358.82V。

7-6　$\dot{U}_{N'N} = -7$V。中线断开 $\dot{U}_{N'N} = -161$V。

7-7　$I'_A = 10.23I_A$，$I'_B = 9.97I_B$，$I'_C = I_C$。

7-8　中性线中电流表的读数为 27.23A。

7-9　负载端的相电流为 1.34A，线电压为 374.94V。

7-10　线电流为 32.07A，负载的相电流为 18.52A。

7-11　(1)线电流为 12.79A，总功率为 4.91kW。

(2)线电流为 38.37A，总功率为 14.72kW。

7-12　电流表的读数 2.2A，线电压 $U_{AB} = 388.66$V。

7-13　(1)电流表的读数为 4.4A；

(2)吸收的功率为 1.74kW；

(3)电流表的读数为 13.15A；功率为 3.47kW；

(4)电流表的读数为 0A；功率为 866.4W；

7-14　$U_{AB} = 364.64$V；电源端的功率因数 $\cos\varphi = 0.93$。

习题 8

8-1　(a) $u_1 = L_1 \dfrac{di_1}{dt} - M \dfrac{di_2}{dt}$，$u_2 = L_2 \dfrac{di_2}{dt} - M \dfrac{di_1}{dt}$；

　　　(b) $u_1 = L_1 \dfrac{di_1}{dt} - M \dfrac{di_2}{dt}$；$u_2 = -L_2 \dfrac{di_2}{dt} + M \dfrac{di_1}{dt}$。

8-2　(1) $u_2 = 100\cos(10t + 90°)$V；(2) $u_2 = 120\cos(10t + 90°)$V。

8-3　(a)18H；(b)6H。

8-4　$i(t) = \cos(100t - 45°)$A，$k = 0.354$。

8-5　$\dot{U}_2 = 3.92\angle -11.31°$mV。

8-6　$0.625\angle 64.8°$kΩ。

8-7　$Z_L = 3 - j5$，$P_m = 83.3$W。

8-8　4Ω。

8-9　$\dot{I}_1 = 26.6\angle -34.29°$A。

8-10　$\dot{I}_1 = 25\sqrt{2}\angle -45°$A，$\dot{U} = 250\sqrt{2}\angle -45°$V。

8-11　$k = \dfrac{1}{20}$，625W。

8-12　$\dot{I}_2 = 0.63\angle 18.4°$A。

303

习题 9

9-2 $I_0 = 0.637\text{A}$

$I_{1m} = I_{3m} = 0$

$I_{2m} \approx 0.425\text{A}$

$I_{4m} \approx 0.0849\text{A}$

9-3

(a)图中：$A_0 = -0.125\text{A}$

(b)图中：$A_0 = 0.5\text{A}$

9-4 $i = [0.16 + 0.00873\sin(314t - 174°)]\text{A}$

9-5 ① $u(t) = \dfrac{8}{\pi^2}(\sin\omega t - \dfrac{1}{9}\sin3\omega t + \dfrac{1}{25}\sin5\omega t - \cdots)\text{V}$

② $u(t) = \dfrac{1}{2} - \dfrac{8}{\pi^2}(\dfrac{1}{4}\cos2\omega t + \dfrac{1}{16}\cos4\omega t + \dfrac{1}{36}\cos6\omega t + \cdots)\text{V}$

9-6 ① $U \approx 5.65\text{V}$

② $U \approx 11.4\text{V}$

9-7 ① $P \approx 6.38\text{W}$

② $P = 25.8\text{W}$

习题 10

10-1

(1) $f(t) = 1 + e^{-2t}$；   (2) $g(t) = \dfrac{1}{3}(1 - e^{-3t})$；

(3) $u(t) = \dfrac{1}{2}(e^{-t} + e^{-3t})$； (4) $i(t) = 10 - 10e^{-t}(1+t)$。

10-2

(1) $F(s) = \dfrac{1}{s} + \dfrac{1}{s+1}$；   (2) $F(s) = \dfrac{1}{(s+1)^2 + 1}$；

(3) $F(s) = \dfrac{1}{2}\dfrac{1}{(s+1)^2 + 1} + \dfrac{\sqrt{3}}{2}\dfrac{s+1}{(s+1)^2+1}$； (4) $F(s) = \dfrac{1}{s+1} + \dfrac{1}{(s+1)^2}$。

10-3 $u_C(t) = [2e^{-t} - 2e^{-3t}(\cos t + 2\sin t)]\text{V}$

10-4 (a) $Z_{in}(s) = \dfrac{10(s^2+1)}{s^2 + 10s + 1}$；(b) $Z_{in}(s) = \dfrac{16s^2 + 25}{4s^2 + 21s + 25}$。

10-5 $i_1(t) = [2e^{-2t} - \dfrac{3}{2}e^{-t}(\cos\sqrt{3}t + \dfrac{\sqrt{3}}{3}\sin\sqrt{3}t)]\text{A}$；

$i_2(t) = -\sqrt{3}e^{-t}\sin\sqrt{3}t\text{A}$。

10-7 $i_L(t) = (\sin t - 3\cos t - e^{-t} + 4)\text{A}$

10—8 $i_L(t) = (\frac{9}{19}e^{-\frac{t}{2}} - \frac{1}{2}e^{-2t} + \frac{1}{38}e^{-10t})$A。

10—9 $u_o(t) = [e^{-t} - \frac{3}{2}e^{-\frac{t}{2}}(\cos\frac{t}{2} - \frac{1}{3}\sin\frac{t}{2})]$V。

10—10 $u_C(t) = [\frac{40}{51}\sin 4t - \frac{10}{51}\cos 4t + \frac{112}{51}e^{-3t}(\cos t + \frac{11}{7}\sin t)]$V。

10—11 $i_1(t) = \frac{8}{3}(e^{-2t} - e^{-3t})$A；$i_2(t) = \frac{4}{3}(e^{-2t} - e^{-3t})$A。

10—12 $i_2(t) = 2.7(e^{-2.6t} - e^{-0.4t})$A。

10—13 $y(t) = \frac{8}{5}e^{-\frac{t}{2}} - \frac{8}{5}e^{-t}(\cos t - 2\sin t)$。

10—14 $H(s) = \frac{U_o(s)}{U_i(s)} = \frac{1}{2s^2 + 3s + 2}$。

10—15 $H(s) = \frac{I_o(s)}{U_S(s)} = \frac{5s}{s^2 + s + 5/2}$。

习题 11

11—1 (a) $Z = \begin{bmatrix} Z_1 & Z_1 \\ Z_1 & Z_1 + Z_2 \end{bmatrix}$ $Y = \begin{bmatrix} \frac{Z_1 + Z_2}{Z_1 Z_2} & -\frac{1}{Z_2} \\ -\frac{1}{Z_2} & \frac{1}{Z_2} \end{bmatrix}$

(b) $Z = \begin{bmatrix} Z_1 + Z_2 & Z_2 \\ Z_2 & Z_2 \end{bmatrix}$ $Y = \begin{bmatrix} \frac{1}{Z_1} & -\frac{1}{Z_1} \\ -\frac{1}{Z_1} & \frac{Z_1 + Z_2}{Z_1 Z_2} \end{bmatrix}$

11—2 (a) $A = \begin{bmatrix} 1 & Z \\ 0 & 1 \end{bmatrix}$ (a) $A = \begin{bmatrix} -1 & -Z \\ 0 & -1 \end{bmatrix}$ (c) $A = \begin{bmatrix} n & 0 \\ 0 & \frac{1}{n} \end{bmatrix}$

11—3 $H = \begin{bmatrix} Z_1 & -n \\ n & \frac{1}{Z_2} \end{bmatrix}$

11—4 $A = \begin{bmatrix} -0.25 & -24\text{k}\Omega \\ -2.5\text{mS} & -20 \end{bmatrix}$

11—5 $A = \begin{bmatrix} 0.4 & 5\Omega \\ 0.04\text{S} & 3 \end{bmatrix}$

11—6 $y_{22} = 5$S

11—7 $z_{11} = (2 + j2)\Omega$

11—8 $R_1 = 10\Omega$ $R_2 = 20\Omega$ $R_3 = 50\Omega$

11—9 $H = \begin{bmatrix} 0.5 & 1 \\ 0 & -1 \end{bmatrix}$

11—10　$Z_{in} = 2.5\Omega$

11—11　$R_L = 1.2\text{k}\Omega$，$P_{L\max} = 7.5\text{mW}$

11—12　$R_L = 2\Omega$，$P_{L\max} = 0.5\text{W}$

11—13　$R_L = 45\Omega$，$P_{L\max} = 5\text{W}$

11—14　(a) $Z_{c1} = Z_{c2} = 40\Omega$　(b) $Z_{c1} = 8\Omega$，$Z_{c2} = 1\Omega$

11—15　(a) $\boldsymbol{Y}_a = \begin{bmatrix} j2\omega C & -j\omega C \\ -j\omega C & j2\omega C \end{bmatrix}$　(b) $\boldsymbol{Y}_b = \begin{bmatrix} 2G & -G \\ -G & 2G \end{bmatrix}$

(c) $\boldsymbol{Y} = \begin{bmatrix} 2G + j2\omega C & -G - j\omega C \\ -G - j\omega C & 2G + j2\omega C \end{bmatrix}$

11—16　(a) $\boldsymbol{Z}_a = \begin{bmatrix} 75 & 25 \\ 25 & 75 \end{bmatrix}\Omega$　(b) $\boldsymbol{Z}_b = \begin{bmatrix} 25 & 25 \\ 25 & 25 \end{bmatrix}\Omega$　(c) $\boldsymbol{Z} = \begin{bmatrix} 100 & 50 \\ 50 & 100 \end{bmatrix}\Omega$

习题 12

12—1　(1) $u_1 = 33\text{V}$　(2) $u_2 = 120\text{V}$　(3) $u_3 = 261\text{V}$

12—3　$u = 8\text{V}$

12—4　$U_Q = 7\text{V}$　$I_Q = 0.63\text{A}$

12—5　$I = 18\text{A}$

参考文献

[1] 邱关源原著,罗先党修订.电路(第5版)[M].北京:高等教育出版社,2006.5.
[2] 张永瑞,陈生谭.电路分析基础(第一版)[M].北京:电子工业出版社,2003.
[3] 张永瑞,王松林,李小平.电路分析(第一版)[M].北京:高等教育出版社,2004.
[4] 李瀚荪.电路分析基础(第3版)[M].北京:高等教育出版社,1992.5.
[5] 姜钧仁.电路基础(第一版)[M].哈尔滨:哈尔滨工程大学出版社,2002.
[6] 沈元隆,刘陈.电路分析基础[M]北京:人民邮电出版社,2004.1.
[7] 张永瑞.电路分析基础(第3版)[M]北京:西安电子科技大学出版社,2006.6.
[8] 谭永霞.电路分析(第一版)[M].成都:西南交通大学出版社,2004.
[9] 张长利,沈明霞.电路[M].北京:中国农业出版社,2008.